普通高等学校机械工程基础创新系列教材
丛书主编　吴鹿鸣　王大康

机械设计基础

主　编　王大康
副主编　马咏梅　陈　奇
参　编　王科社　林光春　朱立红　刘婧芳
主　审　吴宗泽

中国铁道出版社有限公司
CHINA RAILWAY PUBLISHING HOUSE CO., LTD.

内 容 简 介

“普通高等学校机械工程基础创新系列教材”是清华大学、重庆大学、北京科技大学、西南交通大学等多所高校国家教学名师、名教授主编的，以国家教学成果奖、国家精品课程、国家精品资源共享课程、国家“十二五”规划教材遴选精神、卓越工程师培养理念为编写思想和内容支撑，强调工程背景和工程应用的高校机类、近机类平台课教材，力求反映当今最新专业技术成果和教研成果，适应当前教学实际，特色鲜明，作为现有经典教材的补充。本书是其中的一分册。

本书是根据2011年教育部高等学校机械基础课程教学指导分委员会编制的《机械设计基础课程教学基本要求》的精神编写。

本书在满足高等工业学校机械工程各专业对机械设计基础课程要求的前提下，贯彻少而精的原则，力求重点突出、繁简得当、语言通达。书中采用了新近颁布的国家标准、规范和资料；同时对有关章节做了适当的合并；对复杂的公式进行了合理简化。全书内容共16章：绪论，平面机构的结构分析，平面连杆机构，凸轮机构，间歇运动机构，机械的调速和平衡，连接，带传动，链传动，齿轮传动，蜗杆传动，轮系，轴，轴承，联轴器、离合器、制动器，弹簧。每章前有“本章学习提要”，章后有“复习思考题”和“习题”，以便学生在学习过程中实际参与机械设计实践。

本书适合作为普通高等学校机械设计基础课程的教材，也可作为高职高专教材，亦可供有关工程技术人员参考。

图书在版编目(CIP)数据

机械设计基础/王大康主编．—北京：中国铁道出版社，2015．12(2019．7重印)
普通高等学校机械工程基础创新系列教材/吴鹿鸣，王大康主编
ISBN 978-7-113-17913-7

Ⅰ．①机…　Ⅱ．①王…　Ⅲ．①机械设计-高等学校-教材
Ⅳ．①TH122

中国版本图书馆CIP数据核字(2013)第321133号

书　　名：机械设计基础
作　　者：王大康　主编

策　　划：李小军　曾露平　　　读者热线：(010) 63550836
责任编辑：李小军
封面设计：付　巍
封面制作：白　雪
责任校对：汤淑梅
责任印制：郭向伟

出版发行：中国铁道出版社有限公司（100054，北京市西城区右安门西街8号）
网　　址：http://www.tdpress.com/51eds/
印　　刷：北京虎彩文化传播有限公司
版　　次：2015年12月第1版　　2019年7月第3次印刷
开　　本：787 mm×1 092 mm　1/16　　印张：20　　字数：496千
书　　号：ISBN 978-7-113-17913-7
定　　价：45.00元

普通高等学校机械工程基础创新系列教材

编委会

序

随着机械学科的不断发展和教育教学改革的不断深入，以及当今大学生基础程度和培养目标的差异，在既有的经典教材基础上，出版各具特色、不同风格的教材是十分必要的。基于此，中国铁道出版社组织编写了一套力求反映当今最新专业技术成果和教研成果、适应当前教学实际、特色鲜明的机类、近机类专业平台课教材，作为现有经典教材的补充。编写的“普通高等学校机械工程基础创新系列教材”（以下简称“创新系列教材”）充分考虑了当今工程类大学生培养目标和现有学生基础，与传统教材相比，更强调工程背景和工程应用，具有以下特色：

1. 理念先进，特色鲜明

“创新系列教材”以国家教学成果奖、国家精品课程、国家精品资源共享课程、国家“十二五”规划教材等成果为该系列教材的编写思想和内容支撑，从而保证了该系列教材内容的先进性。为贯彻落实教育部组织的“卓越工程师教育培养计划”，在制订该系列教材编写原则时，编委会特别强调要将卓越工程师培养理念、国家“十二五”规划教材遴选精神融入该系列教材。为此，与传统教材相比，该系列教材强化了工程能力和创新能力，重视理论与实践结合，突出机械专业的实操性，并结合“绿色环保”思想，从根本上培养学生的设计理念，为改革人才培养模式提供了基本的知识保障。

2. 将理论力学、材料力学、工程力学纳入该系列教材

力学，作为“机械设计制造及其自动化”等专业的主干学科，在架构完整的知识体系和培养具有机械工程学科的应用能力方面起着尤为重要的作用。然而，机械专业对力学课程的要求不同于力学专业，也不同于土木建筑等专业，也就对其教材提出了新的要求，所以本系列教材将其纳入，形成一套完整的、科学的机械专业基础课教材体系，克服了传统教材各自为政的弊端。

3. 采用最新国家标准

国家标准是一个动态的信息，近年来随着机械行业与国际接轨步伐加快，我国不断推出了一系列新的国家标准，为加快新标准的推行，该系列教材作为载体吸收了机械行业最新的国家标准。

“创新系列教材”融入了很多名师的心血和教育教学改革成果，希望能引起各校的关注与帮助，在实际使用中提出宝贵的意见和建议，以便今后进行修订完善，为我国机械设计制造及其自动化专业建设和高等学校教材建设作出积极的贡献。

中国工程院院士、浙江大学教授

谭建荣

2015 年 2 月

前　言

本书是根据2011年教育部高等学校机械基础课程教学指导分委员会编制的《机械设计基础课程教学基本要求》的精神和“创新系列教材”编写大纲进行编写的。

“机械设计基础”课程是普通高等学校机械工程各专业的一门重要技术基础课程，在培养学生机械设计和分析能力方面具有重要的作用。为了适应各学校机械工程专业教学体系及教学内容改革的需要，本书在满足相关专业对本课程要求的基础上，注意更新教学内容，加强素质教育，突出创新能力的培养；拓宽知识面，力求重点突出、繁简得当、语言通达；本书编写时突出了普通高等工科院校应用型人才培养的特点，使教材内容更贴近工程实践，适合作为普通高等工科院校各相关专业“机械设计基础”课程的教材，也可供有关专业师生和工程技术人员参考。本书有以下主要特点：

(1)从工程实际和机械系统整体考虑，将机械原理和机械设计的内容有机地整合在一起，突破了原有课程的界限，加强了机械设计理论和实践的联系，以利于培养学生分析问题和解决问题的能力。

(2)适应当今学科交叉的发展趋势，在机械创新思维的基础上，注意引进现代科技发展的新知识、新技术，如新型材料的介绍、新型机构的发展、信息技术的创新等，激发学生的创新欲望。突出机械设计在机械工程、电子信息、材料科学、工业设计等领域的应用范例，以开阔学生的思路。

(3)在教材体系和内容安排上符合学生的认知规律和课程的教学规律，突出教材的实用性，同时尽可能反映学科前沿的最新发展动态。在内容编排上，以工程实际需要为原则，注重学生创新意识和设计能力的训练和培养，特别注意加强机械设计中结构设计内容。

(4)本书注意采用新近颁布的国家标准、规范和资料，采用了国家标准规定的名词、术语和符号。另外对复杂的公式进行了合理简化，以使计算较为方便。

(5)每章前有“本章学习提要”，章后有“复习思考题”和“习题”，以便于学生在学习过程中实际参与机械设计实践。

本书由王大康担任主编，马咏梅、陈奇担任副主编，参加本书编写的教师有北京工业大学王大康、刘婧芳(第1、7、8、9、15章)，四川大学马咏梅(第3、4章)、林光春(第13、14章)，合肥工业大学陈奇(第2、10、11、12章)、朱立红(第5、6章)，北京信息科技大学王科社(第16章)。

本书由清华大学吴宗泽教授担任主审，吴教授对本书进行了详细审阅，提出了许多宝贵意见，对保证本书质量起了很大作用，在此表示衷心的感谢。

由于编者水平有限，书中难免有错误和不足之处，真诚希望广大读者给予批评指正。

编　者

2015年6月

目　录

第1章　绪　　论

本章学习提要

学习本课程时，要求从一个机械设计师的角度出发，运用本课程的内容和方法去分析问题和解决问题。

本章要点包括：①了解机械的组成；②熟悉机械设计的基本要求和一般程序；③掌握机械零件设计的基本知识和一般步骤；④了解机械设计的新发展等。

1.1　机械的组成

人类为了满足生产和生活的需要，设计和制造出各种各样的机械，用以减轻人的劳动强度、改善劳动条件，提高劳动生产率，创造出更多的物质财富，丰富人们的物质和文化生活。因此，国民经济各部门使用机械的程度是衡量一个国家社会生产力发展水平的重要标志。

机械设计基础课程的研究对象是机械，而机械是机器和机构的总称。

1.1.1　机器

人类在长期的劳动中创造出了许多机器。根据用途的不同，可将它们分为用来实现将其他形式的能变换为机械能的动力机器，如电动机、内燃机、液压机等；用来加工物料的作业机器，如金属切削机床、压力机、颚式破碎机等；用来搬运物料的起重、运输机器，如飞机、汽车、起重机等；用来获取信息的机器，如照相机、打印机、录像机等。虽然机器的种类繁多，形状各异，用途不同，但是它们都具有一些共同的特征。

如图1-1所示的内燃机，它由气缸体（机架）1、活塞2、连杆3、曲轴4、齿轮5和6、凸轮7和顶杆8等组成。当内燃机工作时，燃气推动活塞作往复移动，经连杆使曲轴作旋转运动。凸轮与顶杆用来控制进气和排气。曲轴经齿轮5和6带动凸轮轴转动，曲轴每转两周，进、排气门各启闭一次。内燃机主要由连杆机构（机架1、活塞2、连杆3、曲轴4）、凸轮机构（凸轮7、顶杆8和机架1）、齿轮传动机构（齿轮5、6和机架1）等机构组成。

如图1-2所示的压力机。它由电动机1、带轮2和3、连杆4、曲轴5、齿轮6和7、滑块8等组成。电动机经带传动机构和齿轮传动机构减速后，带动曲轴转动，又经连杆带动滑块作往复移动，实现对物料的压力加工。综上所述，压力机主要由带传动机构（带轮2、3和机架）、齿轮传动机构（齿轮6、7和机架）、连杆机构（连杆4、曲轴5、滑块8和机架）等机构组成。

通过以上两实例可以看出，机器具有以下共同特征：

（1）机器的主体是若干机构的组合。

（2）用于传递运动和动力。

（3）具有变换或传递能量、物料或信息的功能。

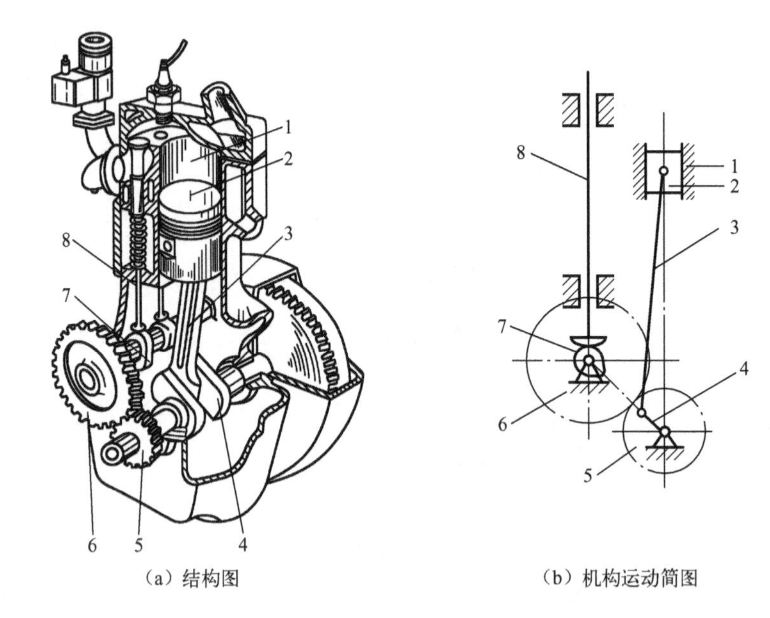

图 1-1　内燃机

1—汽缸体;2—活塞;3—连杆;4—曲轴;5、6—齿轮;7—凸轮;8—顶杆

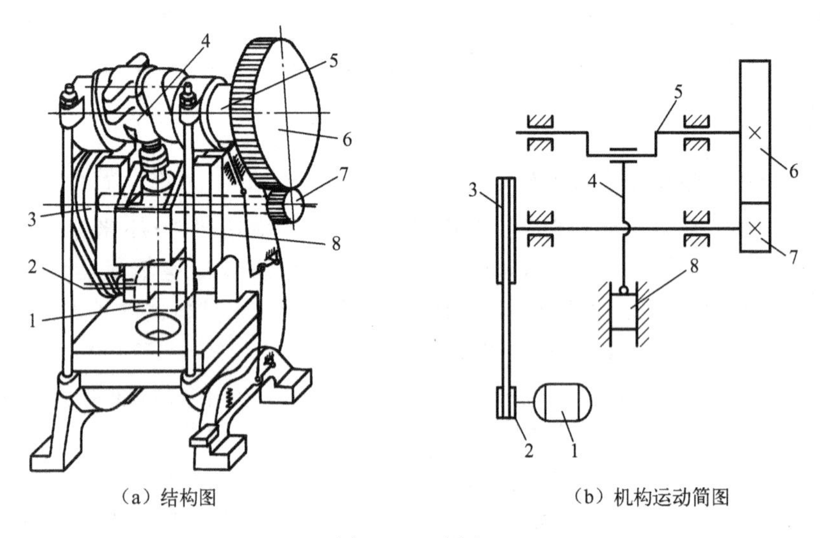

图 1-2　压力机

1—电动机;2、3—带轮;4—连杆;5—曲轴;6、7—齿轮;8—滑块

1.1.2　机构

通过以上两实例还可以看出,机构是若干构件的组合,各构件间具有确定的相对运动。例如,在图 1-1 所示的内燃机中,曲轴、连杆、活塞和机架组成连杆机构;凸轮、顶杆和机架组成凸轮机构;齿轮 5、6 和机架组成齿轮传动机构。在压力机中,具有带传动机构、齿轮传动机构和连杆机构。

机器中常用的机构有:连杆机构、凸轮机构、齿轮传动机构和间歇运动机构等。

1.1.3 构件和零件

机构中作相对运动的各个运动单元称为构件。构件可以是单一的零件，如曲轴(见图1-3)，也可以是由几个零件组成的刚性体，如连杆(见图1-4)。

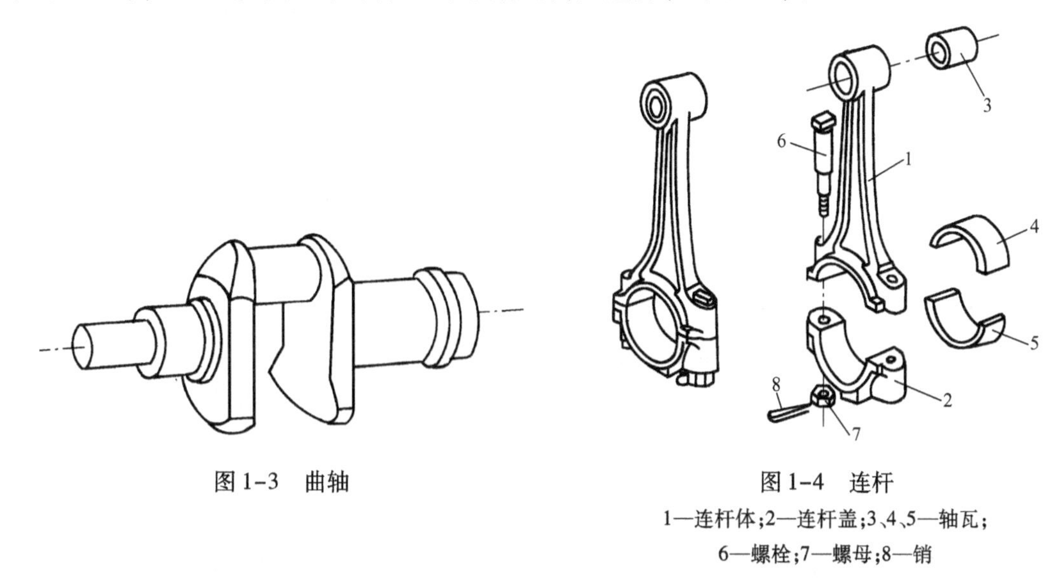

图1-3 曲轴

图1-4 连杆

1—连杆体;2—连杆盖;3、4、5—轴瓦;
6—螺栓;7—螺母;8—销

零件是机器中的制造单元。零件分为两类：一类是各种机器中普遍使用的零件，称为通用零件，如螺栓、键、带轮、齿轮等。另一类是特定类型机器中所使用的零件，称为专用零件，如内燃机中的活塞、洗衣机中的波轮、风扇中的叶轮等。

1.2 机械设计的基本要求和一般程序

1.2.1 机械设计的基本要求

机械设计的目的是根据用户的需求，创造性地设计和制造出具有预期功能的新机械或改进现有机械的功能。

机械设计应满足的基本要求主要有以下几方面：

1. 使用要求

所设计的机械要求实现预期的使用功能。为此，必须确定机械的工作原理和实现工作原理的机构组合。

2. 经济性要求

机械的经济性应体现在设计、制造和使用的全过程。设计经济性体现在降低机械成本和采用先进的设计方法以缩短设计周期等；制造经济性体现在省工、省料、加工、装配简便和缩短制造周期等；使用经济性体现在高生产率、高效率、低消耗及管理、维修费用低等。

3. 人、机和环境要求

所设计的机械应使人、机和环境所组成的系统相互协调。即要保证人、机安全；要根据人的生理条件改善操作环境；要尽量减少或避免机械对环境的污染，节能减排；要重视外形和色彩方面的要求；要提高商品意识，加强产品的市场竞争能力和售后服务等。

4. 可靠性要求

机械的可靠性是指机械在规定的环境条件下和规定的使用期限内，完成规定功能的一种特性。机械的可靠性取决于设计、制造、管理、使用等各阶段。设计、制造阶段对机械的可靠性起着决定性的影响，产品的固有可靠性是在设计、制造阶段确定的。而管理、使用等环节所采取的措施，用来保证设计、制造阶段确定的固有可靠性。

5. 其他要求

在满足以上基本要求的前提下，不同的机械还有一些特殊的要求，例如，机床有长期保持精度的要求；飞机有减轻质量的要求；食品机械有防止污染的要求等。

1.2.2 机械设计的一般程序

机械产品的设计分为开发性设计（应用新原理、新技术、新工艺对产品进行全新的设计）、适应性设计（根据生产部门和使用部门的要求，对产品的结构和性能进行改进设计）、变型设计（不改变工作原理和功能要求，仅改变产品的参数或结构的设计）三种类型。一般机械产品的设计分为以下几个阶段：

1. 产品规划阶段

产品规划是根据市场预测、用户需求调查和可行性分析，制定出机器的设计任务书。任务书中应规定机器的功能、主要参数、工作环境、生产批量、预期成本、设计完成期限以及使用条件等。

2. 方案设计阶段

方案设计是影响机械产品结构、性能、工艺、成本的关键环节，也是实现机械产品创新的重要阶段。方案设计是在功能分析的基础上，确定机器的工作原理和技术要求，拟定机器的总体布置、传动方案和机构运动简图等。经优化筛选，从多种方案中，选取较理想的方案。

3. 技术设计阶段

该阶段的主要任务是将机械的功能原理方案具体化为机器及零部件的合理结构。其主要工作包括：总体设计、结构设计、商品化设计、模型试验等。总体设计是确定机械各部件的总体布置、运动配合和人－机－环境的合理关系等；结构设计是选择材料，确定零部件的合理结构；商品化设计是提高产品的商品价值以吸引用户，如进行价值设计、工业造型设计及包装设计等；模型试验是检查机械的功能及零部件的强度、刚度、运转精度、振动稳定性和噪声等性能是否满足设计的要求；最后编制设计图样和技术文件。

4. 施工设计阶段

根据技术设计阶段提供的图样和技术文件试制样机，对样机进行相关试验，并根据样机存在的问题，对原设计方案进行修改完善。按照修改后的设计图样和技术文件，制定产品工艺规划，完成生产准备。

5. 投产和售后服务

组织产品生产，投放市场，完善售后服务工作，并通过售后服务，发现用户在产品使用过程中出现的问题和市场变化情况，为产品的改进设计提供依据。

最后完成全部设计图样并编制设计计算说明书和使用说明书等技术文件。

1.3　机械零件的主要失效形式和设计准则

1.3.1　机械零件的主要失效形式

机械零件由于各种原因造成丧失正常工作能力的现象称为失效，因此，在预期工作寿命期间防止失效，保证机械正常工作是机械零件设计的目的。机械零件主要失效形式有：

1. 断裂

零件在外载荷作用下，某一危险截面上的应力超过零件的抗拉强度时，会造成断裂失效。在循环变应力作用下长时间工作的零件，容易发生疲劳断裂，例如：齿轮轮齿根部的折断、轴的断裂等。

2. 过大的残余变形

零件受载后会产生弹性变形，过量的弹性变形会影响机器的精度，对高速机械有时还会造成较大的振动。零件的应力如果超过了材料的屈服强度，将产生残余塑性变形，使零件的尺寸和形状发生永久的改变，致使破坏各零件的相对位置和配合，使机器不能正常工作。

3. 表面失效

磨损、腐蚀和接触疲劳等都会导致零件表面失效。它们都是随工作时间的延续而逐渐发生的失效形式。处于潮湿空气中或与水、汽及其他腐蚀介质接触的金属零件，均有可能产生腐蚀失效；有相对运动的零件接触表面都会有磨损；在接触变应力作用下工作的零件表面将可能发生疲劳点蚀。

4. 破坏正常工作条件而引起的失效

有些零件只有在一定条件下才能正常工作，如带传动，只有当传递的有效圆周力小于带与带轮间的最大静摩擦力时才能正常工作；液体摩擦的滑动轴承只有在保持完整的润滑油膜时才能正常工作等。如果破坏了这些条件，将会发生失效。例如，带传动将发生打滑失效，滑动轴承将发生过热、胶合、过度磨损等形式的失效。

1.3.2　机械零件的设计准则

根据零件的失效分析，设计时在不发生失效的条件下，零件所能安全工作的限度，称为工作能力或承载能力。针对不同失效形式建立的判定零件工作能力的条件，称为工作能力设计准则，机械零件设计时的主要设计准则有：

1. 强度准则

零件因强度不足而失效，将破坏机械的正常工作，甚至可能造成设备、人身事故；整体静强度不足，将使零件发生断裂和塑性变形；表面静强度不足，将使零件表面压溃或产生塑性变形；整体或表面疲劳强度不足，将使零件发生疲劳断裂或表面疲劳点蚀。机械零件设计的强度准则是：零件在外载荷作用下所产生的最大应力 σ 不超过零件的许用应力$[\sigma]$。其表达式为

$$\sigma \leqslant [\sigma] = \frac{\sigma_{\lim}}{S} \tag{1-1}$$

式中 $\sigma_{\lim}$——材料的极限应力,MPa,按零件的工作条件和材料的性质等取值;

S——安全系数,根据材料的均匀性、计算的准确性、原始数据的可靠程度和机械零件的重要性等取值。

对承受静应力的脆性材料,主要失效形式是断裂,$\sigma_{\lim}$取抗拉强度 σ_b。对受静应力的塑性材料,主要失效形式是塑性变形,$\sigma_{\lim}$取屈服强度 σ_s。

2. 刚度准则

零件在载荷作用下将产生弹性变形。限制某些零件(如机床主轴和发动机凸轮轴)受载后产生的弹性变形量 y 不超过机器正常工作所允许的弹性变形量 $[y]$,就是机械零件设计的刚度准则。其表达式为

$$y \leqslant [y] \tag{1-2}$$

弹性变形量 y 可按理论计算或实验方法确定,而许用变形量 $[y]$ 则应随不同的使用场合,按理论或经验确定其合理数值。

3. 寿命准则

影响零件寿命的主要因素是磨损、腐蚀和疲劳。

耐磨性是指零件抗磨损的能力。为了保证零件具有良好的耐磨性,应根据摩擦学原理设计零件的结构,选定摩擦副材料和热处理方式,同时注意合理润滑,以延长零件的使用寿命。零件寿命通常是以满足使用寿命时的疲劳极限作为计算的依据。迄今为止,尚无实用的腐蚀寿命计算方法。

4. 振动稳定性准则

机器在运转过程中的轻微振动不妨碍机器正常工作,但剧烈的振动会影响机器的工作质量和旋转精度。如果某一零件的固有频率与机器的激振频率重合或成整数倍关系时,零件就会产生共振,致使零件甚至整个机器损坏。因此,设计时要使机器中受激振作用的各零件的固有频率与激振频率错开,以避免产生共振。

5. 热平衡准则

机器工作时,由于工作环境或零件本身的发热,会使零件温度升高,如散热不良,将会改变零件的结合性质,破坏正常的润滑条件,甚至导致金属局部熔融而产生胶合,为满足热平衡准则,应对发热较大的零件进行热平衡计算,控制其工作温度采取降温措施或采用耐高温材料。

6. 可靠性准则

可靠性是保证机械零件正常工作的关键。可靠性的衡量尺度是可靠度,产品在规定的条件下和规定的时间内,完成规定功能的概率称为可靠度。由许多零部件组成的机器可靠度取决于零部件的可靠度的组合关系。

同一种零件可能有几种不同的失效形式,对应于各种失效形式就有不同的工作能力设计准则,设计时,应满足零件上述准则的各种工作能力,取其较小者作为设计依据。

1.3.3 机械零件设计的一般步骤

机械零件设计的一般步骤为:

(1) 根据零件的使用要求,选择零件的类型并设计零件的结构;

(2) 根据零件的工作条件及对零件的特殊要求,选择适当的材料和热处理方式;

(3) 根据零件的工作情况建立零件的计算简图,计算作用在零件上的载荷;

(4) 分析零件工作时可能出现的失效形式,确定满足零件工作能力的设计准则,并计算出零件的主要尺寸;

(5) 根据工艺性及标准化等原则,进行零件的结构设计;

(6) 绘制出零件工作图,编制设计计算说明书。

1.4 机械零件的设计方法

机械设计中的常用设计方法分为常规设计方法和现代设计方法两大类。

1.4.1 常规设计方法

常规设计方法是以经验总结为基础,以力学分析或实验而形成的公式、经验数据、标准和规范作为设计依据,采用经验公式、简化模型或类比等进行设计的方法。机械设计中的常规设计方法又可分为以下三种:

1. 理论设计

按照机械零件的结构及其工作情况,将其简化成一定的物理模型,运用力学、热力学、摩擦学等理论推导出来的设计公式和实验数据进行设计的方法称为理论设计。这些设计公式有两种不同的使用方法。

(1) 设计计算 按设计公式直接求得零件的主要尺寸;

(2) 校核计算 已知零件的各部分尺寸,校核其是否能满足有关的设计准则。

2. 经验设计

根据对同类零件已有的设计与使用实践,归纳出经验公式和数据,或者用类比法进行的设计称为经验设计。对于某些典型零件,这是很有效的设计方法。经验设计也用于某些目前尚不能用理论分析的零件设计中。

3. 模型实验设计

对于尺寸很大,结构复杂,工况条件特殊,又难以进行理论计算和经验设计的重要零件,可采用模型或样机,通过实验考核其性能,在取得必要数据后,再根据实验结果修改原有设计。但这种方法费时、费钱,只用于特别重要的设计。

1.4.2 现代设计方法

随着科学技术的进步,新材料、新工艺、新技术等新兴边缘科学的不断涌现,产品的更新周期日益缩短,推动机械产品向大功率、高速度、高精度和自动化方向发展,促进了机械设计理论和方法的发展。在这种形势下,传统的机械设计方法已经不能完全适应需要,从而产生了机械设计的现代设计方法,主要表现在:

(1) 发展光机电一体化技术,提高机器的效率、生产率和自动化程度。

(2) 在机械设计中广泛采用断裂力学、有限元方法、摩擦学、统计强度理论、相似理论、模拟仿真技术、模态分析技术、监测技术等新的理论和技术,使设计结果更加符合实际。

(3) 采用优化设计、可靠性设计和价值设计等方法,提高机械的性能,降低成本。

(4) 利用计算机运算快速、准确,具有存储和逻辑判断功能等特点,并与图形分析、自动绘图等相结合,在人机交互作用下进行计算机辅助设计,这样可以大大缩短设计周期,提高设计质量,加速产品的更新换代。

现代设计所使用的理论和方法称为现代设计方法。下面介绍几种常用的现代设计方法。

1. 计算机辅助设计

计算机辅助设计(Computer Aided Design,CAD)是一种采用计算机软、硬件系统辅助设计师对产品或工程进行设计(包括设计、绘图、工程分析与文档制作等设计活动)的方法与技术。一个较完善的机械 CAD 系统是由产品设计的数值计算和数据处理模块,图形信息交换、处理和显示模块,存储和管理设计信息的工程数据库等三大部分组成。该系统具有计算分析、图形处理与仿真、数据处理和文件编制等功能,既可以采用现代设计方法进行设计计算,也能够自动显示并绘制出设计结果(如产品的装配图和零件图等),还可以对设计结果进行动态修改。目前,CAD 正在向集成化、智能化、网络化方向发展。

CAD 的基础工作是常用算法的方法库、设计资料的数据库和参数化的图形库的建立。设计时依据机械产品的具体要求,建立该产品的数学模型和设计程序,在计算机上自动或人机交互式地完成产品设计工作。

2. 优化设计

传统的设计方法,要想获得较为满意的实用方案,须经过多次反复的设计—分析—再设计的过程,才能获得有限的几个可行的设计方案,然后凭借设计师个人的经验和知识,从中筛选出一个较好的方案作为设计的最终结果,显然,不会是设计的最优方案。优化设计(Optimization Design,OD)是以计算机为工具、以数学规划论为理论基础,研究从众多可行的方案中寻求最优设计方案(即使设计目标达到最优值)的一种现代设计方法。进行优化设计时,首先必须建立设计问题的数学模型,然后选择合适的优化方法进行运算求解,最终获得最优的设计方案。

优化设计的数学模型由设计变量、目标函数和约束条件三部分组成。设计变量是一些相互独立的基本参数,是对设计性能指标好坏有影响的量。设计变量应当满足的条件称为约束条件,而设计师选定用于衡量设计方案优劣并期望得到改进的产品性能指标称为目标函数。优化设计中常用的优化方法有黄金分割法、坐标轮换法、鲍威尔(Powell)法、梯度法、牛顿法、惩罚函数法等。

3. 可靠性设计

可靠性设计(Reliability Design,RD)是将概率统计理论、失效机理和机械设计理论结合起来的综合性工程技术,其主要特征是将常规设计方法中所涉及的设计参数,如材料强度、疲劳寿命、载荷、几何尺寸及应力等均视为服从某种统计分布规律的随机变量,根据机械产品的可靠性指标要求,用概率统计方法设计出机械零部件的结构参数和尺寸。

可靠性设计不是以安全系数来判定零部件的安全性,而是用可靠度来说明零部件安全的概率有多大。机械零件的可靠性设计采用的是应力—强度干涉模型理论,机械系统的可靠性设计则需视系统类型(串联系统、并联系统、混联系统和复杂系统等)的不同而采用不同的设计方法。

4. 有限元方法

有限元方法(Finite E1ement Method,FEM)是以计算机为工具的一种现代数值计算方法,它不仅应用于大型复杂工程结构的静态和动态分析计算,而且广泛应用于流体力学、热传导、电磁场等领域的分析计算,已成为现代设计中强有力的分析工具。

有限元的基本思想是:首先将问题的求解域离散为一系列彼此用节点联系的单元,单元内部点的待求量可由单元节点量(未知量)通过选定的函数关系插值求得。由于单元的形状简单,易于由平衡关系或能量关系建立节点量之间的方程(即单元方程)。然后将各单元方程"组集"在一起而形成总体代数方程组,计入边界条件后即可对方程组求解,得出各节点的未知量,利用插值函数求出问题的近似解。

用有限元法分析问题时,一般都使用现成的有限元通用软件。目前国际上面向工程的有限元通用软件有几百种,其中著名的有:ANSYS、NASTRAN、ASKA、ADINA、SAP 等。在有限元通用软件中,包含了多种条件下的有限元分析程序,而且带有功能强大的前处理(自动生成单元网格,形成输入数据文件)和后处理(显示计算结果,绘制变形图、等值线图、振型图以及可以动态显示计算结果)技术。由于有限元通用程序使用方便,计算精度高,故已成为机械设计和分析的有力工具。

5. 摩擦学设计

摩擦学(Tribology Design,TD)是研究有关摩擦、磨损和润滑的科学与技术的总称。摩擦学设计是指在机械设计中,应用摩擦学的知识与技术,使得机械系统中的运动副具有良好的摩擦学性能的一种现代设计方法。摩擦学问题已成为位于强度问题之后机械系统中的第二大问题。目前,在齿轮传动、滚动轴承、滑动轴承及密封零件等机械零部件的设计中,已广泛应用了摩擦学设计的理论和方法。摩擦学设计在减小机械系统及其零部件的摩擦、磨损,提高机械效率,降低能源消耗及使用成本,控制和克服因摩擦带来的振动、噪声、发热等伴生现象等方面都具有重要的作用。

1.5 机械零件的常用材料和选择原则

1.5.1 机械零件的常用材料

机械零件常用的材料有钢、铸铁、有色金属和非金属等,常用材料的牌号、性能及热处理知识可查阅机械设计手册。

1. 钢

钢的种类很多,按化学成分分为碳素钢和合金钢;按用途分为结构钢、工具钢和特殊性能钢;按质量分为普通钢、优质钢和高级优质钢;按脱氧程度分为镇静钢、半镇静钢和沸腾钢。钢是机械制造中应用最广泛的材料,制造机械零件时可以轧制、锻造、冲压、焊接和铸造,并且可以用热处理方法获得较高的力学性能或改善加工性能。

(1) 碳素钢

碳素钢简称碳钢,其碳的质量分数 $w_C < 1.5\%$,并含有少量硅、锰、硫、磷等元素的铁碳合金。含碳量的高低对碳钢的力学性能影响很大,当碳的质量分数 $w_C < 0.9\%$ 时,碳钢的硬度和

强度随含碳量的增加而提高,塑性和韧性随含碳量的增加而降低;当碳的质量分数 $w_C > 0.9\%$ 时,碳钢的硬度仍随含碳量的增加而提高,但其强度、塑性和韧性均随含碳量的增加而降低。

按含碳量的多少,碳钢可分为三类:即低碳钢($w_C \leqslant 0.25\%$)、中碳钢($w_C = 0.25\% \sim 0.6\%$)和高碳钢($w_C \geqslant 0.6\%$)。低碳钢不能淬硬,但塑性好,一般用于退火状态下强度要求不高的零件,如螺栓、螺母、销轴,也用于锻件和焊接件,经渗碳处理的低碳钢用于制造表面硬度高和承受冲击载荷的零件。中碳钢淬透性及综合力学性能较好,可进行淬火、调质和正火处理,用于制造受力较大的齿轮、轴等零件。高碳钢淬透性好,经热处理后有较高的硬度和强度,但性脆,主要用于制造弹簧、钢丝绳等高强度零件。通常当碳钢的质量分数 $w_C < 0.4\%$ 时,焊接性好,当碳的质量分数 $w_C > 0.5\%$ 时,焊接性较差。

优质钢如35钢、45钢等能同时保证力学性能和化学成分,一般用来制造需经热处理的较重要的零件;普通钢如Q235等一般不适宜做热处理,常用于不太重要的或不需热处理的零件。

表1-1摘录了常用钢的力学性能及其应用举例。

表1-1 常用钢的力学性能及其应用举例

材料		力学性能			应用举例
名称	牌号	抗拉强度 σ_b/MPa	屈服强度 σ_s/MPa	硬度 HBW10/3000	
碳素结构钢	Q215	335～410	215		垫圈、焊接件及渗碳零件
	Q235	375～460	235		金属结构件、拉杆、轴、螺栓、螺母及焊接件
	Q275	410～540	275		轴、吊钩、链和链节、齿轮、键等
优质碳素结构钢	25	450	275	170	轴、辊子、联轴器、垫圈、螺钉等
	35	530	315	197	轴、销、连杆、螺栓(母)、垫圈、螺钉等
	45	600	355	241	齿轮、链轮、轴、键、销、蜗杆等
	50Mn	645	390	255	齿轮、齿轮轴、摩擦盘和小直径的心轴等
合金结构钢	40Cr	980	785	207	齿轮、连杆、蜗杆、花键轴、曲柄等。
	35SiMn	885	735	229	传动轴、连杆、曲轴、齿轮、蜗杆、轮毂等
	30CrMo	930	785	229	主轴、轴、齿轮、螺栓(柱)、操纵轮等
一般工程用铸钢	ZG270～500	500	270		机架、飞轮、轴承座、连杆和箱体
	ZG310～570	570	310		联轴器、大齿轮、缸体、气缸、机架、轴等
	ZG340～640	640	340		联轴器、齿轮、车轮、棘轮等

注:1. 碳素结构钢 σ_s 为尺寸≤16 mm时的值。
2. 优质碳素结构钢及合金钢的 σ_b 及 σ_s 为试样毛坯尺寸为25 mm值,硬度为未经热处理钢。
3. 表中值摘自于GB/T 700—2006、GB/T 699—1999、GB/T 3077—1999、GB/T 11352—2009。

(2)合金钢

为了改善碳钢的性能,有目的地往碳钢中加入一定量的合金元素所获得的钢,称为合金钢。硅、锰含量超过一般碳钢含量(即 $w_{Si} > 0.5\%$,$w_{Mn} > 1.0\%$)的钢,也属于合金钢。

按合金元素的多少,合金钢可分为三类:即低合金钢:合金元素总的质量分数<5%;中合金钢:合金元素总的质量分数为5%～10%;高合金钢:合金元素总的质量分数>10%。合金元素不同时，钢的力学性能也不同。例如，铬(Cr)能提高钢的强度、韧性、淬透性、抗氧化性和耐腐蚀性；钼(Mo)能提高钢的淬透性和耐腐蚀性，在较高温度下能保持较高的强度和硬度；锰(Mn)能减轻钢的热脆性，提高钢的强度、硬度、淬透性和耐磨性；钛(Ti)能提高钢的强度、硬度和耐热性。同时含有几种合金元素的合金钢(如铬锰钢、铬钒钢、铬镍钢)，其性能的改变更为显著。由于合金钢较碳素钢价贵，通常在碳素钢难于胜任工作时才考虑采用。合金钢零件通常需经热处理。

碳素钢和合金钢可用浇铸法得到铸钢。铸钢用于形状复杂、体积较大、承受重载的零件。由于铸钢易产生缩孔、缩松等缺陷，故非必要时不采用。

钢除供应钢锭外，也可轧制成各种型材，如钢板、圆钢、方钢、六角钢、角钢、槽钢、工字钢和钢管等。各种型材的规格可查阅机械设计手册。

(3) 钢的热处理

钢的热处理是将钢(固态)进行加热、保温和冷却处理，用以改变钢的内部组织结构和力学性能的工艺方法。在机械制造业中，热处理是一种重要的加工方法，在机械制造中有70% ~ 80% 的零件需要经过热处理。热处理不仅广泛用于钢件，也应用于铸铁件和有色金属合金。

表 1-2 摘录了钢的常用热处理方法及其应用。

表 1-2 钢的常用热处理方法及其应用

名称	说明	应用
退火(焖火)	退火是将钢件(或钢坯)加热到临界温度以上 30～50℃，保温一段时间，然后再缓慢地冷下来(一般用炉冷)	用来消除铸、锻、焊零件的内应力，降低硬度，使之易于切削加工，并可细化金属晶粒，改善组织，增加韧性
正火(正常化)	正火也是将钢件加热到临界温度以上，保温一段时间，然后在空气中冷却。冷却速度比退火快	用来处理低碳和中碳结构钢件及渗碳零件，使其组织细化，增加强度与韧性，减少内应力，改善切削性能
淬火	淬火是将钢件加热到临界温度以上，保温一段时间，然后在水、盐水或油中(个别材料在空气中)急冷下来	用来提高钢件的硬度和强度极限。但淬火时会引起内应力，使钢变脆，所以淬火后必须回火
回火	回火是将淬硬的钢件加热到临界点以下的温度，保温一段时间，然后在空气中或油中冷却下来	用来消除淬火后的脆性和内应力，提高钢件的塑性和冲击韧度
调质	淬火后高温回火，称为调质	用来使钢件获得高的韧性和足够的强度。很多重要零件是经过调质处理的
表面淬火	使零件表层有高的硬度和耐磨性，而心部仍保持原有的强度和韧性的热处理方法	表面淬火常用来处理齿轮、花键等零件
渗碳	将低碳钢或低合金钢零件置于渗碳剂中，加热到900～950℃保温，使碳原子渗入钢件的表面层，然后再淬火和回火	增加钢件的表面硬度和耐磨性，而其心部仍保持较好的塑性和冲击韧度。多用于重载冲击、耐磨零件
渗氮	为增加钢件表面的氮含量，在一定温度下使活性氮原子渗入工件表面	用于提高精密零件表面的硬度、耐磨性、耐腐蚀性和疲劳强度；也可用于在热蒸汽、弱碱溶液和燃烧气体环境中工作的零件

2. 铸铁

铸铁是碳的质量分数大于 2.11% 的铁碳合金。根据碳在铸铁中存在形式的不同，可将铸铁分为白口铸铁、灰铸铁和麻口铸铁，根据铸铁中石墨形态的不同可将其分为：灰铸铁，其石墨呈片状;可锻铸铁,其石墨呈团絮状;球墨铸铁,其石墨呈球状;蠕墨铸铁,其石墨呈蠕虫状。

铸铁是工程上常用的金属材料,灰铸铁、可锻铸铁、球墨铸铁、蠕墨铸铁在生产中应用广泛。最常用的是灰铸铁,属脆性材料,不能辗压和锻造,不易焊接,但具有良好的易熔性和流动性,因此,可以铸造出形状复杂的零件。此外,铸铁的抗拉性差,但抗压性、耐磨性和吸振性较好,价格便宜,通常用作机架和壳体。球墨铸铁是使铸铁中的石墨呈球状,球墨铸铁的强度较灰铸铁高,且有一定的塑性,可代替铸钢和锻钢制造零件。

表 1–3 摘录了常用铸铁的力学性能及其应用举例。

表 1–3　常用铸铁的力学性能及其应用举例

材料		机械性能				应用举例
名称	牌号	抗拉强度 σ_b/MPa	屈服强度 $\sigma_{0.2}$/MPa	延伸率 δ_5/%	硬度 HBW	
灰铸铁	HT150	145	—	—	119～179	端盖、轴承座、阀壳、手轮、工作台等
	HT200	195	—	—	148～222	飞轮、齿条、气缸、齿轮、底座、箱体等
	HT250	240	—	—	164～246	油(汽)缸、齿轮、轴承座、联轴器、箱体等
球墨铸铁	QT500-7	500	320	7	170～230	油泵齿轮、车辆轴瓦、阀体、传动轴、连杆等
	QT600-3	600	370	3	190～270	动力机械曲轴、凸轮轴、连杆、离合器片等
	QT700-2	700	420	2	225～305	连杆、曲轴、凸轮轴、空压机、冷冻机

注:1. 本表值适用于铸件壁厚尺寸不小于 10 mm 和不大于 20 mm。
2. 本表中灰铸铁的硬度值依据经验公式计算获得。

3. 有色金属合金

有色金属合金具有某些特殊性能,如良好的减摩性、跑合性、抗腐蚀性、抗磁性和导电性等,在机械制造中常用的有铜合金、铝合金和轴承合金等。由于其产量少、价格较贵,应节约使用。

(1) 铜合金具有纯铜的优良性能,且强度、硬度等性能有所提高。工程中常用的铜合金有黄铜和青铜两类。

黄铜是以锌为主要合金元素的铜合金,其外观色泽呈金黄色。黄铜分为普通黄铜与特殊黄铜两类。只含锌不含其他合金元素的黄铜称为普通黄铜;除锌以外还含有其他合金元素的黄铜称为特殊黄铜。按照生产方法不同,黄铜可分为压力加工黄铜与铸造黄铜两类。黄铜强度较高,工艺性能较好,耐大气腐蚀,能辗压和铸造成各种型材和零件,在工程上及日用品制造中应用广泛。

青铜是除以锌为主加元素之外的其余铜合金,其外观色泽呈棕绿色。青铜可分为普通青铜(以锡为主加元素的铜基合金,又称为锡青铜)和特殊青铜(不含锡的青铜合金,又称为无锡青铜)。按照生产方法的不同,青铜又可分为压力加工青铜和铸造青铜两类。锡青铜为铜和锡的合金,它与黄铜相比具有较高的耐磨性和减摩性,铸造性能和切削性能良好,常用铸造方法制造耐磨零件。无锡青铜是铜和铝、铁、锰等元素的合金,其强度和耐热性较好,可用来代替价格较贵的锡青铜。

青铜的耐磨性一般比黄铜好,机械制造中应用较多。

(2) 铝合金是在纯铝中加入适量的 Cu、Mg、Si、Mn、Zn 等合金元素后,形成同时具有纯铝的优良性能和较高强度、塑性和耐腐蚀性的轻合金,其密度小于 2.9 g/cm^3。

铝合金按成分和成形方法不同分为形变铝合金和铸造铝合金两类。形变铝合金是合金元素含量低,塑性变形好,适于冷、热压力加工的铝合金。铸造铝合金是合金元素含量较高,熔点较低,铸造性好,适用于铸造成形的铝合金。大部分铝合金可以用热处理方法提高其力学性能,铝合金广泛用于航空、船舶、汽车等制造业中,要求重量轻且强度高的零件。

(3) 轴承合金为铜、锡、铅、锑的合金,其减摩性、导热性、抗胶合性好,但强度低、价格贵,通常将其浇注在强度较高的基体金属表面形成减摩层。

表 1-4 摘录了常用铜合金和轴承合金的力学性能及其应用举例。

表 1-4 常用铜合金和轴承合金的力学性能及其应用举例

合金牌号	合金名称	力学性能≥			应用举例
		σ_b/MPa	δ_5/%	硬度/HBW	
ZCuZn38Mn2Pb2	38-2-2 锰黄铜	245(345)	10(18)	59(68.5)	轴瓦及其他耐磨零件
ZCuZn25Al6Fe3Mn3	25-6-3-3 铝黄铜	725(740)	10(7)	157(166.5)	高强度耐磨零件
ZCuSn5Pb5Zn5	5-5-5 锡青铜	200(200)	13(13)	59(59)	轴瓦、缸套、蜗轮等
ZCuSn10Pb1	10-1 锡青铜	220(310)	3(2)	59(68.5)	高负荷和高滑动速度下工作的耐磨零件
ZCuAl9Mn2	9-2 铝青铜	390(440)	20(20)	83.5(93)	耐蚀、耐磨零件,如轴瓦、蜗轮等
ZCuAl10Fe3	10-3 铝青铜	490(540)	13(15)	98(108)	高强度耐磨、耐蚀零件
ZSnSb12Pb10Cu4	锡基轴承合金	—	—	20～30	高速、重载下工作的重要轴承
ZSnSb11Cu6	锡基轴承合金	—	—	20～30	高速、重载下工作的重要轴承
ZPbSb16Sn16Cu2	铅基轴承合金	—	—	10～30	中速、中载下工作的轴承

注:黄铜和青铜表中值为砂型铸造,括号中值为金属型铸造。

4. 非金属材料

机械制造中的非金属材料主要有塑料、橡胶、陶瓷、木料、皮革等。

(1) 塑料

塑料是一种以合成树脂为主要成分的高分子材料。它是合成树脂和添加剂的组合。合成树脂是其主要成分,添加剂是为了改善塑料的使用性能或成形工艺性能而加入的其他组分,包括填料(又称填充剂或增强剂)、增塑剂、固化剂、稳定剂、润滑剂、着色剂、阻燃剂、发泡剂、抗静电剂等。

工程上应用于制造机械零件、工程结构件的塑料,称为工程塑料,如聚甲醛、ABS 等。这类材料具有类似金属的力学性能。常用工程塑料按其加热和冷却时所表现的性质,可分为热塑性塑料和热固性塑料两类。热塑性塑料受热时软化,熔融为可流动的粘稠液体,冷却后成型并保持既得形状。这类塑料如聚氯乙烯、聚苯乙烯、聚乙烯、聚酰胺(尼龙)、ABS、聚四氟乙烯、聚甲基丙烯酸甲酯(有机玻璃)等。热固性塑料在一定温度下软化熔融,可以塑成一定形状,或加入固化剂后即硬化成型。这类塑料如酚醛塑料、氨基塑料、环氧树脂塑料等。工程塑料的优点为:质轻、比强度高,耐腐蚀性能、减摩性与自润滑性能良好,绝缘性、耐电弧性、隔声性、吸振性优,工艺性能好。其缺点为:强度、硬度、刚度低,耐热性、导热性差,热膨胀系数大,易燃烧,易老化等。

工程塑料可用于制造齿轮、蜗轮、轴承、密封件、各种耐磨、耐腐、绝缘等零件。

(2) 橡胶

橡胶是在生胶(天然橡胶或合成橡胶)中加入适量的硫化剂和配合剂组成的高分子弹性体。常用的硫化剂是硫磺,它使塑性的生胶变成高弹性的硫化胶。配合剂是使橡胶具有其他必要性能而加入的各种添加剂,如补强剂、软化剂、填充剂、抗氧化剂等。

橡胶材料的特点是:高弹性、可挠性,优良的化学稳定性、耐蚀性、耐磨性、吸振性、密封性,较高的韧性,以及能很好地与金属、线织物、石棉等材料相连接。

橡胶按用途分为通用橡胶和特种橡胶两大类。通用橡胶有丁苯橡胶、顺丁橡胶、丁腈橡胶,氯丁橡胶等,主要用于制造传动件、减振件、防振件和密封件等;特种橡胶有聚氨酯、乙丙橡胶、氟橡胶、硅橡胶、聚硫橡胶等,主要用于制造在特殊环境下工作的制品,如耐磨件、散热管、电绝缘件、高级密封件、耐热零件等。

5. 新材料

近年来出现了许多新型材料,如复合材料、纳米材料和其他功能材料。

(1) 复合材料由基体材料与增强材料两部分组成。其基体一般为强度较低、韧性较好的材料;增强体一般是高强度、高弹性模量的材料。基体、增强体均可以是金属、陶瓷或树脂等材料。通过"复合"使不同组分的优点得到充分发挥,缺点得以克服,满足使用性能的要求。

复合材料的性能特点是:密度小,比强度、比弹性模量高;抗疲劳性能、高温性能好;具有隔热、耐磨、耐蚀、减振性以及特殊的光、电、磁方面的特性。

常用的复合材料有:碳纤维树脂复合材料、玻璃钢、金属陶瓷等。

碳纤维树脂复合材料是由碳纤维(增强体)与树脂(基体,一般是聚四氟乙烯、环氧树脂、酚醛树脂等)复合而成的材料。其优点是比强度、比弹性模量大,冲击韧性、化学稳定性好,摩擦系数小,耐湿,耐热性高,耐 X 射线能力强,缺点是:各向异性程度高,基体与增强体的结合力还不够大,耐高温性能不够理想。常用于制造机器中的承载、耐磨零件及耐蚀件,如连杆、活塞、齿轮、轴承、泵、阀体等;在航空、航天、航海等领域内用作某些要求比强度、比弹性模量高的结构件材料。

(2) 金属陶瓷是一种将颗粒状的增强体均匀分散在基体内得到的复合材料。其增强体是具有高硬度、高耐磨性、高强度、高耐热性,膨胀系数很小的氧化物(如 Al_2O_3、MgO、BeO、ZrO 等)及碳化物(如 TiC、WC、SiC 等);基体是 Fe、Co、Mo、Cr、Ni、Ti 等金属。常用的硬质合金就是以 WC、TiC 等为增强体,金属 Co 为基体的金属陶瓷。金属陶瓷常用作耐高温零件及切削加工刀具的材料。

(3) 纳米材料是 20 世纪 80 年代初发展起来的新材料领域,它具有奇特的性能和广阔的应用前景,被誉为 21 世纪的新材料。纳米材料又称超微细材料,其核子粒径范围在 1 ~ 100 nm($1\ nm = 10^{-9}\ m$)之间,即指至少在一维方向上受纳米尺度(0.1 ~ 100 nm)限制的各种固体超细材料。纳米技术是研究电子、原子和分子运动规律、特性的高新技术学科。

纳米材料具有优异的电、磁、光、力学、化学等特性,作为一种新型材料,在机械、电子、冶金、宇航、生物等领域有广泛的应用前景。

1.5.2 机械零件常用材料的选择原则

机械零件的使用性能、工作可靠性和经济性与材料的选择有很大关系。因此,在机械设计中合理地选择材料是一项重要的工作。设计师在选择材料时,应充分了解材料的性能和适用条件,并考虑零件的使用、工艺和经济性等要求。

1. 使用要求

选用材料首先应满足零件的使用要求。为保证机械零件不失效,应根据零件所承受载荷的大小、性质以及应力状态,对零件尺寸及质量的限制,针对零件的重要程度,对材料提出强度、刚度、弹性、塑性、冲击韧度、吸振性能等力学性能方面的要求。同时,由于零件工作环境等其他要求,对材料可能还有密度、导热性、抗腐蚀性、热稳定性等物理性能和化学性能方面的要求。

2. 工艺要求

选择零件材料时必须考虑到制造工艺的要求。例如:铸造毛坯应考虑材料的液态流动性、产生缩孔或偏析的可能性等;锻造毛坯应考虑材料的延展性、热脆性和变形能力等;焊接零件应考虑材料的可焊性和产生裂纹的倾向等;对进行热处理的零件应考虑材料的淬透性及淬火变形的倾向等;对于切削加工的零件应考虑材料的易切削性、切削后能达到的表面粗糙度和表面性质的变化等。

3. 经济性要求

从经济观点出发,在满足性能要求的前提下,应尽可能地选用价格低廉、资源丰富的材料。例如:为了节约有色金属,蜗轮轮缘用铜合金制造,轮芯用铸铁或碳钢制造,并考虑容易回收再熔炼使用。另外还应综合考虑到生产批量等因素的影响,如大量生产的零件宜采用铸造毛坯;单件生产的零件宜采用焊接件,可以降低制造费用。

1.6　机械零件的制造工艺性及标准化

1.6.1　机械零件的工艺性

设计机械零部件的结构,必须考虑结构的工艺性。即要求设计师在保证使用功能的前提下,力求所设计的零部件在制造过程中生产率高、材料消耗少、生产成本低、能源消耗少。为此,设计师必须了解零件的制造工艺,能从材料选择、毛坯制造、机械加工、装配以及维修等环节考虑有关的工艺问题。

(1) 合理选择毛坯　零件毛坯的制备方法有:铸造、锻造、冲压、轧制和焊接等。毛坯的选择应适应生产规模,生产条件和材料的性能要求。例如:单件小批量生产的箱体零件,采用焊接毛坯可以省去铸造模型费,比较合理,因此,其零件结构应和焊接工艺要求相适应;对于大批量生产的箱体零件,采用铸造毛坯比较合理,这时零件的结构应和铸造工艺要求相适应。

(2) 结构简单、便于加工　在满足使用要求的前提下,零件的结构造型尽量采用圆柱面、平面等简单形状;尽量采用标准件、通用件和外购件;几何形状应尽量采用简单对称结构等。

(3) 设计零件结构时,应考虑加工的方便性、精确性和经济性　在确定零件加工精度时,应尽量符合经济性要求;在不影响零件使用要求的条件下,尽量降低加工精度和表面质量等技术要求,尽量减少零件的加工表面的数量和加工面积。

(4) 需要热处理的零件结构应与热处理工艺要求相适应,避免热处理变形、裂纹的产生,尽量减少应力集中源。

(5) 装拆、维修要方便　设计零件结构时,还应考虑装配、拆卸、维修的可能性和方便性。

零件结构工艺性的好坏很大程度上决定着它的经济性。以上所述仅是结构设计中需注意的主要方面,关于零件工艺性方面更多的知识,读者可以查阅机械设计手册和相关书籍。

1.6.2　机械零件的标准化

标准化是我国实行的一项重要的技术经济政策。

在机械设计中采用标准零件,在试验和检验中采用标准方法,对零件的设计参数采用标准数值,将会提高产品的设计质量和经济效益。

在系列产品内部或在跨系列的产品之间,采用同一结构和尺寸的零部件。它可以最大限度地减少产品的规格、形状、尺寸和材料品种等,实现通用互换。

将产品尺寸和结构按尺寸大小分档,按一定规律优化组合成产品系列,以减少产品型号数目亦是标准化的重要内容。

标准化的意义在于:减轻设计工作量,有利于把主要精力用于关键零部件的创新设计;可安排专门工厂集中生产标准零部件,有利于降低成本,提高互换性;有利于改进和提高产品质量,扩大和开发新产品,便于维修和更换。

我国现行标准分为国家标准(强制性标准:GB,推荐性标准:GB/T)、行业标准(如 JB、YB 等)和企业标准三个等级。随着我国加入 WTO 后,为了增强我国产品在国际市场的竞争力,我国的标准化工作正在与国际标准化组织的标准 ISO 接轨。

标准化是一项重要的技术政策,设计工程师在机械设计中应认真贯彻执行。

1.7　本课程的研究内容、性质和任务

“机械设计基础”是一门技术基础课程,它主要研究机器中常用机构和通用零件的工作原理、结构特点、基本的设计原理和计算方法。通过本课程的学习,可以使学生能综合运用先修课程的知识(如机械制图、机械制造基础、理论力学、材料力学等),培养学生初步具有简单机械传动装置的设计能力,为进一步学习专业课和今后从事机械设计工作打下基础。

通过本课程的学习,应达到的基本要求为

(1) 掌握常用机构的组成、运动特性,初步具有分析和设计常用机构的能力。对机械动力学的基本知识有所了解。

(2) 掌握通用机械零件的工作原理、结构特点、设计计算和维护等知识,并具有设计简单机械传动装置的能力。

(3) 具有应用标准、规范、手册、图册等有关技术资料的能力。

(4) 获得实验技能的初步训练。

复习思考题

1-1 机器与机构有何区别？试举例说明。

1-2 构件与零件有何区别？试举例说明。

1-3 指出汽车中若干通用零件和专用零件。

1-4 设计机器应满足哪些基本要求？

1-5 机械设计过程通常分为几个阶段？各阶段的主要内容是什么？

1-6 什么是机械零件的失效？机械零件的主要失效形式有哪些？

1-7 什么是疲劳点蚀？影响疲劳强度的主要因素有哪些？

1-8 机械设计师应如何考虑节能减排(以汽车为例说明)？

1-9 高层住宅电梯设计应考虑哪些问题？

1-10 何谓优化设计？

1-11 常规设计方法与可靠性设计方法有何不同？

1-12 简述有限元法的基本原理。

1-13 选择零件材料时,应考虑哪些原则？

1-14 指出下列材料牌号的含义及主要用途：Q275、40Mn、40Cr、45、ZG310-570、HT200、QT600-3。

1-15 机器的机架可用铸铁、铸钢、铸铝或钢板焊接而成,分析它们的优缺点和适用场合。

1-16 设计机械零件时应从哪些方面考虑其结构工艺性？

1-17 自行车的结构可作哪些改进？它除了作为交通工具还有哪些用途？

1-18 在机械设计中贯彻标准化有什么意义(以自动扶梯为例说明)？

1-19 本课程研究的主要内容是什么？

1-20 通过本课程学习应达到哪些要求？

第 2 章　平面机构的结构分析

本章学习提要

本章要点包括：①了解构件、零件、机构，运动副及其分类，运动链的基本概念；②熟悉机构运动简图绘制方法；③掌握机构自由度的计算，正确判断复合铰链、局部自由度、虚约束以及机构具有确定运动的条件。

本章重点是平面机构的自由度的计算。

机构是具有确定运动的实物组合体，主要用来传递运动和动力。不能运动或作无规则运动的实物组合体都不能称之为机构。因此，对机构进行结构分析的目的是判断所设计的机构能否满足设计要求。平面机构分析是各种机构分析的基础，故本章主要对平面机构的结构分析展开论述。

2.1　平面机构的组成

2.1.1　构件

如绪论所述，构件是组成机构的最小运动单元。它由一个或若干个零件刚性组合而成。从运动的观点看，机构是由若干构件组成的。一般机构中的构件可分为三类：

（1）机架（固定件）　用来支承活动构件的构件称为机架。机架可以固定在地基上，也可以固定在车、船等机体上。在分析研究机构中活动构件的运动时，通常以机架作为参照物。

（2）原动件　由外界赋于动力、运动规律已知的活动构件称为原动件。它是机构的动力来源。一般情况下原动件与机架相连接。在机构运动简图中，原动件上通常画有箭头，用以表示其运动方向。

（3）从动件　机构中随着原动件而运动的其余活动构件称为从动件。从动件的运动规律取决于原动件的运动规律和机构的组成情况。在任何一个机构中，只能有一个构件作为机架。在活动构件中至少有一个构件为原动件，其余的活动构件都是从动件。

2.1.2　运动链与机构

两个以上构件通过运动副所构成的系统称为运动链。若运动链中各个构件构成了首末封闭的系统，称其为闭式运动链，简称闭式链，如图 2-1a、b 所示。反之，若未形成首末封闭的运动链，则称为开式链，如图 2-1c、d 所示。一般机械中以闭式链应用最为广泛。开式链主要用于机械手、挖掘机等多自由度的机械中。根据运动链中各构件的相对运动是否平行，运动链又可分为平面运动链，如图 2-1a ~ d 所示。空间运动链，如图 2-1e 所示。

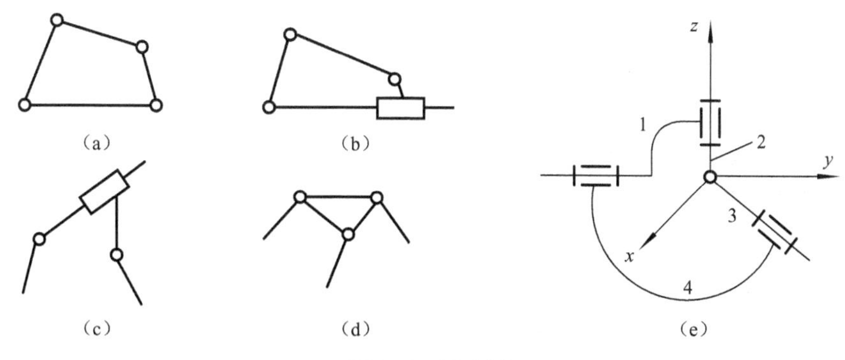

图2-1　运动链

若将运动链中的一个构件固定,则该运动链称为机构。机构中固定的构件称为机架,作独立运动的构件称为原动件,其余的构件称为从动件。从动件的运动规律取决于原动件的运动规律和机构的组成。因此,机构是由机架、原动件和从动件组成的构件系统。

组成机构的各构件相对运动均在同一平面或相互平行平面内则称平面机构,其余称为空间机构。实际机器多以平面机构为主,因此本章主要研究平面机构。

2.1.3　运动副及其分类

如前所述,机构是由多个构件组合而成的。在机构中,每个构件都与其他构件相互连接。这种使两构件直接接触的可动连接称为运动副,如轴与轴承、滑块与导轨、推杆与凸轮、两轮齿的啮合等都构成了运动副,如图2-2所示。

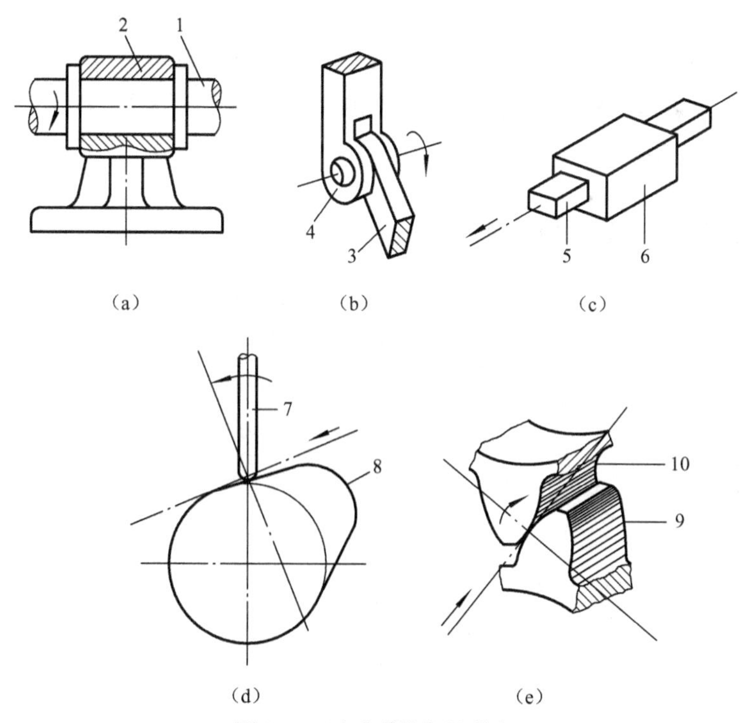

图2-2　运动副的常见形式

1—轴;2—轴承;3、4—转动构件;5—导轨;6—滑块;7—推杆;8—凸轮;9、10—齿轮

运动副分类方法：

（1）按两构件间的接触情况分：点接触，如球与平面。线接触，如圆柱与平面。面接触，如平面与平面。

其中，以面接触构成的运动副称为低副，如图 2-2a ~ c 所示；以点或线接触构成的运动副称为高副，如图 2-2d、e 所示。低副由于接触面积大，相对于高副接触处压强较低，而高副由于接触面积小，接触处压强较高，更易磨损。

（2）按组成运动副两构件间的相对运动形式分：两构件之间作相对转动的运动副称为转动副（或称铰链），如图 2-2a、b 所示。若两个构件都是活动构件，称为活动铰链；若其中有一个构件是固定的，则称为固定铰链。作相对移动的运动副称为移动副，如图 2-2c 所示。

若构成运动副两构件的运动平面相互平行，该运动副称为平面运动副，如转动副、移动副。若运动方式为空间的，则称之为空间运动副，如螺旋副和球面副及球销副。

常用运动副和构件的表示方法可参见国家标准 GB/T 4460—2013《机械制图机构运动简图用图形符号》。

2.2 平面机构的运动简图

2.2.1 运动简图

由于实际机器的结构和外形往往很复杂，因此在研究机构运动时，为使问题简化，可撇开那些与运动无关的因素（如构件的形状、运动副的具体构造等），而用简单的线条和规定的符号来表示构件和运动副，并按一定比例表示各运动副的位置和构件尺寸，这种表示机构中各构件间相对运动关系的简单图形，称为**机构运动简图**。有时为了更清楚、方便地表达机构结构特征，仅仅以构件和运动副的符号表示机构，其图形未按照精确比例绘制的简图称为**机构示意图**。

常用机构运动简图的表示符号见表 2-1。

表 2-1 常用机构运动简图的表示符号

名　称	符　　号	名　称	符　　号
轴、杆、连杆等构件		两个运动构件用移动副相连	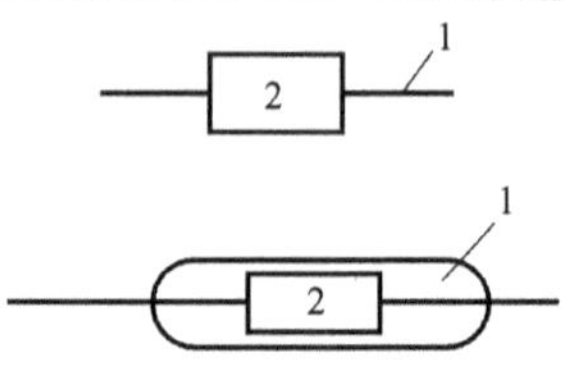 2　1 2　1
轴、杆的固定支座（机架）	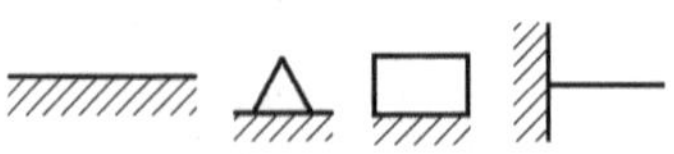		
同一构件	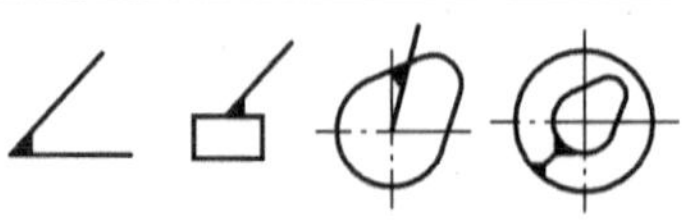	两个运动构件用转动副相连	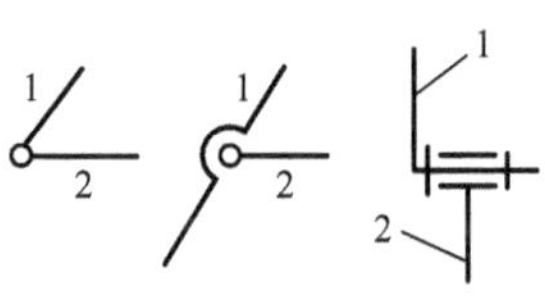 1　2　1　2　1　2
一个构件上有两个转动副			

续表

名 称	符 号	名 称	符 号
一个运动构件与一个固定构件用移动副相连	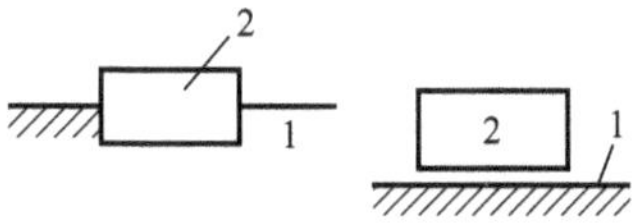	二副构件	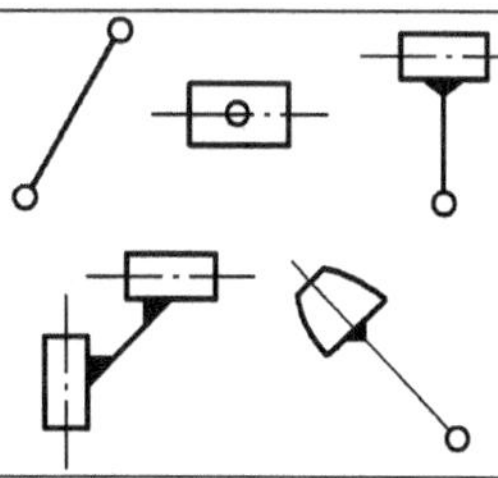
一个运动构件与一个固定构件用转动副相连	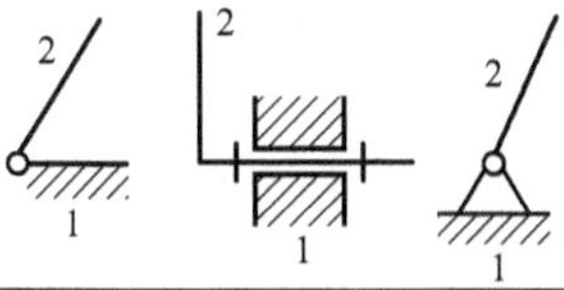	内啮合圆柱齿轮传动	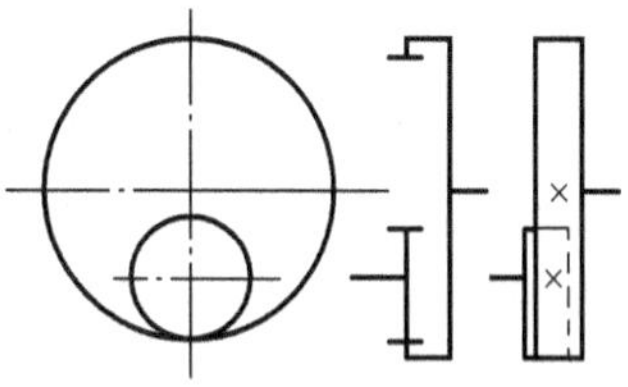
三副构件	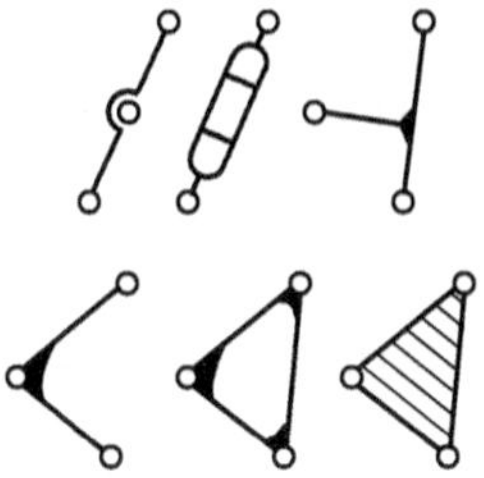	齿轮齿条传动	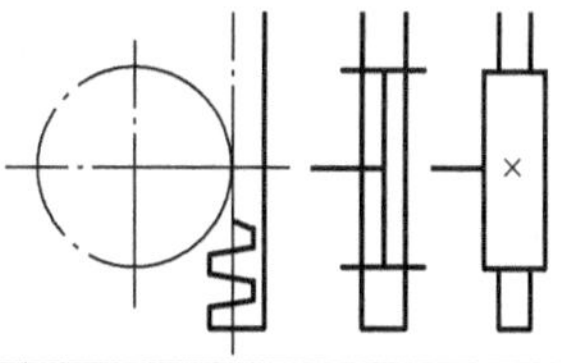
圆柱蜗轮蜗杆传动	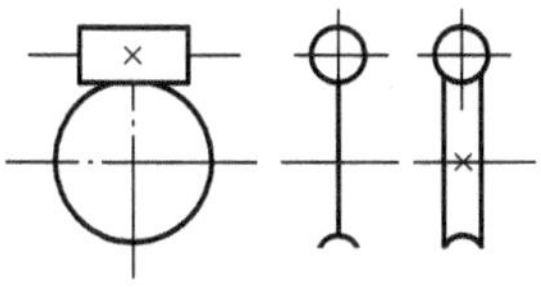	在支架上的电动机	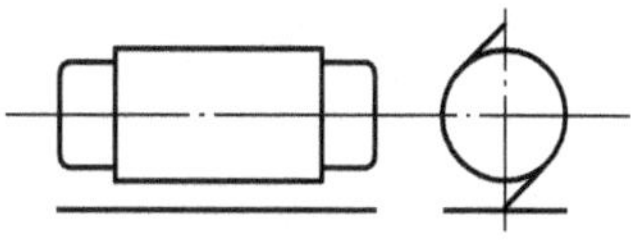
棘轮机构	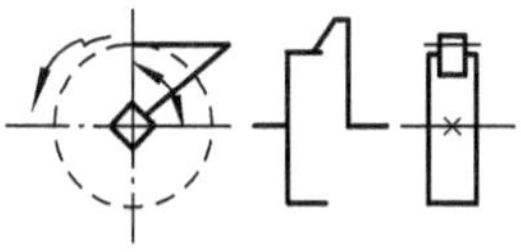	带轮传动	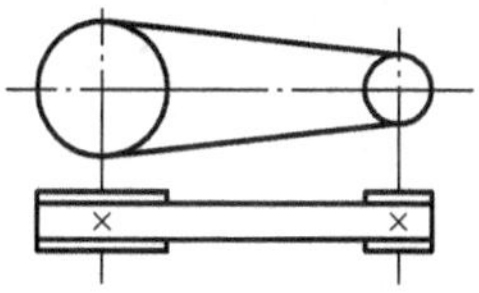
链传动	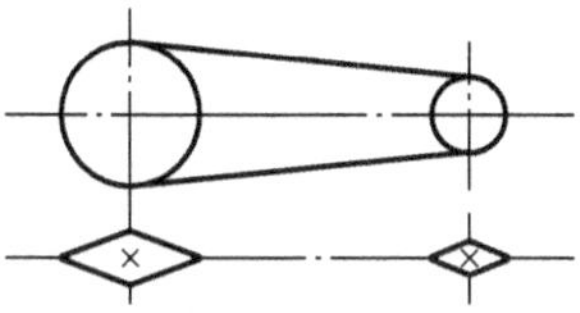	凸轮传动	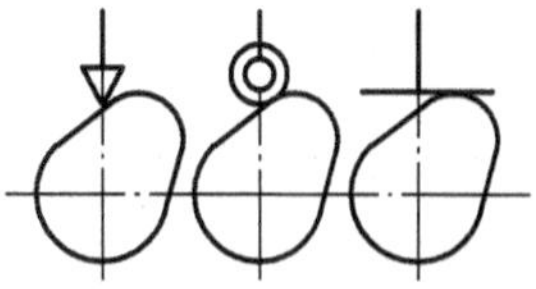
外啮合圆柱齿轮传动	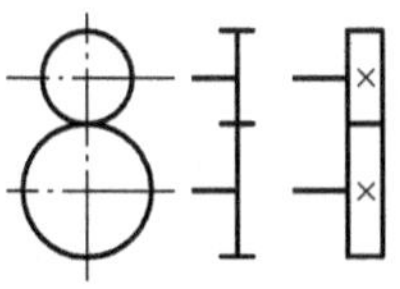	锥齿轮传动	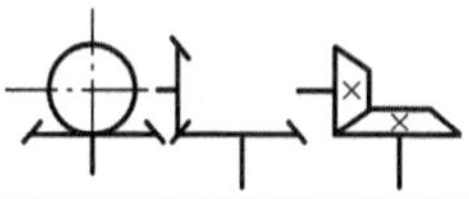

2.2.2 绘制机构运动简图的步骤

(1) 分析所要绘制或设计的机器结构和运动形式，找出组成机构的原动件、从动件和机架。

(2) 按照运动传递的顺序，确定构件的数目及运动副的种类和数目，并标上构件号（如1、2、3、…）及运动副号（如 A、B、C、…）。

(3) 选择合适的视图平面，通常选择大多数构件运动的平面（或相互平行的平面）作为视图平面，并确定一个瞬时的机构位置。

(4) 选择合适的比例尺，测定各运动副中心之间的相对位置和尺寸。

(5) 从原动件开始，按照运动传递的路线，用选定的比例尺和规定的构件与运动副的符号，正确绘制出机构运动简图。并在图中标出比例尺和原动件。

绘制机构示意图的方法与上述类似，但可不用按比例绘制。

下面以小型压力机为例，具体说明机构运动简图的绘制方法。

例 2-1 小型压力机机构运动简图的绘制。

解：如图 2-3a 所示的小型压力机，其工作原理为电动机带动偏心轮 1′作顺时针转动，通过构件 2、3 将主运动传递给构件 4；同时另一路运动来自与偏心轮 1′固联在一起的齿轮 1 输出，经齿轮 8 及其固联在一起的槽型凸轮 8′，传递给构件 4；两路运动经构件 4 合成，并经滑块 6 带动压头 7 作上下移动，实现冲压动作。显然，原动件为组件 1 - 1′，机架为构件 0，执行件为构件 7，其余为传动件。

经分析可得各构件间连接方式如下：构件 0 和 1(1′)、1′和 2、2 和 3、3 和 4、4 和 5、6 和 7 及 0 和 8(8′)之间构成转动副；而构件 0 和 3、4 和 6 及 0 和 7 之间构成移动副；其中 1 和 8、8′和 5 之间形成高副。

选定比例尺 $\mu_l = 0.01$ m/mm，定出各转动副和移动副的中心位置，画出其机构运动简图，如图 2-3b 所示。

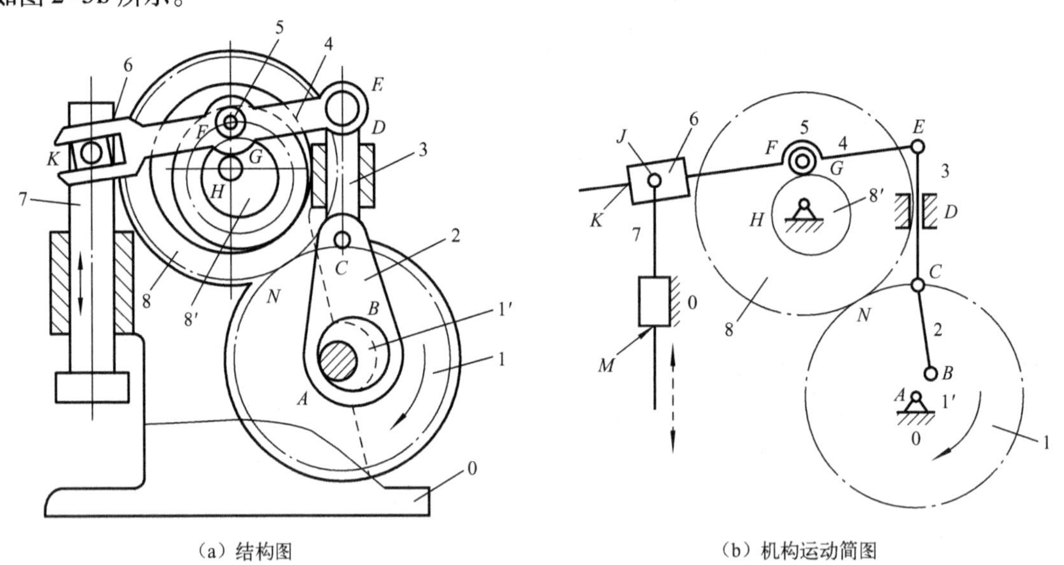

(a) 结构图　　　(b) 机构运动简图

图 2-3 小型压力机及其机构运动简图

2.3 平面机构的自由度

2.3.1 自由度

构件具有的独立运动数目叫做自由度。一个构件在未与其他构件连接前在空间可以产生 6 个独立运动，即 6 个自由度，如图 2-4a 所示。作平面运动的自由构件有 3 个自由度，如图 2-4b 所示。

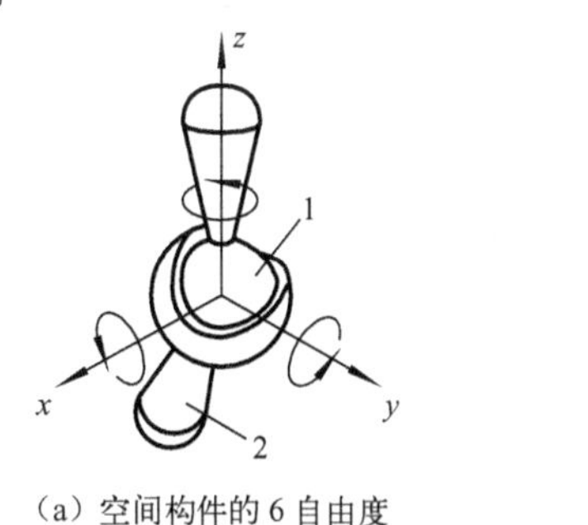

（a）空间构件的 6 自由度

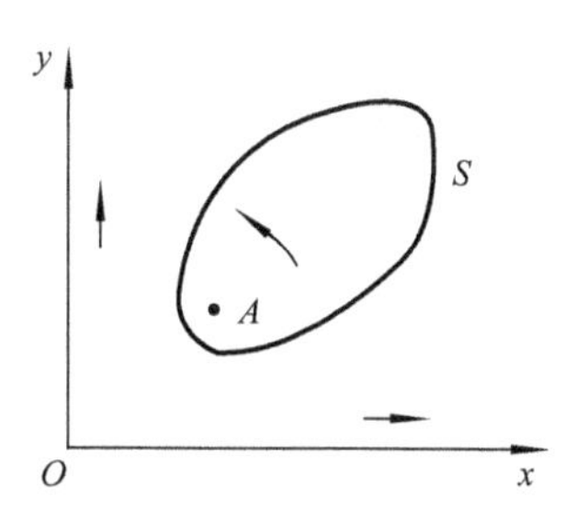

（b）平面构件的 3 自由度

图 2-4　构件的自由度

当一个构件与另一个构件组成运动副后，由于构件间的直接接触，使构件的某些独立运动受到限制，构件的自由度便相应减小。这种对构件独立运动的限制称之为约束。多一个约束，构件便失去一个自由度。以图 2-2 中的平面机构为例。在图 2-3a、b 所示的低副中，两构件只能在相应平面内转动或平动，因此约束数为 2。在图 2-2d、e 中的高副，构件之间可以相对移动和转动，因此约束数为 1。

2.3.2　平面机构自由度计算

一个做平面运动的自由构件具有 3 个自由度。每个低副引入两个约束，构件失去两个自由度。每个高副引入一个约束，构件失去一个自由度。设有一平面机构，共有 N 个构件，P_L 个低副，P_H 个高副，其中一个构件为机架，则共有 $n=(N-1)$ 个活动构件。在未用运动副连接之前，共有 $3n$ 个自由度。由 N 个构件组成机构后，机构共受到了 $2P_L+P_H$ 个约束，若以 F 表示机构的自由度，则平面机构自由度的计算公式为

$$F=3n-2P_L-P_H \tag{2-1}$$

例 2-2　图 2-5 所示为颚式破碎机机构，试计算其自由度。

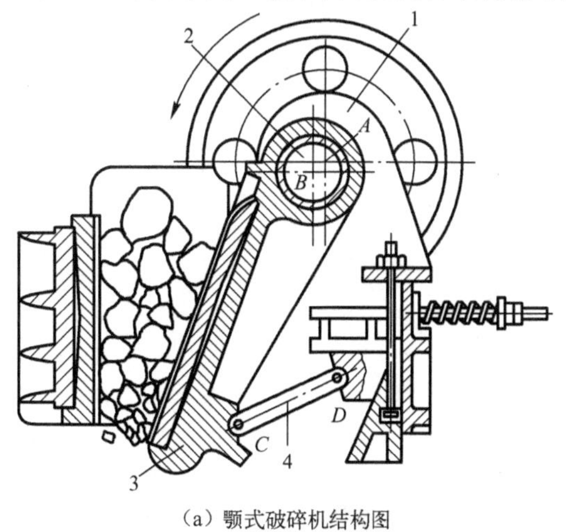

（a）颚式破碎机结构图

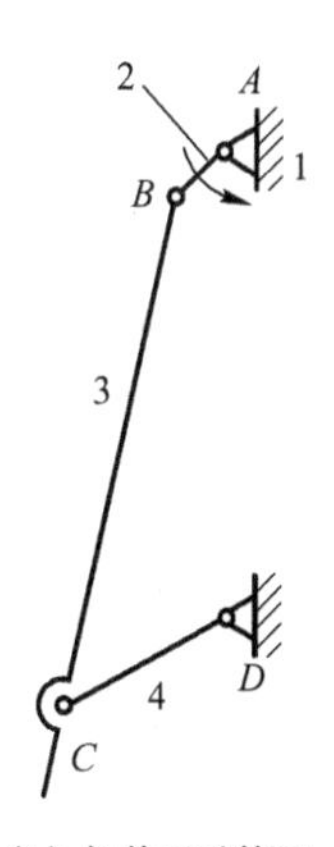

（b）机构运动简图

图 2-5　颚式破碎机

解:由图可知:该机构活动构件数 $n=3$。低副 $P_L=4$(构件1、2, 2、3, 3、4,1、4 构成四个转动副)。高副 $P_H=0$,其自由度为

$$F=3n-2P_L-P_H=3\times3-2\times4-1\times0=1$$

例 2-3 图 2-6 所示为凸轮机构,试计算其自由度。

解:由图可知:该机构的活动构件数 $n=2$,低副 $P_L=2$(构件 1、3 构成一个转动副;构件 2、3 构成一个移动副),高副 $P_H=1$(构件 1、2 构成一个高副),其自由度为

$$F=3n-2P_L-P_H=3\times2-2\times2-1=1$$

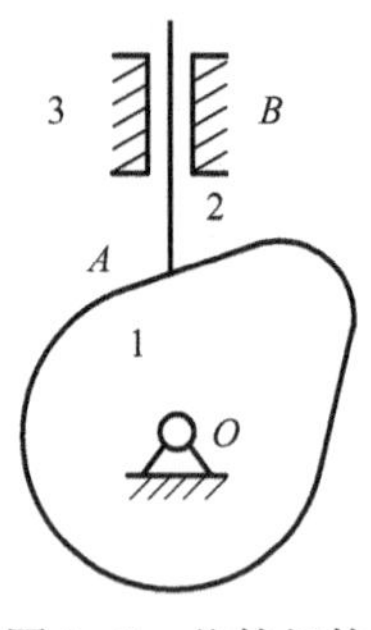

图 2-6 凸轮机构

2.3.3 机构具有确定运动的条件

机构的自由度即为机构具有独立运动的个数。由于原动件是由外界给定的具有独立运动的构件,而从动件是不能独立运动的,因此,机构具有确定运动的条件是:机构自由度数必须等于机构的原动件数目。当机构自由度数不等于原动件数目时,可分为以下三种情况:①构件组自由度大于原动件数目,机构从动件的运动是不确定的(见图 2-7a)。②构件组自由度大于零且小于原动件数目时,发生运动干涉使机构破坏(见图 2-7b)。③构件组自由度小于或等于零时,不能产生相对运动(见图 2-7c)。

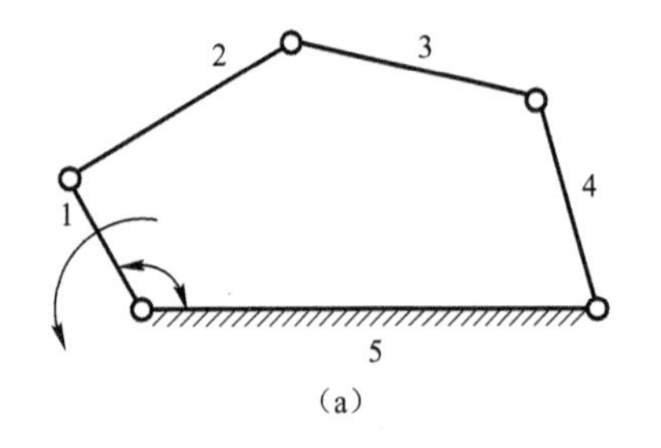

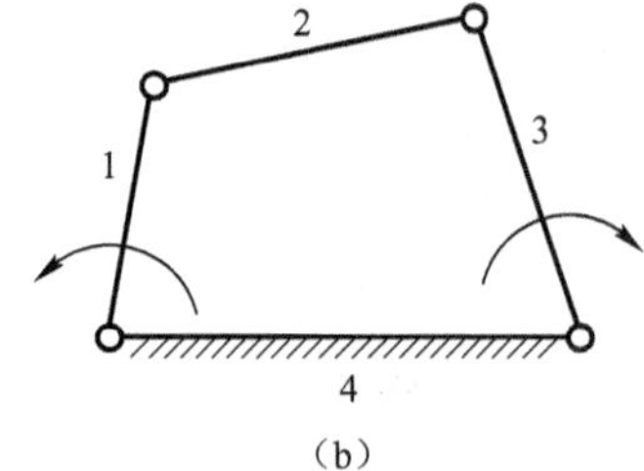

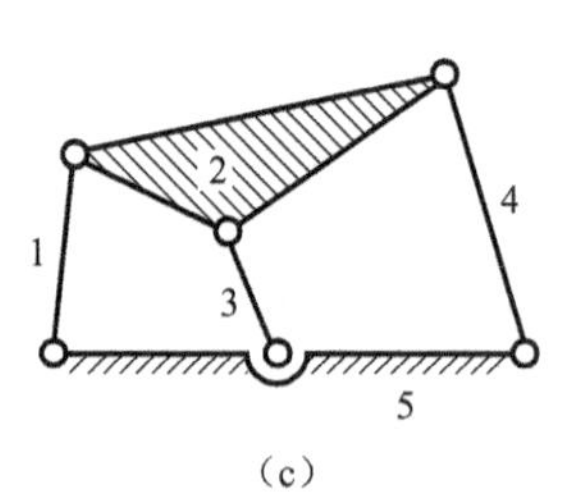

图 2-7 机构具有确定运动的条件

2.3.4 计算机构自由度的注意事项

1. 复合铰链

当两个或两个以上的转动副轴线重合,在与轴线垂直的视图上,只能看到一个铰链,该铰链称之为复合铰链,如图 2-8 所示。实际上,由 M 个构件组成的复合铰链应当按 $(M-1)$ 个转动副计算。

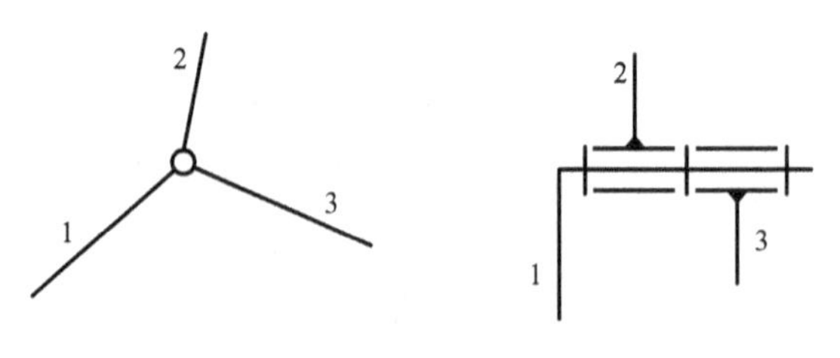

图 2-8 复合铰链

例 2-4 图 2-9 为一直线机构,试计算其自由度。

解:若不考虑复合铰链,则由图可知:该机构的活动构件数 $n=7$,低副 $P_L=6$,高副 $P_H=0$,其自由度为:$F=3n-2P_L-P_H=3\times7-2\times6-0=9$。由此可得:当给一个原动件输入时,可得到 9 个独立的输出运动。而实际上,该机构只有一个自由度,即 E 点沿直线作有规律运动,因

而具有独立运动的数目应为1。出现问题的原因是没有把复合铰链考虑在内。考虑复合铰链的计算如下：

活动构件数仍为7，低副的数目应为10（B、C、D 和 F 为复合铰链，低副数各为2；A 和 E 处各有1个低副），高副的数目为0。因此，直线机构的自由度 F 为

$$F = 3n - 2P_{L} - P_{H} = 3 \times 7 - 2 \times 10 - 0 = 1$$

2. 局部自由度

如图2-10a所示的平面凸轮机构，其功用是使顶杆获得预期的运动，而滚子只是为了减小磨损而加入的从动件。圆形滚子绕其自身轴心的自由转动并不影响顶杆的运动。这种与输出件运动无关的自由度称为局部自由度。

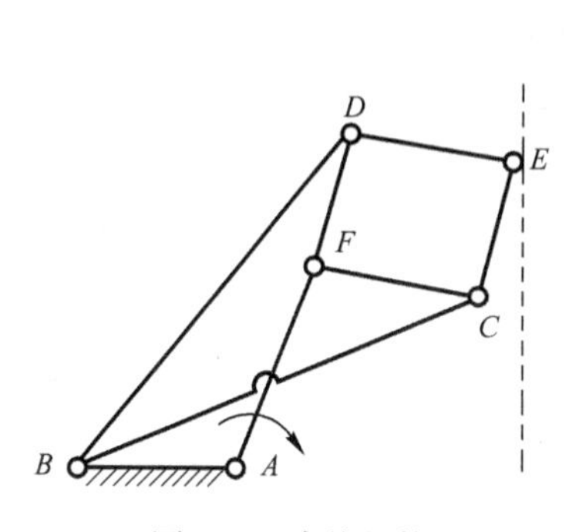

图2-9 直线机构

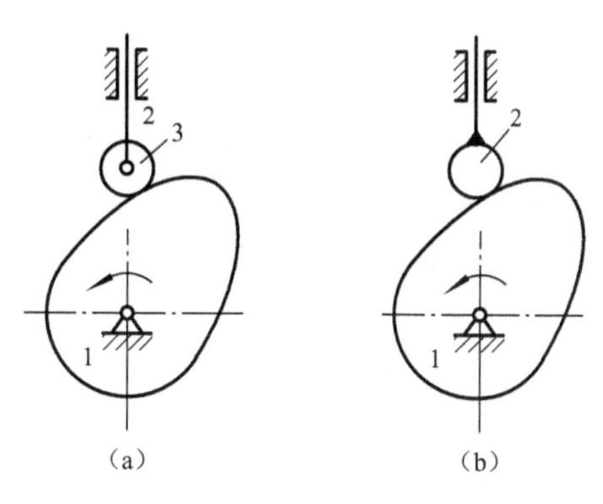

图2-10 平面凸轮机构

在计算自由度时，局部自由度的处理方法是将滚子与安装滚子的构件“焊成一体”（见图2-10b），预先排除局部自由度，然后进行计算。

例2-5 试计算图2-10a中凸轮机构的自由度。

解： 若不考虑局部自由度，则其自由度为：$F = 3n - 2P_{L} - P_{H} = 3 \times 3 - 2 \times 3 - 1 = 2$

根据计算结果，该机构需有两个原动件才能具有确定的运动，而实际上只需要一个原动件，即凸轮作为原动件，顶杆即可具有确定运动。

把局部自由度去掉（即将顶杆与滚子固定）后（见图2-10b），可得正确答案为

$$F = 3n - 2P_{L} - P_{H} = 3 \times 2 - 2 \times 2 - 1 = 1$$

3. 虚约束

在一些特定的几何条件或结构条件下，某些运动副引入的约束可能是重复的，这种不起独立限制作用的约束称为虚约束。当计算机构自由度时，应将虚约束去除，然后再计算机构的自由度。

虚约束常出现在下列情况下：

（1）轨迹相同

当不同构件上两点间的距离保持恒定时，若在两点间加上一个构件和两个转动副，虽不改变机构运动，但却引入一个虚约束。如图2-11所示的机构中存在虚约束，即三构件 AB、CD、EF 中缺省其中任意一个，均对余下的机构运动不产生影响。计算自由度时可以去掉 EF。

（2）移动副导路平行

两构件构成多个移动副且导路互相平行，这时只有一个移动副起约束作用，其余为虚约

束。在图 2-12 中，D、E 处存在虚约束。在计算自由度时须去除 D 或 E 其中一处即可。

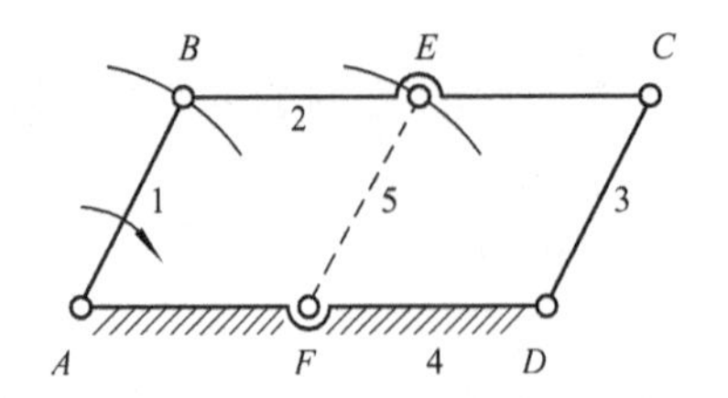

图 2-11 轨迹相同虚约束

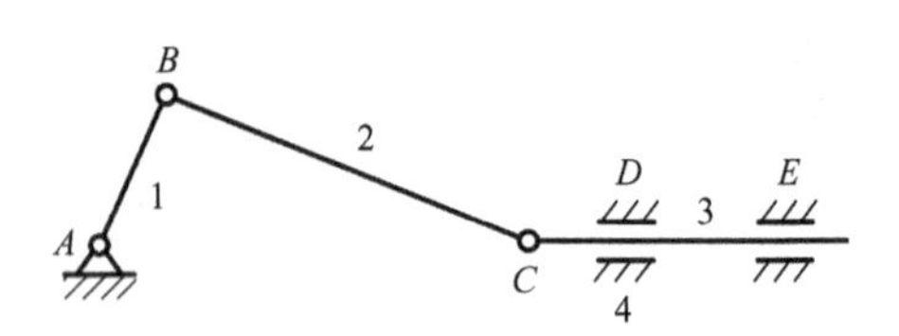

图 2-12 移动副平行虚约束

(3) 转动副轴线重合

两构件构成多个转动副且轴线互相重合，这时只有一个转动副起约束作用，其余为虚约束。如图 2-13 所示的机构中，点 A 和 A' 处存在虚约束，计算自由度时可去除其中一处。

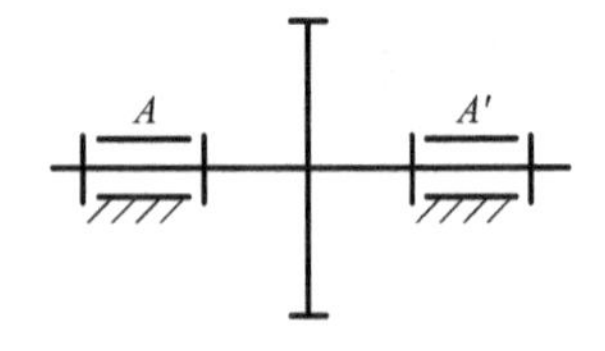

图 2-13 转动副轴线重合虚约束

(4) 对称结构

在输入件与输出件之间用多组完全相同的对称分布的运动链来传递运动时，只有一组起独立传递运动的作用，而其余各组引入的约束为虚约束。如图 2-14a 所示，图中的齿轮 2 和 2′在结构上完全对称，作用相同，自由度计算时需去除其中一个。如图 2-14b 所示的行星轮系，三个行星齿轮 2、2′、2″只有一个起约束作用，其余两个为虚约束。

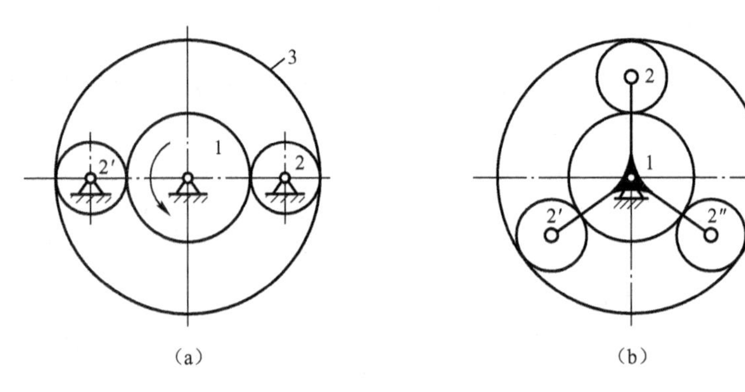

图 2-14 对称结构的虚约束

虚约束不会影响机构的运动，可以增加构件的刚性，使其受力均匀，因此在机构设计中被广泛应用。需要特别指出的是，虚约束只有在特定的几何条件下才能成立，因此在设计机构时，若要用到虚约束时，则必须严格保证设计、加工、装配的精度，否则虚约束就会变成实约束使机构不能运动。

例 2-6 试计算图 2-15 所示的多连杆直线机构自由度。

解: 此机构 A 处为复合铰链，应按 2 个低副计算；B 处为局部自由度，视滚子与连杆固联为一体；C、C' 处为虚约束去掉一个虚约束 C'；D 处两齿轮线接触，为高副。经上述处理后，机构的运动简图如图 2-15b 所示，从中可得，机构的活动构件数 $n=9$，低副 $P_L=12$，高副 $P_H=2$，其机构自由度为

$$F=3n-2P_L-P_H=3\times9-2\times12-2=1$$

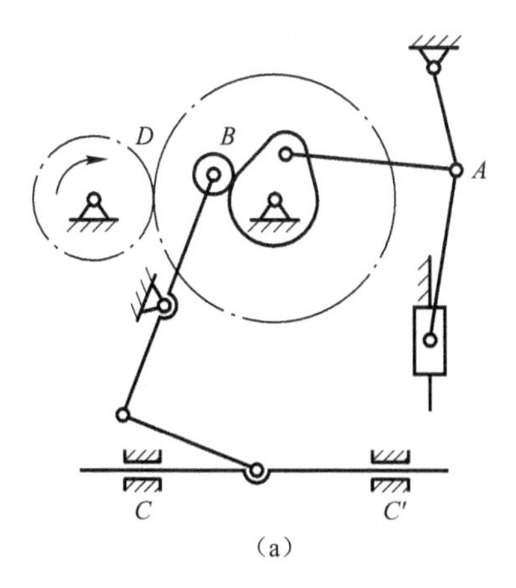

（a）

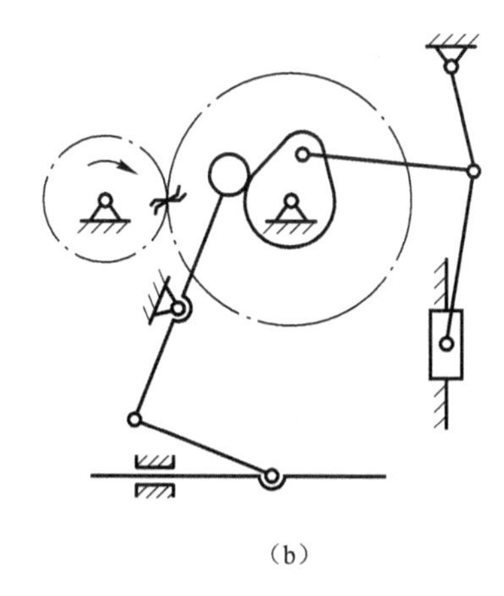
（b）

图 2-15　多连杆直线机构

复习思考题

2-1　什么是零件？什么是构件？举例说明构件和零件有什么区别？

2-2　什么是高副？什么是低副？平面高副和低副各引入几个约束？

2-3　什么是运动链？运动链成为机构的条件是什么？

2-4　机构运动简图有何用途？绘制机构运动简图的步骤是什么？

2-5　何为机构自由度？机构具有确定运动的条件是什么？计算自由度时有哪些注意事项？

习　题

2-1　绘制图 2-16 所示机构的运动简图。

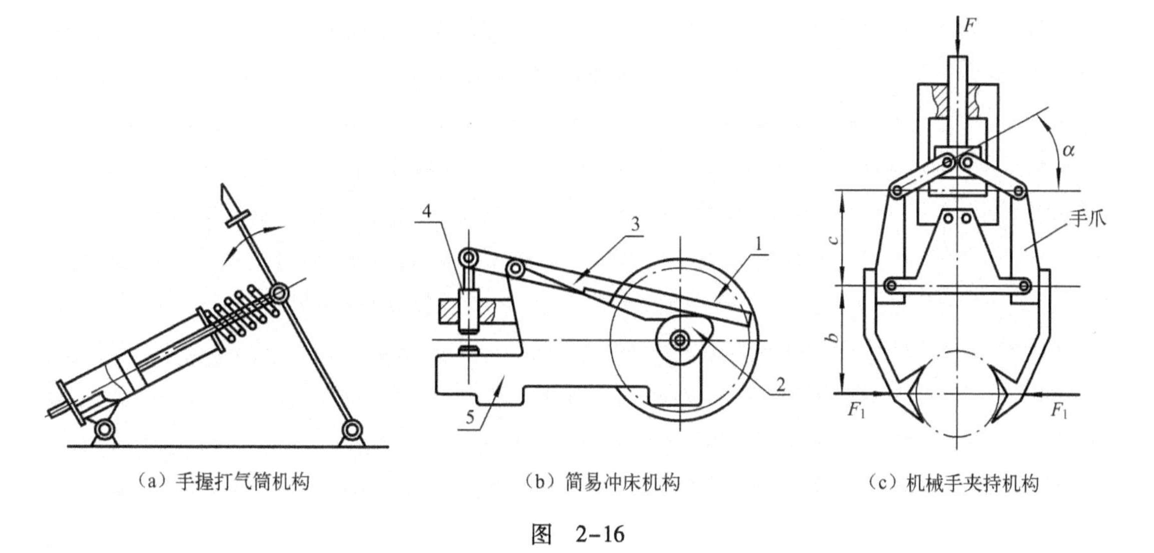

（a）手握打气筒机构　（b）简易冲床机构　（c）机械手夹持机构

图　2-16

2-2　计算图2-17所示平面机构的自由度。并指出是否有复合铰链、局部自由度、虚约束，说明计算自由度时作何处理。

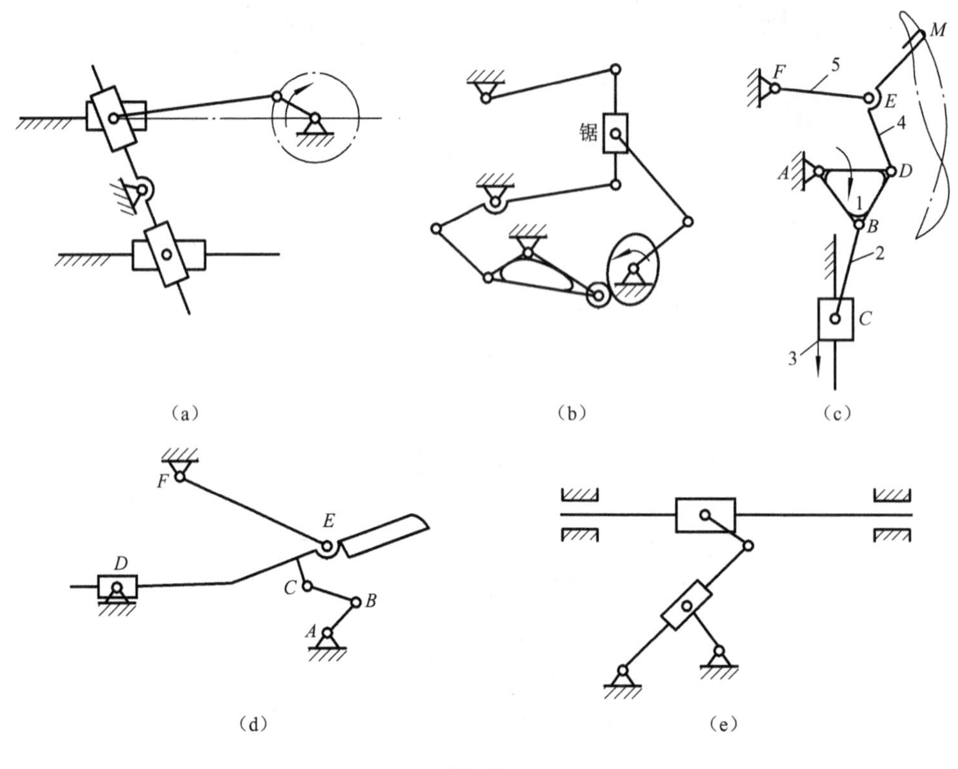

图　2-17

2-3　观察下列实际机构，画出机构的运动简图，计算机构自由度并判断机构是否具有确定的运动。

(1) 公共汽车车门启闭机构；

(2) 汽车前窗刮雨器；

(3) 自行车驱动机构。

第3章　平面连杆机构

本章学习提要

本章要点包括:①了解连杆机构的类型及特点,平面四杆机构的基本形式、演化形式及平面四杆机构的应用实例;②熟悉四杆机构基本知识(如四杆机构有曲柄的条件,行程速比系数、急回运动、传动角及死点等);③掌握用图解法设计平面四杆机构的方法。

本章重点是平面四杆机构的基本形式及其演化,平面四杆机构的传动特性,平面四杆机构的设计方法。

平面连杆机构是由若干个构件通过低副连接,且所有构件均在同一平面或相互平行平面内运动的机构,又称平面低副机构。

平面连杆机构的优点是运动副为面接触,压强较小,磨损较轻,便于润滑,故可承受较大载荷;低副几何形状简单,加工方便;能实现多种运动形式的转换(如摆动—转动—移动),因此,平面连杆机构在各种机器及仪器中得到广泛应用。其缺点是运动副的制造误差会引起误差累积较大,致使惯性力较大;不易实现精确的运动规律,因此,连杆机构不适宜要求实现精确运动、复杂运动以及高速传动的场合。

连杆机构是一种应用极为广泛的机构,在各种机械设备中,以及在人们日常生活所用的许多设施中处处可见。

图3-1为插秧机的手动分秧、插秧机构。当用手来回摆动摇杆1时,装于连杆5上M点处的插秧爪,在凸轮3控制下,先在秧箱4中取出一小撮秧苗,并带着秧苗沿铅垂路线向下运动,将秧苗插于泥土中,然后沿另一条路线返回。其中2为机座,6为拉紧弹簧。

图3-2为大力钳机构,它由手柄1、撑杆2、齿条(连杆)3和活动钳头4组成平面连杆机构。当合拢大小手柄时,机构的力增大到极限,工件被夹断。

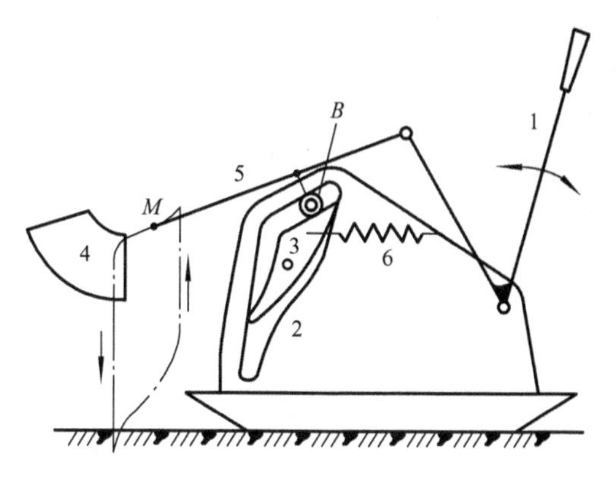

图3-1　插秧机

1—摇杆;2—机座;3—凸轮;4—秧箱;5—连杆;6—弹簧

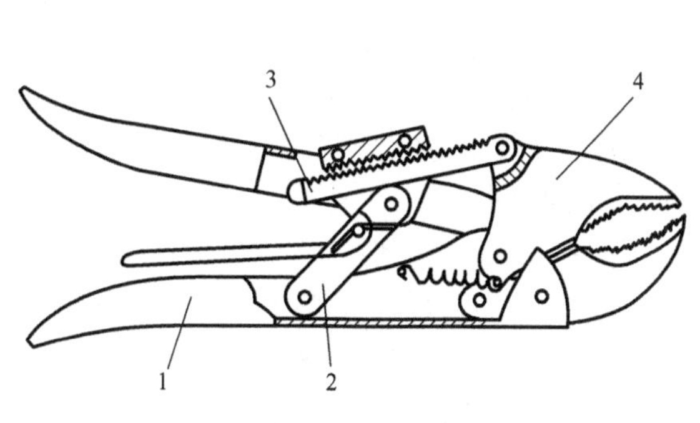

图3-2　大力钳

1—手柄;2—撑杆;3—齿条;4—活动钳头

平面连杆机构中,以四个构件组成的四杆机构较为简单,应用最为广泛。许多多杆机构常可看成是在四杆机构的基础上扩展而成。因此,平面四杆机构是平面连杆机构的基础型式。

3.1 铰链四杆机构的基本型式及应用

如图 3-3 所示,全部用转动副将四个构件连接起来的四杆机构称为铰链四杆机构。它是四杆机构最基本的形式,其他形式的四杆机构都可看作是在它的基础上演化而成的。在此机构中,固定不动的构件 4 称为机架,与机架以运动副相连的构件 1 和 3 称为连架杆。在连架杆中,能绕其轴线回转 360°者称为曲柄;仅能绕其轴线往复摆动的,称为摇杆。不与机架相连的构件 2 作平面复杂运动,称为连杆。

在铰链四杆机构中,根据两个连架杆是否为曲柄或有几个曲柄,将其分为曲柄摇杆机构(见图 3-3a)、双曲柄机构(见图 3-3b)和双摇杆机构(见图 3-3c)三种基本型式。

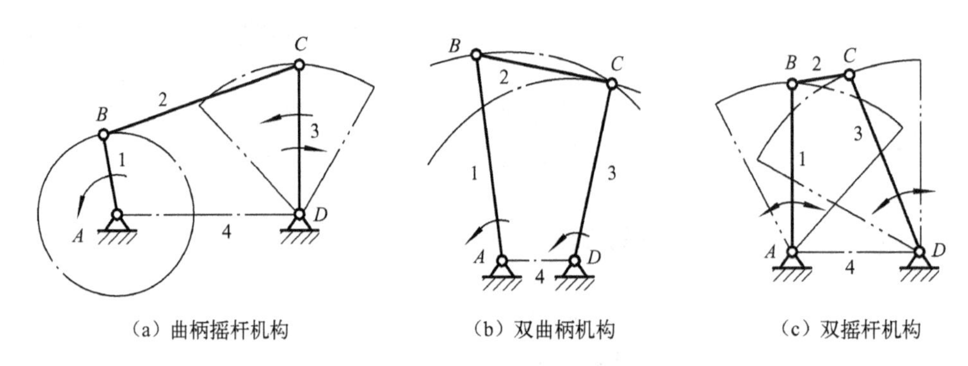

图 3-3 铰链四杆机构

3.1.1 曲柄摇杆机构

若两连架杆之一为曲柄,另一连架杆为摇杆,则该铰链四杆机构称为曲柄摇杆机构。通常曲柄为原动件,作匀速转动,而从动摇杆作变速往复摆动,连杆作平面运动。

图 3-4 所示为雷达天线俯仰机构。利用曲柄 1 匀速缓慢转动,通过连杆 2 使摇杆 3(雷达天线)往复摆动,即可调节天线俯仰角的大小。

图 3-5 所示的液体搅拌器也是曲柄摇杆机构。

图 3-6 所示为缝纫机踏板机构。原动摇杆 2(踏板)作往复摆动时,通过连杆 3 带动从动曲柄 4(大带轮)作整周转动,继而通过带传动使缝纫机头工作。

从以上实例可见,曲柄摇杆机构主要应用于把整周转动变为往复摆动或把往复摆动变为整周转动的场合。

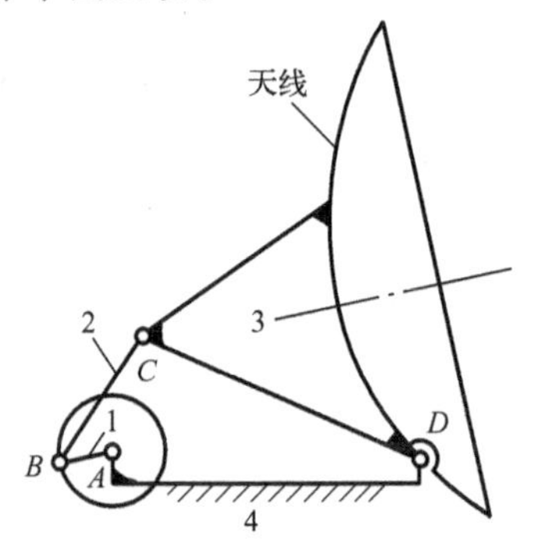

图 3-4 雷达天线俯仰机构

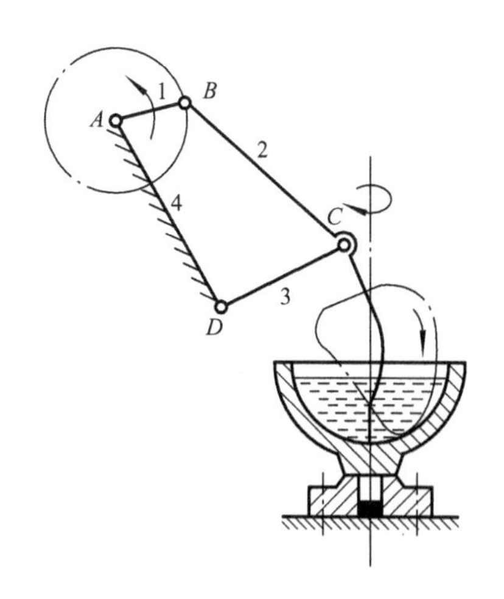

图3-5　液体搅拌器

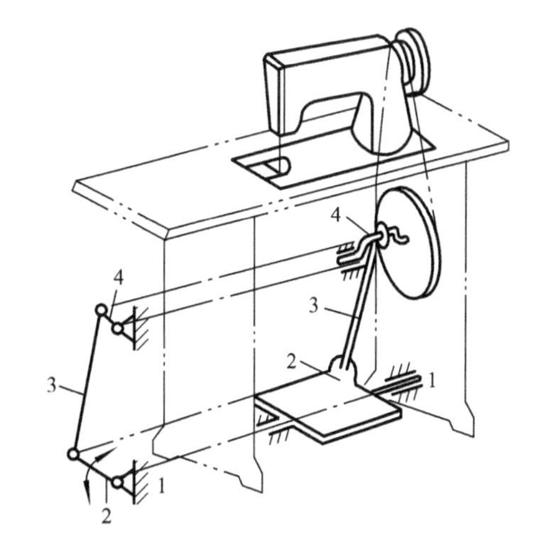

图3-6　缝纫机踏板机构

3.1.2　双曲柄机构

若铰链四杆机构的两连架杆都是曲柄,则该机构称为双曲柄机构。这种机构当主动曲柄以等角速度连续旋转时,从动曲柄则以变角速度连续转动,且变化幅度相当大,其最大值和最小值之比可达2～3倍。图3-7所示的惯性筛就是利用了双曲柄机构的这个特性,使筛子(滑块)6的往复运动具有较大的加速度,使物料因惯性而达到筛分的目的。

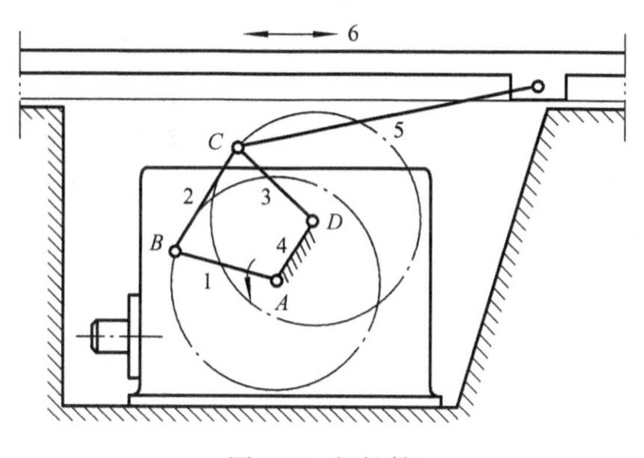

图3-7　惯性筛

双曲柄机构主要应用于把等速转动变为变速转动的场合。

在双曲柄机构中,应用最多的是图3-8所示平行双曲柄机构(又称平行四边形机构)。其相对的两杆平行且长度相等,该机构的运动特点是当两曲柄以相同的角速度同向回转时,连杆作平移运动。此类机构主要应用于从动件需要和主动件保持同步的场合。

如果相对两杆长度相等,但彼此不平行．则称为反向双曲柄机构(又称反平行四边形机构),如图3-9所示。该机构的运动特点是两曲柄的转向相反,且角速度不相等。

图3-10所示的机车车轮联动机构就是利用了其两曲柄等速同向转动的特性。

图3-11所示摄影升降平台,则是利用两个平行四边形机构,连杆作平动的特性。

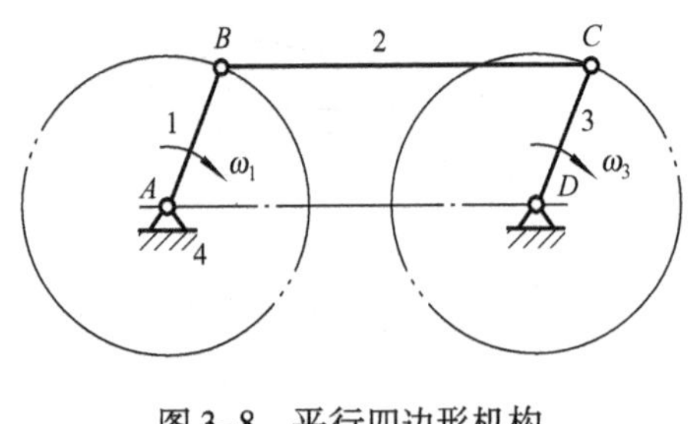

图 3-8　平行四边形机构

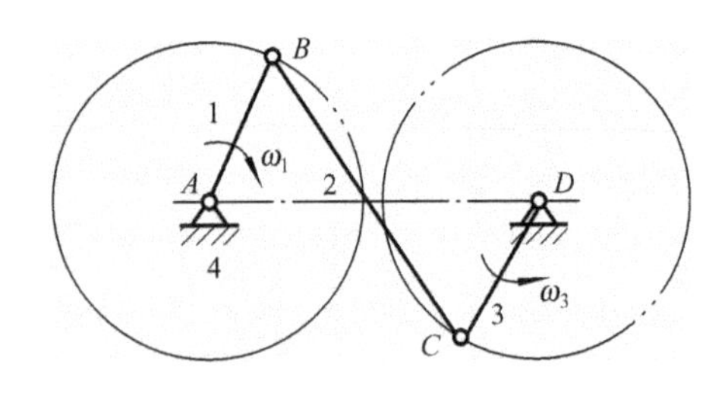

图 3-9　反平行四边形机构

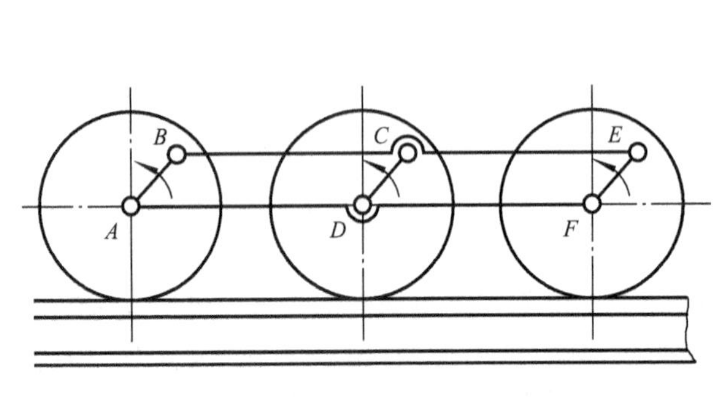

图 3-10　车轮联动机构

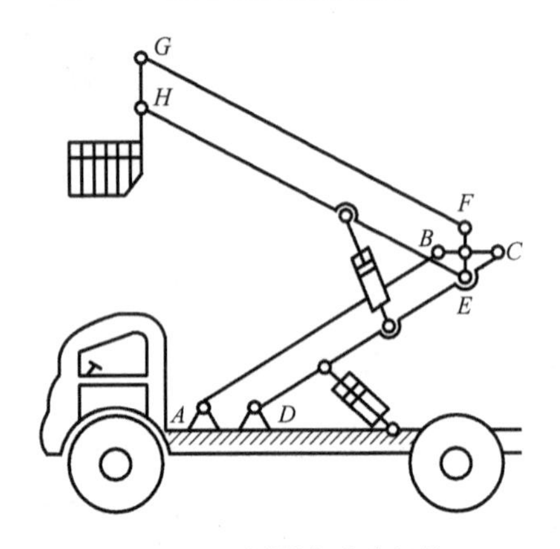

图 3-11　摄影车升降机构

对图 3-8 所示的平行四边形机构，在主动曲柄 AB 转动一周过程中，从动曲柄 CD 将会出现两次与机架、连杆同时共线的位置，在这两个位置处会出现 CD 杆运动不确定现象（即 CD 的转向可能改变也可能不变），如图 3-12 所示。为了防止平行四边形机构转化为反平行四边形机构，工程上常采用如下一些方法：①在机构中安装一个大质量的飞轮，利用其惯性保证从动曲柄转向不变；②利用多组机构来消除运动不确定现象，图 3-10 所示机车车轮联动机构就是应用实例。

图 3-13 所示的汽车车门启闭机构 $ABCD$ 采用的是反平行四边形机构，它可使两扇车门同时反向对开或关闭。

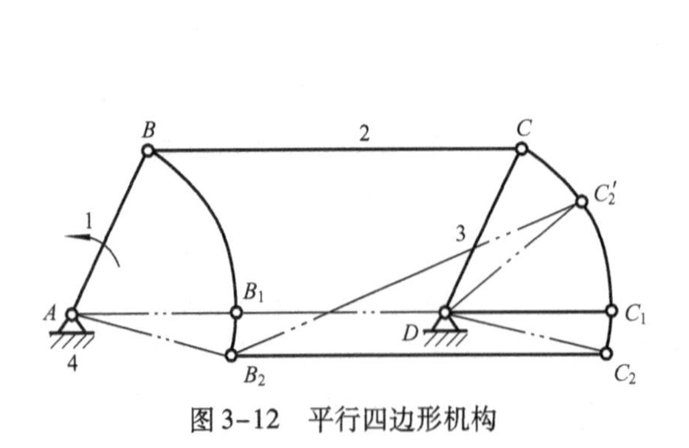

图 3-12　平行四边形机构

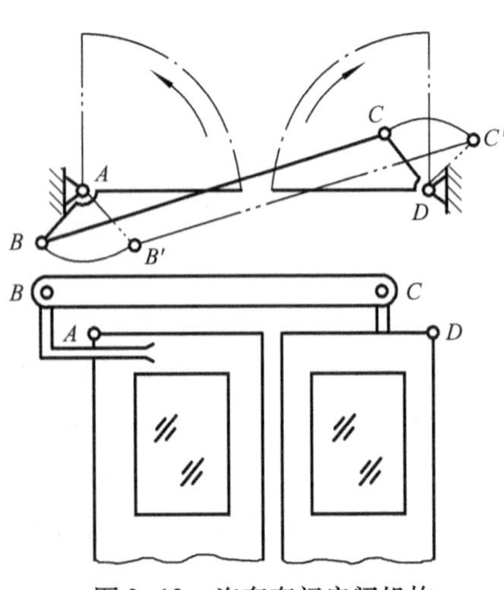

图 3-13　汽车车门启闭机构

3.1.3　双摇杆机构

若铰链四杆机构的两连架杆都是摇杆，则该机构称为双摇杆机构。双摇杆机构可把主动摇杆的摆动变为从动摇杆的摆动。主要应用于不需要整周回转的场合。

在图 3-14 所示飞机起落架机构中，$ABCD$ 即为一双摇杆机构。实线为起落架放下位置，双点画线为起落架收起藏于机翼中位置。

图 3-15 所示为双摇杆机构在鹤式起重机中的应用。当摇杆 AB 摆动时，另一摇杆 CD 随之摆动，使得悬挂在连杆 E 点上的重物能沿近似水平直线的方向移动，该机构避免了重物平移时因不必要的升降所带来的能量消耗。

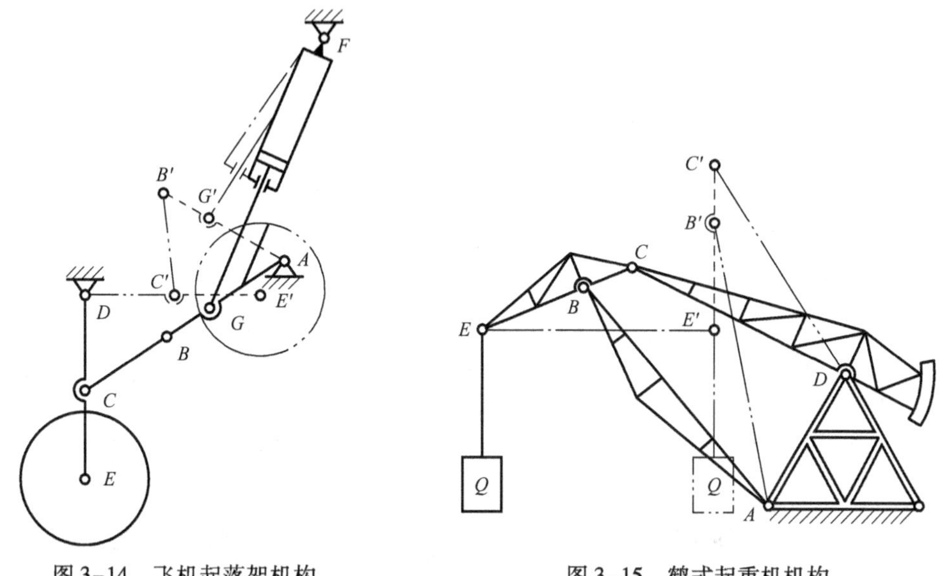

图 3-14　飞机起落架机构　　图 3-15　鹤式起重机机构

在双摇杆机构中，一般情况下两摇杆在同一时间内所摆过的角度是不相等的。这一特点被用于汽车的转向机构中。图 3-16 所示为轮式车辆的前轮转向机构。它是两摇杆（AB 与 CD）长度相等的双摇杆机构（又称等腰梯形机构）。汽车转弯时，在该机构的作用下，可使两

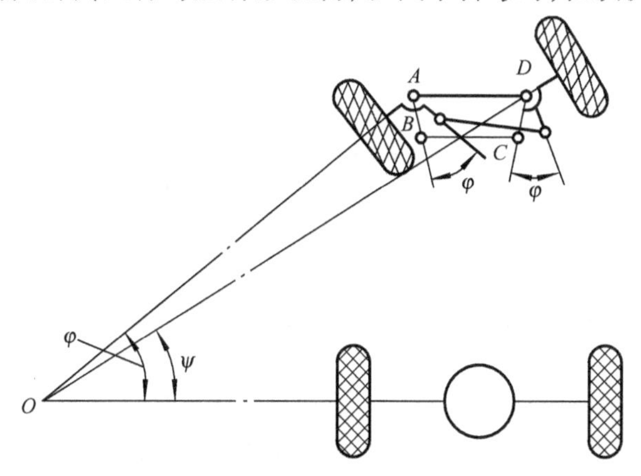

图 3-16　轮式车辆的前轮转向机构

前轮轴线与后轮轴线近似汇交于一点,从而保证各轮相对于路面近似为纯滚动,以便减小轮胎与路面之间的磨损。

3.2 铰链四杆机构的传动特性

3.2.1 急回运动特性和行程速比系数

在图 3-17 所示曲柄摇杆机构中,AB 为曲柄作等角速度转动,BC 为连杆,CD 为摇杆。在转动一周的过程中,曲柄 AB 与连杆 BC 两次共线,摇杆 CD 处于 C_1D 和 C_2D 两个极限位置。摇杆在两极限位置时所夹的角度称为摇杆的摆角,用 ψ 表示。对应曲柄 AB_1 和 AB_2 两位置间所夹的锐角 θ 称为极位夹角。

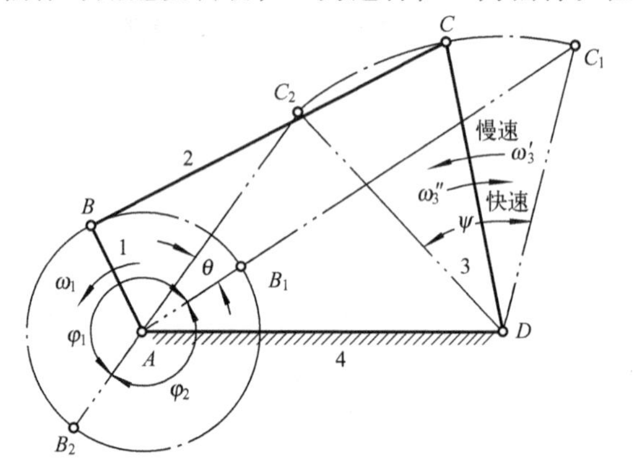

图 3-17　四杆机构的急回特性

当曲柄 AB 以等角速度 ω_1 逆时针从 AB_1 转到 AB_2,转过角度为 $\varphi_1=180°+\theta$ 时,摇杆 CD 由 C_1D 摆动到 C_2D 位置,摇杆摆角为 ψ,所需时间为 t_1,C 点运动的平均速度为 v_1,当曲柄 AB 继续转过 $\varphi_2=180°-\theta$ 角返回到 AB_1 时,摇杆 CD 由 C_2D 摆回到 C_1D 位置,其摆角仍为 ψ,所需时间为 t_2,C 点运动的平均速度为 v_2,由于曲柄 AB 等角速度转动, 所以 $\varphi_1>\varphi_2$, $t_1>t_2$, 因此,$v_2>v_1$。

由此可见,原动件曲柄 AB 以等角速度转动时,从动件摇杆 CD 往复摆动的平均速度不相等。通常把工作行程速度定为 v_1,而空回行程速度则为 v_2,显而易见,从动件回程速度比进程速度快。这个性质称为机构的急回运动特性。牛头刨床、往复式运输机等机器就是利用机构的急回运动特性来缩短非生产时间,以提高劳动生产率。

回程平均速度与进程平均速度之比称为行程速比系数,用 K 表示。

$$K=\frac{v_2}{v_1}=\frac{\widehat{C_1C_2}/t_2}{\widehat{C_1C_2}/t_1}=\frac{t_1}{t_2}=\frac{\varphi_1}{\varphi_2}=\frac{180°+\theta}{180°-\theta} \tag{3-1}$$

或

$$\theta=180°\frac{K-1}{K+1} \tag{3-2}$$

上式表明,极位夹角 θ 反映了急回程度的大小,θ 越大,K 越大,急回运动性质越显著,$\theta=0$,$K=1$ 机构无急回运动特性。

设计新机构时,可根据急回要求给出 K 值,再由式(3-2)求出极位夹角 θ,再确定各构件的尺寸。

如图 3-18a 所示的对心曲柄滑块机构,由于 $\theta=0$,$K=1$,故无急回运动特性;图 3-18b 所示的偏置曲柄滑块机构,具有急回运动特性,此时极位夹角 $\theta\neq0$,$K>1$。又如图 3-19 所示的摆动导杆机构,当曲柄 AB 两次转到与导杆垂直时,导杆处于两个极限位置,摆角为 ψ,而此时

其极位夹角 $\theta=\psi\neq0$,所以也具有急回运动特性。

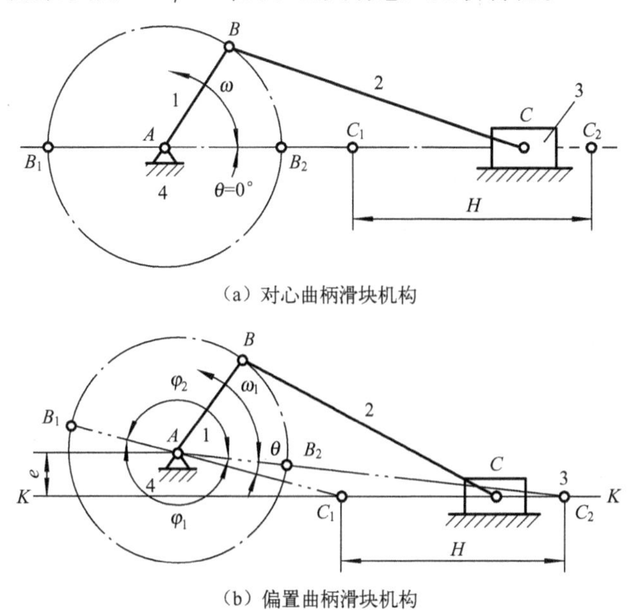

图3-18　曲柄滑块机构

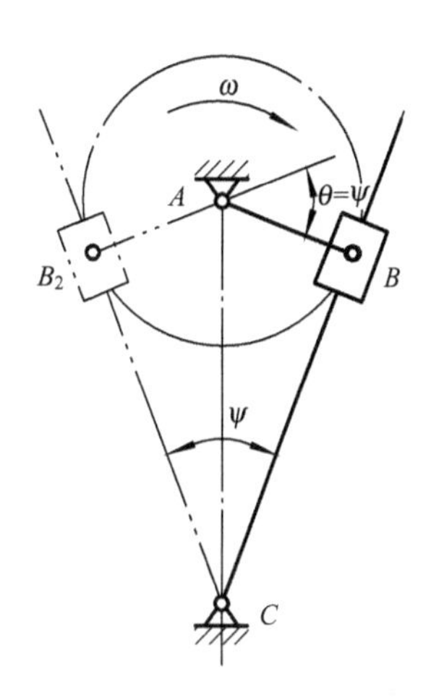

图3-19　摆动导杆机构

3.2.2　压力角和传动角

生产中,要求铰链四杆机构不仅能实现预期的运动规律,还希望运转轻便,效率高。在图3-20所示的曲柄摇杆机构中,忽略各杆质量和运动副中摩擦的影响,原动曲柄1通过连杆2传递到从动摇杆3上的作用力 F 是沿着 BC 线方向作用的。力 F 可分解为沿 C 点线速度方向的分力 F_t,和沿摇杆 DC 线方向的分力 F_n,力 F 的作用线与其作用点的绝对速度方向 v_c 之间所夹锐角 α 称为压力角,力

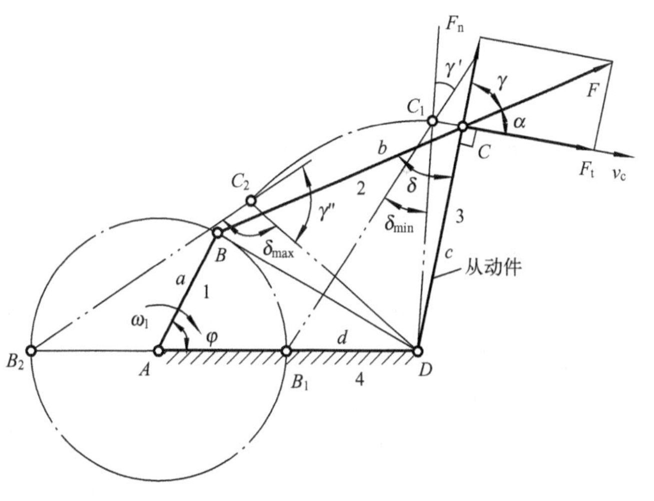

图3-20　铰链四杆机构的压力角和传动角

F 在 v_c 方向上的分力 $F_t=F\cos\alpha$,为推动摇杆3绕 D 点转动的有效分力,而力 F 沿从动摇杆3方向上的分力 $F_n=F\sin\alpha$,只产生压力,并使摩擦力增大,为有害分力。显然,压力角 α 越小,有效分力就越大,而有害分力就越小,机构传动越轻便,效率就越高。因此压力角 α 是用来判断机构动力学性能的一个重要指标。

设计时为了度量方便,连杆机构常用压力角的余角 γ(连杆与从动件之间所夹的锐角)来判断机构传力性能的好坏,γ 角称为该机构的传动角。因 $\gamma=90°-\alpha$,所以,压力角 α 越小,传动角 γ 越大,机构的传力性能越好。

在工作中机构的传动角γ是变化的，为了保证机构传动良好，最小传动角γ_{min}不能小于许用传动角$[\gamma]$。一般传动时$[\gamma]=40°$，当大功率或高速时可取$[\gamma]=50°$，控制机构和仪表中可取$[\gamma]=35°$。对于具有短暂峰值载荷的机器，应使机构在传动角较大的位置上进行工作，以便减轻杆件和运动副中的载荷。

曲柄摇杆机构的最小传动角γ_{min}出现在当曲柄和机架处于共线的位置时，如图3-20所示。设计时，需检查最小传动角γ_{min}是否大于上述的许用值。

如图3-21所示，曲柄滑块机构的传动角，当曲柄为原动件时，其传动角γ为连杆与导路垂线所夹的锐角。

如图3-22所示，导杆机构的传动角，当曲柄BC为原动件时，因滑块对导路的作用力始终垂直于导杆，故其传动角γ恒为90°，因此，摆动导杆机构具有良好的传力性能。

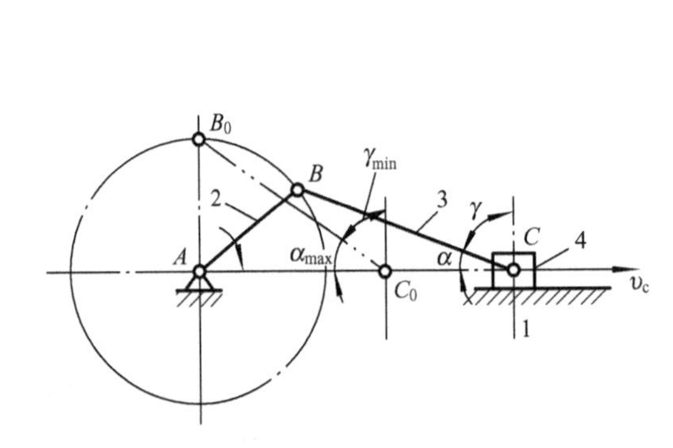

图3-21 曲柄滑块机构中的传动角

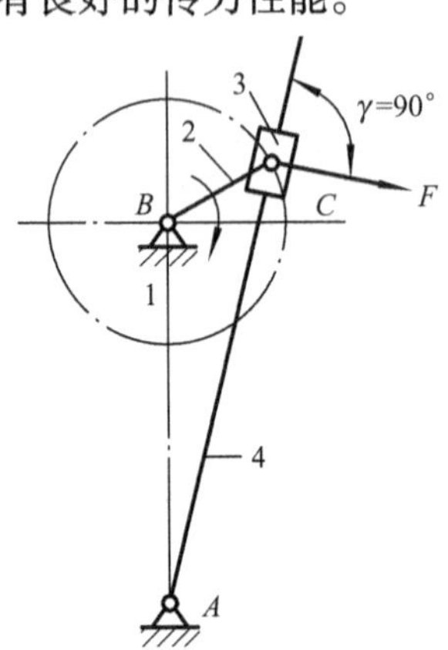

图3-22 导杆机构中的传动角

3.2.3 死点位置

在图3-23所示的曲柄摇杆机构中，若以摇杆CD为原动件，曲柄AB为从动件，则当摇杆处于两极限位置C_1D和C_2D时，连杆BC与曲柄AB共线，连杆BC与曲柄AB之间的传动角$\gamma=0°$，压力角$\alpha=90°$，若忽略各杆的质量，此时连杆作用于曲柄上的力恰好通过铰链中心A，有效驱动力矩为零，无论连杆BC施加给从动件曲柄AB的作用力多大，也不能推动曲柄AB转动，机构所处的位置称为死点位置(简称死点)。同样对于图3-24所示的曲柄滑块机构，以滑块为主动件，当连杆与从动曲柄共线时，机构也处于死点。

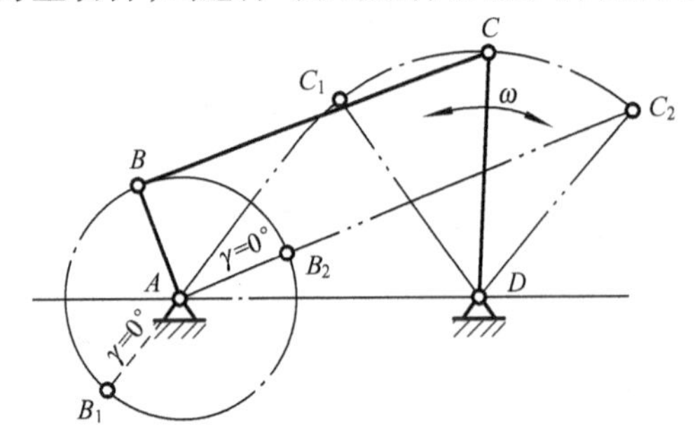

图3-23 曲柄摇杆机构的死点

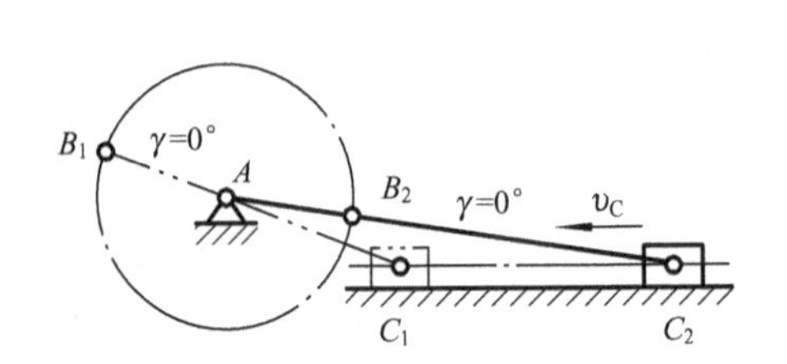

图3-24 曲柄滑块机构的死点

死点使机构处于“卡死”状态并使从动曲柄出现运动不确定现象。为了防止死点位置对机构传动的不利影响，对于连续运转的机器，我们常采取以下措施使机构顺利地通过死点。

（1）利用从动件的惯性顺利地通过死点。例如家用缝纫机，有时会出现踏不动或倒车现象，就是因为此时机构处于死点，可借助大带轮 4（飞轮）的惯性作用使其越过死点，继续转动（见图 3-6）。

（2）采用多组机构错位排列的方式，使各机构的死点相互错开以顺利通过死点，例如 V 型发动机（见图 3-25）。

在工程实践中，有时也利用死点的特性来实现某种功能。如图 3-26 所示工件夹紧机构，当工件被夹紧后，四杆机构的铰链中心 B、C、D 处于同一条直线上，工件经 BC 杆传给 CD 杆的力，通过回转中心 D，机构处于死点，因此当力 F 去掉后，既使反力 F_n 很大，也能保证在加工时，工件不致于松脱。当需要取出工件时，向上扳动手柄，夹具即可松开。再如图 3-14 所示的飞机起落架机构，飞机降落时，连杆 BC 与从动件 AB 处于一条直线上，机构处于死点，此时虽然机轮上可能受到巨大的冲力，但也不会使从动件反转，从而保证了飞机安全着陆。日常生活中利用机构死点的实例也很多。如折叠桌椅等。

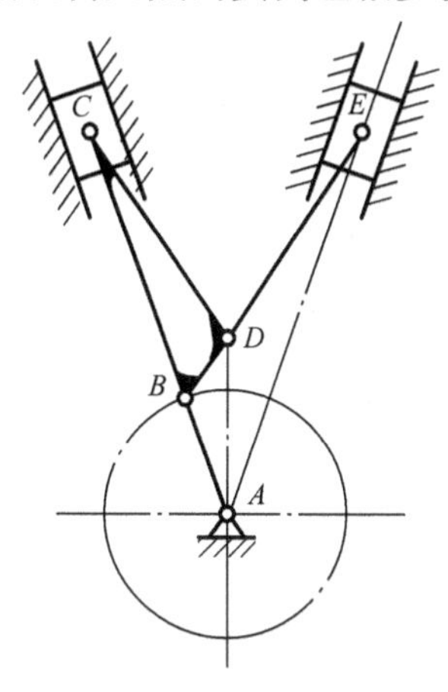

图 3-25　V 型发动机

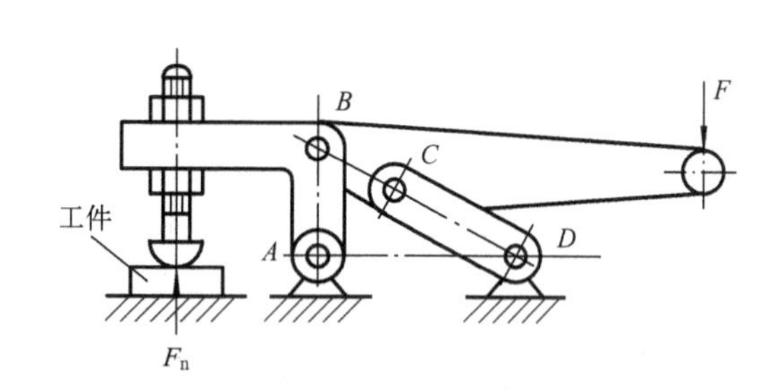

图 3-26　夹紧机构

3.3　铰链四杆机构的曲柄存在条件

一般机构中因驱动原因往往要求原动件做整周回转，所以曲柄常被选作原动件。而铰链四杆机构中是否存在曲柄，取决于机构各杆件的相对长度和选用哪个构件为机架。在铰链四杆机构中，如果组成转动副的两构件能作整周相对转动，则该转动副称为整转副；而不能作整周相对转动的则称为摆转副。在图 3-27 所示的铰链四杆机构中，要使杆 AB 相对于杆 AD 能绕转动副 A 作整周转动，AB 必须能顺利通过与 AD 杆共线的两个位置 AB' 和 AB''。因此，我们只要判断在该两个

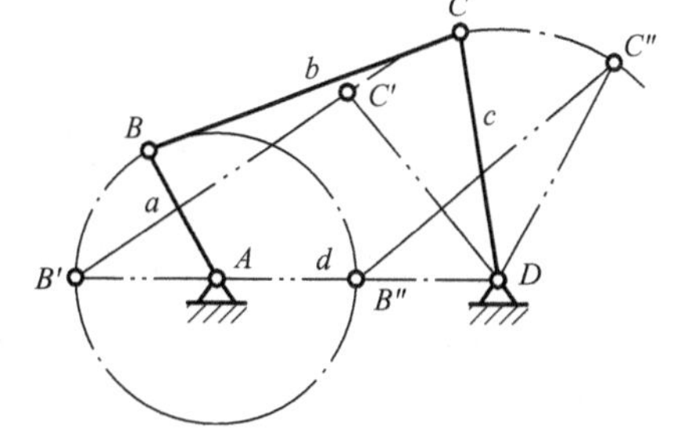

图 3-27　铰链四杆机构曲柄存在条件

位置时，机构中各杆尺寸间的关系，就可以求得转动副 A 成为整转副（即 AB 为曲柄）应满足的条件。

在铰链四杆机构中，设 AB 为曲柄、BC 为连杆、CD 为摇杆、AD 为机架。各杆长度分别为 a、b、c、d，$a<d$。当曲柄处于 AB'位置时，形成$\triangle C'B'D$；当曲柄处于 AB''位置时，形成$\triangle C''B''D$。

在$\triangle C'B'D$ 中 $$a+d\leqslant b+c \tag{3-3}$$

在$\triangle C''B''D$ 中 $$b\leqslant (d-a)+c \quad 即\ a+b\leqslant d+c \tag{3-4}$$

或 $$c\leqslant (d-a)+b \quad 即\ a+c\leqslant d+b \tag{3-5}$$

将式(3-3)、(3-4)、(3-5)两两相加得

$$a\leqslant b \qquad a\leqslant c \qquad a\leqslant d \tag{3-6}$$

分析以上各式可得结论，AB 杆相对于 AD 杆作整周回转（即转动副 A 为整转副）的条件是：

（1）组成整转副的两杆中必有一杆为四杆中的最短杆。

（2）最短杆与最长杆的长度和应小于或等于其他两杆的长度和。（杆长之和条件）。

曲柄是连架杆，整转副处于机架上才能形成曲柄。因此，判断具有整转副的铰链四杆机构是否存在曲柄，还应根据选择哪一个杆件为机架来判断。

图 3-28 所示铰链四杆机构，满足杆长之和条件，构件 1 为最短杆，则 A、B 为整转副，C、D 为摆转副。当以构件 4（见图 3-28a）或构件 2（见图 3-28b）为机架时，构件 1 为曲柄，构件 3 为摇杆，得曲柄摇杆机构。当以构件 1 为机架（见图 3-28c）时，构件 2、构件 4 均为曲柄，得双曲柄机构。当以构件 3 为机架（见图 3-28d）时，构件 2、构件 4 均为摇杆，得双摇杆机构。

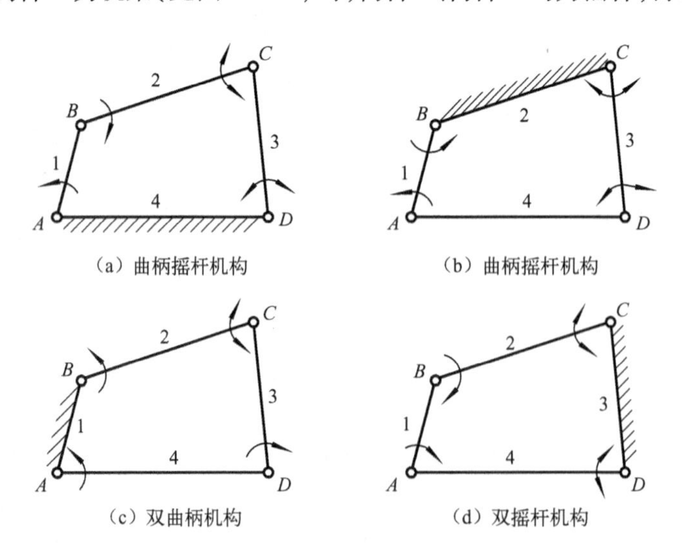

图 3-28　变换机架获得不同机构型式

若不满足杆长之和条件，则该机构中不存在整转副，此时不论取哪一个构件为机架，均无曲柄存在，只能得到双摇杆机构，所以，四杆机构有曲柄的条件是各杆长度需满足杆长条件，且其最短杆为连架杆或机架。

3.4　铰链四杆机构的演化

为了改善机构的受力状况以及工作需要，在实际机器中，还广泛采用其他各种形式的四杆机构。这些形式的四杆机构虽然种类繁多，具体结构也有很大差异，但都可认为是由铰链四杆机构通过演化方法而得到的。

3.4.1　改变构件形状及相对尺寸得到曲柄滑块机构

在图 3-29a 所示的曲柄摇杆机构中，摇杆上 C 点的轨迹为以 D 为圆心，以 CD 杆长 l_4 为半径的圆弧 $\overset{\frown}{mm}$。若 $l_4 \rightarrow \infty$，如图 3-29b 所示，C 点的轨迹 $\overset{\frown}{mm}$ 变为直线 $\overline{mm}$。于是摇杆 4 演化成为作直线运动的滑块，转动副 D 演化为移动副，曲柄摇杆机构演化成为曲柄滑块机构。图中 C 点的运动轨迹 $m-m$ 的延长线与曲柄转动中心 A 之距离称为偏距 e。当 $e=0$ 时称为对心曲柄滑块机构（见图 3-29c）。当 $e \neq 0$ 时称为偏置曲柄滑块机构（见图 3-29d）。曲柄滑块机构广泛应用在内燃机、空气压缩机、冲床以及许多其他机械中。

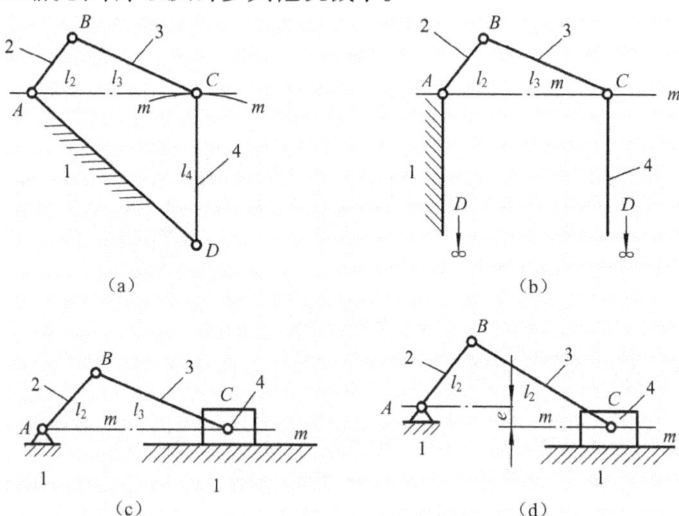

图 3-29　曲柄滑块机构演化过程

如图 3-30 所示为螺纹搓丝机构。原动曲柄 1 绕 A 点转动，通过连杆 2 带动活动搓丝板 3 作往复移动，置于固定搓丝板 4 和活动搓丝板 3 之间的工件 5 的表面就被搓出螺纹。

如图 3-31 所示为自动送料机构。曲柄 2 每转一周，滑块 4 就从料槽中推出一个工件 5。

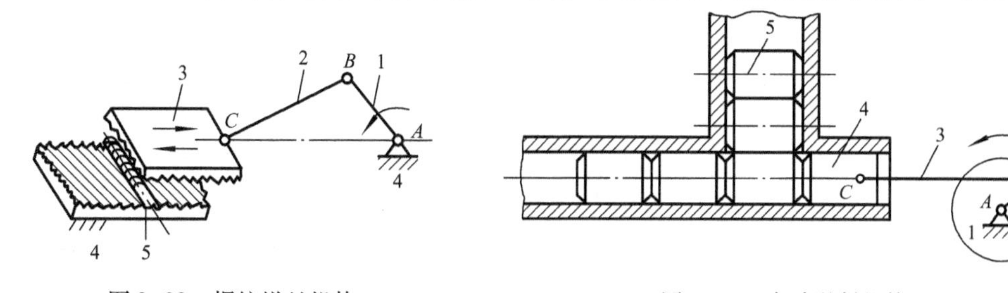

图 3-30　螺纹搓丝机构

1—曲柄；2—连杆；3—活动搓丝板；4—固定搓丝板；5—工件

图 3-31　自动送料机构

1—机架；2—曲柄；3—连杆；4—滑块；5—工件

3.4.2 扩大转动副尺寸得到偏心轮机构

在图 3-32a 所示的曲柄摇杆机构中，如将转动副 B 的半径逐渐扩大到超过曲柄 1 的长度，曲柄 1 演化为一个几何中心与转动中心不重合的偏心圆盘，得到如图 3-32b 所示的偏心轮机构。同理，可将图 3-29c 的曲柄滑块机构演化为如图 3-32c 所示的偏心轮机构。此时偏心轮 1 即为曲柄，而 A、B 间的距离即为曲柄的长度称为偏心距，这种结构尺寸的演化，并不影响机构原有的运动性质，却可以避免在极短的曲柄两端装设两个转动副而引起结构设计上的困难，并且机构结构的承载能力大大提高。偏心轮机构广泛应用于传力较大，而从动件行程很小的场合，如冲床、剪床等机器中。由于在这些机械中，偏心距 e 一般很小，因此常把偏心轮与轴做成一体，形成偏心轴，如图 3-33 所示。

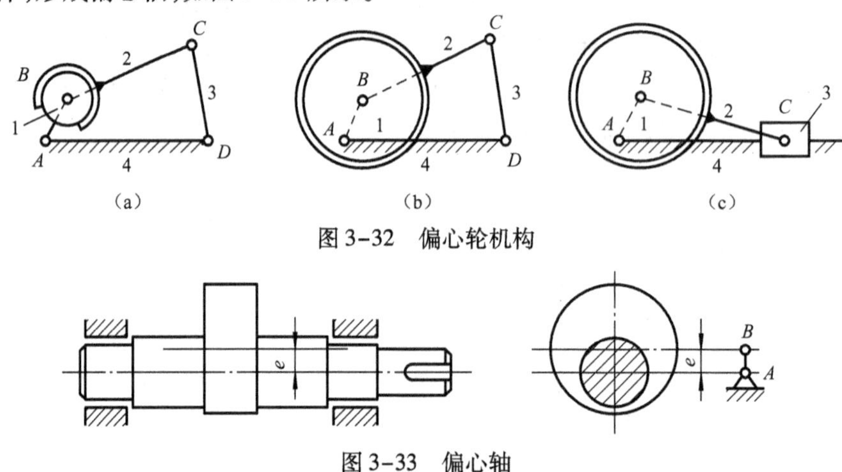

图 3-32　偏心轮机构

图 3-33　偏心轴

3.4.3 选用不同的构件为机架

低副机构的运动具有可逆性，即无论选择哪个构件为机架，构成低副的各构件之间的相对运动都不会发生改变。表 3-1 所示为平面四杆机构选用不同构件为机架的演化。

表 3-1　平面四杆机构选用不同构件为机架的演化

改 变 机 架	铰链四杆机构	曲柄滑块机构
以构件 1 为机架	曲柄摇杆机构	曲柄滑块机构
以构件 2 为机架	双曲柄机构	转动导杆机构

续表

改变机架	铰链四杆机构	曲柄滑块机构
以构件3为机架	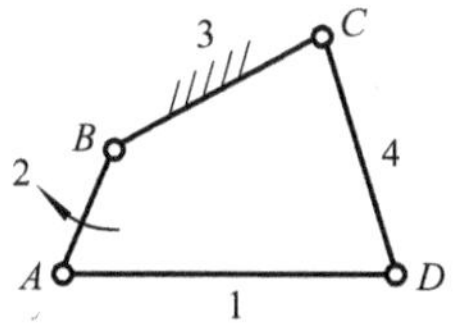 曲柄摇杆机构	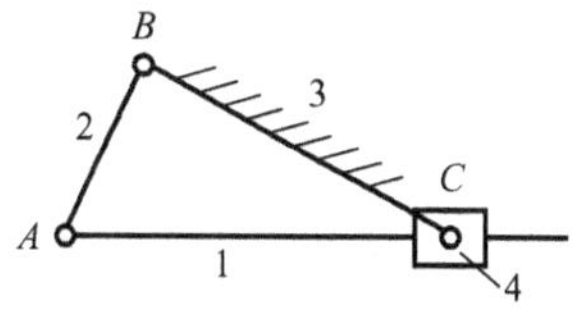 曲柄摇块机构
以构件4为机架	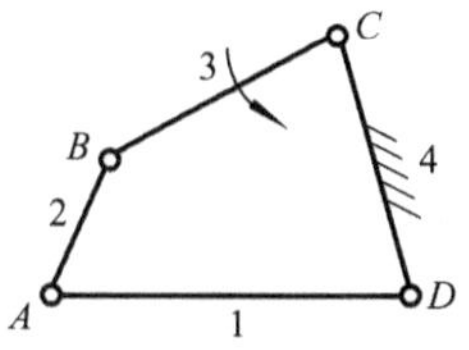 曲柄摇杆机构	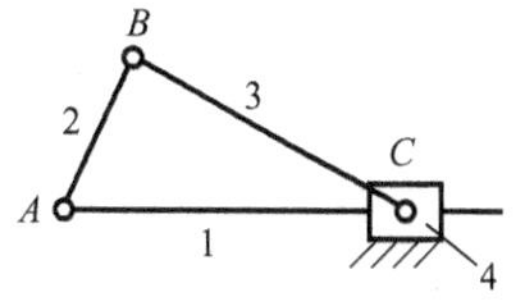 移动导杆机构

3.5　平面四杆机构的设计

平面四杆机构的设计是在运动方案设计的基础上，根据机构的运动条件、几何条件和传力条件等，确定机构各构件的尺寸参数。

根据机械的用途和性能要求的不同，对连杆机构设计的要求是多种多样的，归纳起来主要有下面两类问题：

（1）按照给定连杆位置设计四杆机构，称为刚体引导问题。

（2）按照给定点的运动轨迹设计四杆机构，称为轨迹生成问题。

连杆机构设计的方法有图解法、实验法和解析法。图解法是用几何作图方法来求解机构的运动学参数，直观易懂，几何关系清晰，但精确程度稍差，常用来为高精度设计提供初始参数；实验法是用作图试凑或利用各种图谱、表格及模型实验等来获取机构尺寸参数，简单易行，直观性较强，但精度差，适用于近似设计或机构尺寸的预选；解析法是以机构参数表达各构件之间运动的函数关系的设计方法，借助计算机能迅速、精确地求得机构尺寸参数。

3.5.1　图解法设计四杆机构

1. 按给定行程速比系数设计四杆机构

设计具有急回运动特性的四杆机构（曲柄摇杆机构、偏置曲柄滑块机构及摆动导杆机构），一般是根据工作要求，先给定行程速比系数 K 的数值，然后根据机构在极限位置处的几何关系，结合其他辅助条件（如最小传动角等），确定机构中各构件的尺寸参数。

已知：摇杆的长度 $l_3=\mu CD$，（μ 为比例尺），摆角 ψ 和行程速比系数 K。设计该曲柄摇杆机构。

设计的实质是确定铰链中心 A 点的位置，进而定出其余三个构件的尺寸 l_1、l_2、l_3。其设计步骤如下：

（1）由给定的行程速比系数 K，按式（3-2）求出极位夹角 θ。

（2）如图3-34所示，取适当的比例尺μ，任选固定铰链中心D的位置，并根据摇杆长度l_3和摆角ψ，作出摇杆的两个极限位置C_1D和C_2D。

（3）连接C_1和C_2点，作C_1M线垂直于线段C_1C_2。

（4）过C_2点作与线段C_1C_2成$\angle C_1C_2N=90°-\theta$的直线$C_2N$，得交点$P$。根据三角形内角之和等于180°，可知，$\angle C_1PC_2=\theta$。

（5）以PC_2为直径作ΔC_1PC_2的外接圆，在此圆周（弧C_1C_2、和弧EF除外，否则机构将不满足运动连续性要求）上任选一点A作为曲柄的固定铰链中心，分别于C_1、C_2相连，得$\angle C_1AC_2$。因同一圆弧的圆周角相等，所以$\angle C_1AC_2=\angle C_1PC_2=\theta$。

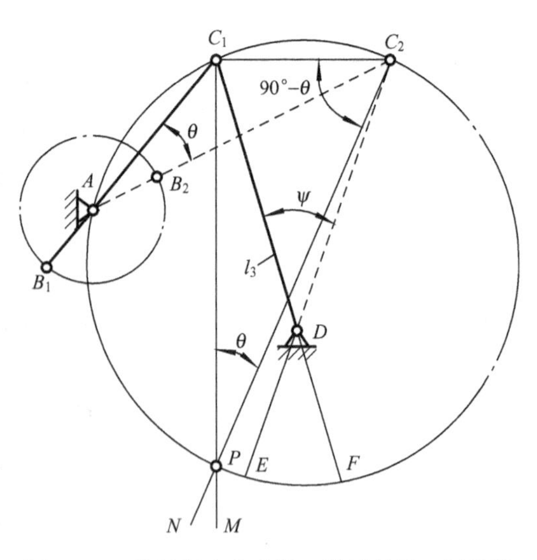

图3-34　按行程速比系数K设计铰链四杆机构

（6）由机构在极限位置处的曲柄和连杆共线的关系可知：$AC_1=BC-AB$、$AC_2=BC+AB$，从而得到曲柄长度$l_1=\mu AB=\mu(AC_2-AC_1)/2$（曲柄长度也可以用作图法求得，即以$A$为圆心，$AC_1$为半径作圆弧与$AC_2$相交于一点，连接该点和$C_2$点得一线段，平分该线段即为长度$AB$，曲柄长度$l_1=\mu AB$）。再以$A$为圆心，$AB$为半径作圆，交$C_1A$的延长线和$C_2A$于$B_1$和$B_2$，从而得出$\mu B_1C_1=\mu B_2C_2=l_2$及$\mu AD=l_4$。

由于A点是在三角形ΔC_1PC_2的外接圆上任意选定的，故若仅按行程速比系数K设计，可得无穷多个铰链四杆机构，这时可根据其他辅助条件，如给定机架长度l_4、最小传动角γ_{min}等，即可得到满意的结果。

对于曲柄滑块机构，一般已知滑块的行程H，偏距e和行程速比系数K，完全可以参照上述方法进行设计。对摆动导杆机构，则可根据已知机架长度l_4和行程速比系数K结合其他几何条件进行设计。

2. 按给定连杆位置设计四杆机构

按给定连杆位置设计四杆机构，应用图解法是比较方便的，其实质在于确定连架杆与机架组成的转动副中心A和D的位置。

已知：连杆BC的长度$l_2=\mu BC$和其三个预定位置B_1C_1、B_2C_2和B_3C_3。设计铰链四杆机构。

如图3-35所示，取适当比例尺μ，根据给定条件，画出连杆所占据的三个位置B_1C_1、B_2C_2、B_3C_3，由于连杆上的铰链中心B和C分别沿某一圆弧运动，运用已知三点求圆心的方法，分别作B_1B_2和B_2B_3的垂直平分线n_{b12}、n_{b23}以及C_1C_2、C_2C_3的垂直平分线n_{c12}、n_{c23}，它们的交点A_1和D_1就是铰链四杆机构的固定铰链中心，而$A_1B_1C_1D_1$即为所求的铰链四杆机构在某一瞬时的位置。

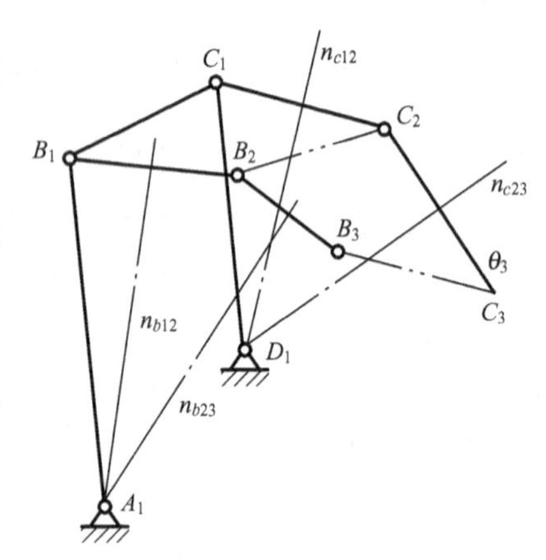

图3-35　按给定连杆三位置设计四杆机构

当给定连杆 BC 的三个预定位置时，A、D 铰链位置只有一个唯一解，如给定连杆的两个位置 B_1C_1、B_2C_2，则 A_1 点和 D_1 点可分别在垂直平分线 n_{b12}、n_{c12} 上任意选择，故有无穷多个解。在实际设计时，还可以考虑其他辅助条件（例如，满足曲柄存在条件、紧凑的机构尺寸及最小传动角等要求），从而得到一个确定的解。

如图 3-36 所示为铸造车间加热炉门启闭机构，它就是用一个铰链四杆机构来实现炉门开启与闭合的两个工作位置。

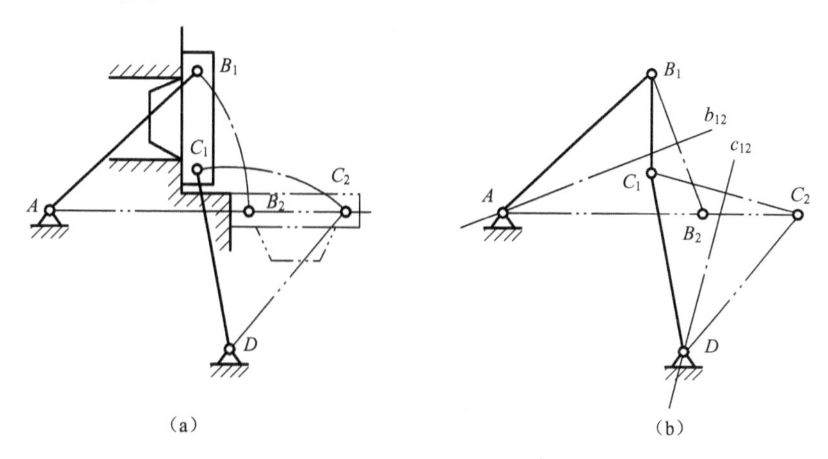

图 3-36　按给定轨迹设计炉门启闭机构

3.5.2　实验法设计四杆机构

如图 3-37 所示，当原动件 AB 绕固定铰链 A 转动时，连杆作平面运动，其平面上的点各自描绘出不同形状的轨迹，称为连杆曲线。连杆曲线的形状和大小是由各构件的长度和轨迹点在连杆平面上的位置这两个条件来决定。

在用实验法按照给定的运动轨迹设计四杆机构时，所要实现的轨迹（如图 3-37 中 M 点的轨迹）是已知的。假设给定原动件 AB 的长度及转动中心 A 和连杆上一点 M。现要求设计一四杆机构，使其连杆上的点 M 沿着预定的运动轨迹 $t-t$ 运动。要设计的四杆机构中仅活动铰链 C 和固定铰链 D 的位置未知，为解决此设计问题，可在连杆上另外固结若干杆件，它们的端点 C、C_1、C_2、…，再让连杆上的描点 M 沿着给定的轨迹运动，其他各点也将描绘出各自的连杆曲线。在这些曲线中找出圆弧或近似圆弧的曲线，即可将描绘出此曲线的点作为连杆与另一连架杆的铰链中心 C，而此曲线的曲率中心即为固定铰链中心 D，因而 AD 为机架，CD 为从动连架杆。这样，就完成了能够实现预定运动轨迹的四杆机构的设计。

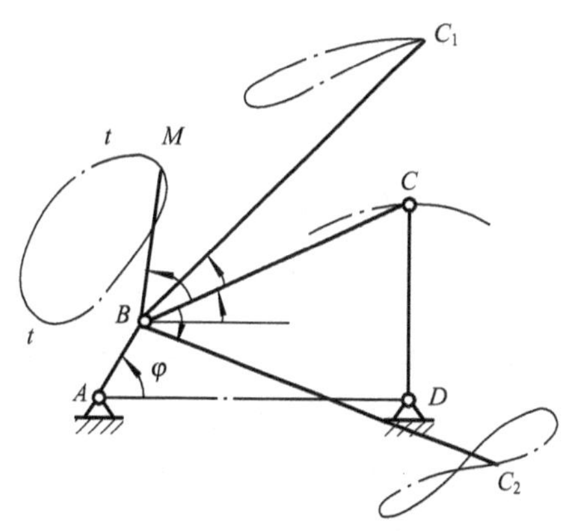

图 3-37　按给定轨迹设计四杆机构

按照给定的运动轨迹设计四杆机构的另一种简便有效方法，是利用“四连杆机构分析图谱”进行设计。如前所述，在四杆机构中连杆曲线的形状取决于各杆的相对长度和描点在连杆上的位置。连杆曲线图谱是将构件长度不同的平面四杆机构中，连杆平面上各点的轨迹曲线绘出，并按一定规律汇编成册(见图3-38)。图谱法就是先将所要实现的轨迹曲线与图谱中的曲线进行比较，找到形状相符的轨迹曲线及其相应机构后，四杆机构各构件的相对长度便可从图中右下角查得。然后用缩放尺求出图谱中连杆曲线与所要求的轨迹之间大小相差的倍数，即可得到各构件的实际尺寸参数。

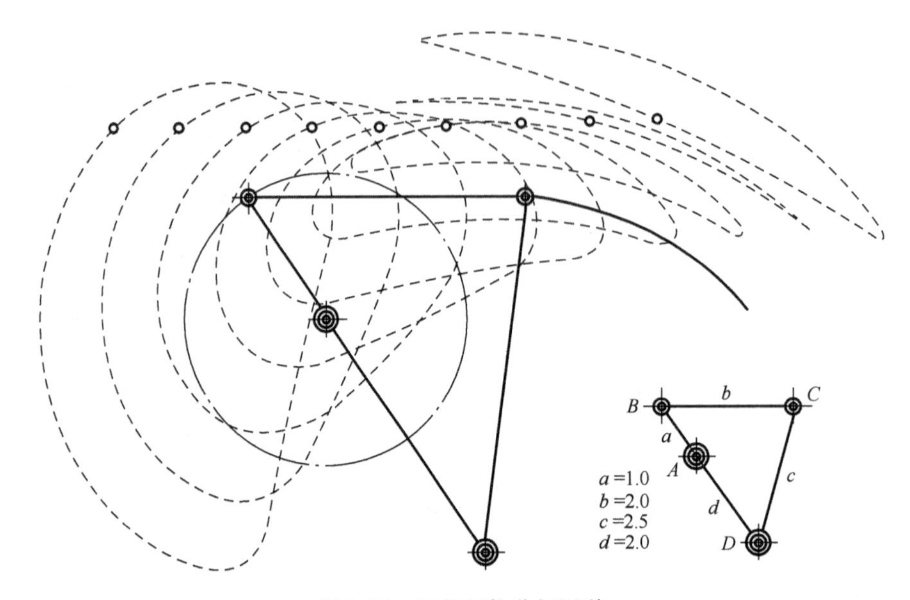

图3-38 四杆机构分析图谱

复习思考题

3-1 什么是连杆、连架杆、平面连杆机构？平面连杆机构适用于何种场合？不适用于何种场合？

3-2 平面四杆机构的基本形式是什么？它有哪些演化形式？研究平面四杆机构演化的目的何在？

3-3 何谓曲柄？四杆机构具有曲柄的条件是什么？曲柄是否就是最短杆？

3-4 何谓行程速比系数？何谓急回运动？何谓极位夹角？三者之间有什么关系？

3-5 何谓连杆机构的压力角和传动角？研究传动角有何意义？在连杆机构设计中对传动角有何限制？为什么说在曲柄摇杆机构中最小传动角出现在曲柄与机架共线的两位置之一？

3-6 在四杆机构中，死点和极限位置实际上是同一个位置，两者区别何在？

3-7 举例说明在实际机构中，如何利用和避免“死点”？

3-8 在铰链四杆机构中，当最短杆和最长杆长度之和大于其他两杆长度之和时，只能获得何种机构？

3-9 一对心曲柄滑块机构，若以滑块为机架，则将演化成何种机构？

3-10　在摆动导杆机构中，导杆摆角 $\psi=30°$，其行程速比系数 K 的值为多少？

3-11　在四杆机构中，能实现急回运动的机构有哪些？

习　题

3-1　试根据图3-39所注尺寸判断下列机构为何种机构？

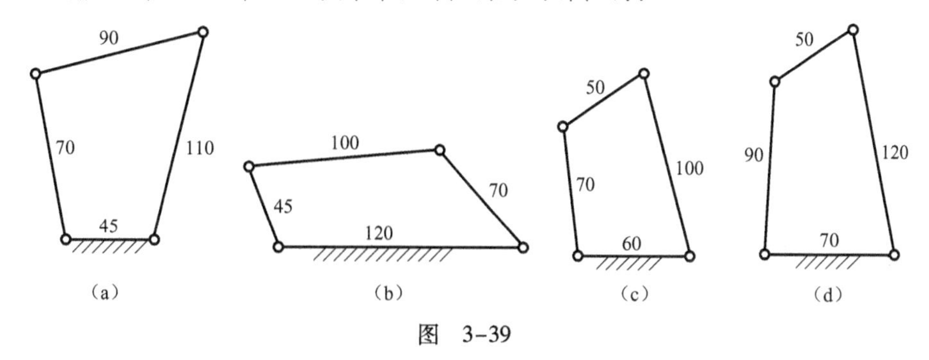

图　3-39

3-2　如图3-40所示，设已知四杆机构各构件的长度 $a=240\ \mathrm{mm}$，$b=600\ \mathrm{mm}$，$c=400\ \mathrm{mm}$，$d=500\ \mathrm{mm}$，试回答下列问题：

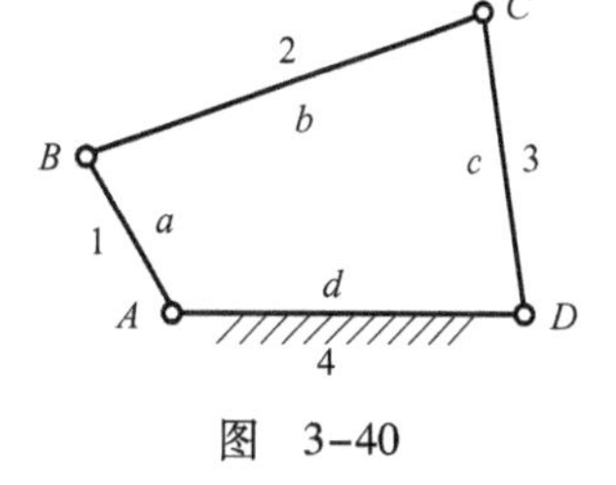

图　3-40

(1) 当取杆4为机架时，是否有曲柄存在？若有曲柄，哪个杆件为曲柄？此时该机构为何种机构？

(2) 要使此机构成为双曲柄机构，则应取哪个杆件为机架？

(3) 要使此机构成为双摇杆机构，则应取哪个杆件为机架，且其长度的允许变动范围是多少？

(4) 如将杆4的长度改为 $d=400\ \mathrm{mm}$，而其他各杆的长度不变，则当分别以1、2、3杆为机架时，所获得的机构为何种机构？

3-3　什么叫机构的压力角？它有何实际意义？试就下列机构图示位置画出压力角 α 的大小（图3-41中标箭头者均为主动件）。

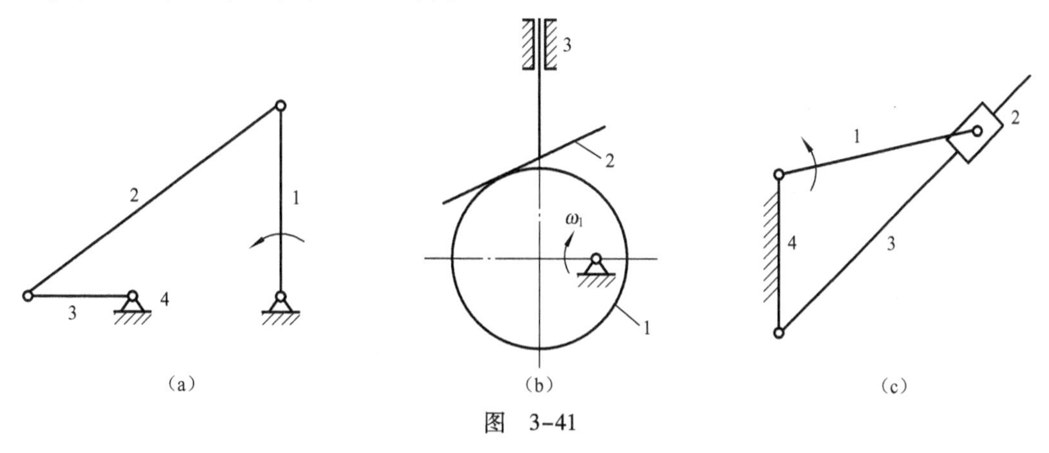

图　3-41

3-4　试画出图3-42所示机构的传动角 γ 和压力角 α，并判断哪些机构在图示位置正处于"死点位置"？

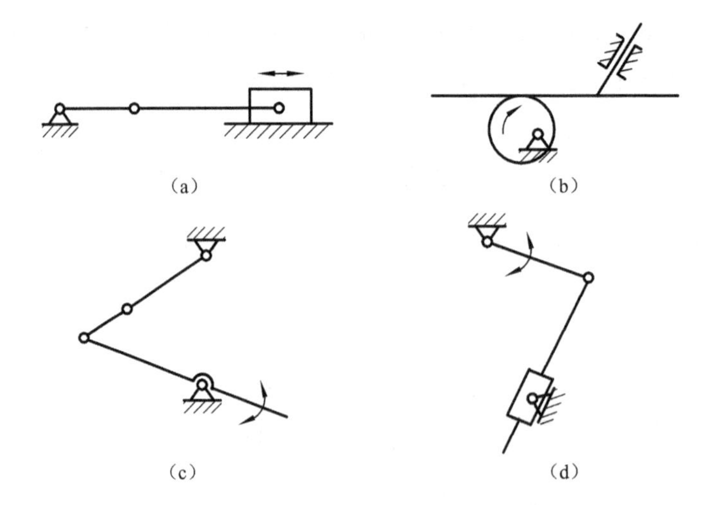

图 3-42

3-5 在图 3-43 所示的四杆机构中，已知各构件的尺寸（由图上量，比例尺 $\mu_l=2\text{ mm/mm}$），杆 AB 为主动件，转向如图所示。现要求：

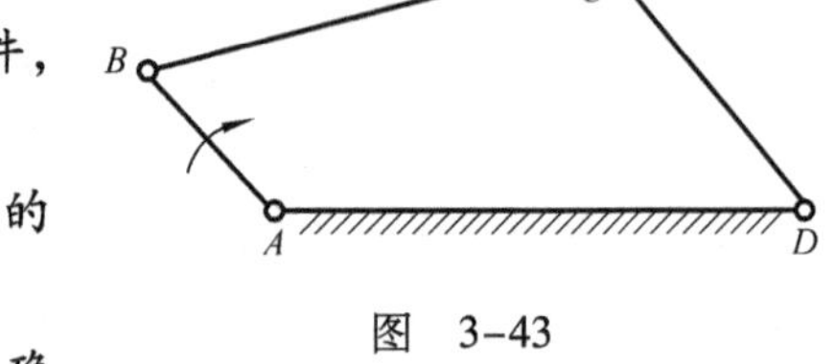

图 3-43

(1) 试确定该机构存在曲柄的条件和各机构的名称；

(2) 机构有无急回运动特性？若有，试以作图法确定其极位夹角 θ，并计算其行程速比系数 K；

(3) 标出机构在图示位置时的机构传动角 γ 和压力角 α，求作最小传动角 $\gamma_{\min}$ 和最小压力角 $\alpha_{\min}$，并说明机构的传动性能如何？

(4) 机构是否存在死点？

3-6 如图 3-44 所示，现欲设计一铰链四杆机构，已知其摇杆 CD 的长 $l_{CD}=75\text{ mm}$，行程速比系数 $K=1.5$，机架 AD 的长度为 $l_{AD}=100\text{ mm}$，又知摇杆的一个极限位置与机架间的夹角 $\psi=45°$，试求曲柄的长度 l_{AB} 和连杆的长度 l_{BC}。（有两个解）

3-7 试用图解法设计一偏置曲柄滑块机构（见图 3-45），已知滑块的行程速比系数 $K=1.5$，滑块的行程 $H=40\text{ mm}$，导路偏距 $e=15\text{ mm}$。并求其最大压力角 $\alpha_{\max}$。

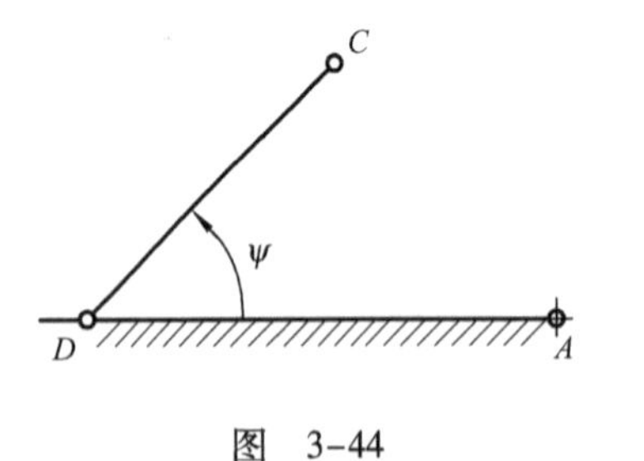

图 3-44

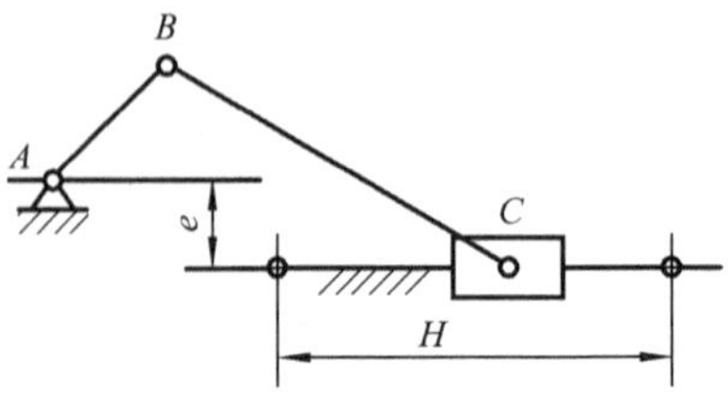

图 3-45

第4章　凸 轮 机 构

本章学习提要

本章要点包括:①了解凸轮机构的类型、特点和适用场合,学会根据使用要求选择凸轮机构的类型;②掌握从动件几种常用运动规律的特点和适用场合,学会根据工作要求选择从动件的运动规律;③熟悉凸轮机构的压力角和自锁等概念;④掌握按从动件运动规律运用反转法原理绘制凸轮轮廓的方法。

本章重点是从动件运动规律的特性及选择,掌握用反转法原理设计盘形凸轮廓线的方法。

在各种机械中,特别是在自动机械中,当原动件作等速连续运动时,常要求从动件的位移、速度和加速度必须严格地按照预定规律变化。在这种情况下,通常多采用凸轮机构。

4.1　凸轮机构的应用和分类

4.1.1　凸轮机构的应用

如图4-1所示,凸轮机构是由凸轮1、从动件2(也称推杆)及机架3三个基本构件组成的高副机构。图中,构件1是具有曲线轮廓(或沟槽)的盘状或柱状体,称为凸轮。凸轮通常作连续等速转动,也可作摆动和移动,凸轮的曲线轮廓称为凸轮廓线。构件2称为从动件,通过与凸轮的高副接触,借助凸轮廓线的变化,从动件2按预定的运动规律作往复摆动或往复移动。

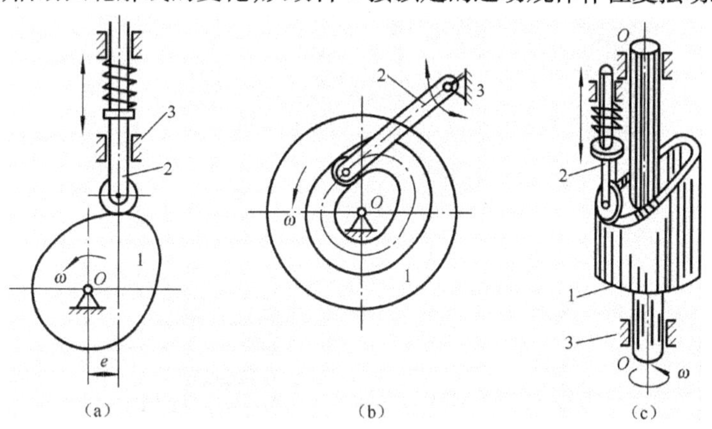

图4-1　凸轮机构的构成

凸轮机构结构简单、紧凑,易于设计,可实现各种复杂的运动要求,响应速度快,精度较高,广泛用于各种自动机械、仪表以及自动控制装置中。但凸轮轮廓与从动件间为高副接触,易磨损,所以不宜承受重载或冲击载荷,多用于传递动力不大的场合。

图4-2所示为绕线机中用于排线的凸轮机构。当绕线轴3快速转动时,经齿轮机构带动凸轮1缓慢地转动,通过凸轮廓线与尖顶A之间的高副接触,驱使从动件2往复摆动,从而实

现线绳均匀缠绕在绕线轴上的运动要求。

图 4-3 所示为车床主轴变速箱上用以改变主轴转速的变速操纵机构。当转动手柄 1 时，带有两条曲线沟槽的圆柱凸轮 8 转动，迫使摆杆 2、7 摆动。通过拨叉 3、6 分别带动三联齿轮 4 和双联齿轮 5 在花键轴上滑移，实现不同齿轮的啮合，从而改变主轴转速。

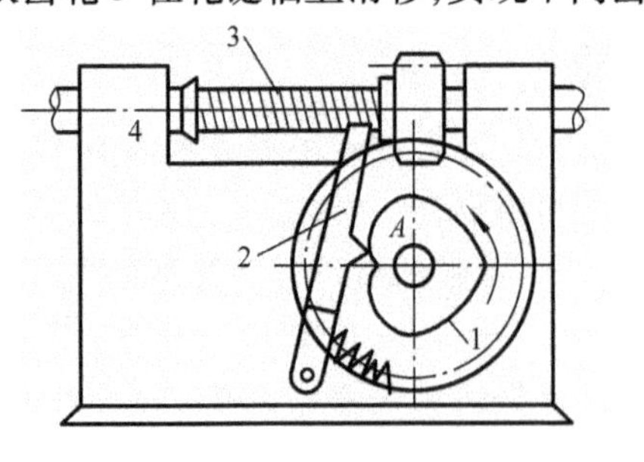

图 4-2 绕线机构

1—凸轮；2—从动件；3—轴；4—机座

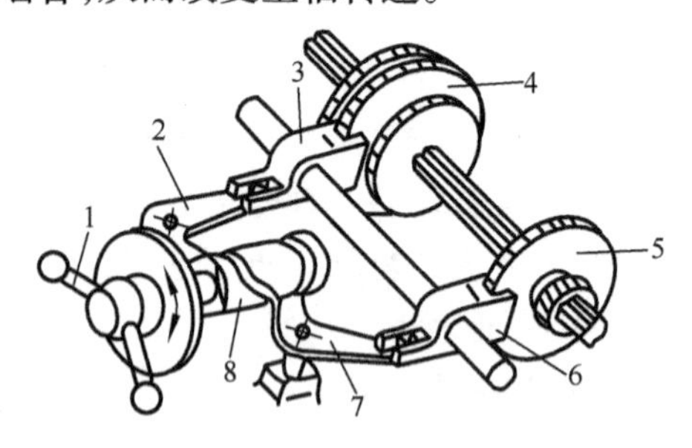

图 4-3 主轴变速箱变速操纵机构

1—车柄；2、7—摆杆；3、6—拨叉；4—三联齿轮；5—双联齿轮；8—圆柱凸轮

如图 4-4a 所示为加工水表零件的专用车床上的凸轮控制系统，被加工零件的名义尺寸和几何形状如图 4-4c 所示。在凸轮轴 1（也称为分配轴）上安装两个具有曲线凹槽的圆柱凸

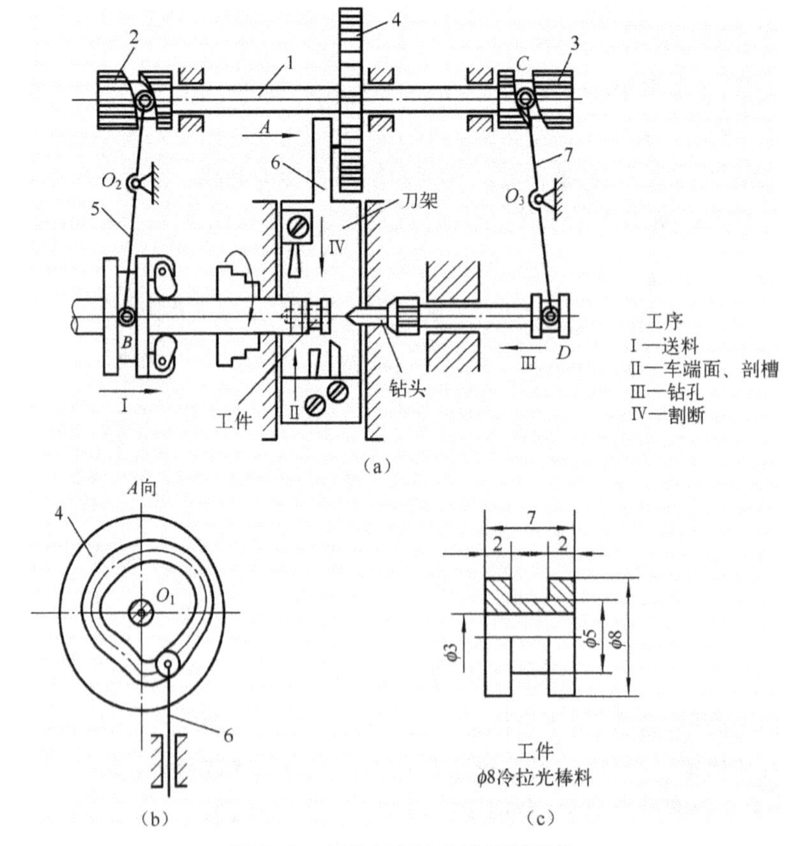

图 4-4 专用车床的凸轮控制机构

1—凸轮轴；2、3—圆柱凸轮；4—盘形凸轮；5、6、7—从动件

轮2、3和一个具有曲线凹槽的盘形凸轮4，通过这三个凸轮和推杆5、6、7分别控制原料棒、刀架和钻头的运动状态，从而依次实现自动送料、车端面、割槽、钻孔和割断等加工工序，完成对该零件的自动切削加工。加工过程中，夹头的松开和夹紧也是由凸轮机构控制的。

4.1.2　凸轮机构的分类

凸轮机构的类型繁多，常见的分类方法如下：

1. 按凸轮的形状分类

（1）盘形凸轮　如图4–5a所示，它是凸轮机构最基本的型式。凸轮是一个具有变化向径的盘形构件，当它绕固定轴转动时推动从动件在垂直于凸轮轴的平面内运动。盘形凸轮机构结构较简单，应用广泛。但从动件的行程不能太大，否则将使凸轮的径向尺寸变化太大，对工作不利。盘形凸轮机构多用在行程较短的传动中。

（2）移动凸轮　如图4–5b所示，这种凸轮相对于机架作往复直线运动。它可以看成是回转中心在无穷远处的盘形凸轮。

（3）圆柱凸轮　这是在圆柱表面上加工出曲线工作表面（见图4–4a），或在圆柱端面上做出曲线轮廓（见图4–5c）的凸轮，可以看成是将移动凸轮卷绕在圆柱体上而构成。

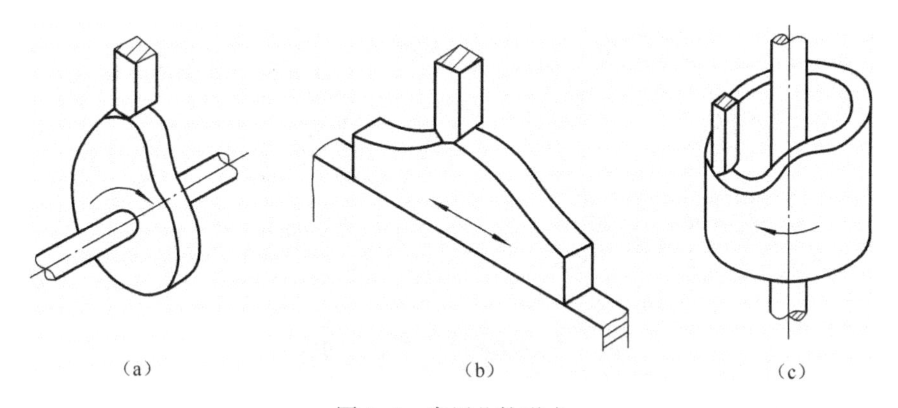

图4–5　常用凸轮形式

2. 按从动件端部的形状分类

（1）尖顶从动件　如图4–6a、d所示，从动件的端部为尖顶。这种从动件构造最简单，其尖顶能与任意复杂的凸轮轮廓保持接触，从动件可以实现复杂的运动规律，但尖顶与凸轮是点、线接触，易磨损，故只宜用于传递动力不大的低速凸轮机构中，如仪表机构等。

（2）滚子从动件　如图4–6b、e所示，从动件的端部装有可自由转动的滚子。滚子与凸轮作相对运动时为滚动摩擦，因此阻力、磨损均较小，可承受较大的载荷，应用最广泛。

（3）平底从动件　如图4–6c、f所示，从动件的端部为一平底。这种从动件与凸轮轮廓接触处构成楔形间隙，容易形成润滑油膜，不计摩擦时，凸轮对从动件的作用力始终垂直于从动件的底边，故能减小摩擦、磨损，传动效率较高，受力比较平稳，常用于高速凸轮机构中，但与平底从动件推杆相配合的凸轮轮廓必须是外凸廓线。

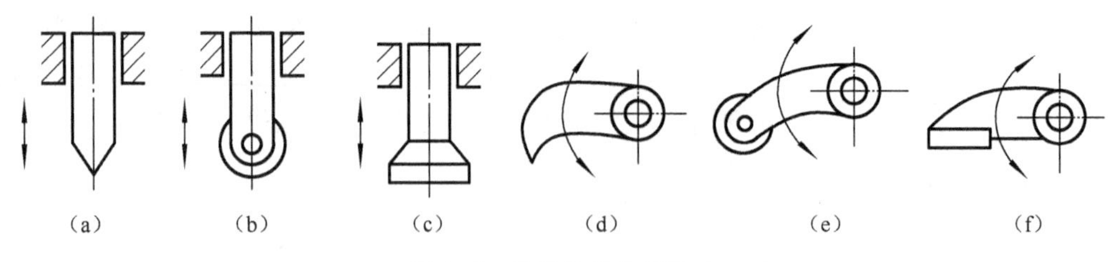

图 4-6 常用从动件的形式

3. 按推杆的运动形式分类

(1) 直动推杆 推杆相对于机架作往复直线移动,如图 4-6a ~ c 所示。如推杆的导路轴线通过凸轮轴心,称为对心直动推杆盘形凸轮机构,如图 4-7a 所示。否则称为偏置直动推杆盘形凸轮机构,如图 4-7b 所示,e 为偏距。

(2) 摆动推杆 推杆相对于机架作往复摆动,如图 4-6d ~ f 所示。

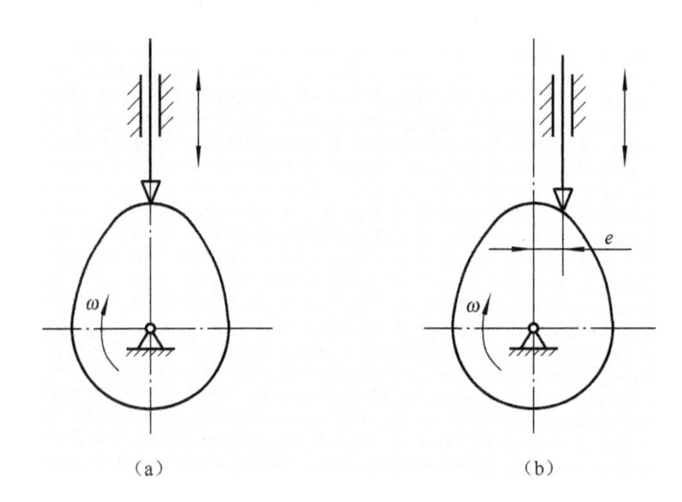

图 4-7 盘形凸轮机构的运动形式

4. 按凸轮与从动件的接触形式分类

(1) 力封闭 如图 4-8 所示。利用从动件的重力、弹簧力或其他外力使从动件与凸轮轮廓始终保持接触的方式。

(2) 形封闭 利用特殊几何形状实现从动件端部与凸轮始终保持接触的方式。它可归纳为如下类型:

① 槽形凸轮 如图 4-9a、b 所示。利用凸轮上的两条等距曲线槽和与之相嵌的滚子使凸轮与从动件始终保持接触。由于它设计和制造都比较方便,故应用较广泛。

② 等径凸轮 如图 4-10 所示。凸轮理论轮廓曲线沿径向线上对应两点之间的距离处处相等。

③ 等宽凸轮 如图 4-11 所示。与凸轮廓线相切的任意两平行线间的宽度处处相等。

④ 共轭凸轮 如图 4-12 所示,又称主回凸轮。用两个固结在同一轴上的盘形凸轮,控制一个推杆。一个凸轮使从动件完成推程运动,另一个使之完成回程运动。

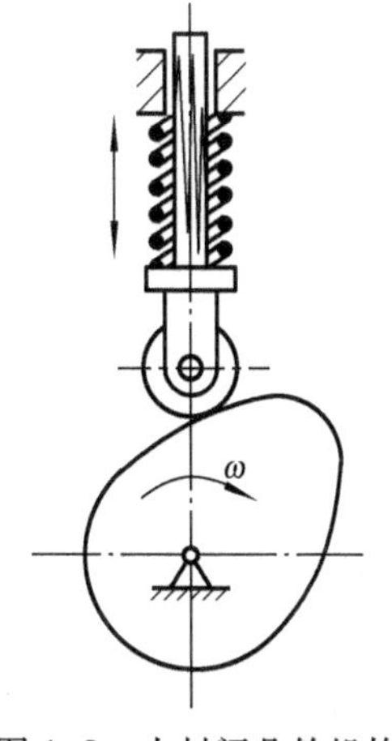

图4-8　力封闭凸轮机构

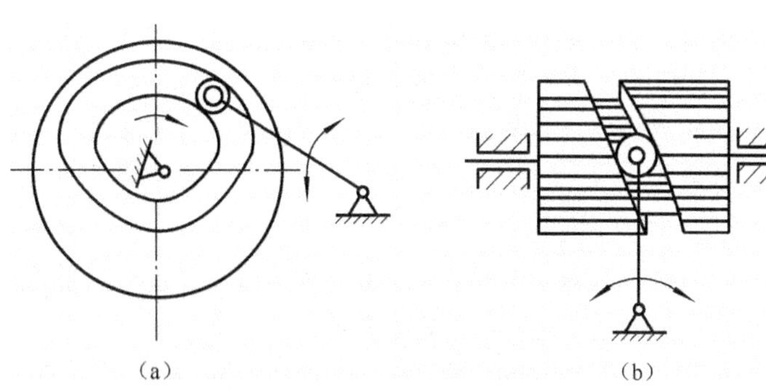

图4-9　槽形凸轮机构

图4-10　等径凸轮机构

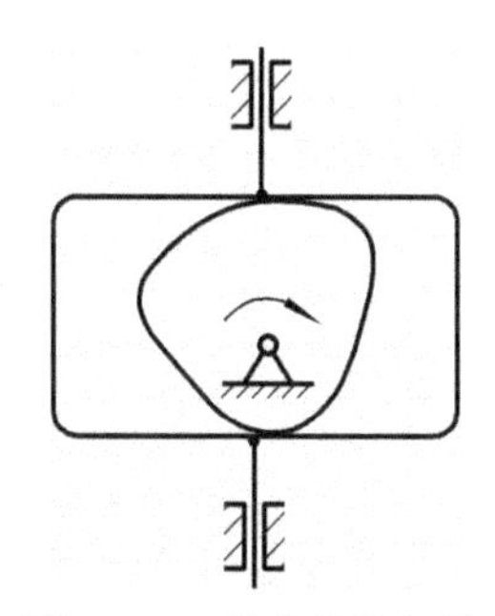

图4-11　等宽凸轮机构

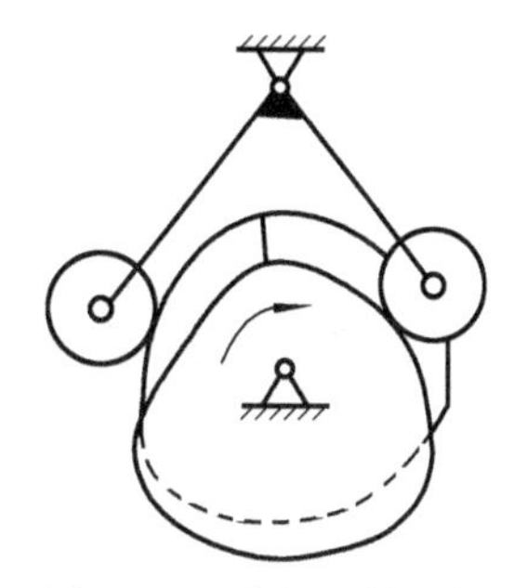

图4-12　共轭凸轮机构

4.2　从动件的常用运动规律

设计凸轮时，首先根据工作要求选定合适的凸轮机构的类型，确定从动件的运动规律和相关的基本尺寸，然后按照这一运动规律设计凸轮廓线。

从动件的运动规律是指其运动参数(位移 s、速度 v 和加速度 a)随时间 t 或转角 δ 变化的规律，常用运动线图来表示。

4.2.1　凸轮机构的基本名词术语

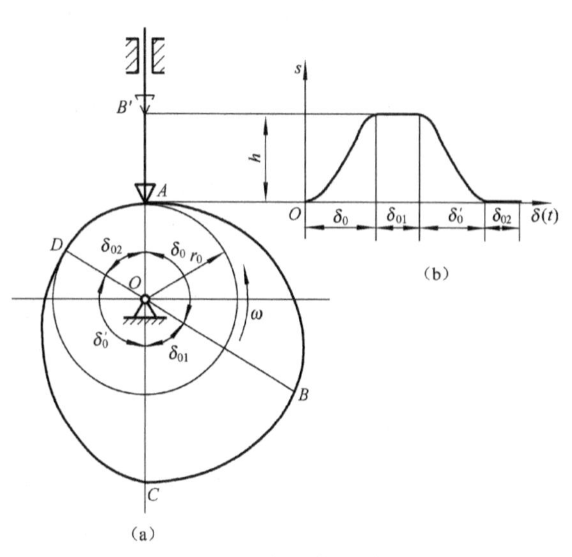

图4-13　凸轮机构运动分析

如图4-13a所示为一对心直动尖顶从动件盘形凸轮机构，4-13b为凸轮机构从动件的位移变化规律，称为从动件的位移线图。

(1) 凸轮转角　凸轮绕其回转中心 O 转过的角度，用 δ 表示。凸轮转角常从最低位置开始在基圆上计量。

(2) 从动件的位移　凸轮转过 δ 角时，从动件移动的距离 s。从动件的位移，常从最低位置开始计量。

(3) 基圆　以凸轮转动中心为圆心，以凸轮廓线上的最短向径 r_0为半径所作的圆，称为凸轮的基圆。r_0称为基圆半径。基圆是设计凸轮廓线的基准。

(4) 推程及推程运动角 δ_0　凸轮以等角速度 ω 沿逆时针方向转动，推动从动件以一定运动规律从最低位置 A(基圆与凸轮廓线的交点)向最高位置 B'的运动过程称为推程。此时凸轮所转过的角度 δ_0称推程运动角。

(5) 回程及回程运动角 δ'_0　从动件从最高位置 B'向最低位置 A 的运动过程称为回程。对应凸轮转过的角度 δ'_0称为回程运动角。

(6) 行程　从动件从最低位置 A 运动到最高位置 B'所通过的距离或从最高位置回到最低位置所通过的距离。行程是从动件的最大运动距离。常用 h 表示。

(7) 远休止角 δ_{01}　从动件在距凸轮转动中心的最远处停留不动时，对应凸轮转过的角度 δ_{01}称为远休止角。

(8) 近休止角 δ_{02}　从动件在距凸轮转动中心的最近处停留不动时，对应凸轮转过的角度 δ_{02}称为近休止角。

4.2.2　从动件的运动规律

1. 等速运动规律

当凸轮等速回转时，从动件在推程(或回程)的速度 v_0为常数，称为等速运动规律。

图 4-14 为从动件按等速运动规律运动的位移、速度、加速度线图。由图 4-14 可知，对于等速运动规律，其位移线图为一斜直线，速度线图为一水平直线。当从动件运动时，由于速度为常数，故其加速度为零。但在运动开始时，速度由零突变为 v_0，其加速度 $a = +\infty$；在运动终止时，速度又由 v_0突变至 0，其加速度 $a = -\infty$。因此在这两个位置，从动件产生的惯性力在理论上趋于无穷大，致使机构产生强烈的冲击，这种冲击称为刚性冲击。实际上，由于构件材料有弹性变形，加速度和惯性力都不会达到无穷大，但仍可造成强烈的冲击。刚性冲击会引起机械的振动，加速凸轮的磨损，甚至损坏构件，因此等速运动规律一般不宜单独使用，运动开始和终止段需加以修正。该运动规律一般只适用于低速、从动件质量不大而从动件要求作等速运动的场合。

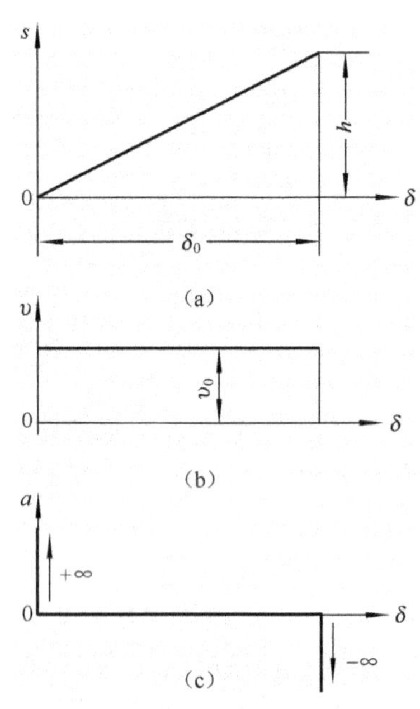

图 4-14　等速运动规律线图

2. 等加速等减速运动规律

等加速等减速运动规律通常是从动件在推程(或回程)的前半程用等加速运动规律，后半程采用等减速运动规律，两部分加速度大小相等但方向相反。由图 4-15 可知，这种运动规律中的加速度 a 为常数，加速度线图为平行于横坐标的直线；速度线图为倾斜的直线(行程中点处速度最大)；位移线图为抛物线，因此该运动规律又称为抛物线运动规律。

由图4-15可知，这种运动规律的速度线图是连续的，但加速度线图在运动起点 A、中点 B、终点 C 三处仍存在有限值的突变，因而会引起从动件的惯性力也将产生有限值的突变，使机构产生冲击，这种冲击称为柔性冲击。故此种运动规律只适用于中速，轻载的场合。

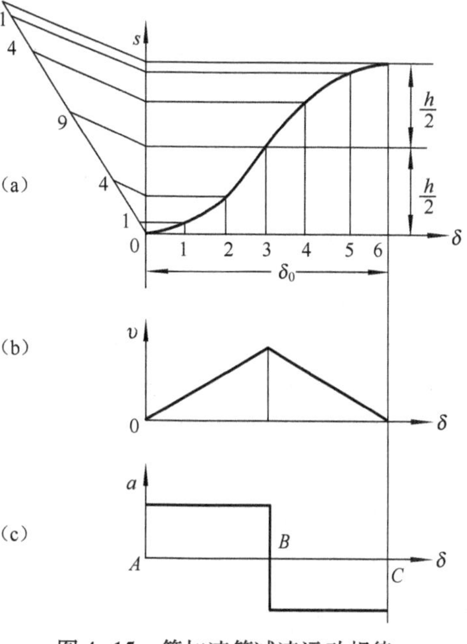

图4-15 等加速等减速运动规律

3. 余弦加速度运动规律(又称简谐运动规律)

图4-16为推程时的余弦加速度运动规律线图。余弦加速度运动规律的加速度线图为1/2个周期的余弦曲线，位移线图为简谐运动曲线，余弦加速度运动规律在运动起始和终止位置，加速度线图不连续，存在有限突变，因此会引起柔性冲击；常用于中、低速场合。但对于升→降→升型无休止角的凸轮机构，加速度线图变成连续曲线，则无柔性冲击。可用于较高速场合。

4. 正弦加速度运动规律(又称摆线运动规律)

图4-17所示为推程时正弦加速度运动规律的运动线图，由图4-17可见，这种运动规律既无速度突变，也无加速度突变，可以避免柔性冲击及刚性冲击，所以振动、噪声、磨损较小，适用于高速传动。缺点是加速度最大值较大，惯性力较大，对制造误差较敏感，要求加工精度较高，成本也随之提高。

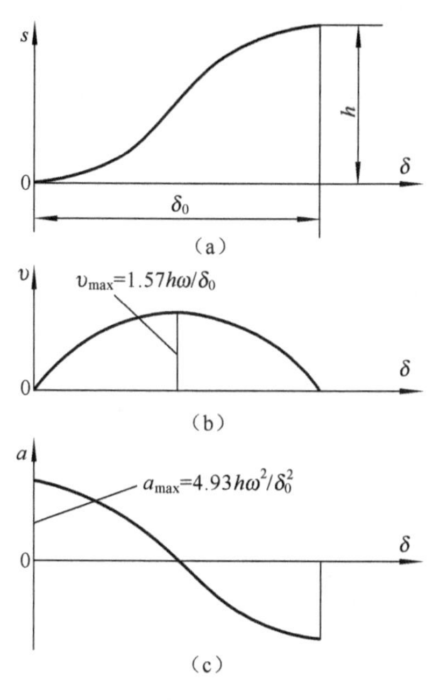

图4-16 余弦加速度运动规律

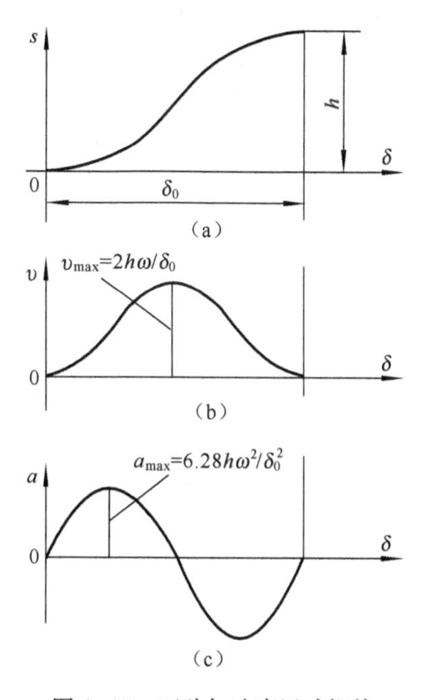

图4-17 正弦加速度运动规律

上述各种运动规律是凸轮机构从动件运动规律的基本型式,它们各有其优点和缺点。为了扬长避短,适应现代机械对高速、重载的要求,可以某种运动规律为基础,用其他运动规律与其组合,构成组合形运动规律,从而获得良好的运动、动力特性,避免在运动始、末位置发生刚性冲击或柔性冲击。

4.3 按已知运动规律绘制凸轮轮廓

当根据工作要求选定从动件运动规律以后,即可根据该运动规律和其他必要的给定条件(如结构所允许的空间、从动件的类型、凸轮转动方向、基圆半径等)着手设计凸轮轮廓。设计凸轮轮廓的方法有图解法和解析法。图解法简单易行,直观,但精度有限,通常用于低速或对从动件运动规律要求不太严格的凸轮机构设计。解析法设计必须应用复数矢量法、坐标转换法等各种数学工具导出其方程式,并按与图解法相同的给定条件精确的计算出凸轮廓线上的坐标值。解析法适用于在计算机上进行,并在数控机床或加工中心上加工凸轮轮廓,实现计算机辅助设计(CAD)和计算机辅助制造(CAM)。

本节介绍凸轮图解法设计原理和几种常用盘形凸轮轮廓绘制方法。

4.3.1 凸轮廓线设计的反转法原理

反转法的原理是:给整个机构加上一个反向转动,各构件之间的相对运动并不会发生改变。如图4-18所示为一对心直动尖顶从动件盘形凸轮机构,r_0为基圆半径,凸轮以等角速度ω旋转,从动件按一定运动规律在导路中作往复直线移动。根据反转法原理,设想给整个凸轮机构加上一个绕凸轮轴心O的反向公共角速度$-\omega$,机构各构件间的相对运动并未改变,但此时凸轮处于相对静止状态,而从动件一方面随导路以等角速度$-\omega$绕凸轮回转中心O转动(即反转),另一方面又按给定的运动规律在导路中作往复移动(对于摆动从动件则绕其摆动中心按给定运动规律作往复摆动)。由于从动件的尖顶始终和凸轮轮廓保持接触,所以从动件的尖顶在反转过程中的运动轨迹即为所要设计的凸轮廓线。

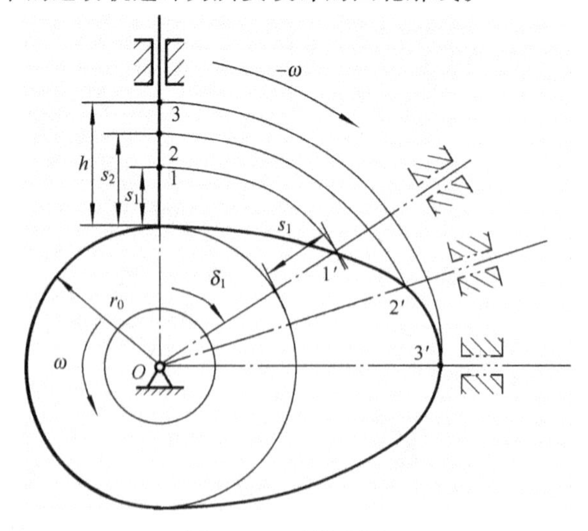

图4-18 反转法原理

根据上述分析，在设计凸轮廓线时，就是将凸轮视作固定不动的，而使从动件相对于凸轮沿 $-\omega$ 方向作反转运动，同时又使其在导路内作预期的往复直线运动，这样将尖顶所占据的一系列位置 1′、2′、3′、…连成平滑曲线，就是所要求的凸轮廓线。

4.3.2 直动从动件盘形凸轮廓线的绘制

1. 对心直动尖顶从动件盘形凸轮廓线的绘制

如图 4-19a 为一对心直动尖顶从动件盘形凸轮机构。已知凸轮以等角速度 ω 逆时针方向转动，凸轮的基圆半径 r_0，给定的从动件位移线图如图 4-19b 所示，要求绘出凸轮廓线。

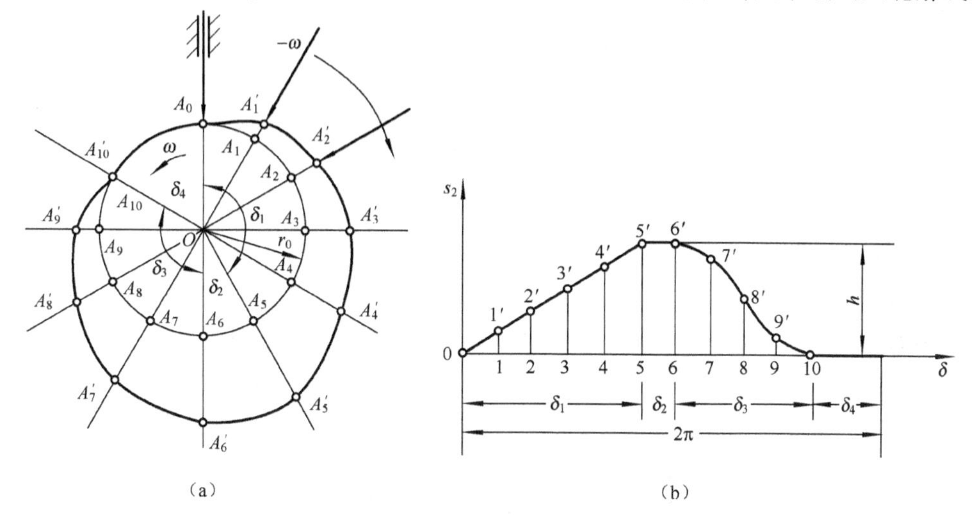

图 4-19 对心直动尖顶从动件盘形凸轮轮廓的绘制

运用反转法绘制该凸轮廓线的方法和步骤如下：

(1) 取从动件位移线图的比例尺 μ_s，作位移线图 $s_2-\delta$，且等分 δ_1、δ_3（或根据位移方程列表计算）。

(2) 作出凸轮机构的初始位置　选定适当的长度比例尺 μ_l（为了便于作图，取长度比例尺 $\mu_l=\mu_s$），以 r_0 为半径作基圆，基圆与导路的交点 A_0 便是从动件尖顶的起始位置。

(3) 将位移线图上的推程运动角和回程运动角分成若干等分。

(4) 自 OA_0 开始，沿 $-\omega$（顺时针）方向依次取推程运动角 δ_1、远休止角 δ_2、回程运动角 δ_3、近休止角 δ_4，并将推程运动角 δ_1 和回程运动角 δ_2 各分成与图 4-19b 相对应的若干等分，在基圆上得到 A_1、A_2、A_3、…点。

(5) 过点 A_1、A_2、A_3、…作射线，这些射线 OA_1、OA_2、OA_3、…便是反转后从动件导路的一系列位置。

(6) 量出图 4-19b 相应的各个位移量 s_2，自基圆开始量取从动件在各位置的位移量，即截取线段 $A_1A'_1=11'$、$A_2A'_2=22'$、$A_3A'_3=33'$、…得反转后从动件尖顶的一系列位置 A'_1、A'_2、A'_3、…。

(7) 将 A_0、A'_1、A'_2、A'_3、…点连成光滑的曲线（在 A'_5 和 A'_6 之间以及 A'_{10} 和 A_0 之间是以 O 为中心的圆弧），即得到所求的凸轮廓线。

画图时，推程运动角和回程运动角的等分数要根据运动规律的复杂程度和精度要求来决定。分得越细，精度越高。

2. 对心直动滚子从动件盘形凸轮廓线的绘制

对心直动尖顶从动件盘形凸轮机构是凸轮机构中最基本的形式,其他类型的凸轮机构可以看作由它演变而成。

滚子从动件盘形凸轮廓线的设计方法如图 4-20 所示。首先把滚子中心看作尖顶从动件的尖顶,按上述同样的方法定出滚子中心在从动件复合运动中的轨迹 β_0,即尖顶从动件盘形凸轮的轮廓曲线,此轨迹通常称为凸轮的理论廓线。再以理论廓线上各点为圆心,以滚子半径为半径作出一系列圆,并作此圆族的内包络线 β,它便是滚子从动件盘形凸轮的实际廓线(又称为工作廓线)。

由作图过程可知,滚子从动件盘形凸轮的基圆半径和压力角若未指明,通常指的是理论廓线的最小半径和压力角,应在理论廓线上度量。当从动件运动规律相同时,凸轮的理论廓线相同,而实际廓线随滚子半径不同有所不同。凸轮的实际廓线是理论廓线的法向等距曲线,它们之间相差一个滚子半径。

3. 对心直动平底从动件盘形凸轮廓线的绘制

当采用端部为平底的从动件时,其凸轮廓线的绘制方法如图 4-21 所示,首先,把平底与导路中心线的交点 A_0看作是尖顶从动件的尖顶,按照尖顶从动件凸轮廓线绘制方法求出反转后所得理论廓线上一系列点 A_1、A_2、A_3、…;其次,过这些点按照从动件导路与平底之间的位置关系画出一系列的平底,得到一直线族;最后作此直线族的包络线,便可得凸轮实际廓线。由于平底与实际廓线相切的点是变化的,为保证从动件平底在所有位置都与凸轮实际廓线相切。则平底中心至左、右两侧的宽度必须分别大于导路至左、右最远切点的距离(找出导路至平底左侧最远切点的距离为 l_{max})。注意:基圆太小有可能会使平底从动件运动失真。为使平底从动件保持与凸轮实际廓线始终相切,凸轮实际廓线应全部为外凸曲线。

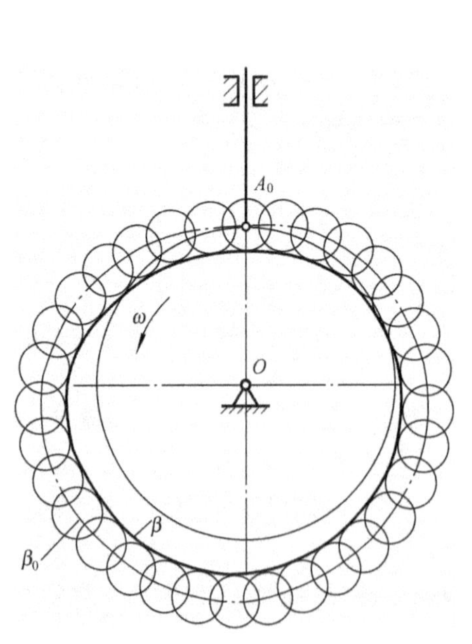

图 4-20　滚子从动件盘形凸轮机构

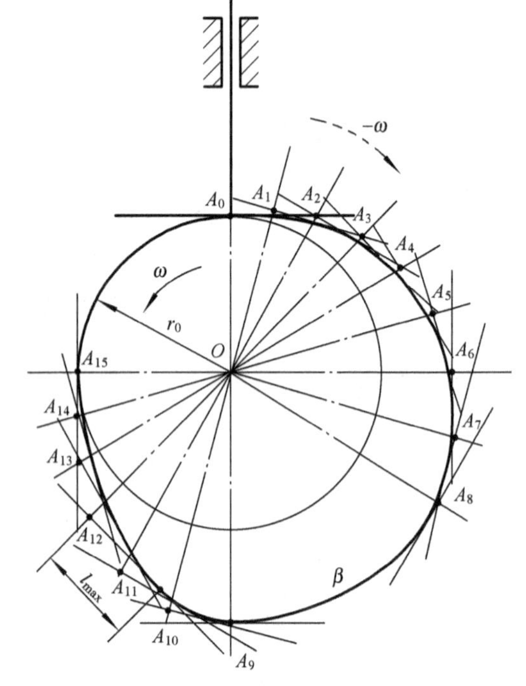

图 4-21　平底从动件盘形凸轮机构

4. 偏置直动尖顶从动件盘形凸轮廓线的绘制

由图4-22所示，偏置直动尖顶从动件的导路与凸轮回转中心之间存在偏距e，以O为中心，以偏距e为半径所作的圆称为偏距圆。在绘制这种机构的凸轮廓线时，要注意从动件在反转过程中导路依次占据的位置不再是由凸轮轴心O作出的径向线，而是与偏距圆相切的切射线。因此，首先以O为中心画出偏距圆和基圆，以导路与偏距圆的切点C_0（或导路与基圆的交点A_0）作为从动件尖顶的起始位置；沿$-\omega$方向将偏距圆（或基圆）分成与位移线图相应的等分点C_0、C_1、C_2、…（或A_0、A_1、A_2、…）；再过这些等分点分别作偏距圆的切射线，这就是反转后导路的一系列位置；沿切射线方向，自基圆开始量取从动件相应的位移量$A_1A'_1$、$A_2A'_2$、$A_3A'_3$、…。其余作图步骤可参照对心直动尖顶从动件盘形凸轮廓线的绘制方法进行。

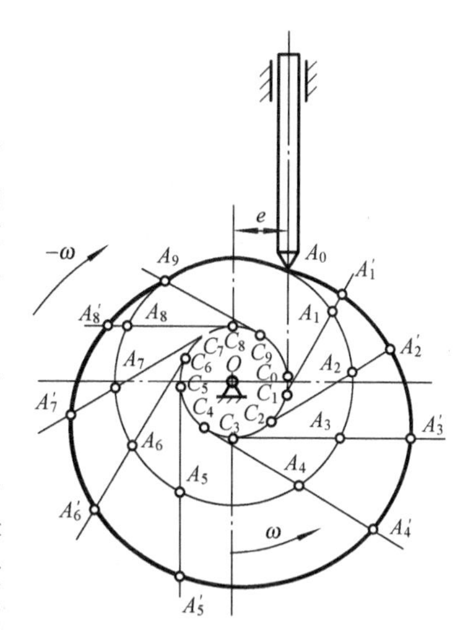

图4-22 偏置尖顶直动滚子从动件盘形凸轮廓线的绘制

4.4 凸轮机构设计中应注意的几个问题

凸轮廓线的绘制是在已知凸轮机构基本尺寸（凸轮的基圆半径、滚子半径和平底尺寸）前提下进行的。而在确定凸轮机构的基本尺寸时，不仅要保证从动件实现预定的运动规律，还要考虑到机构的传力性能是否良好、结构是否紧凑，是否有运动失真，动作是否灵活等许多因素，因此，在绘制凸轮廓线时，应注意下面几个问题。

4.4.1 滚子半径的选择

采用滚子从动件时，滚子半径的选择要考虑滚子的结构、强度及凸轮廓线的形状等多方面因素。下面分析凸轮廓线与滚子半径的关系。

如图4-23a所示，a为实际廓线，b为理论廓线。当凸轮的理论廓线为内凹曲线时，实际廓线的曲率半径ρ_a等于理论廓线的曲率半径ρ与滚子半径r_r之和，即$\rho_a = \rho + r_r$，故滚子半径大小不受理论廓线最小曲率半径ρ的限制，凸轮的实际廓线总是可以平滑地作出来。如图4-23b所示，当凸轮理论廓线为外凸曲线时，其实际廓线的曲率半径等于理论廓线的曲率半径与滚子半径之差，即$\rho_a = \rho - r_r$。此时，若$\rho > r_r$，则可完整地作出凸轮的实际廓线；若$\rho = r_r$，则实际廓线的曲率半径为零，实际廓线将出现$\rho_a = 0$的尖点，如图4-23c所示，这种现象称为变尖现象。由于尖点处的压力理论上为无穷大，故凸轮廓线在尖点处极易磨损，磨损后就会改变原来的运动规律。若$\rho < r_r$时，如图4-23d所示，则实际廓线的曲率半径ρ_a为负值，作图时，实际廓线出现交叉现象，在交叉点以上部分的轮廓曲线在加工过程中将被切去，致使从动件不能实现预期的运动规律，此现象称为运动失真，这在实际生产中是不容许的。

通过上述分析可知，对于外凸的凸轮廓线，在设计时必须使滚子半径r_r小于理论廓线的最

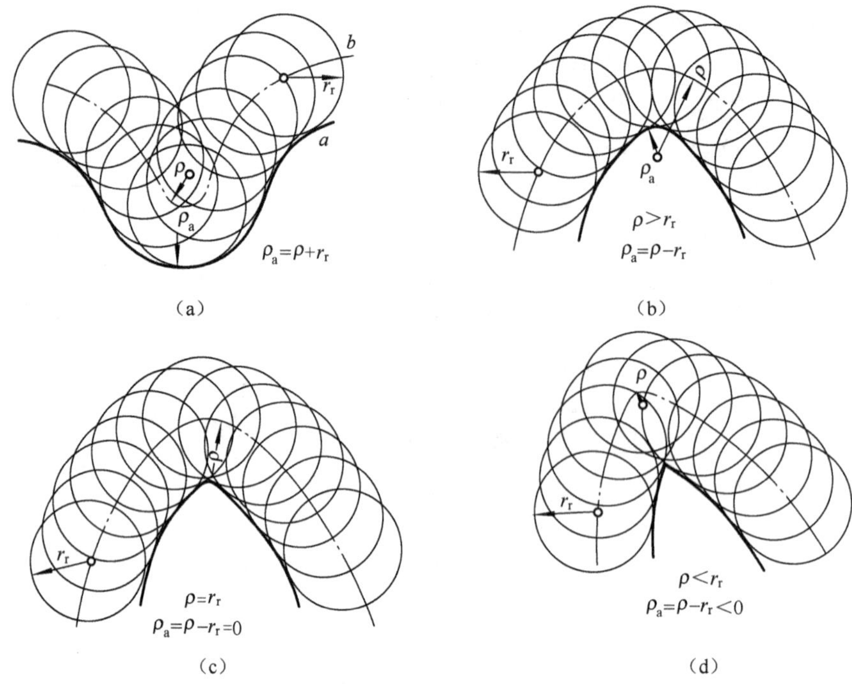

图 4-23　滚子半径的选择

小曲率半径 ρ_{min}，一般选用 $r_r \leqslant 0.8\rho_{min}$。如果理论廓线的最小曲率半径 ρ_{min} 过小，按上述条件选择的滚子半径太小而不能满足安装和强度要求（通常取滚子半径 $r_r \geqslant (0.1 \sim 0.5) r_0$），必要时可增大基圆半径。为了防止凸轮过快磨损，凸轮实际廓线的最小曲率半径 ρ_{min} 一般不应小于 1 ～ 5 mm。有时则必须修改从动件的运动规律，使凸轮实际廓线上的尖点的地方代以合适的曲线。

4.4.2　压力角

图 4-24 为尖顶直动从动件盘形凸轮机构在推程的一个瞬时位置。当不考虑凸轮与从动件之间的摩擦影响时，凸轮对从动件的作用力 F 沿着法线 $n-n$ 方向。力 F 可以分解为沿导路方向的分力 $F' = F\cos\alpha$ 和垂直于导路方向的分力 $F'' = F\sin\alpha$，且有 $F'' = F'\tan\alpha$。其中，F' 推动从动件克服载荷 F 及从动件与导路间的摩擦力向上运动，称为有效分力；F'' 使从动件压紧导路而产生摩擦力，称为有害分力；α 是从动件上受力作用点的绝对速度方向与其所受法向压力 F 方向所夹的锐角，称为凸轮机构的压力角。压力角 α 是影响凸轮机构传力性能的一个重要参数。

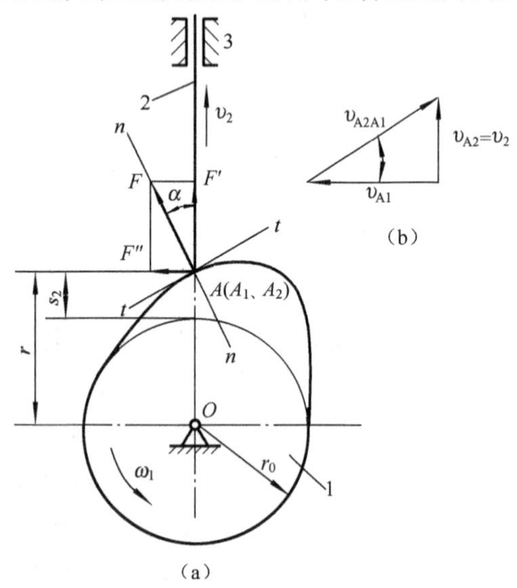

图 4-24　凸轮机构受力分析

驱动从动件的有效分力 F' 一定时，压力角 α 越大，则有害分力 F'' 越大，由 F'' 引起的摩擦阻力也越大，凸轮驱动从动件越困难，机构的效率亦越低。实践证明,当压力角 α 增大到一定程度,致使有害分力 F''在导路中所引起的摩擦阻力大于有效分力 F'时,凸轮机构将发生自锁。无论凸轮加给从动件的作用力多大,从动件都不能运动,即使尚未发生自锁,也会导致驱动力急剧增大,轮廓严重磨损。因此,为保证凸轮机构正常工作并具有一定的传动效率,实际工作中通常会对压力角 α 大小加以限制。由于压力角是随着凸轮廓线上不同的点而变化的,因此在设计时,应使凸轮廓线上的最大压力角不超过许用压力角$[\alpha]$,即 $\alpha_{max} \leqslant [\alpha]$。根据实践经验,许用压力角$[\alpha]$的推荐值如下:

直动从动件推程:$[\alpha] \leqslant 30° \sim 35°$;

摆动从动件推程:$[\alpha] \leqslant 40° \sim 45°$。

常见的依靠外力使从动件与凸轮维持接触的凸轮机构,在回程时,从动件实际上不是由凸轮推动,而是在重力或弹簧力等锁合力驱动下返回,所以,回程不会发生自锁,因此不论是直动从动件还是摆动从动件凸轮机构,回程时的许用压力角$[\alpha']$可取大些,通常可取$[\alpha'] = 70° \sim 80°$;如果采用滚子从动件、润滑良好、支承刚度较大或受力不大而要求结构紧凑时,许用压力角$[\alpha]$可取较大值,否则取较小值。

为了确保凸轮机构的运动性能,通常需对推程轮廓各处的压力角进行校核,检验其最大压力角是否在许用值范围内。如果 α_{max}超过许用值,则应考虑修改设计,通常采用加大凸轮基圆半径的方法,使推程的 α_{max}减小。

4.4.3　基圆半径

如前所述,从机构受力情况考虑,压力角越小,有效分力越大,机构效率越高。而凸轮机构的压力角与基圆尺寸又是直接相关的。

由图 4-24a 可知,从动件的位移 s_2与 A 点处凸轮向径 r 和基圆半径 r_0之间的关系为

$$r = r_0 + s_2$$

在从动件运动规律根据工作需要选定后,从动件的位移 s_2也就给定了。如果设计凸轮机构时增大凸轮的基圆半径 r_0,r 值也将增大,凸轮的结构尺寸也会相应的增加。因此,要使凸轮机构的结构紧凑,应采用较小的凸轮的基圆半径 r_0。但是,基圆半径减小会引起压力角增大,这可通过运动分析得到证明。

如图 4-24a 所示,在该瞬时从动件与凸轮在 A 点接触,设凸轮上 A 点的速度为 v_{A1},方向垂直于 OA,大小为

$$v_{A1} = r\omega_1 = (r_0 + s_2)\omega_1$$

从动件上 A 点的速度 $v_{A2} = v_2$,沿 OA 方向,相对速度 v_{A2A1}应沿凸轮轮廓接触点的切线方向(垂直于 $n-n$)。由理论力学知

$$v_{A2} = v_{A1} + v_{A2A1}$$

由图 4-24(b)图的速度多边形可以求出

$$v_{A2} = v_2 = v_{A1}\tan\alpha = (r_0 + s_2)\omega_1\tan\alpha$$

$$r = \frac{v_2}{\omega_1\tan\alpha}$$

$$r_0 = \frac{v_2}{\omega_1\tan\alpha} - s_2 \tag{4-1}$$

从式中不难看出，在其他条件不变的情况下，凸轮的基圆半径 r_0 越减小，从动件的压力角 α 越大，基圆半径过小，甚至会使压力角超过许用值，从而使机构效率太低，甚至发生自锁，从机构受力状态考虑这是不允许的。实际设计时应在满足最大压力角不超过许用值的前提下，选择尽可能小的基圆尺寸。

确定基圆半径 r_0 的方法很多，要注意的是，凸轮基圆半径的确定不仅受到 $\alpha_{max} \leqslant [\alpha]$ 的限制，还要考虑到凸轮的结构及强度要求。通常可先按结构要求确定 r_0 的初值，然后再检查凸轮轮廓上各点的压力角和最小曲率半径。如果发现 $\alpha_{max} > [\alpha]$ 或 ρ_{Amax} 太小（$\rho_{Amax} < 2 \sim 5\text{mm}$），应把所选基圆半径加大。

根据结构和安装要求，可用经验公式选定基圆半径 r_0 的初值。

凸轮与轴做成一体的盘形凸轮的基圆半径 r_0 可取为：

$$r_0 \geqslant r_h + r_r + (2 \sim 5)\text{mm}$$

凸轮与轴装配式的盘形凸轮的基圆半径可取为：

$$r_0 \geqslant 1.6r_h + r_r + (2 \sim 5)\text{mm}$$

式中，r_h 是凸轮轴半径；r_r 是滚子半径。

复习思考题

4-1　在凸轮机构设计中，常用的从动件运动规律有哪几种？各有何优缺点？各适用于什么场合？在选择从动件的运动规律时，主要应考虑哪些因素？

4-2　凸轮机构的压力角是如何定义的？压力角的大小在凸轮机构的设计中有何重要意义？当凸轮廓线设计好以后，如何检查凸轮转角为 φ 时机构的压力角 α？

4-3　何谓凸轮机构的基圆？偏距圆？

4-4　何谓凸轮轮廓的变尖现象和失真现象？它对凸轮机构的工作有何影响？如何避免？

4-5　当设计直动推杆盘形凸轮机构的凸轮廓线时，若机构的最大压力角超过了许用值，可采用哪几种措施来减小最大压力角？

4-6　凸轮的理论廓线和实际廓线有何区别与联系？

4-7　在直动从动件盘形凸轮机构中，同一凸轮采用不同端部形状的从动件时，其从动件的运动规律是否相同？为什么？

习　题

4-1　有一对心直动尖顶从动件盘形凸轮机构，要求实现如图 4-25 所示的从动件运动规律。

（1）补齐 s-δ 曲线。

（2）补齐 v-δ 曲线。

（3）补齐 a-δ 曲线。

（4）分析各段冲击性能。

4-2 图4-26所示凸轮机构从动件推程运动线图是由哪两种常用的基本运动规律组合而成？并指出有无冲击。如果有冲击，哪些位置上有何种冲击？从动件运动形式为停升停。

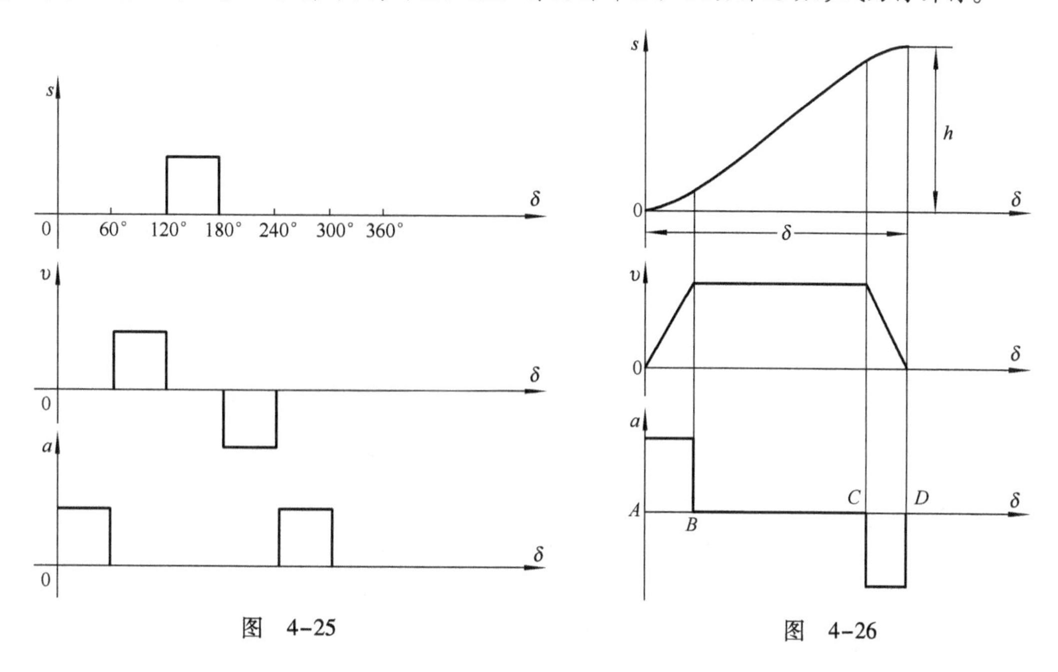

图 4-25　　　图 4-26

4-3 何谓凸轮机构的压力角？试分别标出三种凸轮机构在图4-27所示位置的压力角（凸轮转向如箭头所示）。

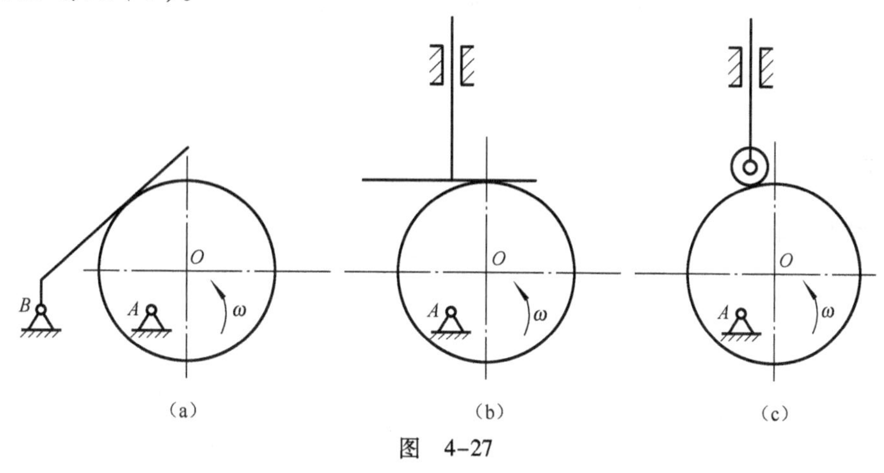

（a）　（b）　（c）

图 4-27

4-4 在图4-28所示直动平底从动件盘形凸轮机构中画出：

（1）图4-28所示位置时凸轮机构的压力角 α。

（2）图4-28所示位置从动件的位移。（由最低位置开始计）

（3）图4-28所示位置时凸轮的转角。（由从动件最低位置计）

4-5 图4-29所示偏置圆盘凸轮机构，圆盘半径 $R=50$ mm，偏心距 $e=25$ mm，凸轮以 $\omega=2$ rad/s 顺时针方向转过90°时，从动件的速度 $v=50$ mm/s。试问：

（1）在该位置时，凸轮机构的压力角为多大？

（2）在该位置时，从动件的位移为多大？该凸轮机构从动件的行程 h 等于多少？

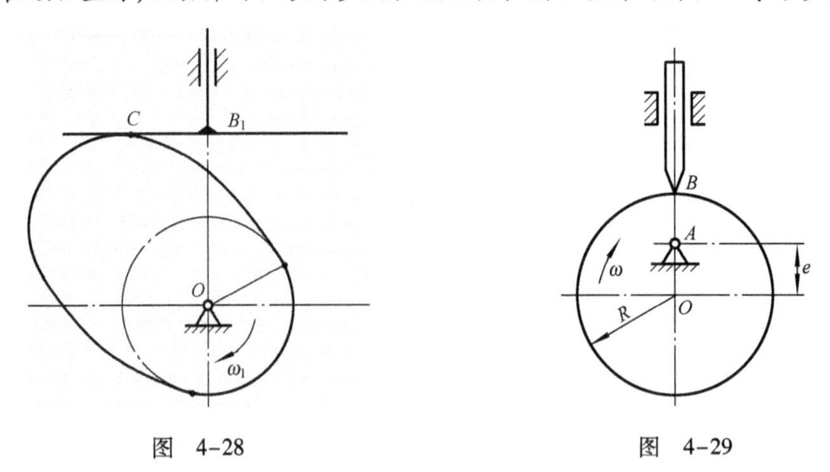

图 4-28　　　　图 4-29

4-6　有一对心直动尖顶从动件偏心圆凸轮机构，O 为凸轮几何中心，O_1 为凸轮转动中心，直线 $AC \perp BD$，$O_1O = OA/2$，圆盘半径 $R = 60$ mm。

（1）根据图 4-30a 及上述条件确定基圆半径 r_0、行程 h，C 点压力角 α_C 和 D 点接触时的位移 h_D、压力角 α_D。

（2）若偏心圆凸轮几何尺寸不变，仅将从动件由尖顶改为滚子，见图 4-30b，滚子半径 $r_r = 10$ mm。试问上述参数 r_0、h、α_C、h_D、α_D 有否改变？

4-7　在图 4-31 所示偏置直动尖顶从动件盘形凸轮机构中，已知推程运动角 $\delta_0 = 120°$，回程运动角 $\delta_0' = 60°$，近休止角 $\delta_{01} = 180°$，试用反转法绘出从动件位移曲线，并在图上标出 C 点的压力角。

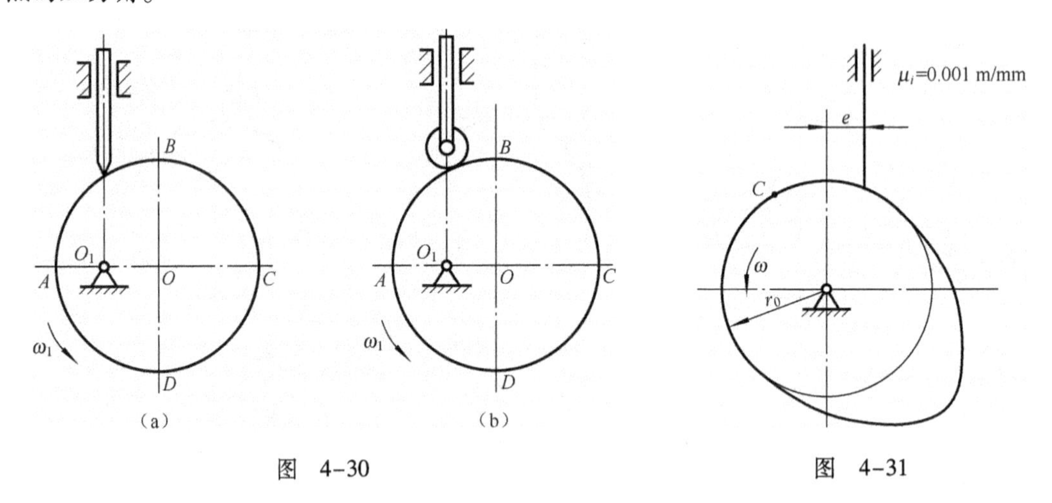

图 4-30　　　　图 4-31

4-8　设计一对心直动尖顶从动件盘形凸轮机构的凸轮廓线。已知凸轮顺时针方向转动，基圆半径 $r_0 = 25$ mm，从动件行程 $h = 25$ mm。其运动规律如下：凸轮转角为 0°～120°时，从动件等速上升到最高点；凸轮转角为 120°～180°时，从动件在最高位停止不动；凸轮转角为 180°～300°时，从动件等速下降到最低点；凸轮转角为 300°～360°时，从动件在最低位停止不动。（可选 $\mu_L = \mu_S = 0.001$ m/mm）

第5章　间歇运动机构

本章学习提要

本章要点包括:①棘轮机构的组成、工作原理、基本类型、特点和应用;②棘轮机构的主要参数和几何尺寸计算;③槽轮机构的组成、工作原理、基本类型、特点和应用;④槽轮机构的主要参数和几何尺寸计算;⑤其他间歇运动机构简介。

本章重点是棘轮机构和槽轮机构的组成、工作原理、基本类型、特点和应用

在机械中,特别是在各种自动和半自动机械中,常常需要把原动件的连续运动变为从动件的周期性间歇运动,实现这种间歇运动的机构称为间歇运动机构,例如牛头刨床工作台的横向进给运动、分度转位机构、自动进料机构、电影放映机的送片机构和计数器的进位机构等。间歇运动机构的类型很多,本章主要介绍较常用的棘轮机构和槽轮机构,简单介绍其他常用机构。

5.1　棘轮机构

5.1.1　棘轮机构的工作原理

如图5-1所示,棘轮机构是由棘轮、棘爪及机架组成。主动杆1空套在从动轴 O 上,棘轮3与轴固连。驱动棘爪4与1通过转动副 A 相联。当主动杆1逆时针方向摆动时,棘爪4插入棘轮3的齿槽,带动棘轮转过一定角度。这时止回棘爪5在棘轮3的齿背上滑过。当1顺时针方向摆动时,棘爪5阻止棘轮发生顺时针方向转动,同时棘爪4在棘轮的齿背上滑过,所以此时棘轮静止不动。这样,当主动杆1作连续往复摆动时,棘轮3带动从动轴 O 作单向间歇转动。杆1的摆动可由凸轮机构、连杆机构等得到。

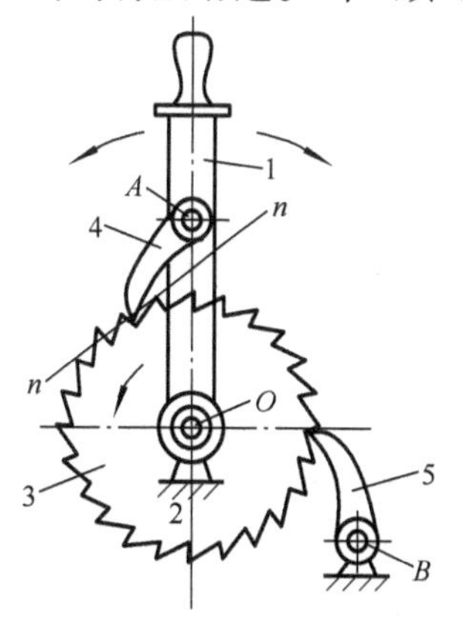

图5-1　棘轮机构

1—主动杆;2—机架;3—棘轮;4、5—棘爪

5.1.2　基本类型

常见的棘轮机构可以分为轮齿式和摩擦式。

1. 轮齿式棘轮机构

轮齿式棘轮机构有外啮合(见图5-1)、内啮合(见图5-2)两种型式。当棘轮的直径为无穷大时,变为棘条(见图5-3),此时棘轮的单向转动变为棘条的单向移动。

根据棘轮的运动又可分为:

(1) 单向式棘轮机构(见图5-1～图5-3)它的特点是摇

杆向一个方向摆动时，棘轮沿同方向转过某一角度；而摇杆反向摆动时，棘轮静止不动。图 5-4 所示为单向双动式棘轮机构，当摇杆往复摆动时，都能使棘轮沿单一方向转动。

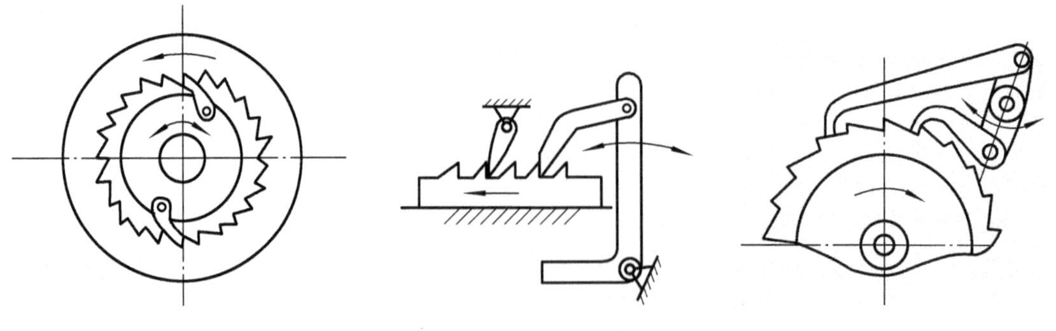

图 5-2　内啮合棘轮机构　　图 5-3　棘条机构　　图 5-4　单向双动式棘轮机构

(2) 可变向棘轮机构（见图 5-5a）它的棘轮 2 齿形为对称梯形。当棘轮在实线位置时，主动杆与棘爪 1 将使棘轮向逆时针方向做间歇运动；当棘爪 1 翻到双点划线位置时，主动杆与棘爪将使棘轮沿顺时针方向作间歇运动。图 5-5b 所示为另一种可变向棘轮机构。它的棘轮 2 齿形为矩形，棘爪 1 背面为斜面，棘爪 1 顺时针转动时，它可从棘轮 2 的齿上滑过。当棘爪处在图示位置时，棘轮将沿逆时针方向作单向间歇转动；若将棘爪提起并绕其轴线转 180°后放下，则可实现棘轮沿顺时针方向作单向间歇转动；将棘爪提起并绕其轴线转 90°后，使棘爪搁置在壳体的平台上，则棘爪和棘轮脱开，主动杆往复摆动时，棘轮静止不动。

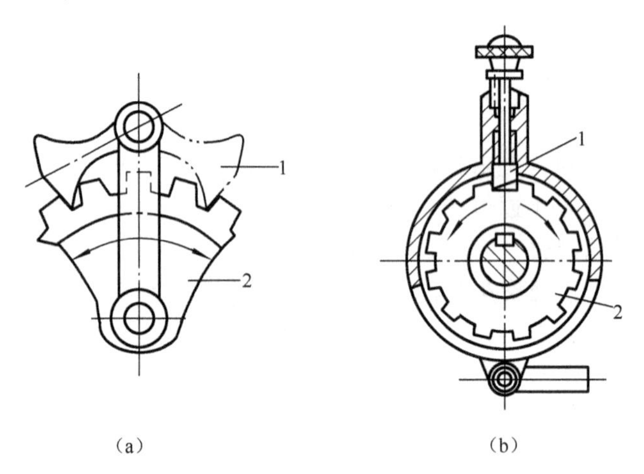

图 5-5　可变向棘轮机构

1—棘爪；2—棘轮

2. 摩擦式棘轮机构

图 5-6 所示为摩擦式棘轮机构，它的工作原理与轮齿式棘轮机构相同，只不过用偏心扇形块代替棘爪，用摩擦轮代替棘轮。当主动杆 1 逆时针方向摆动时，扇形块 2 楔紧摩擦轮 3，使轮 3 也一同逆时针方向转动，这时止回扇形块 4 打滑；当杆 1 顺时针方向转动时，扇形块 2 在轮 3 上打滑，这时扇形块 4 楔紧摩擦轮 3，以防止其倒转。这样当杆 1 作连续反复摆动时，轮 3 便得到单向的间歇运动。

图5-7所示为用于超越离合器的摩擦式棘轮机构,当构件1顺时针方向转动时,由于摩擦力的作用使滚子2楔紧在构件1、3的狭隙处,从而带动3一起转动;当1逆时针方向转动时;滚子2松开,3静止不动。

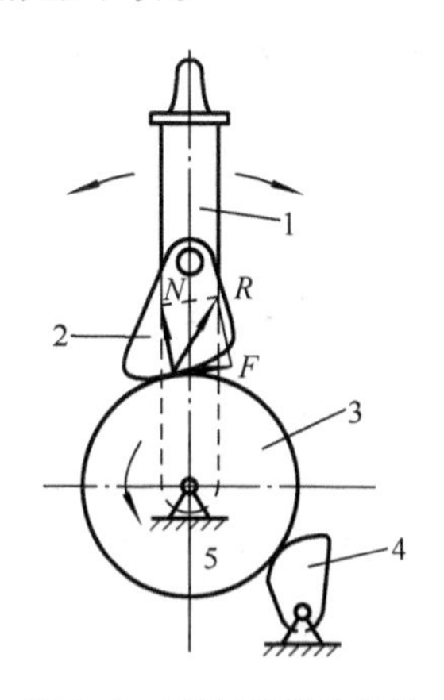

图5-6　摩擦式棘轮机构

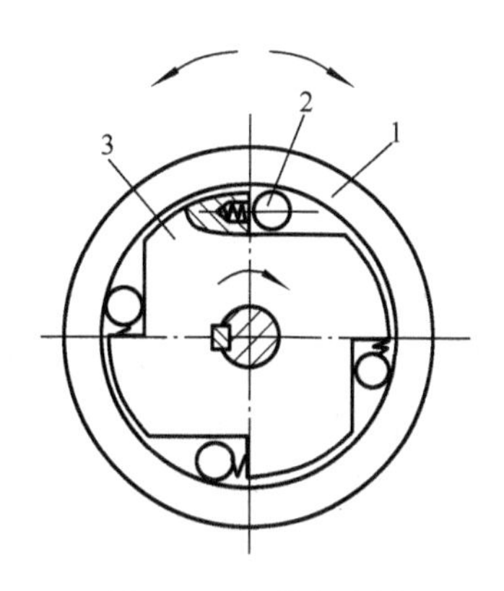

图5-7　超越离合器

5.1.3　棘轮转角调节

棘爪每往复一次推过的齿数 k 和棘轮转角 θ 的关系为

$$\theta = 360°k/z$$

式中　k——棘爪每往复一次推过的齿数;

　　z——棘轮齿数。

棘轮转角的大小,由工作要求而定。其调节方法有如下两种。

(1) 改变摇杆摆角大小　如图5-8所示,棘轮机构可通过改变曲柄的长度来改变摇杆摆角。

(2) 改变棘爪行程内的齿数　如图5-9所示的棘轮机构,在棘轮外面罩一遮板(遮板不随棘轮一起转动)。摇杆的摆角不变,变更遮板的位置,可使棘爪行程的一部分在遮板上滑过,不与棘齿接触,从而改变棘轮转角的大小。遮板的位置可根据需要进行调节。

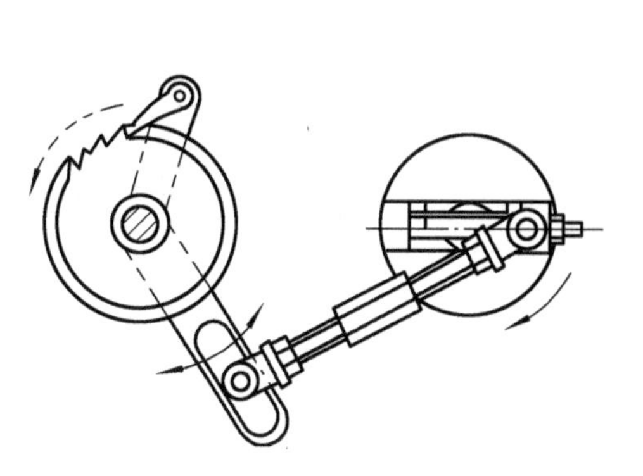

图5-8　改变摇杆摆角调整棘轮转角

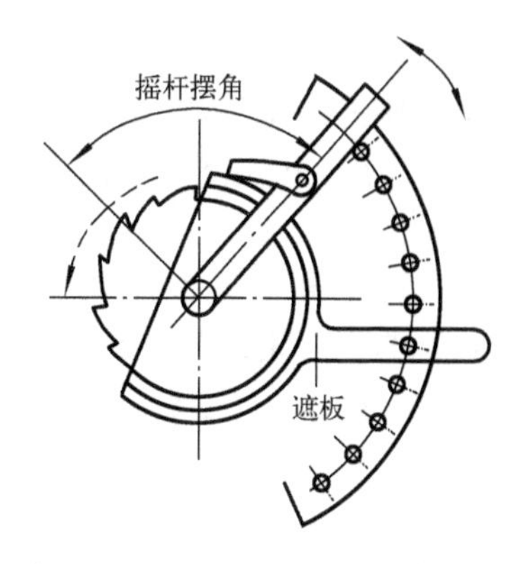

图5-9　遮板调整棘轮转角

5.1.4 棘轮机构的特点和应用

轮齿式棘轮机构运动可靠,从动棘轮的转角容易实现有级调节,但在工作过程中有噪声和冲击,棘齿易磨损,在高速时尤其严重,所以常用在低速、轻载下实现间歇运动。例如在图 5-10 所示的牛头刨床工作台的横向进给机构中,运动由一对齿轮传到曲柄 1;再经连杆 2 带动摇杆 3 作往复摆动;摇杆 3 上装有棘爪,从而推动棘轮 4 作单向间歇转动;棘轮与螺杆固连,使工作台 5(螺母)作进给运动。若改变曲柄的长度,就可以改变棘爪的摆角,以调节进给量。

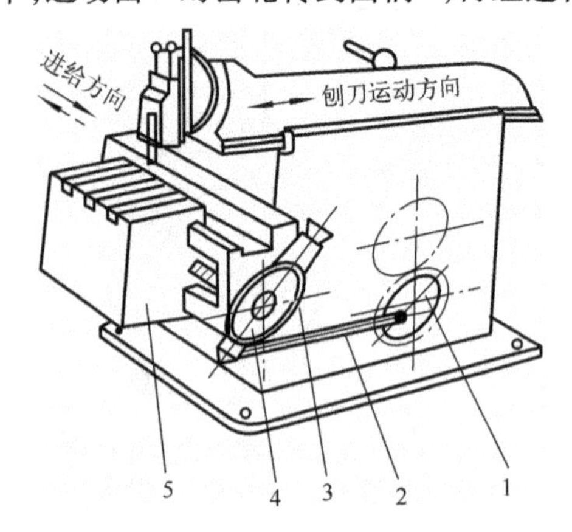

图 5-10　牛头刨床中的棘轮机构

1—曲柄;2—连杆;3—摇杆;4—棘轮;5—工作台

棘轮机构还用于实现转位运动、快速超越运动及在起重绞盘等机械装置中,用于使提升的重物能停止在任何位置上,以防止由于停电等原因造成事故。

摩擦式棘轮机构传递运动较平稳,无噪音,从动构件的转角可作无级调节,常用来做超越离合器,在各种机构中实现进给或传递运动。但运动准确性差,不宜用于运动精度要求高的场合。

5.1.5 棘轮机构的主要参数和几何尺寸

1. 模数和齿数

与齿轮相同,棘轮轮齿的有关尺寸也用模数 m 作为计算的基本参数,模数已经标准化,计算公式为

$$m = d_a/z \tag{5-1}$$

式中 d_a——棘轮顶圆半径,mm;

z——棘轮齿数,齿数可根据棘轮机构的使用条件和运动要求选定。若由使用条件所要求的最小转角为 $\alpha_{\min}$,则棘轮的齿距角 $\frac{2\pi}{z} \leqslant \alpha_{\min}$。

即

$$z \geqslant \frac{2\pi}{\alpha_{\min}} \tag{5-2}$$

齿数太小则可能保证不了最小转角的实现。模数决定了齿的大小,应根据棘轮的强度条件确定。

2. 棘轮机构的可靠工作条件

棘轮齿面与径向线的夹角称为齿面倾斜角,如图 5-11 中的 θ 角。为使棘轮受力合理,应使 $\angle O_1AO_2 = 90°$,设计棘轮机构时,应保证棘爪在推动棘轮转动过程中始终压紧齿面滑向齿根部,而不会自行脱离棘齿。此时应满足棘齿对棘爪的法向反作用力 F_N 对 O_1 轴的力矩大于摩擦力

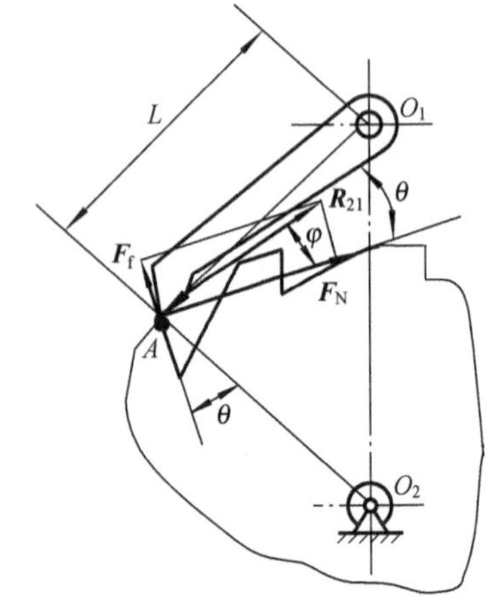

图 5-11　棘轮机构齿面倾斜角与摩擦角的关系

F_f 对 O_1 轴的力矩,即

$$F_N L\sin\theta > F_f L\cos\theta$$

故
$$\tan\theta > \frac{F_f}{F_N}$$

由于
$$f = \tan\varphi = \frac{F_f}{F_N}$$

式中　f——滑动系数;

φ——摩擦角。

由以上分析可知,棘爪能够顺利滑入齿槽,并自动压紧齿面的条件是:齿面倾斜角必须大于摩擦角,即 $\theta > \varphi$。棘轮对棘爪的总反力 R_{21} 作用线与轴心连线 O_1O_2 的交点应位于 O_1、O_2 之间。

3. 主要几何尺寸计算

如图 5-12 所示,棘轮机构的主要几何尺寸如下:

顶圆半径 r_a　　$r_a = mz/2$

根圆半径 r_f　　$r_f = r_a - h$ (h 为齿高)

齿距 p　　$p = \pi m$

棘爪长度 L　$m \geqslant 3$ 时,$L = 2p$;$m < 3$ 时,L 按结构确定。

其他几何尺寸及棘轮的齿形可参阅机械设计的有关手册确定。

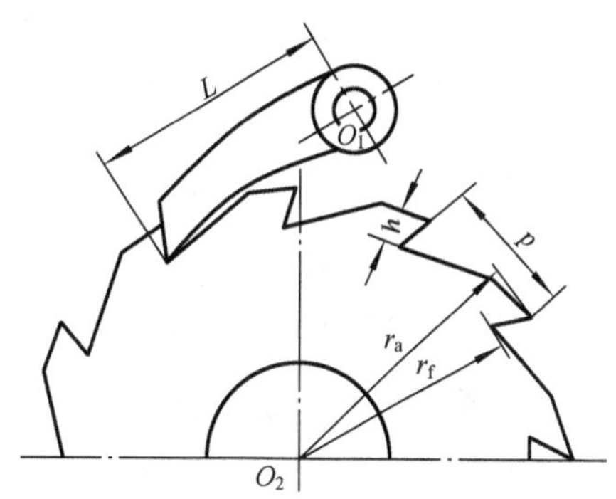

图 5-12　棘轮机构的主要几何尺寸

5.2　槽轮机构

5.2.1　槽轮机构的工作原理和类型

如图 5-13 所示槽轮机构,由具有径向槽的槽轮 2 和具有圆销的拨盘 1 以及机架组成。主动件拨盘 1 逆时针方向作等速运动,当圆销 G 未进入槽轮 2 的径向槽时,由于槽轮 2 的内凹弧被拨盘 1 的外凸弧锁住而静止。当圆销 G 开始进入径向槽时,内外锁止弧脱开,槽轮在圆销 G 的驱动下顺时针转动;当圆销 G 开始脱离径向槽时,槽轮因另一锁止弧又被锁住而静止,直到圆销 G 再进入下一个径向槽时,锁止弧脱开,槽轮才能继续转动,从而实现从动槽轮的单向间歇运动。

槽轮机构有外槽轮机构(见图 5-13)和内槽轮机构(见图 5-14)两种类型。依据机构中圆销的数目,外槽轮机构又有单圆销(见图 5-13)、双圆销(见图 5-15)和多圆销槽轮机构之分。单圆销槽轮机构工作时,拨盘转一周,槽轮反向转动一次;双圆销外槽轮机构工作时,拨盘转一周,槽轮

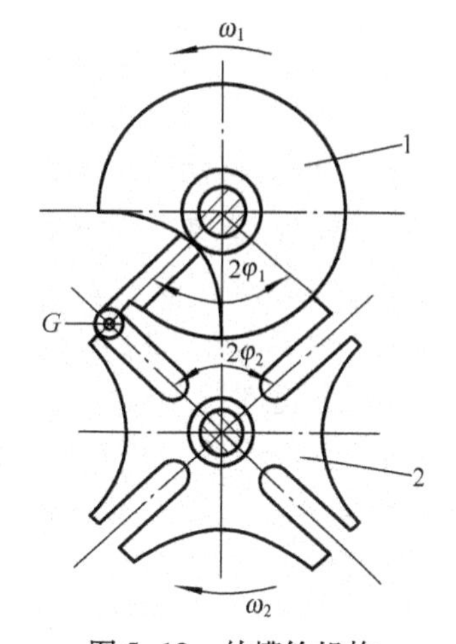

图 5-13　外槽轮机构

反向转动两次;内槽轮机构的槽轮转动方向与拨盘转向相同。

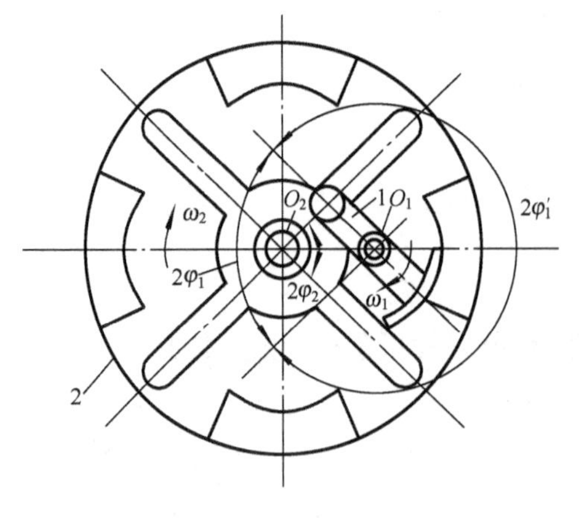

图 5-14　内槽轮机构

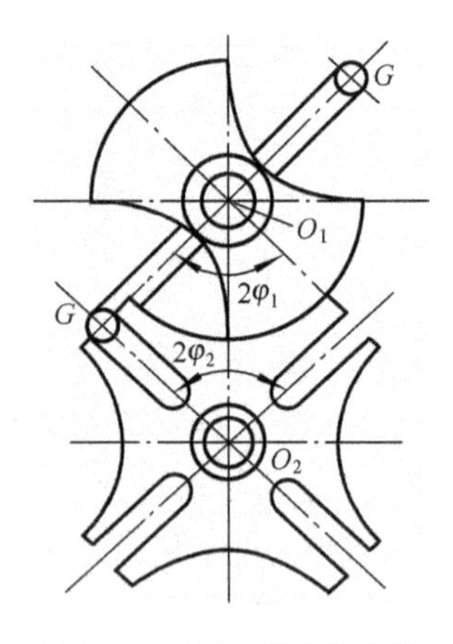

图 5-15　双圆销槽轮机构

5.2.2　槽轮机构的主要参数和几何尺寸

1. 槽轮机构的主要参数

槽轮机构的主要参数是槽轮的槽数 z 和拨盘的圆销数 K。

(1) 槽轮的槽数 z

如图 5-13 所示,为了避免槽轮 2 在开始转动和停止转动时发生刚性冲击,应使圆销 G 在进槽和出槽时的瞬时速度方向沿着槽轮径向槽的中心线方向,径向槽的中心线应切于圆销中心运动的圆周,设 z 为均匀分布的径向槽数目,则槽轮 2 转动时,构件 1 的转角 $2\varphi_1$ 为

$$2\varphi_1 = \pi - 2\varphi_2 = \pi - \frac{2\pi}{z}$$

在一个运动循环内,槽轮 2 运动的时间 t_d 与一个运动循环的时间 T 之比,称为槽轮机构的运动系数 τ。当拨盘 1 等速转动时, τ 可用转角比来表示。对于只有一个圆销的槽轮机构, τ 可用 $2\varphi_1$ 与 2π 之比表示,即

$$\tau = \frac{t_d}{T} = \frac{2\varphi_1}{2\pi} = \frac{\pi - \frac{2\pi}{z}}{\pi} = \frac{z-2}{2z} \tag{5-3}$$

要保证槽轮运动,运动系数 τ 应大于零。由式(5-3)可知,槽轮的槽数 z 必须大于 2。从减少运动系数,提高工作效率来考虑,希望槽数 z 少些。然而,槽轮的槽数 z 愈少,槽轮角速度的变化就愈大,圆销进入或脱出径向槽的瞬时,会引起较大的振动和冲击,这对槽轮运动的平稳性和使用寿命都不利,所以通常槽轮的槽数 z 取 4 ～8。

(2) 拨盘圆销数 K

若要使拨盘转一周,而槽轮转动多次,则可采用多圆销槽轮机构。设均匀分布的圆销数目为 K,当拨盘转一周,槽轮将被转动 K 次,则运动系数 τ 是单圆销槽轮机构的运动系数的 k 倍,即

$$\tau = \frac{K(z-2)}{2z} \tag{5-4}$$

因为运动系数 τ 应当小于 1，故$\frac{K(z-2)}{2z}<1$

则

$$K<\frac{2z}{(z-2)} \tag{5-5}$$

由上式可知，圆销数目 K 的选择与槽轮的槽数 z 有关。当 $z=4$ 或 $z=5$ 时，K 可取 1 ～ 3；当 $z\geqslant 6$ 时，K 可取 1 或 2。

2. 槽轮机构的几何尺寸

设计槽轮机构，首先应根据工作要求确定槽轮的槽数 z 和主动拨盘的圆销数 K，再按照受力情况和实际机器所允许的空间安装尺寸，确定中心距 a。然后按图 5-16 所示几何关系，由下列各式求出其他尺寸。

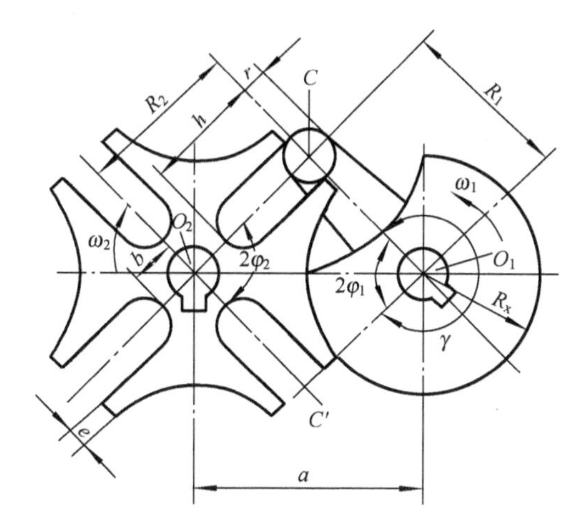

图 5-16　外槽轮机构的几何尺寸

圆销的回转半径 R_1　　$R_1=a\sin 2\varphi_2=a\sin\frac{\pi}{z}$

圆销半径 r　　$r\approx\frac{R_1}{6}$

槽轮半径 R_2　　$R_2=a\cos 2\varphi_2=a\cos\frac{\pi}{z}$

径向槽深度 h　　$h=R_2-b$

槽底高 b　　$b=a-(R_1+r)-(3\sim 5)$

锁止弧半径 R_x　$R_x=R_1-r-e$，e 为槽顶一侧壁厚，推荐 $e=(0.6\sim 0.8)r$，且 e 必须大于 3 ～ 5 mm。

锁止弧张开角　　$\gamma=2\pi-2\varphi_1=\pi\left(1+\frac{2}{z}\right)$

5.2.3　槽轮机构的特点和应用

槽轮机构具有结构简单、制造容易、工作可靠、工作效率高等优点，广泛应用于自动机械、轻工机械及仪器仪表中。但是槽轮机构也存在制造和装配精度要求较高、转角大小不能调节，转动时有冲击等缺点，所以不适用于高速场合。

5.3 其他间歇运动机构

5.3.1 不完全齿轮机构

如图 5-17 所示为不完全齿轮机构。不完全齿轮机构的主动轮 1 一般为只有一个或几个齿的不完全齿轮，从动轮 2 可以是普通的完整齿轮，也可以是一个不完全齿轮。这样当主动轮的有齿部分作用时，从动轮随主动轮转动，当主动轮无齿部分作用时，从动轮则静止不动，因而当主动轮作连续回转运动时，从动轮可以得到间歇运动。为了防止从动轮在停止期间的运动，一般在齿轮上装有锁止弧。图 5-17a 所示为外啮合不完全齿轮机构，图 5-17b 所示为内啮合不完全齿轮机构。

不完全齿轮机构结构简单，制造方便，从动轮的运动时间和静止时间的比例可不受机构结构的限制。但由于齿轮传动为定传动比运动，所以从动轮从静止到转动或从转动到静止时，速度有突变，冲击较大，所以一般只用于低速或轻载场合。如用于高速运动，可以采用一些附加装置，如图 5-18 所示具有瞬心线附加杆的不完全齿轮机构等，来降低因从动轮速度突变而产生的冲击。

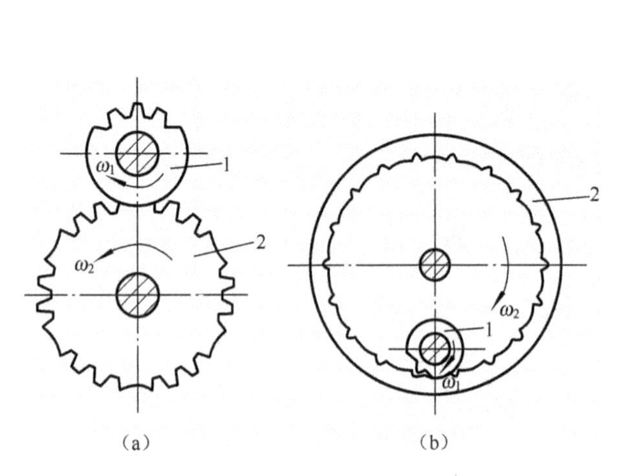

图 5-17 不完全齿轮机构

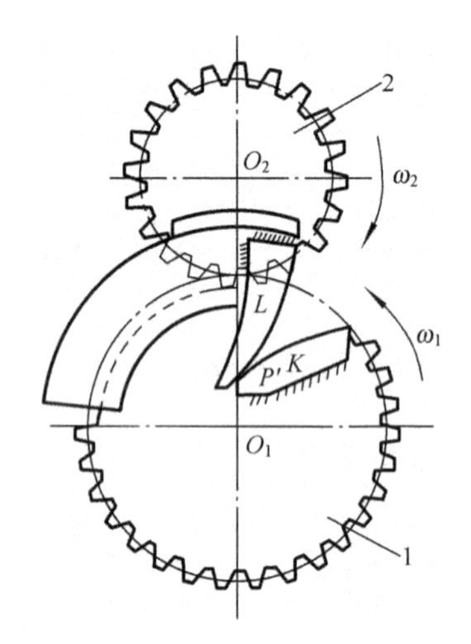

图 5-18 具有瞬心线附加杆不完全齿轮机构

5.3.2 凸轮间歇运动机构

凸轮间歇运动机构一般有两种形式，圆柱凸轮间歇运动机构和蜗杆凸轮间歇运动机构。

1. 圆柱凸轮间歇运动机构

该机构由凸轮 1、转盘 2 和机架组成，如图 5-19 所示。凸轮为具有曲线槽的圆柱体，转盘 2 端面上有若干个滚子 3。当凸轮转动时，凸轮曲线槽推动滚子转过一定角度。设凸轮为匀速转动，通过改变曲线槽设计，就可以得到预定运动规律的间歇运动。

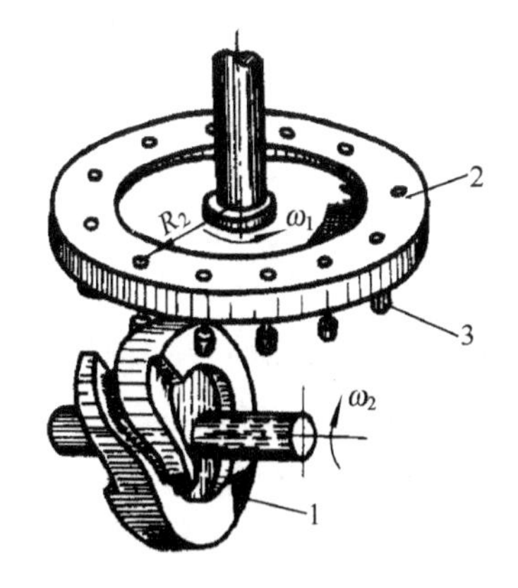

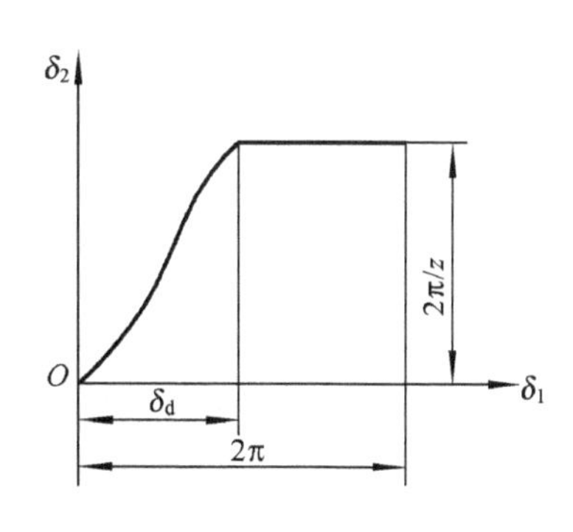

图 5-19　圆柱凸轮间歇运动机构

2. 蜗杆凸轮间歇运动机构

凸轮形似蜗杆，滚子分布在转盘的圆柱面上形似蜗轮。设凸轮为匀速转动，通过设计不同的凸轮曲线突脊，就可以得到预定运动规律的间歇运动，如图 5-20 所示。

凸轮间歇运动机构运转可靠，传动平稳，转盘可以实现任何运动规律，以适用于高速运转的要求。凸轮间歇运动机构常用于需要间歇转位的分度装置中和要求步进动作的机械中。

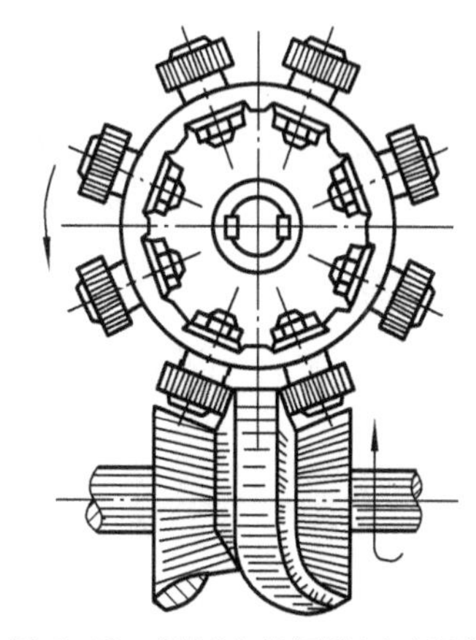

图 5-20　蜗杆凸轮间歇运动机构

复习思考题

5-1　常见的棘轮机构有哪几种型式？各具有什么特点？

5-2　观察自行车后轮轴上的棘轮机构和牛头刨床上用于进给的棘轮机构，分别说出各是哪种棘轮机构及其工作原理。

5-3　槽轮机构中槽轮槽数与拨盘上圆柱销数应满足什么关系？为什么要在拨盘上加上锁止弧？

5-4　选定一机器，分析其中槽轮机构的槽数和圆柱销数？说明为什么在此要用槽轮机构？可否采用其他机构替换？

5-5　棘轮机构和槽轮机构是常用的两种间歇运动机构，通过对比，说出在运动平稳性、加工工艺性和经济性等方面各具有哪些优缺点？各适用于什么场合？

5-6　如何避免不完全齿轮在运动的起始与停止阶段产生的冲击？从动轮停歇期间如何防止其游动？

习　题

5-1　已知槽轮的槽数 $z=6$，拨盘的圆销数 $K=1$，转速 $n_1=60\ r/min$，求槽轮的运动时间 t_d 和静止时间 t_j。

5-2　在转塔车床上六角刀架转位用的槽轮机构中，已知槽数 $z=6$，槽轮的静止时间 $t_j=5/6\ s$，运动时间 $t_d=2t_j$，求槽轮机构的运动特性系数 τ 及所需的圆销数 K。

5-3　某自动机械的工作台要求有 6 个工位，在转台停歇时完成生产工序，其中最长的一个工序为 15 s。现拟采用一槽轮机构来完成间歇转位工作。设取槽轮机构的中心距 $L=200\ mm$，圆销半径 $r=15\ mm$。试绘制其机构简图，并计算主动拨盘的转速。

第6章　机械的调速和平衡

本章学习提要

本章要点包括：①机械产生速度波动的原因，周期性速度波动和非周期性速度波动及其调节的方法；②飞轮调速的基本原理和方法；③机械平衡的目的，刚性回转体的静平衡和动平衡的原理、计算与实验。

本章重点是周期性速度波动产生的原因、调节的目的和方法；机械平衡的目的和方法。

6.1　机械的调速

6.1.1　机械速度波动产生的原因

机械是在外力（驱动力和阻力）作用下运转的，从起动到停止一般经历三个阶段：起动阶段、稳定运转阶段和停车阶段，如图6-1所示。

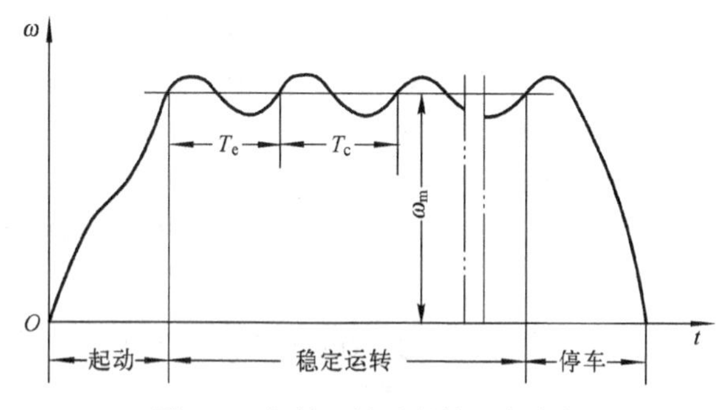

图6-1　机械运转过程的三个阶段

1. 起动阶段

机械由静止状态逐步过渡到稳定运转状态。在这个过程中，驱动力所做的功大于阻力所做的功，驱动功的剩余部分用来增加机械的动能，所以在起动阶段机械做加速运动。

2. 稳定运转阶段

机械的驱动功等于阻力功，其动能不再增加，理论上机器保持等速运转。但实际情况是机械的驱动功往往不等于阻力功，导致机械速度的波动。

3. 停车阶段

当撤去驱动力后，机器的驱动功变为零，机械凭借储存的动能继续运转，但由于机械需要克服阻力功，其动能逐渐减少，转速下降，直至机械停止运转。

从机械运转的三个阶段可知，机械的运转遵守能量守恒定律，在任意时间间隔内驱动功与阻力功之差等于该时间间隔内机械动能的变化，即

$$W_d - W_c = E_1 - E_0 = \Delta E \tag{6-1}$$

式中 W_d、W_c——分别为驱动功和阻力功；

E_0、E_1——分别为该时间间隔开始时刻和终止时刻机械的动能；

ΔE——机械动能的变化量。

大多数机械在运转中，其驱动功与阻力功不是时时相等的，当 $W_d > W_c$ 时会出现盈功，使机械的动能增加；反之会出现亏功，机械的动能减少。驱动功与阻力功的差值称为盈亏功 A_{max}。盈亏功引起机械动能的变化，从而导致机械运转速度的波动。机械速度的波动致使运动副中产生附加动载荷，导致机械振动加剧、传动效率降低、寿命缩短、工作质量下降。例如发电机速度波动会导致输出电压波动；机床速度波动会降低零件的加工质量；电风扇速度波动会产生噪声等。因此，为减小上述不良影响，必须设法调节机械的速度波动，将其限制在许用范围内。

机械的速度波动可分为周期性速度波动和非周期性速度波动两种。

6.1.2 周期性速度波动及其调节

当机械动能作周期性变化时，其主轴的角速度作周期性波动，见图 6-2 中虚线。主轴的角速度 ω 经过一个运动周期 T 后，又回到初始状态，其动能没有增减。这说明在整个周期中驱动力所作的功 W_d 等于阻力所作的功 W_c；但是，在周期中的某段时间间隔内，驱动力所作的功 W_d 不等于阻力所作的功 W_c，因此，出现速度的波动。机械的这种有规律的速度波动称为周期性速度波动。图中机械的运动周期 T 对应于机械主轴回转一转（如冲床和二冲程内燃机）、两转（如四冲程内燃机）或数转（如轧钢机）的时间。

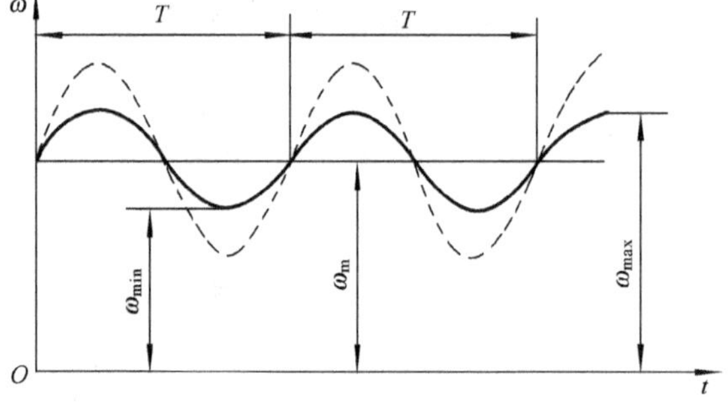

图 6-2 周期性速度波动

调节周期性速度波动的方法，通常是在机械的转动构件上加装一个转动惯量较大的回转件——飞轮。当 $W_d > W_c$，出现盈功时，飞轮的转速略增，将多余的能量储存起来；反之，当 $W_d < W_c$，出现亏功时，飞轮的转速略降，把储存的能量释放出来，补偿亏功，以减少机械的速度波动，达到调速的目的。图 6-2 中实线为安装飞轮后速度的波动，其幅值变化已大大减小。此外，由于飞轮能够储存和释放能量，因而可以利用飞轮减小短期过载。所以在选择原动机的功率时，只需考虑它的平均功率，而不必考虑高峰负荷所需的瞬时最大功率。因此，安装飞轮不仅可以避免机械运转速度发生过大的波动，而且可以选择功率较小的原动机。

6.1.3 非周期性速度波动及其调节

机械在运转过程中，如果驱动功不断增加或阻力功不断减小，在很长一段时间内出现 $W_d > W_c$，将使机械运转的速度不断升高，直至超过所允许的极限转速而导致机械损坏；反之，在很长一段时间内 $W_d < W_c$，将使机械运转的速度不断下降，直至停车。这种速度波动是不规律的，没有一定的周期，因此，称为非周期性速度波动。

非周期性速度波动的产生原因是 W_d 一直大于或小于 W_c，故这种速度波动不能依靠飞轮来进行调节,而必须采用调速器使 W_d 与 W_c 保持平衡,以达到稳定运转状态。

图 6-3 为机械式离心调速器的工作原理图。图中工作机 1 与原动机 2 相联,原动机通过一对锥齿轮 3、4 驱动调速器轴转动。当载荷突然减小时,使调速器轴的转速升高,重球 5 因离心力增大而张开,带动套筒 6 向上滑动,通过滚子 7 和杆 8 控制节流阀 9 关小,减小进气量,致使驱动功与阻力功平衡。反之,当载荷突然增加时,使调速器轴转速降低,重球收回,套筒下滑,使节流阀开大,增加进气量,使驱动功与阻力功平衡,以保持速度稳定,使机械达到新的稳定运转状态。机械式调速器结构复杂,灵敏度低,现代机器上已改用电子器件实现自动控制。

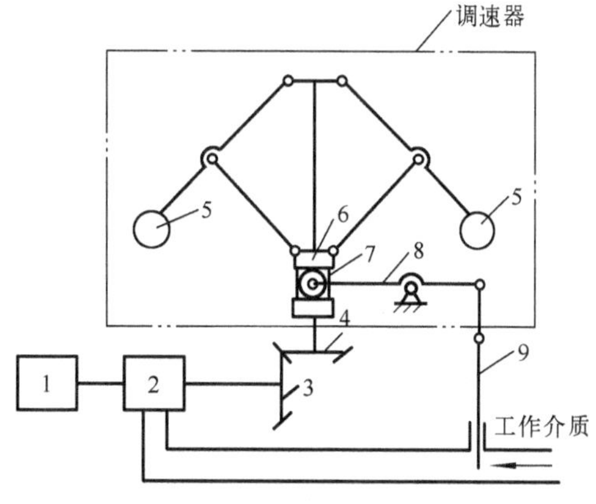

图 6-3　离心调速器工作原理图

6.1.4　飞轮的设计方法

1. 机械运转的平均速度和不均匀系数

若机械主轴角速度随时间变化的规律为已知时,一个周期角速度的实际平均值 ω_m 为

$$\omega_m = \frac{1}{T}\int_0^T \omega \mathrm{d}t \tag{6-2}$$

实际机械的 ω_m 变化规律很复杂,为了便于工程计算,通常用周期角速度的算术平均值代替实际平均值 ω_m,即

$$\omega_m = \frac{\omega_{max} - \omega_{min}}{2} \tag{6-3}$$

式中　ω_{max} 和 ω_{min}——分别为机械的最大角速度和最小角速度。

机械速度波动的相对程度,通常用不均匀系数 δ 来表示,即

$$\delta = \frac{\omega_{max} - \omega_{min}}{\omega_m} \tag{6-4}$$

上式可知,若 δ 越小,则角速度的差值也越小,机械运转越平稳。当已知 ω_m 和 δ,由式(6-3)和式(6-4)得

$$\left.\begin{aligned}\omega_{max} &= \omega_m\left(1+\frac{\delta}{2}\right)\\ \omega_{min} &= \omega_m\left(1-\frac{\delta}{2}\right)\end{aligned}\right\} \tag{6-5}$$

各种机械许用的不均匀系数 δ,是根据它们的工作要求确定的。例如驱动发电机的内燃机,如果主轴的速度波动太大,势必影响输出电压的稳定性,所以对于这类机械,δ 值应当取得小一些;反之,如冲压机和破碎机等机械,速度波动对其工艺性能影响不大,则 δ 值可取大些。表 6-1 中列举了几种常见机械的许用 δ 值。

表 6-1　不均匀系数 δ 的取值范围

机 械 名 称	破　碎　机	冲床和剪床	压缩机和水泵	减 速 机 械	交流发电机
δ	0. 10～0. 20	0. 05～0. 15	0. 03～0. 05	0. 015～0. 020	0. 002～0. 003

为了使所设计的机械的波动不均匀系数不超过允许值，应满足条件式

$$\delta \leqslant [\delta] \tag{6-6}$$

2. 飞轮设计的基本原理

飞轮是具有较大转动惯量的回转件，利用飞轮的惯性来储存和释放能量。因此，飞轮设计的基本问题是确定飞轮的转动惯量，使机械运转速度不均匀的相对程度控制在许用范围内。

通常在机械中，其他传动构件所具有的动能与飞轮相比，其值甚小。因此，在近似设计中可以认为飞轮的动能即是整个机械的动能。当飞轮处于最大角速度 ω_{max} 时，具有最大动能 E_{max}；当飞轮处于最小角速度 ω_{min} 时，具有最小动能 E_{min}。E_{max} 与 E_{min} 之差表示在一个周期内动能的最大变化量，称为最大盈亏功，以 A_{max} 表示，即

$$A_{max} = E_{max} - E_{min} = \frac{1}{2}J(\omega_{max}^2 - \omega_{min}^2) = J\omega_m^2\delta \tag{6-7}$$

式中 J——飞轮的转动惯量。

设飞轮轴每分钟的转速为 n，则 $\omega_m = \frac{\pi n}{30}$，由此可得：

$$J = \frac{A_{max}}{\omega_m^2\delta} = \frac{900A_{max}}{\pi^2 n^2 \delta} \tag{6-8}$$

由上式可知：

(1) 当 A_{max} 与 ω_m 一定时，飞轮转动惯量 J 与不均匀系数 δ 之间的关系为一等边双曲线，如图6-4所示。当 δ 很小时，略为减小 δ 值就会使飞轮转动惯量增加很多。因此，过分追求机械运转的均匀性将会使飞轮笨重，增加成本。

(2) 当 J 与 ω_m 一定时，A_{max} 与 δ 成正比，即最大盈亏功越大，机械运转越不均匀。

(3) 当 A_{max} 与 δ 一定时，J 与 ω_m 的平方成反比。因此，为了减小飞轮的转动惯量，宜将飞轮安装在高速轴上。但有些机械考虑到主轴刚性较好，仍将飞轮安装在机械的主轴上。

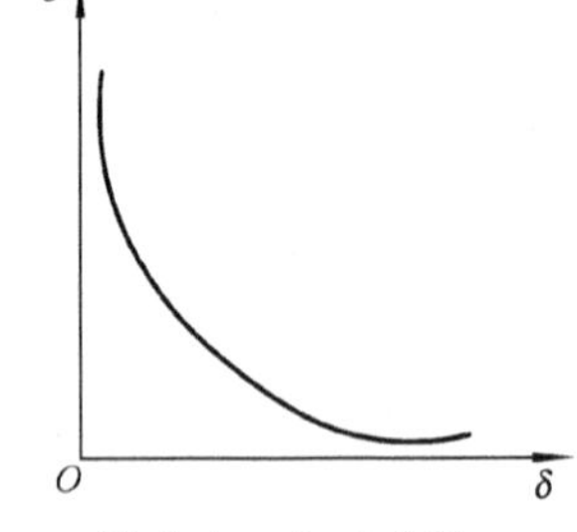

图6-4 $J-\delta$ 曲线

当飞轮的转动惯量求出后，可根据有关资料确定飞轮直径、宽度和轮缘厚度等尺寸。在实际机械中，有时用增大带轮或齿轮的尺寸和质量的方法，使其兼起飞轮的作用，这种带轮或齿轮同时也就是飞轮。

6.2 机械的平衡

6.2.1 机械平衡的目的

机械运转时，由于构件的质心与回转中心不重合，构件产生的惯性力和惯性力矩将在运动副中引起附加的动载荷，增大运动副中的摩擦和构件中的内应力，降低机械效率和使用寿命。由于惯性力和惯性力矩的大小和方向随机械运动作周期性变化，将使机械及其基础产生强迫振动。当振动频率接近机械系统的固有频率时会引起共振，从而降低机械的工作可靠性和安全性，使机械的噪声增大和精度降低，严重时会造成机械的破坏。

研究机械平衡的目的是：设法消除或减小构件的惯性力和惯性力矩，从而改善机械工作性

能和延长其使用寿命。

机械中绕固定轴线转动的构件称为回转件(或转子)。下面介绍用于一般机械中的刚性回转件的平衡原理与方法。

6.2.2　回转件的静平衡

回转件的质量分布在同一回转面内的平衡问题称为静平衡。

1. 回转件的静平衡原理

对于轴向宽度 b 很小的回转件($b \leqslant 0.2D$,D 为转子直径)的平衡,只需进行静平衡,即使其质心与回转轴线相重合,此时回转件质量对回转轴线的静力矩为零,该回转件可以在转动时的任何位置保持静止,这种平衡称为静平衡。

当回转件匀速转动时,各个质量所产生的离心力构成同一平面内交于回转中心点的力系。如果该力系不平衡,则它们的合力不等于零。为了使力系达到平衡,只需在同一平面内加上一个平衡质量,使其所产生的离心力等于原离心力的合力且方向相反。这样,加上一个平衡质量后,由回转件上各个质量所产生的离心力组成的力系就达到平衡。即静平衡的条件是:分布于回转件上各个质量的离心力的向量和等于零。

$$\boldsymbol{F} = \boldsymbol{F}_{\mathbf{b}} + \sum \boldsymbol{F}_i = \mathbf{0} \tag{6-9}$$

式中　$\boldsymbol{F}$——总离心力;

$\boldsymbol{F}_{\mathbf{b}}$——平衡质量的离心力;

$\sum \boldsymbol{F}_i$——原有质量离心力的合力;

代入离心力计算式 $\boldsymbol{F} = m\omega^2\boldsymbol{r}$ 可得

$$m\boldsymbol{e}\omega^2 = m_{\mathrm{b}}\boldsymbol{r}_{\mathbf{b}}\omega^2 + \sum m_i\boldsymbol{r}_i\omega^2 = \mathbf{0}$$

消除 ω^2 后

$$m\boldsymbol{e} = m_{\mathrm{b}}\boldsymbol{r}_{\mathbf{b}} + \sum m_i\boldsymbol{r}_i = \mathbf{0} \tag{6-10}$$

式中　m、$\boldsymbol{e}$——回转件的总质量和总质心向径;

m_{b}、$\boldsymbol{r}_{\mathbf{b}}$——平衡质量及其质心的向径;

m_i、$\boldsymbol{r}_i$——原有各质量及其质心的向径(见图 6-5)。

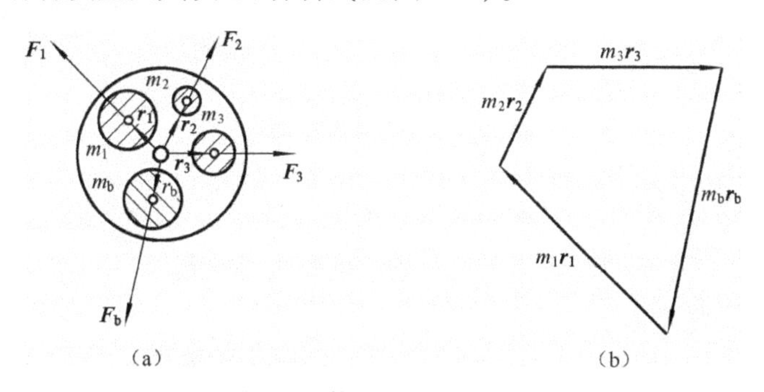

图 6-5　静平衡向量图解法

由上式可知,当回转速度一定时,离心力的大小和方向只与各个质量的大小和向径有关,我们把质量与向径的乘积称为质径积。

当回转件平衡后,$\boldsymbol{e} = 0$,即总质心与回转轴线重合,此时回转件质量对回转轴线的静力矩

也为零 $mg\boldsymbol{e}=\boldsymbol{0}$,这说明该回转件可以在任意位置保持静止,而不会自行转动,即实现静平衡(工业上也称单面平衡)。

静平衡的条件是:分布于该回转件上各个质量的离心力(或质径积)的向量和等于零,即回转件的质心与回转轴线重合。

例 已知同一回转面内的不平衡质量 m_1,m_2,m_3(kg)及其向径 $\boldsymbol{r_1},\boldsymbol{r_2},\boldsymbol{r_3}$(mm),求应力的平衡质量 m_b及其向径 $\boldsymbol{r_b}$。

解 由式(6-9)得

$$m_b\boldsymbol{r_b}+m_1\boldsymbol{r_1}+m_2\boldsymbol{r_2}+m_3\boldsymbol{r_3}=\boldsymbol{0}$$

式中只有 $m_b\boldsymbol{r_b}$为未知,解析法是采用分别向 x、y 轴投影,分别求出 $m_b\boldsymbol{r_b}$在 x、y 轴上的分量,再解出具体数值。而图解法采用向量多边形求解,如图 6-5b 所示。

2. 回转件的静平衡实验

静平衡试验法是利用静平衡架找出不平衡质径积的大小和方向,并由此确定平衡质量的大小和位置,使质心移到回转轴线上以达到静平衡。

图 6-6 所示为导轨式静平衡架。架上两根互相平行的钢制刀口形导轨被安装在同一水平面内。试验时将回转件的轴放在导轨上。若回转件偏心,则由于重力的作用,回转件将在导轨上发生滚动。待到滚动停止时,质心 S 即处于最低位置,由此可确定质心的偏移方向。然后再在质心的反方向加一适当的平衡质量,并逐步调整其大小或径向位置,直到该回转件在任意位置都能保持静止。这时所加的平衡质量与其向径的乘积就是该回转件欲达到平衡所需加的质径积。导轨式静平衡架简单可靠,其精度能满足一般机械生产的需要。

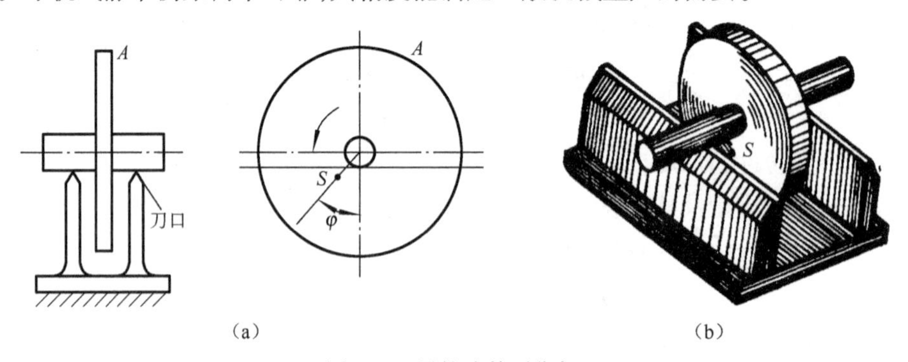

图 6-6 导轨式静平衡架

6.2.3 回转件的动平衡

回转件的质量分布在不同回转面上的平衡问题称为动平衡。

1. 回转件的动平衡原理

对于轴向尺寸较大的回转件(当 $b>0.2D$ 时),即称为轴类零件,如汽轮机的转子、机床主轴等,其质量分布不能近似地认为是位于同一回转面内。这类回转件转动时产生的离心力是空间力系。

对于轴类零件,可能存在着静平衡但动不平衡的情况。如图 6-7 所示,设有两个质量 m_1、m_2分布于相距 l 的两个回转面内,若 $m_1\boldsymbol{r_1}+m_2\boldsymbol{r_2}=0$ 成立,则回转件满足静平衡条件,但因两质量不在同一回转面内,当回转件转动时,两质量产生的离心力将产生一个力偶,该力偶使回转件仍处于动不平衡的状态。因此对于轴向尺寸较大的回转件,必须使其各质量产生的离心力的合力和合力偶矩都等于零,只有这样才能达到平衡。

对于动不平衡的回转件进行平衡时,一般的方法是先选定两个平衡校正面,将各个质量按其所在平面与两辅助平面的距离的比值,按比例将质量分解到两辅助平面上,再采用静平衡的方法使这两个辅助平面分别达到静平衡。如图 6-8 所示。

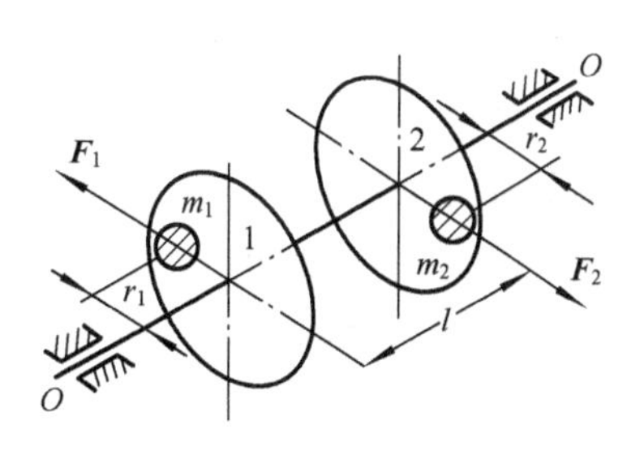

图 6-7　静平衡但动不平衡的回转件

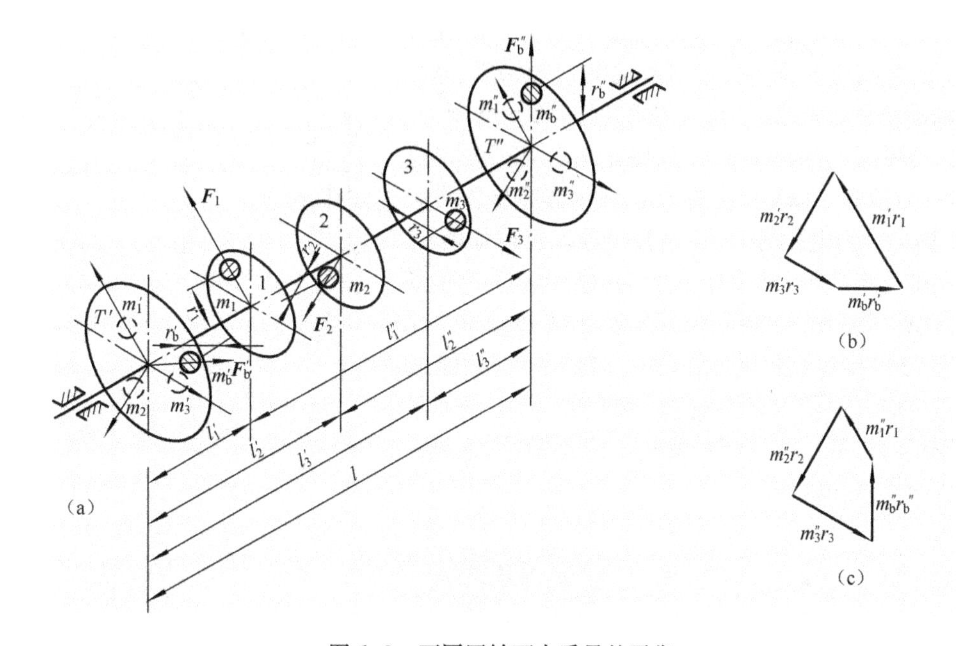

图 6-8　不同回转面内质量的平衡

设回转件的不平衡质量 m_1、m_2、m_3分布在 1、2、3 三个平面内,选定两个辅助平面 T'和 T''。按平行力分解原理,可将某平面内的质量 m_i分解到两辅助平面内,得 m_i'和 m_i''。对于 m_1、m_2、m_3,分解计算得:

$$m_1' = \frac{l_1''}{l}m_1 \qquad m_1'' = \frac{l_1'}{l}m_1$$

$$m_2' = \frac{l_2''}{l}m_2 \qquad m_2'' = \frac{l_2'}{l}m_2$$

$$m_3' = \frac{l_3''}{l}m_3 \qquad m_3'' = \frac{l_3'}{l}m_3$$

对两辅助平面内的质量进行静平衡,得:

$$m_b'\boldsymbol{r}_b' + m_1'\boldsymbol{r}_1 + m_2'\boldsymbol{r}_2 + m_3'\boldsymbol{r}_3 = \boldsymbol{0}$$
$$m_b''\boldsymbol{r}_b'' + m_1''\boldsymbol{r}_1 + m_2''\boldsymbol{r}_2 + m_3''\boldsymbol{r}_3 = \boldsymbol{0}$$

根据上式可采用图解法或解析法求出两平面上平衡质量的质径积。

由上述分析可得结论:质量分布不在同一回转面内的回转件,只要分别在任选的两个平衡校正面内各加上适当的平衡质量，就能达到完全平衡。这种平衡称为动平衡或双面平衡。

动平衡的条件是：回转件上各个质量的离心力的向量和等于零，且离心力所产生的力偶矩的向量和也等于零。

显然动平衡条件中包含了静平衡条件，也就是说动平衡的回转件一定也是静平衡的，但静平衡的回转件不一定是动平衡的。

2. 回转件的动平衡实验

轴类回转件的动平衡是在动平衡机上进行的。注意：在进行动平衡试验以前，应先通过静平衡试验。试验时，将回转件安装在动平衡试验机上运转，然后在两个选定的平面内分别找出所需的质径积的大小和方位，通过逐步调整，最终使回转件达到动平衡。

动平衡试验机可分为机械式和电测式两大类，常用的是电测式动平衡试验机，其工作原理如图 6-9 所示。当安装在动平衡试验机上的回转件 5 由电动机驱动转动时，离心力使两支承 4 产生振动。利用测振传感器 6、7 将机械振动变为电信号，再通过校正器 8 进行处理，然后经放大器 9 将信号放大，由仪表 10 指示出不平衡质径积的大小。同时由一对等传动比齿轮 11 带动基准信号发生器 12 产生与试件转速同步的信号，经鉴相器 13 与放大器 9 输入的信号进行比较，在仪表 14 上指示不平衡质径积的相位。关于动平衡机的详细情况，请读者参阅有关的文献和资料。

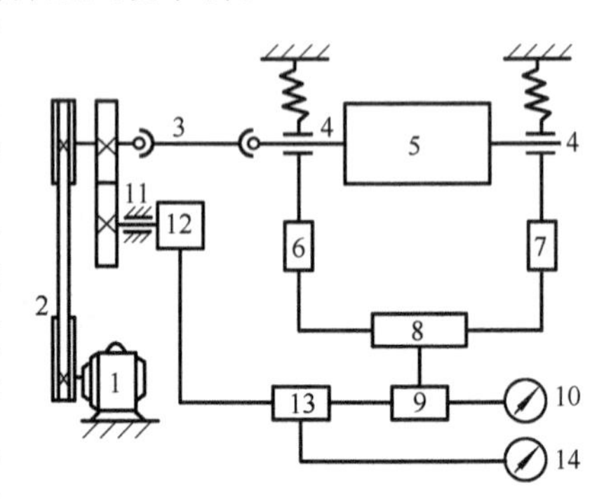

图 6-9 电测式动平衡试验机

复习思考题

6-1 机械的速度为什么会产生波动？

6-2 机械的周期性速度波动和非周期性速度波动有何不同？可用什么方法来调节？

6-3 何谓机器运转的“平均转速”和运转速度“不均匀系数”？$[\delta]$是否选得越小越好？

6-4 机器安装了飞轮以后能否得到绝对匀速运转？飞轮能否用来调节非周期性速度波动？欲减小机器的周期性速度波动，转动惯量相同的飞轮应安装在机器的高速轴上还是安装在低速轴上？

6-5 飞轮设计的基本问题是什么？如何确定最大盈亏功？

6-6 为什么要对回转件进行动平衡？

6-7 静平衡和动平衡有何不同？各用于何种回转件？

6-8 如何进行平衡计算？如何进行平衡实验？

6-9 从日常生活中找出两个动平衡实例。

习　题

6-1 某机器作稳定运动，其中一个运动循环中的阻力矩 M_c 与驱动力矩 M_d 的变化线如

图6-10所示。阻力矩M_c最大值为200 N·m，机器的等效转动惯量$J=1\ kg\cdot m^2$，在运动循环开始时，回转件的平均角速度$\omega_m=20\ rad/s$。

试求：

(1) 等效驱动力矩M_d；

(2) 等效构件的最大、最小角速度ω_{max}与ω_{min}，并指出其出现的位置；

(3) 最大盈亏功A_{max}；

(4) 若运转速度不均匀系数$\delta=0.125$，则应在等效构件上加多大转动惯量的飞轮？

6-2　某机组在稳定运转时，一个运动循环对应于回转件旋转一周。已知阻力矩M_c的变化曲线如图6-11所示，驱动力矩为常数，等效构件的平均转速为100 r/min，要求其转速误差不超过±1%。试求安装在等效构件上的飞轮转动惯量J（其他构件的质量和转动惯量忽略不计）。并求该机组在运转中的最大转速n_{max}和最小转速n_{min}及其出现的位置。

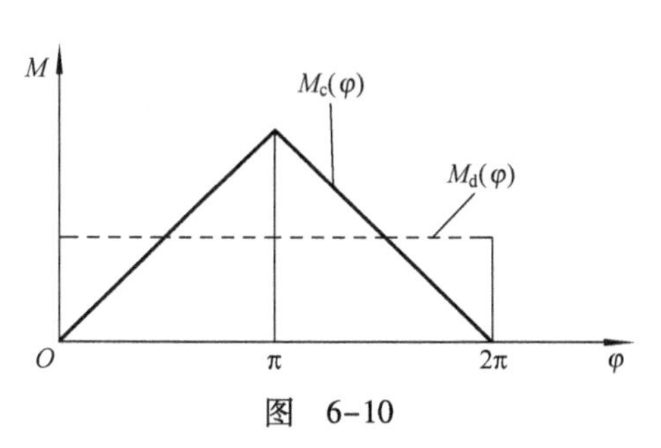

图　6-10

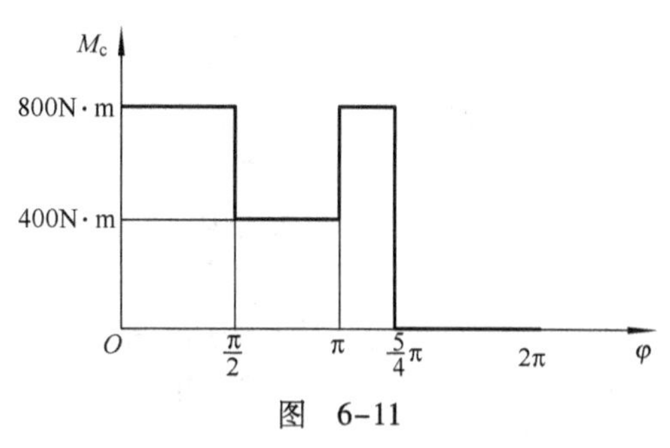

图　6-11

6-3　在图6-12所示的盘形回转件中，有四个偏心质量位于同一回转平面内，其大小及回转半径分别为$m_1=5\ kg$，$m_2=7\ kg$，$m_3=8\ kg$，$m_4=10\ kg$；$r_1=r_4=10\ cm$，$r_2=20\ cm$，$r_3=15\ cm$，方位如图6-12所示。又设平衡质量m_b的回转半径$r_b=15\ cm$。试求平衡质量m_b的大小及方位。

6-4　在图6-13a所示的回转件中，已知各偏心质量$m_1=10\ kg$，$m_2=15\ kg$，$m_3=20\ kg$，$m_4=10\ kg$，它们的回转半径分别为$r_1=40\ cm$，$r_2=r_4=30\ cm$，$r_3=20\ cm$，又知各偏心质量所在的回转平面间的距离为$l_{12}=l_{23}=l_{34}=30\ cm$，各偏心质量的方位角如图6-13b所示。若置于平衡基面Ⅰ及Ⅱ中的平衡质量$m_{bⅠ}$及$m_{bⅡ}$的回转半径均为50 cm，试求$m_{bⅠ}$及$m_{bⅡ}$的大小及方位。

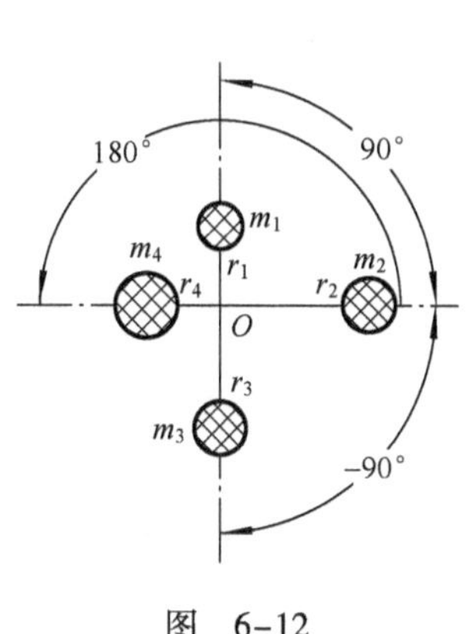

图　6-12

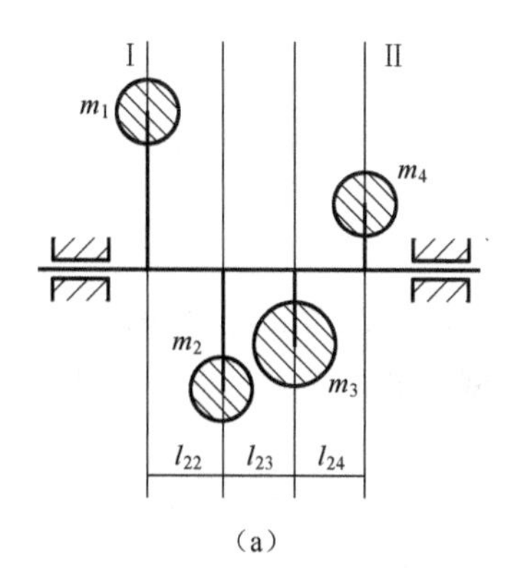

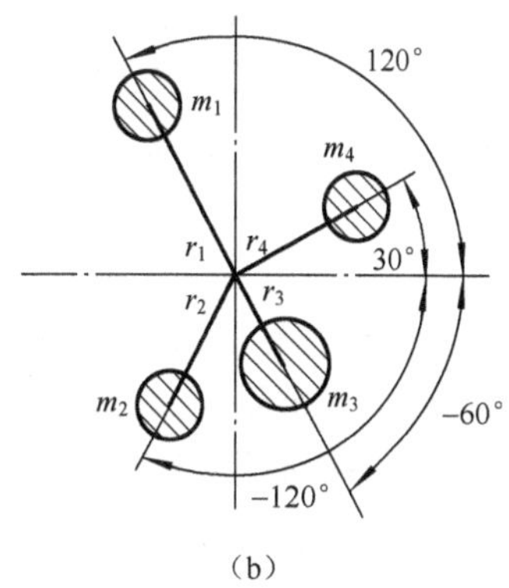

图　6-13

第7章　连　　接

本章学习提要

本章要点包括:①了解机械设计中常用连接的类型、特点、结构形式、工作原理等;②掌握螺纹的基本参数、常用螺纹的类型、特点及应用;③螺纹连接的基本型式、预紧和防松,螺栓组连接的受力分析和强度计算方法;④了解螺旋传动的类型、结构、应用及滑动螺旋传动设计计算方法;⑤熟悉键连接、花键连接、销连接的结构、特点、选择和强度计算。

本章重点是螺栓组连接的受力分析和强度计算方法。

为了便于机器的设计、制造、安装、维修和运输,一般将机器分成若干个部件,部件又分成若干个零件,这些零件只有连接起来才能构成一部完整的机器,因此,连接是组成机器的重要环节。

机器中的连接可分为动连接(即运动副)和静连接两大类。在机械设计中的连接一般是指静连接,静连接有可拆连接和不可拆连接之分。可拆连接是指在拆开连接时,连接中的零件不会损坏,它可多次拆装并保持其使用性能。常见的有:螺纹连接、键连接、销连接等。不可拆连接是指在拆开连接时,必须损坏连接中的零件,常见的有:铆接、焊接、胶接和过盈配合连接等。

铆接是将铆钉穿过被连接件孔后,压制或锤击成铆钉头,使被连接件处于两端铆钉头的夹紧之中,典型结构如图7-1所示。

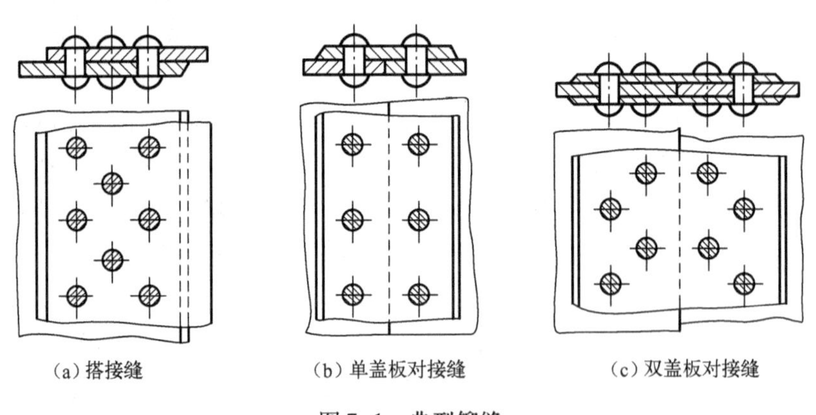

(a) 搭接缝　　(b) 单盖板对接缝　　(c) 双盖板对接缝

图7-1　典型铆缝

铆接具有工艺简单,耐冲击,牢固可靠等优点,但结构较笨重,铆接时噪声大,劳动条件差。目前,除在桥梁、建筑、造船、重型机械及飞机制造等工业部门使用外,应用已日渐减少,并逐步被焊接,胶接等所代替。

焊接是利用局部加热熔合的方法将被连接件连接成一个整体。工业上常用的焊接方法有电焊、气焊和摩擦焊等,其中尤以电焊应用最广。电焊又分为电阻焊与电弧焊两种。电弧焊如图7-2所示。

焊接比铆接强度高、工艺简单、劳动条件好、成本低，因此，应用十分广泛，尤其在金属结构、容器和壳体制造中，多用焊接代替铆接。另外用焊件代替铸件可以节约金属，缩短制造周期，便于加工成不同材料的组合件。

胶接是利用胶接剂将被连接件连接在一起的方法，如图7-3所示。

胶接的优点是：可连接不同材料的零件，工艺简单，不需加工连接孔、密封性和耐腐性好等。缺点是：胶接强度受环境因素（如温度、湿度等）影响较大；胶接件的缺陷不易被发现等。

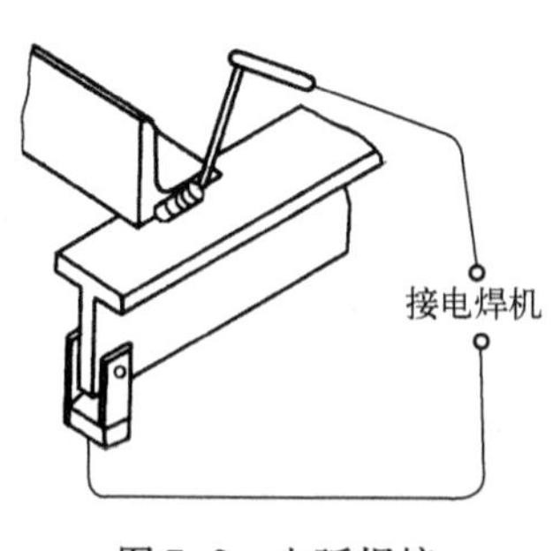

图7-2 电弧焊接

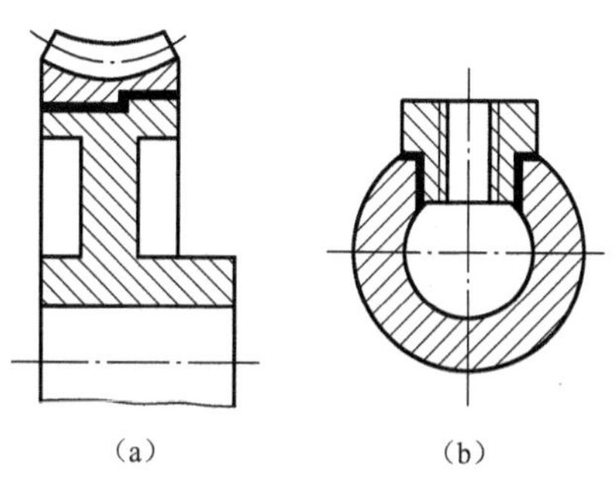

图7-3 胶接

过盈配合连接是利用零件间配合的过盈量，在接触表面间产生压紧力，从而产生摩擦力，用以传递轴向力或转矩的一种连接方法，如图7-4所示。

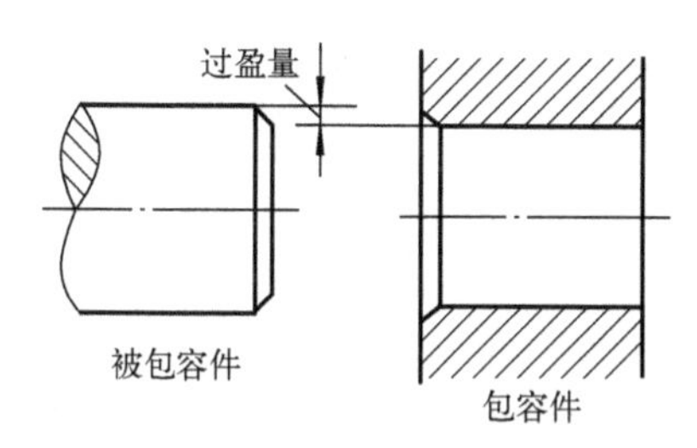

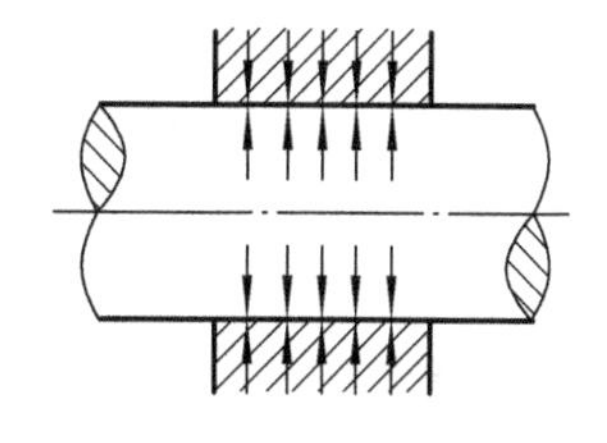

图7-4 过盈配合连接

圆柱面过盈配合连接的装配可以采用压入法和温差法。压入法是利用压力机将被包容件直接压入包容件中。为了装配方便，应该在包容件和被包容件的压入端设置引导锥面，并在压入时对配合表面进行润滑。温差法是加热包容件或冷却被包容件后进行装配，恢复常温后即可达到牢固连接。

过盈配合连接的结构简单、定心精度高，但要求配合表面加工精度高，装配和拆卸较困难。

本章将介绍几种常用的不可拆连接的方法。

7.1 螺 纹

螺纹连接是应用广泛的可拆连接，它具有结构简单、工作可靠、成本低廉、装拆方便等优点。

7.1.1 螺纹的形成及主要参数

1. 螺纹的形成

螺旋线的形成原理，如图7-5所示，将一底边长为πd_2，高为P_h的直角三角形绕在直径为

d_2的圆柱体上，则三角形的斜边在圆柱体上便形成一条螺旋线，底边与斜边的夹角ψ为螺旋线的升角。

当取平面图形为三角形、矩形、梯形或锯齿形等，使其保持与圆柱体轴线呈共面状态，沿着螺旋线运动，则该平面图形在圆柱体上所划过的形体称为螺纹。

2. 螺纹的类型

螺纹的类型通常以螺纹轴向剖面的形状来区分。常用螺纹的类型主要有普通螺纹（三角形螺纹）、管螺纹、矩形螺纹、梯形螺纹和锯齿形螺纹，如图7-6所示。前两种主要用于连接，称为连接螺纹；后三种主要用于传动，称为传动螺纹。除矩形螺纹外，其余都已标准化。标准螺纹的基本尺寸，可查阅有关标准。

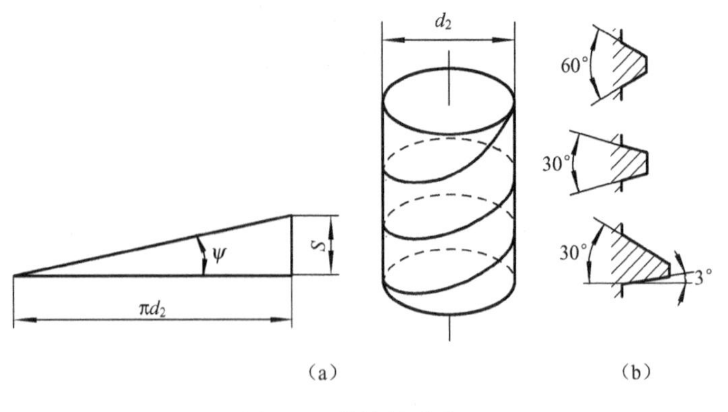

图7-5　螺纹的形成

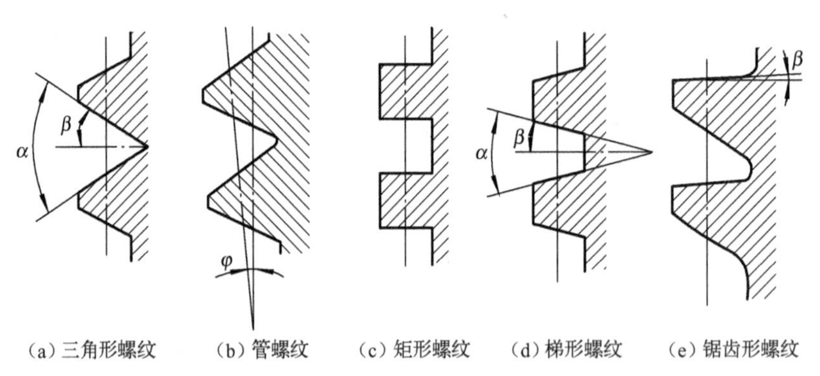

图7-6　常用螺纹的类型

按照螺旋线的旋向，螺纹分为右旋螺纹（见图7-7a）和左旋螺纹（见图7-7b），机械制造中常用的是右旋螺纹，只有在特殊情况下才使用左旋螺纹。

按照螺旋线的数目，螺纹分为单线螺纹（见图7-8a）和多线螺纹（见图7-8b、c）。为了制造方便，螺纹的线数一般不超过4。单线螺纹传动效率低，自锁性好，常用作连接螺纹；多线螺纹的传动效率高，故用作传动螺纹。

按照所采用的单位制，螺纹分为米制螺纹和英制螺纹。我国除部分管螺纹保留英制外，其余螺纹都采用米制螺纹。

按照螺纹母线形状，可将螺纹分成圆柱螺纹和圆锥螺纹。圆锥螺纹用于管螺纹，圆柱螺纹用于连接、传动、测量和调整等场合。

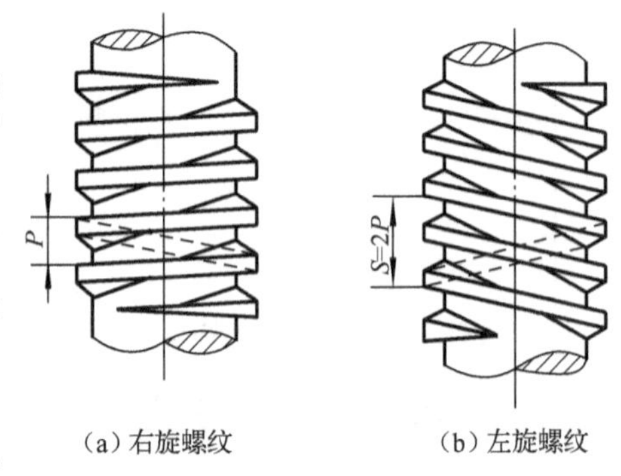

图7-7　螺纹的旋向

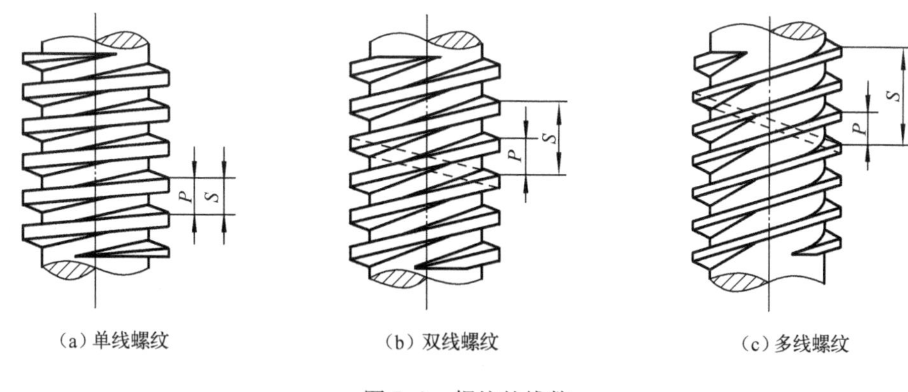

(a) 单线螺纹　(b) 双线螺纹　(c) 多线螺纹

图 7-8　螺纹的线数

3. 螺纹的主要参数

分布于圆柱体外的螺纹,称为外螺纹;分布于圆柱孔内的螺纹,称为内螺纹,它们共同组成螺旋副。

现以圆柱普通螺纹的外螺纹为例说明螺纹主要几何参数(GB/T 196 - 2003),如图 7-9 所示。

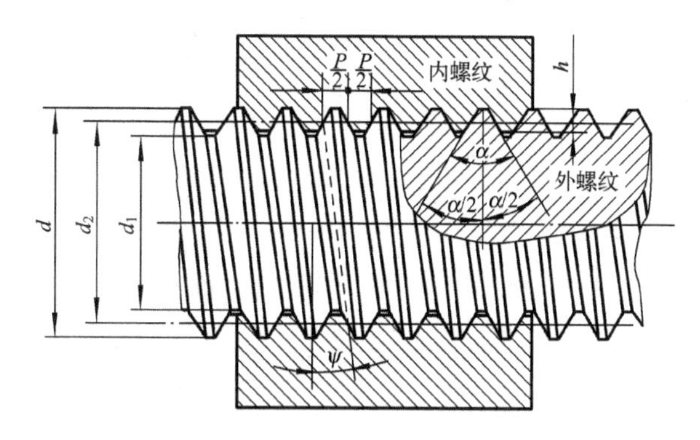

图 7-9　圆柱普通螺纹的主要参数

(1) 大径 d　螺纹的最大直径,即螺纹的公称直径。

(2) 小径 d_1　螺纹的最小直径,即螺纹危险截面的计算直径。

(3) 中径 d_2　螺纹轴向截面内,螺纹牙厚与牙间宽相等处的假想圆柱面的直径,近似等于螺纹的平均直径,$d_2 \approx \frac{1}{2}(d+d_1)$。

(4) 线数 n　形成螺纹的螺旋线数目。为了便于制造,一般螺纹的线数 $n \leqslant 4$。

(5) 螺距 P　相邻两螺纹牙在中径上对应点间的轴向距离。

(6) 导程 S　螺纹上任一点沿同一条螺旋线转一周所移动的轴向距离。$S = nP$。

(7) 螺纹升角 ψ　螺纹中径 d_2处,螺旋线的切线与垂直于螺纹轴线的平面间的夹角,$\psi = \arctan \frac{nP}{\pi d_2}$。

(8) 牙型角 α　螺纹轴向截面内,螺纹牙型两侧边的夹角。螺纹牙型两侧边与螺纹轴线的垂直平面的夹角称为牙侧角 β,对称牙型的牙侧角 $\beta = \alpha/2$。

(9) 接触高度 h　内外螺纹旋合后,螺纹接触面的径向高度。

7.1.2 常用螺纹(见表 7-1)

在工程上常用螺纹有三角形螺纹、矩形螺纹、梯形螺纹和锯齿形螺纹,它们均已标准化,设计时可查阅相关资料。

1. 三角形螺纹

(1) 普通螺纹(见图 7-10)

普通螺纹的牙型角 $\alpha=60°$,对称牙型。以大径 d 为公称直径,螺纹代号为 M。同一公称直径下可以有多种螺距的螺纹,其中螺距最大的称为粗牙螺纹,其余均称为细牙螺纹。细牙螺纹的螺距小、升角小、小径大,所以自锁性较好、强度高。但由于牙细小不耐磨,容易滑扣。一般连接多用粗牙螺纹,细牙螺纹常用于细小零件、薄壁管件或受冲击、振动和变载荷的连接中,也可用于微调机构的调整螺纹。普通螺纹的基本尺寸见表 7-2。

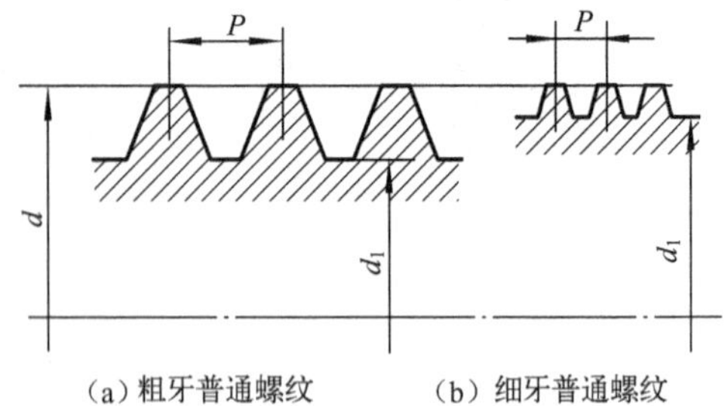

(a) 粗牙普通螺纹　　(b) 细牙普通螺纹

图 7-10　粗牙与细牙普通螺纹

表 7-1　常用螺纹类型、特点和应用

类　型	牙　型　图	特点和应用
普通螺纹	内螺纹 外螺纹 60° d d_2 d_1 P	牙型为等边三角形,牙型角 $\alpha=60°$,外螺纹牙根允许有较大圆角,以减小应力集中。同一公称直径的普通螺纹有多种螺距,其中螺距最大的为粗牙螺纹,其余均为细牙螺纹
矩形螺纹	内螺纹 外螺纹 d d_2 d_1 P	牙型为矩形,牙型角 $\alpha=0°$。传动效率较其他螺纹高,但对中性差,牙根强度低,螺纹副磨损后,间隙难以补偿,传动精度低,目前逐步被梯形螺纹所代替
梯形螺纹	内螺纹 外螺纹 30° d d_2 d_1 P	牙型为等腰梯形,牙型角 $\alpha=30°$。传动效率较矩形螺纹低,但牙根强度高,加工工艺性好,对中性好。如用剖分螺母,还可以调整间隙。梯形螺纹是最常用的传动螺纹
锯齿形螺纹	内螺纹 外螺纹 3° 30° d d_2 d_1 P	牙型为不等腰梯形,牙型角 $\alpha=33°$(承载面斜角 3°,非承载面斜角 30°)。传动效率高,牙根强度高,用于单向受力的螺旋传动

表 7-2　普通螺纹的基本尺寸(摘自 GB/T 193—2003)　　单位:mm

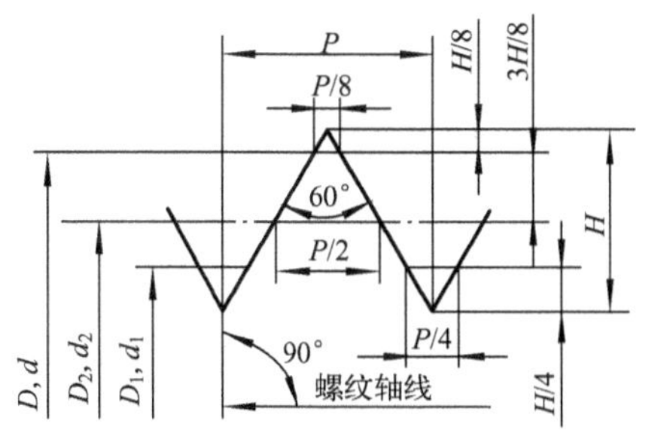

$H=0.866\ 025P$

$D_1=D-1.082\ 531P$　　$d_1=d-1.082\ 531P$

$D_2=D-0.649\ 519P$　　$d_2=d-0.649\ 519P$

D、d—— 内、外螺纹大径

D_1、d_1—— 内、外螺纹小径

D_2、d_2—— 内、外螺纹中径

P ——螺距

标记示例:M10 —— 粗牙螺纹,大径 10,螺距 1.5

M10×1 —— 细牙螺纹,大径 10,螺距 1

公称直径 D、d	粗　牙			细　牙
	螺距 P	中径 D_2、d_2	小径 D_1、d_1	螺距 P
3	0.5	2.675	2.450	0.35
4	0.7	3.545	3.242	0.5
5	0.8	4.480	4.134	
6	1	5.350	4.917	0.75
8	1.25	7.188	6.647	1、0.75
10	1.5	9.026	8.376	1.25、1、0.75
12	1.75	10.863	10.106	1.5、1.25、1
16	2	14.701	13.835	1.5、1
20	2.5	18.376	17.294	2、1.5、1
24	3	22.051	20.752	
30	3.5	27.727	26.211	

(2) 管螺纹

管螺纹分为三种,即 55°非密封管螺纹(圆柱管壁,$\alpha=55°$)、55°密封管螺纹($\alpha=55°$,有圆柱内螺纹与圆锥外螺纹、圆锥内螺纹与圆锥外螺纹两种配合)和 60°圆锥管螺纹(圆锥管壁,$\alpha=60°$),管螺纹一般用于气体或液体管路的管接头、阀门连接等。前两种管螺纹的公称直径为管子的公称通径。

2. 矩形螺纹、梯形螺纹和锯齿型螺纹

这三种螺纹多用作传动螺纹,其中矩形螺纹的牙型角 $\alpha=0°$,传动效率最高。但由于其牙根强度低、对中精度差,螺纹副磨损后,难以补偿或修复等缺点,常用梯形螺纹代替。梯形螺纹与矩形螺纹相比工艺性好,牙根强度高,对中性好,如采用剖分螺母可调整间隙,其效率比矩形螺纹略低,是最常用的传动螺纹。锯齿形螺纹传动效率较矩形螺纹略低,牙根强度高,对中性好,工艺性好,适用于单向受力的传动螺旋。

7.2　螺旋副的受力分析、效率和自锁

螺旋副是由内螺纹与外螺纹旋合而成的。下面介绍螺旋副的受力分析、效率和自锁。

7.2.1　矩形螺纹

在矩形螺纹副中(见图 7-11a),可将螺母视为一滑块。当拧紧螺母时,可视为受轴向载荷为 F_a的滑块沿螺纹斜面向上移动(见图 7-11b),也可视为滑块在沿螺纹中径 d_2展开后所得到

的斜面上滑(见图7-11c)。

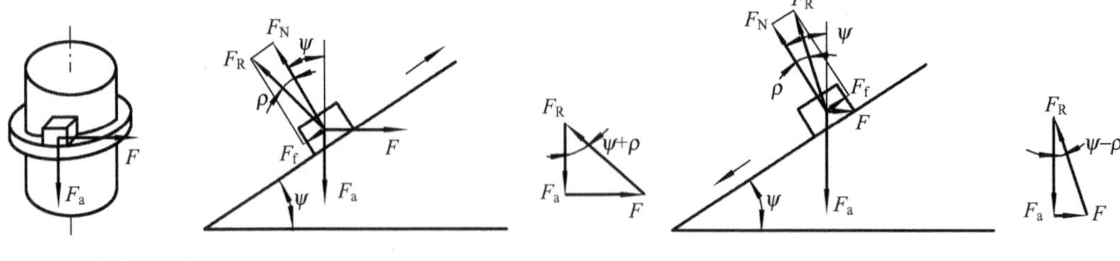

(a) 螺纹副简化模型　(b) 滑块沿斜面上滑　(c) 滑块沿斜面下滑

图7-11　矩形螺纹副的受力分析

设F为作用在螺纹中径上的推力,F_N为斜面法向反力,f为摩擦因数,$F_f=fF_N$为摩擦力,ψ为螺纹升角,ρ为摩擦角。滑块沿斜面等速上升时(见图7-11b),摩擦力与运动方向相反,故全反力F_R与轴向载荷F_N的夹角为$(\psi+\rho)$,则推力F可由力平衡条件求得

$$F=F_a\tan(\psi+\rho) \tag{7-1a}$$

拧紧螺旋副需要的驱动力矩为

$$T=F\frac{d_2}{2}=\frac{d_2}{2}F_a\tan(\psi+\rho) \tag{7-1b}$$

当螺母转动一周时,输入功为$2\pi T$,此时举升重物所作的有效功为F_aS,故螺旋副的效率η为

$$\eta=\frac{F_NS}{2\pi T}=\frac{\tan\psi}{\tan(\psi+\rho)} \tag{7-2}$$

由上式可知,当摩擦角ρ一定时,螺旋副的效率只取决于螺旋升角ψ的大小。但过大的升角会造成加工的困难,故ψ一般应不大于20°～25°。

当拧松螺母时,相当于物体沿斜面下滑(见图7-11c),此时F不是推力,而是支持力,合力F_R与轴向力F_a的夹角等于$(\psi-\rho)$,支持力F可由力平衡条件求得

$$F=F_a\tan(\psi-\rho) \tag{7-3a}$$

拧紧螺旋副需要的驱动力矩为

$$T=\frac{d_2}{2}F_a\tan(\psi-\rho) \tag{7-3b}$$

由式(7-3a)可知,当$\psi\leqslant\rho$时,$F\leqslant0$。这说明无论轴向载荷有多大,物体也不会自动下滑,这种现象称为螺旋副的自锁,故自锁条件为

$$\psi\leqslant\rho \tag{7-4}$$

7.2.2　非矩形螺纹

矩形螺纹的牙侧角$\beta=0$,非矩形螺纹是指牙侧角$\beta\neq0$的三角形螺纹、梯形螺纹和锯齿形螺纹。非矩形螺纹副的受力情况如图7-12所示。矩形螺纹相当于平滑块与平斜面的作用,非矩形螺纹相当于楔形滑块与楔形斜面的作用。比较图7-12a、b可知,如不计螺纹升角的影响,在相同的轴向力F_a的作用下,矩形螺纹法向反力$F_N=F_a$(图7-12a),而非矩形螺纹的法向

反力 $F_N = F_a/\cos\beta$。则非矩形螺纹的摩擦力为

$$fF_N = \frac{f}{\cos\beta}F_a = f_v F_a \tag{7-5}$$

式中 f_v——当量摩擦因数，$f_v = \dfrac{f}{\cos\beta}$。

则当量摩擦角 ρ_v 为，$\rho_v = \arctan f_v$。

将摩擦因数 f 换成当量摩擦因数 f_v，摩擦角 ρ 换成当量摩擦角 ρ_v，非矩形螺纹相应的计算公式为

（a）矩形螺纹

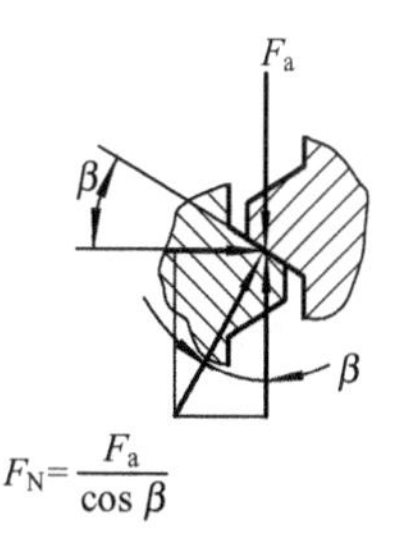

（b）非矩形螺纹

图 7-12　矩形螺纹和非矩形螺纹

当滑块沿斜面匀速上升时，推力为

$$F = F_a\tan(\psi + \rho_v) \tag{7-6a}$$

拧紧螺旋副需要的驱动力矩为

$$T = F_a\frac{d_2}{2}\tan(\psi + \rho_v) \tag{7-6b}$$

当滑块沿斜面下降时，支持力为

$$F = F_a\tan(\psi - \rho_v) \tag{7-7a}$$

拧松螺旋副需要的驱动力矩为

$$T = F_a\frac{d_2}{2}\tan(\psi - \rho_v) \tag{7-7b}$$

非矩形螺纹的自锁条件为

$$\psi \leqslant \rho_v \tag{7-8}$$

螺旋副的效率为

$$\eta = \frac{\tan\psi}{\tan(\psi + \rho_v)} \tag{7-9}$$

由于 $f_v > f$，$\rho_v > \rho$，故非矩形螺纹比矩形螺纹效率低，但自锁性好。

7.3 螺纹连接

7.3.1 螺纹连接的基本类型

螺纹连接有以下四种基本类型：

1. 螺栓连接

螺栓连接的特点是在被连接件上加工出通孔，使用时不受被连接件材料的限制，结构简单，装拆方便，故应用最为广泛。主要用于被连接件的厚度不大且可加工通孔的场合。

常见的普通螺栓连接，如图 7-13a 所示，螺栓和通孔间留有间隙，通孔的加工精度要求低。当螺栓承受横向载荷时，可选用铰制孔用螺栓连接，如图 7-13b 所示。其通孔和螺栓多采用基孔制过渡配合（H7/m6、H7/n6），这种连接既能承受横向载荷，又能精确固定被连接件的相对位置，起定位作用，但孔的加工精度要求较高。

2. 双头螺柱连接(见图7-14a)

双头螺柱两端均有螺纹,其一端拧紧在被连接件螺纹孔中,另一端穿过另一被连接件的通孔与螺母旋合。这种连接适用于受结构限制而不能采用螺栓连接的场合,如被连接件之一太厚不宜制成通孔,且需要经常拆装的场合。

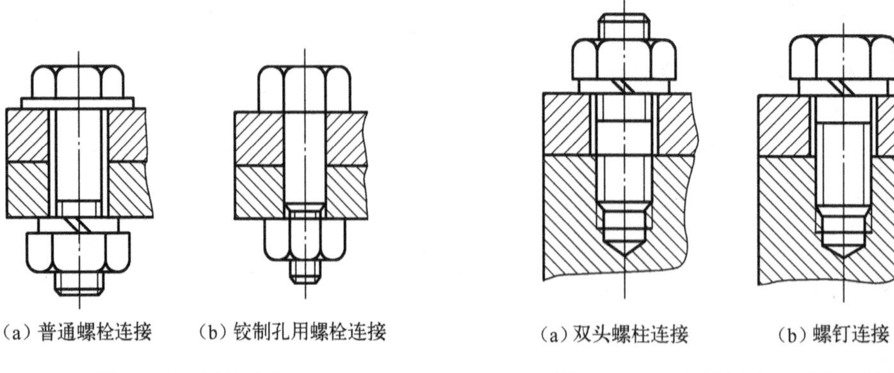

(a)普通螺栓连接　(b)铰制孔用螺栓连接

图7-13　螺栓连接

(a)双头螺柱连接　(b)螺钉连接

图7-14　双头螺柱连接、螺钉连接

3. 螺钉连接(见图7-14b)

螺钉连接是将螺钉直接拧入被连接件的螺纹孔中,不用螺母,结构比双头螺柱连接简单、紧凑。其用途和双头螺柱连接相似,但经常拆装时,容易使被连接件螺纹孔磨损失效,故多用于受力不大,或不需要经常装拆的场合。

4. 紧定螺钉连接(见图7-15)

紧定螺钉连接是利用拧入被连接件螺纹孔中的螺钉末端顶住另一被连接件的表面或顶入相应的凹槽中,用以固定其相对位置,防止产生相对运动,紧定螺钉连接适用于传递较小力或转矩的场合。

除了以上四种基本类型外,还有一些特殊结构的连接。例如:将机器固定在地基上的地脚螺栓连接(见图7-16);装在机器顶盖或壳体上用于起吊零部件的的吊环螺钉连接(见图7-17);机床工作台或试验装置上的T形槽螺栓连接(见图7-18a)和用于固定中小型支架的膨胀螺栓连接(见图7-18b)等。

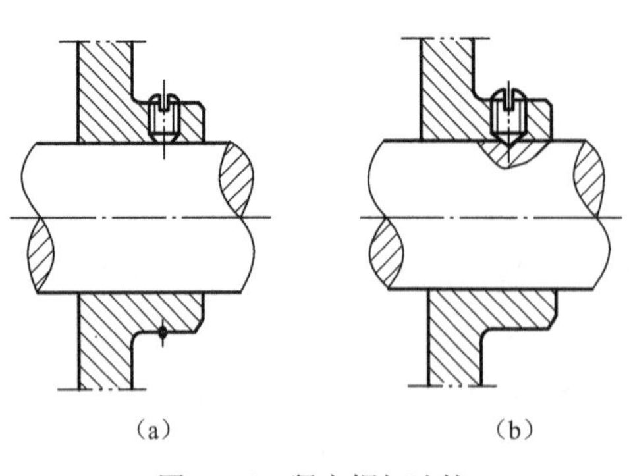

(a)　(b)

图7-15　紧定螺钉连接

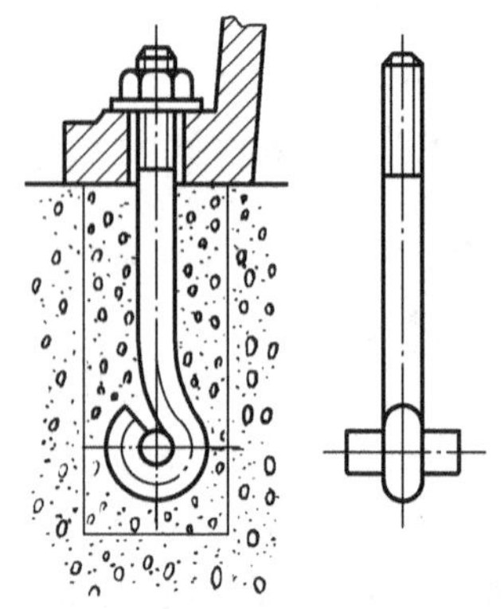

图7-16　地脚螺栓连接

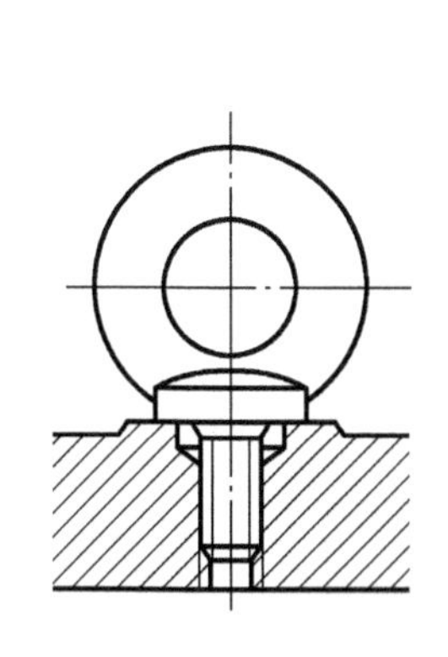

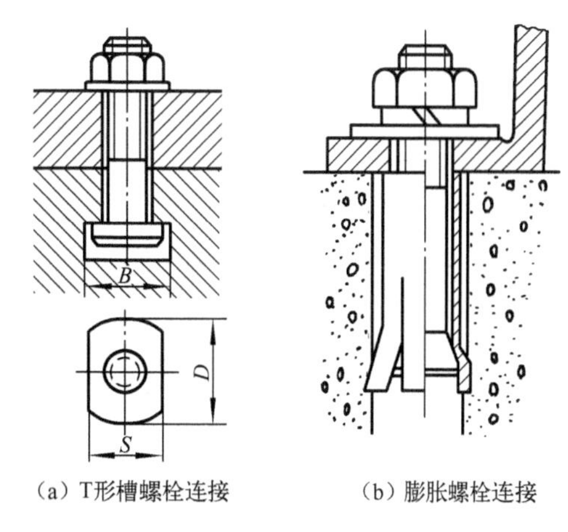

（a）T形槽螺栓连接　　（b）膨胀螺栓连接

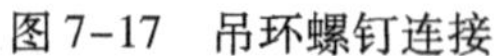

图7-17 吊环螺钉连接

图7-18 特殊螺栓连接

7.3.2 标准螺纹连接件

标准螺纹连接件的类型很多，常用的有螺栓、双头螺柱、螺钉、螺母、垫圈等，其结构特点如表7-3所示，设计时可根据相关标准选用。

表7-3 常用标准螺纹连接件

类型	图例	特点与应用
螺栓	六角头螺栓（GB/T 5780—2000） 六角头绞制孔用螺栓（GB/T 27—1988）	螺栓主要有六角头螺栓和六角头铰制孔用螺栓两类。螺栓杆部可以制出一段螺纹或全螺纹，螺纹可用粗牙或细牙 螺栓也用于螺钉连接中
双头螺柱	双头螺柱（GB/T 899—1988）A型 双头螺柱（GB/T 899—1988）B型	双头螺柱两端都制有螺纹，两端螺纹的螺距可以相同，也可不同。螺柱中间可带退刀槽或制成腰杆。螺柱的一端旋入铸铁或有色金属的螺纹孔中，旋入后即不再拆卸，该端称为座端；另一端则用于安装螺母以固定其他零件，称为螺母端

续表

类型	图　　例	特点与应用
螺钉	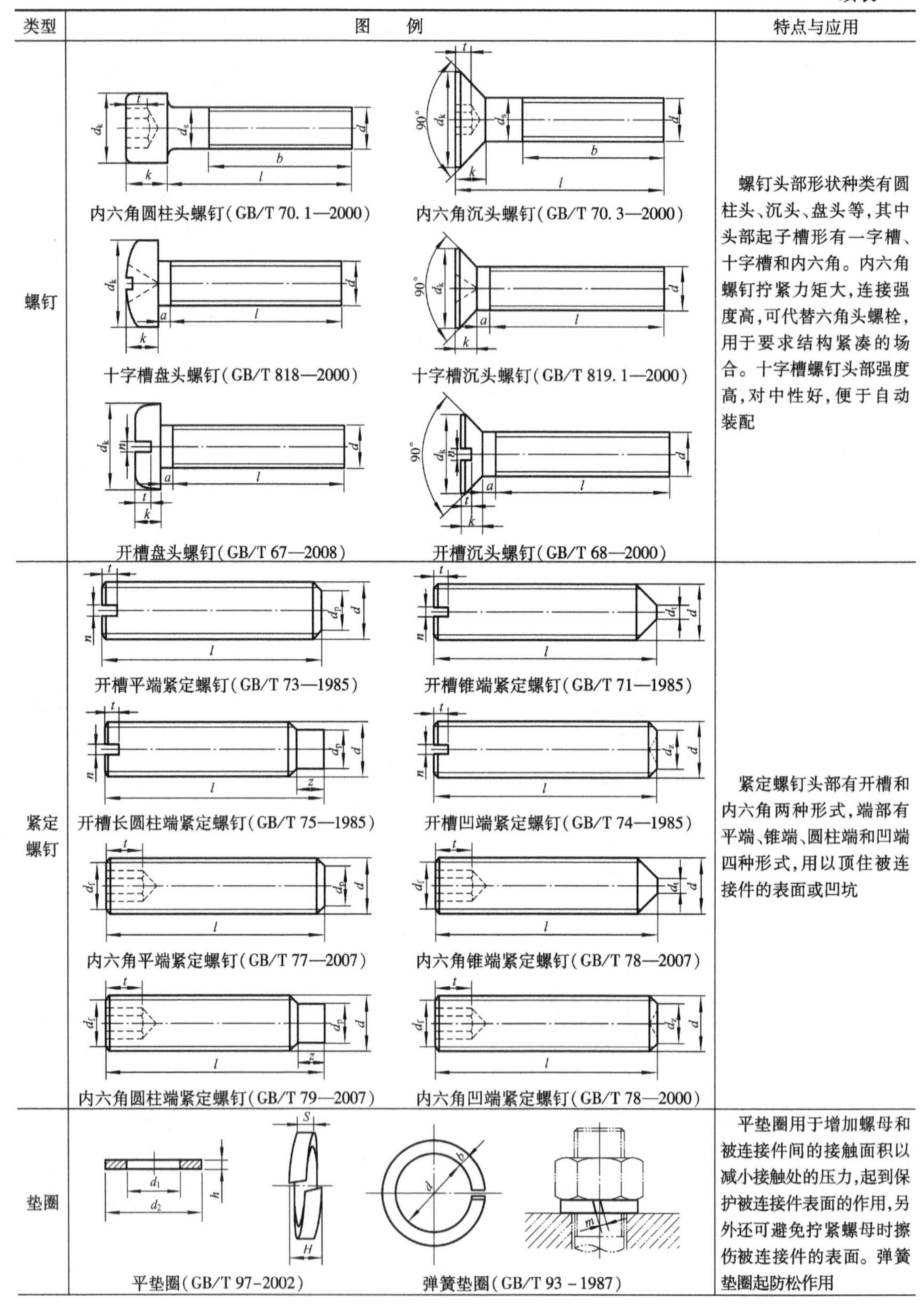 内六角圆柱头螺钉(GB/T 70.1—2000)　内六角沉头螺钉(GB/T 70.3—2000)　十字槽盘头螺钉(GB/T 818—2000)　十字槽沉头螺钉(GB/T 819.1—2000)　开槽盘头螺钉(GB/T 67—2008)　开槽沉头螺钉(GB/T 68—2000)	螺钉头部形状种类有圆柱头、沉头、盘头等,其中头部起子槽形有一字槽、十字槽和内六角。内六角螺钉拧紧力矩大,连接强度高,可代替六角头螺栓,用于要求结构紧凑的场合。十字槽螺钉头部强度高,对中性好,便于自动装配
紧定螺钉	开槽平端紧定螺钉(GB/T 73—1985)　开槽锥端紧定螺钉(GB/T 71—1985)　开槽长圆柱端紧定螺钉(GB/T 75—1985)　开槽凹端紧定螺钉(GB/T 74—1985)　内六角平端紧定螺钉(GB/T 77—2007)　内六角锥端紧定螺钉(GB/T 78—2007)　内六角圆柱端紧定螺钉(GB/T 79—2007)　内六角凹端紧定螺钉(GB/T 78—2000)	紧定螺钉头部有开槽和内六角两种形式,端部有平端、锥端、圆柱端和凹端四种形式,用以顶住被连接件的表面或凹坑
垫圈	平垫圈(GB/T 97-2002)　弹簧垫圈(GB/T 93－1987)	平垫圈用于增加螺母和被连接件间的接触面积以减小接触处的压力,起到保护被连接件表面的作用,另外还可避免拧紧螺母时擦伤被连接件的表面。弹簧垫圈起防松作用

续表

类型	图 例	特点与应用
六角螺母	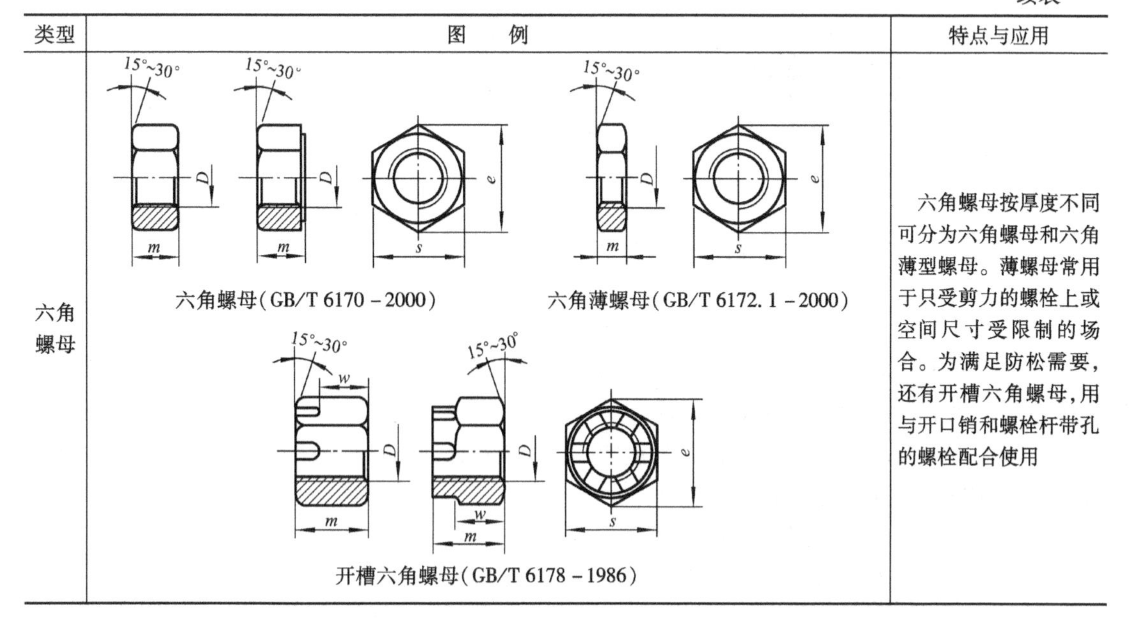 六角螺母（GB/T 6170－2000） 六角薄螺母（GB/T 6172.1－2000） 开槽六角螺母（GB/T 6178－1986）	六角螺母按厚度不同可分为六角螺母和六角薄型螺母。薄螺母常用于只受剪力的螺栓上或空间尺寸受限制的场合。为满足防松需要，还有开槽六角螺母，用与开口销和螺栓杆带孔的螺栓配合使用

常用的螺纹连接件，按制造精度可分为粗制、精制两种，机械设计中一般采用精制的螺纹连接件。

7.4 螺纹连接的预紧和防松

7.4.1 螺纹连接的预紧

通常螺纹连接在装配时须预先拧紧以增强连接的可靠性、紧密性和刚度，防止受载后被连接件间出现缝隙或发生相对滑移，防止螺纹连接的松动。选择合适的预紧力有利于提高连接的强度，预紧力过大会使整个连接的结构尺寸增大，连接件过载时螺栓容易被拉断。因此，为了使连接具有足够的预紧力，又不使连接件过载，对于重要的螺纹连接装配时应控制其预紧力。

螺纹连接的预紧力常通过拧紧力矩来控制的，拧紧螺母时需要克服的阻力矩有螺纹副间的摩擦阻力矩 T_1 和螺母与支承面间的摩擦阻力矩 T_2。

对于常用 M10 ～ M68 普通粗牙螺纹的钢制螺栓，在无润滑时，螺母与支撑面间的摩擦因数 $f=0.15$，则拧紧力矩 $T/(\mathrm{N\cdot mm})$ 为

$$T=T_1+T_2=0.2F'd \tag{7-10}$$

式中 F'——预紧力，螺栓的预紧力可达材料屈服强度 σ_s 的 50% ～ 70%；

d——螺纹大径。

拧紧力矩的大小对螺纹连接的可靠性、强度和紧密性均有很大影响，过小起不到应有作用；过大可能拧断螺栓。因此，常用测力矩扳手（见图 7-19a）或定力矩扳手（见图 7-19b）来控制拧紧力矩。

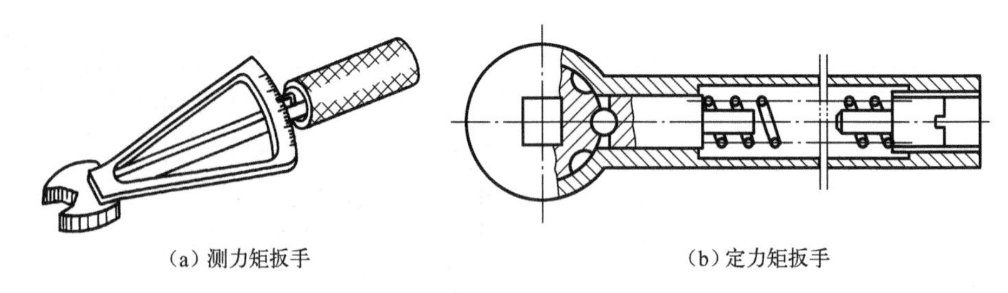

（a）测力矩扳手　　　　（b）定力矩扳手

图 7-19　测力矩扳手和定力矩扳手

7.4.2　螺纹连接的防松

据研究通常在静载和温度变化不大时，普通螺纹连接能够满足自锁条件（$\psi<\rho_v$），在螺纹连接拧紧以后，其接合面的粗糙度会被压平一些，使预紧力有所减小，但通常不会自动松脱。但是在冲击、振动或温度变化较大时，会使预紧力减小而引起连接松动，所以，在设计螺纹连接时，必须采取有效的防松措施。

防松的目的在于防止螺纹副相对转动。按其工作原理防松方法可分为摩擦防松、机械防松和永久性防松三类。表 7-4 中列举了几种常用的方法。

表 7-4　螺纹连接的防松方法

防松方法		结构图	特点和应用
摩擦防松	对顶螺母		两螺母对顶拧紧后，使旋合螺纹间始终受到附加的压力和摩擦力作用，防止螺纹连接松脱。上面螺母受力较大，下面螺母受力较小 结构简单，适用于低速、重载的场合
	弹簧垫圈		靠弹簧垫圈压紧后产生的弹性力使内外螺纹间保持一定的压紧力和摩擦力。同时垫圈斜口的尖端抵住螺母与被连接件的支承面也有防松作用 结构简单，使用方便，但弹性力分布不均，在冲击、振动条件下防松不可靠
	自锁螺母		螺母一端开缝并收口，当螺母拧紧后，收口胀开，利用收口的弹力使旋合螺纹间压紧 结构简单，防松可靠，可多次装拆不会降低防松效果

续表

防松方法		结构图	特点和应用
机械防松	开口销与开槽螺母	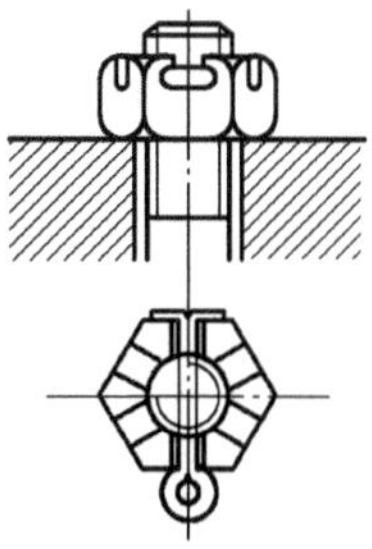	拧紧开槽螺母后，将开口销插入螺栓尾部小孔和螺母槽中，将开口销尾部掰开紧贴螺母侧面。开口销限制了螺纹副间的转动 在较大冲击、振动载荷下防松可靠
	止动垫片	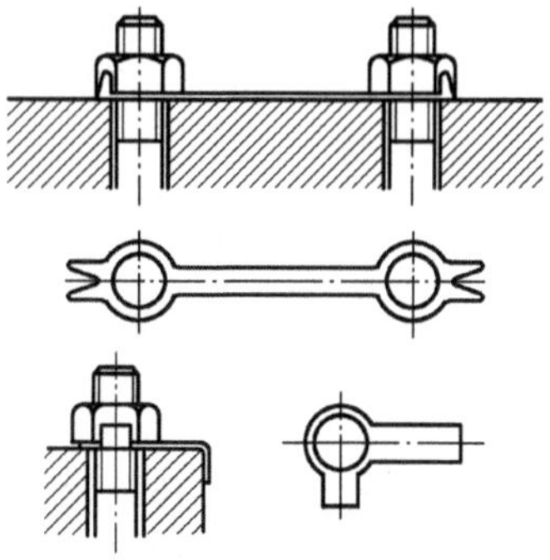	螺母拧紧后，将垫片两耳分别向螺母和被连接件侧面折弯贴紧，限制螺母转动。当两个螺栓距离较近时，可将双联止动垫圈套入两螺栓，使两螺母互相止动 结构简单，使用方便，防松可靠
	串联钢丝	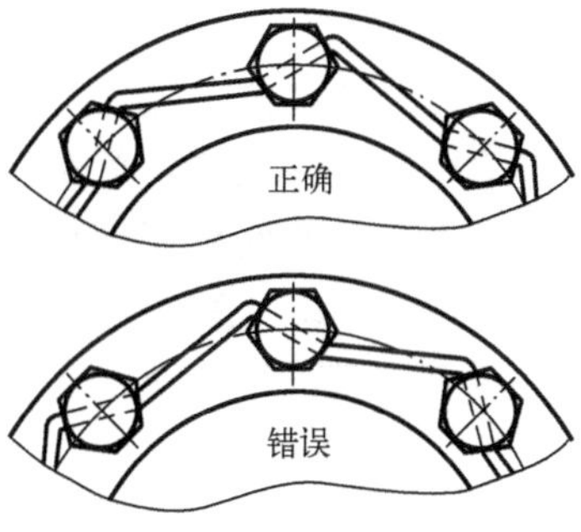 正确 错误	拧紧螺钉后，将低碳钢丝穿入螺钉头部的孔中，使各螺钉串联起来，互相止动。使用时必须注意钢丝穿入的方向 适用螺钉组连接，防松可靠，但装拆不便
破坏螺纹副关系防松	焊住	焊住 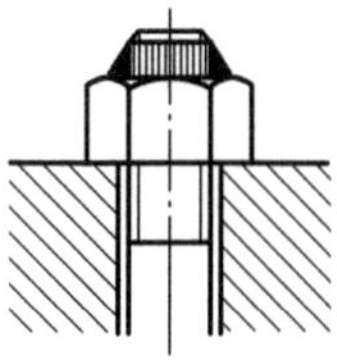	螺母拧紧后，将螺栓杆末端外露部分与螺母焊住，使螺纹无法回转 螺纹连接变为不可拆连接
	铆粗	铆粗 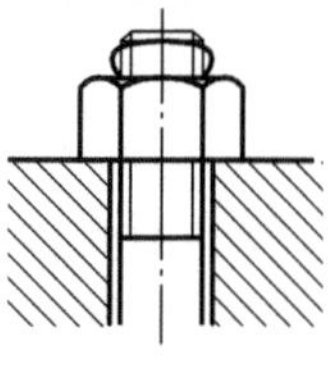	螺母拧紧后，将螺栓杆末端外露部分铆粗 螺纹连接变为不可拆连接

续表

防松方法		结构图	特点和应用
破坏螺纹副关系防松	冲点	冲点	用冲头在螺栓杆末端与螺母的旋合缝处打冲，利用冲点防松 防松可靠，但拆卸后连接件不能再使用
	胶接	胶接	在旋合螺纹间涂以液体胶粘剂，拧紧螺母后，胶粘剂硬化、固着，防止螺纹副的相对运动

7.5 螺纹连接的强度计算

机器中的螺纹连接大都是成组使用的，为了便于设计、制造及安装，同一组连接螺栓通常采用相同的类型和尺寸。而螺母及其他螺纹连接件是根据等强度原则及使用经验确定的，一般情况下，不需进行强度计算。

设计螺栓组连接，首先根据被连接件结合面的形状，进行螺栓组连接的结构设计，确定螺栓的数目和布置形式；然后根据螺栓组连接的类型、预紧情况、受载荷情况进行螺栓组连接的受力分析，找出受力最大的螺栓，并按相应的强度条件计算螺栓危险截面的直径（螺纹小径 d_1），再根据国家标准确定螺纹公称直径，选择其他螺纹连接件。

对于受力很小不重要的螺栓组连接，可参考现有机械装置，用类比法确定螺栓组结构尺寸，不需进行强度校核。

按螺栓的受力情况可分为受拉螺栓连接和受剪螺栓连接。普通螺栓工作时，主要受拉力；铰制孔用螺栓工作时主要受剪力。下面以螺栓组连接为例进行分析，其结论也适用于双头螺柱组连接和螺钉组连接。

7.5.1 受拉螺栓连接

受拉螺栓在静载荷作用下，主要失效形式是螺纹部分钉杆发生塑性变形或断裂；在变载荷作用下，主要失效形式是疲劳断裂。因此，其设计准则是保证螺栓的静力或疲劳强度。

1. 松螺栓连接

松螺栓连接装配时，螺母不需要拧紧。所以，螺栓不受预紧力的作用，只是在工作时才受轴向载荷，图 7-20 的滑轮架螺栓连接为典型的松螺栓连接。设轴向载荷为 F，其螺栓的强度条件为

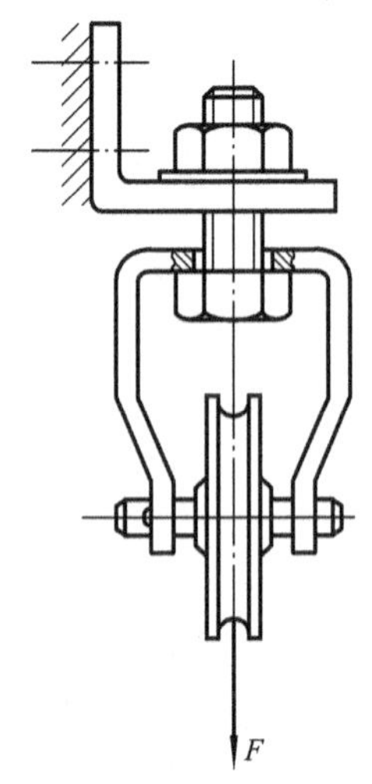

图 7-20　滑轮架螺栓连接

$$\sigma = \frac{4F}{\pi d_1^2} \leqslant [\sigma] \tag{7-11}$$

或

$$d_1 \geqslant \sqrt{\frac{4F}{\pi[\sigma]}} \tag{7-12}$$

式中 d_1——螺纹小径,mm;

$[\sigma]$——松螺栓连接的许用拉应力,MPa,见表7-6。

2. 紧螺栓连接

紧螺栓连接在装配时就已拧紧,承受工作载荷之前,螺栓与被连接件已受到预紧力F'的作用。按所受工作载荷的方向紧螺栓连接分为受横向载荷的紧螺栓连接和受轴向载荷的紧螺栓连接两种。

(1) 受横向载荷的紧螺栓连接(见图7-21)

横向载荷F的方向与螺栓的轴线垂直,螺栓和通孔间留有间隙。为保证被连接件之间无相对滑动,螺母要预先拧紧,使接触面间产生足够摩擦力,来平衡横向载荷。在拧紧螺母时,螺栓一方面受预紧力F'的拉伸作用,另一方面受螺纹拧紧力矩T的扭转作用,F'使螺栓产生轴向拉应力σ,T使螺栓产生扭转切应力τ,对于常用的钢制普通螺栓($d=10\sim68$ mm),可取$\tau=0.5\sigma$,根据第四强度理论求出其计算应力σ_{ca}。

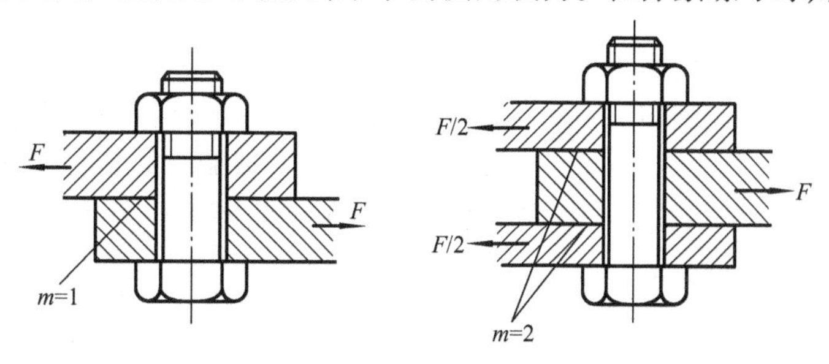

图7-21 受横向载荷的紧螺栓连接

$$\sigma_{ca} = \sqrt{\sigma^2 + 3\tau^2} = \sqrt{\sigma^2 + 3(0.5\sigma^2)} \approx 1.3\sigma$$

螺栓的强度条件为

$$\sigma_{ca} = \frac{1.3F'}{\pi d_1^2/4} \leqslant [\sigma] \tag{7-13}$$

或

$$d_1 \geqslant \sqrt{\frac{4 \times 1.3F'}{\pi[\sigma]}} \tag{7-14}$$

对于普通螺栓连接,要求承受横向载荷后被连接件间不得有相对滑动。因此,根据被连接件的平衡条件可求得

$$f_s F' nm = K_f F$$

由此可求得每个螺栓所需要的预紧力F'为

$$F' = \frac{K_f F}{f_s nm} \tag{7-15}$$

式中 f_s——接合面间摩擦因数,钢或铸铁的无润滑表面$f_s=0.10\sim0.16$;

m——接合面对数;

n——螺栓数目;

K_f——可靠性系数,$K_f=1.1\sim1.3$。

靠摩擦力抵抗横向载荷 F 的普通螺栓连接，要求施加较大的预紧力。（若取 $f_s=0.15$，$K_f=1.2$，$m=1$，$n=1$，则预紧力 $F'=K_fF/(f_snm)=8F$），会造成螺栓的尺寸增大。为了克服上述缺点，可采用套筒、销或键等有减载装置的连接，见图 7-22。

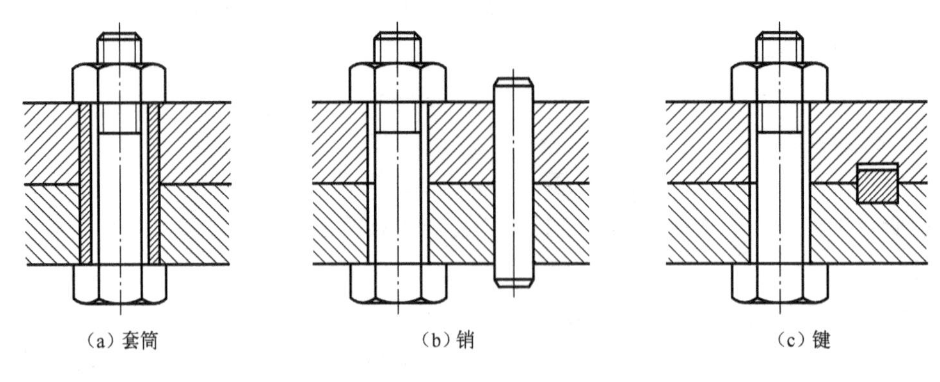

图 7-22　减载装置

(2) 受轴向载荷的紧螺栓连接

这种连接比较常见，压力容器的顶盖和壳体的凸缘连接为其典型实例，见图 7-23。压力容器内气压为 p，气缸内径为 D，作用在容器盖上的总工作载荷为 $F_\Sigma=p\pi D^2/4$，由连接凸缘的 z 个螺栓承受，每个螺栓所受轴向工作载荷为 $F=p\pi D^2/4z$。

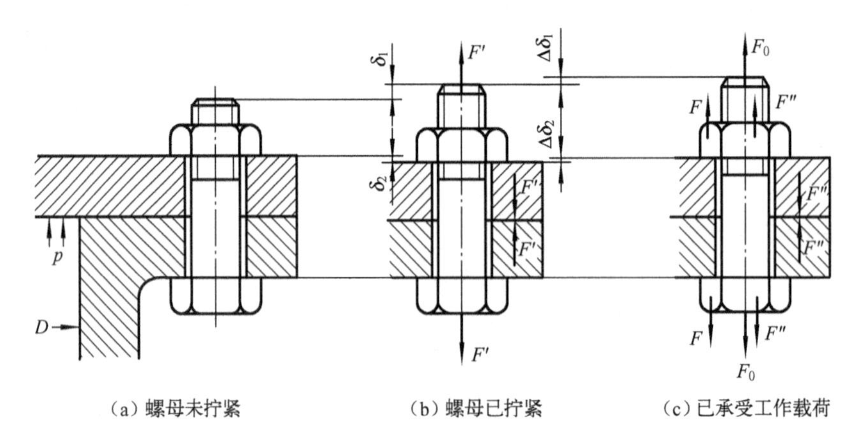

图 7-23　受轴向载荷的螺栓连接

螺母拧紧前连接件与被连接件均不受力也不产生变形。螺母拧紧后（见图 7-24b），由于预紧力 F' 的作用，螺栓伸长 δ_1（见图 7-24a），被连接件缩短 δ_2（见图 7-24b），力与变形关系左右合并后成 7-24c 图。

当连接承受工作载荷 F 时，见图 7-24c。螺栓继续伸长 $\Delta\delta_1$，总伸长量为 $\delta_1+\Delta\delta_1$；此时被连接件随螺栓的伸长而回缩了 $\Delta\delta_2$，其总压缩量为 $\delta_2-\Delta\delta_2$，$\Delta\delta_1=\Delta\delta_2=\Delta\delta$。此时，被连接件仅受残余预紧力 F''，螺栓所受的总拉力 F_0 为工作载荷与残余预紧力之和，即

$$F_0=F+F'' \tag{7-16}$$

为了保证连接的紧密性，应使 $F''>0$。对于一般连接，工作载荷稳定时，取 $F''=(0.2\sim$

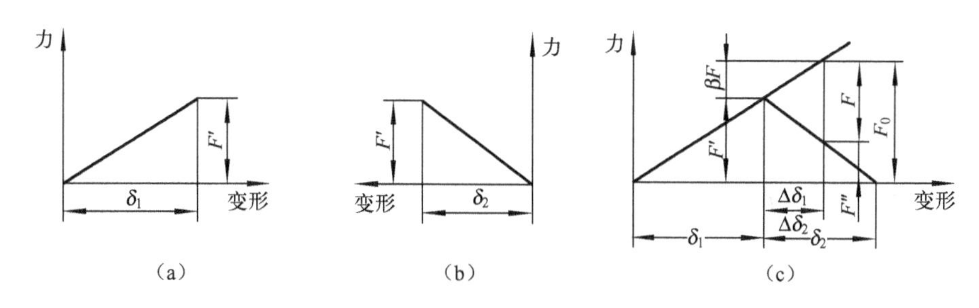

图7-24　螺栓和被连接件的力与变形的关系

0.6)F;工作载荷不稳定时,取 $F''=(0.6\sim1.0)F$;对有密封性要求时,取 $F''=(1.5\sim1.8)F$,且 $F''>F$;对地脚螺栓连接,取 $F''>F$。

由图7-24c可得出,螺栓所受总拉力 F_0 等于预紧力 F' 与工作拉力的一部分 βF 之和。即

$$F_0=F'+\beta F \tag{7-17}$$

式中　β——连接的相对刚度,若被连接件的材料为钢或铸铁,连接不采用垫片或用金属垫片时取 $\beta=0.2\sim0.3$;铜皮石棉垫片 $\beta=0.8$;橡胶垫片 $\beta=0.9$。

螺栓的强度条件为

$$\sigma_{ca}=\frac{4\times1.3F_0}{\pi d_1^2}\leqslant[\sigma] \tag{7-18}$$

或

$$d_1\geqslant\sqrt{\frac{4\times1.3F_0}{\pi[\sigma]}} \tag{7-19}$$

式中　$[\sigma]$——螺栓许用拉应力,MPa,见表7-6。

7.5.2　受剪螺栓连接

受剪螺栓在横向载荷作用下,主要失效形式是螺栓被剪断及螺栓或被连接件的孔壁被压溃。因此,其强度条件是保证螺栓的剪切强度和连接的挤压强度。

图7-25是铰制孔用螺栓连接,此种连接所受预紧力很小,强度计算时可忽略不计。

剪切强度条件为　$$\tau=\frac{4F}{\pi d_0^2}\leqslant[\tau] \tag{7-20}$$

挤压强度条件为　$$\sigma_p=\frac{F}{d_0 h}\leqslant[\sigma_p] \tag{7-21}$$

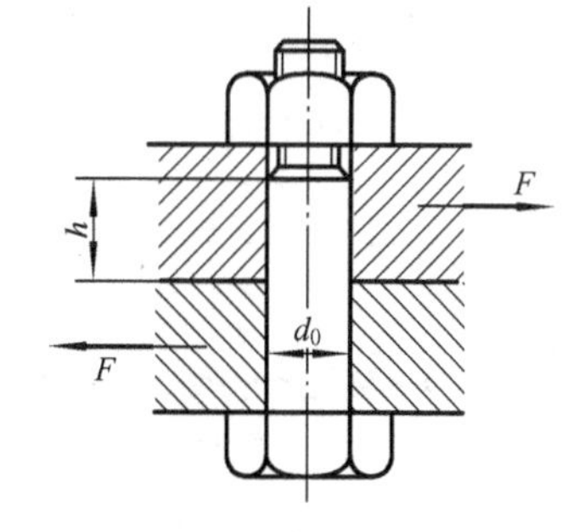

图7-25　铰制孔用螺栓连接

式中　d_0——螺栓受剪面直径,mm;
F——横向载荷,N;
h——接触面最小轴向长度;
$[\tau]$——螺栓许用切应力,MPa,见表7-6;
$[\sigma_p]$——螺栓或孔壁较弱材料的许用挤压应力,MPa,见表7-6。

7.6 螺纹连接件的材料和许用应力

7.6.1 螺纹连接件的材料

国家标准规定螺纹连接件按材料的力学性能分出等级(见表7-5、表7-6,详见GB/T 3098.1-2000和GB/T 3098.2-2000)。螺栓、螺柱、螺钉的性能等级分为10级,从3.6到12.9。小数点前面的数字乘100等于材料的抗拉强度σ_b,小数点后的数字乘抗拉强度σ_b再除10等于材料的屈服强度σ_s。例如:性能等级4.6中:4表示材料的抗拉强度$\sigma_b=4\times100=400$ MPa,6表示材料的屈服极限$\sigma_s=6\times400/10=240$ MPa。螺母的性能等级分为7级,从4到12,性能等级乘以100等于材料的抗拉强度σ_b。

螺纹连接件在图纸中只标注性能等级,不应标注材料牌号。

适合制造螺纹连接件的材料品种很多,常用材料有Q215、Q235、10、35和45钢等。对于承受冲击、振动或变载荷的螺纹连接件,可采用15Cr、40Cr、30CrMnSi等合金钢。标准规定8.8级和以上级的中碳钢或中碳合金钢都须经淬火并回火处理。对于特殊用途(如防锈、防磁、导电或耐高温等)的螺纹连接件,可采用特种钢或铜合金、铝合金等,并经表面处理(如氧化、镀锌钝化、磷化、镀镉等)。材料的力学性能参数见表7-5。

普通垫圈的材料,推荐采用Q235、15钢、35钢,弹簧垫圈用65Mn制造,并经热处理和表面处理。

表7-5 螺纹连接件的力学性能

<table>
<tr><td colspan="3" rowspan="2"></td><td colspan="11">性能等级</td></tr>
<tr><td>3.6</td><td>4.6</td><td>4.8</td><td>5.6</td><td>5.8</td><td>6.8</td><td>8.8</td><td>8.8</td><td>9.8</td><td>10.9</td><td>12.9</td></tr>
<tr><td rowspan="6">螺栓、
螺钉、
螺柱</td><td rowspan="2">抗拉强度σ_B/MPa</td><td>公称值</td><td>300</td><td colspan="2">400</td><td colspan="2">500</td><td>600</td><td colspan="2">800</td><td>900</td><td>1000</td><td>1200</td></tr>
<tr><td>最小值</td><td>300</td><td>400</td><td>420</td><td>500</td><td>520</td><td>600</td><td>800</td><td>830</td><td>900</td><td>1040</td><td>1220</td></tr>
<tr><td rowspan="2">屈服强度σ_S/MPa</td><td>公称值</td><td>180</td><td>240</td><td>320</td><td>300</td><td>400</td><td>480</td><td>640</td><td>640</td><td>720</td><td>900</td><td>1080</td></tr>
<tr><td>最小值</td><td>190</td><td>240</td><td>340</td><td>300</td><td>420</td><td>480</td><td>640</td><td>620</td><td>720</td><td>940</td><td>1100</td></tr>
<tr><td>布氏硬度/HBW</td><td>最小值</td><td>90</td><td>114</td><td>124</td><td>147</td><td>152</td><td>181</td><td>238</td><td>242</td><td>276</td><td>304</td><td>366</td></tr>
<tr><td colspan="2">推荐材料</td><td>10
Q215</td><td>15
Q235</td><td>15
Q215</td><td>25
35</td><td>15
Q235</td><td>45</td><td>35</td><td>35</td><td>35
45</td><td>40Cr
15MnVB</td><td>30CrMnSi
15MnVB</td></tr>
<tr><td rowspan="2">相配合
螺母</td><td colspan="2">性能等级</td><td colspan="3">4或5</td><td colspan="2">5</td><td>6</td><td colspan="2">8或9</td><td>9</td><td>10</td><td>12</td></tr>
<tr><td colspan="2">推荐材料</td><td colspan="5">10
Q215</td><td>10
Q215</td><td colspan="3">35</td><td>40Cr
15MnVB</td><td>30CrMnSi
15MnVB</td></tr>
</table>

注:1. 9.8级仅适用于螺纹大径$d\leqslant16$ mm的螺栓、螺钉和螺柱;

2. 8.8级及更高性能级别屈服强度为$\sigma_{0.2}$。

7.6.2 螺纹连接件的许用应力

螺纹连接件的许用应力与螺纹连接件的材料、结构尺寸、载荷性质、装配情况等因素有关。其许用应力可按下式确定

许用拉应力

$$[\sigma]=\frac{\sigma_s}{S} \tag{7-22}$$

许用切应力
$$[\tau]=\frac{\sigma_s}{S_\tau} \tag{7-23}$$

许用挤压应力

对于钢
$$[\sigma_P]=\frac{\sigma_s}{S_P} \tag{7-24}$$

对于铸铁
$$[\sigma_P]=\frac{\sigma_b}{S_P} \tag{7-25}$$

式中　σ_s、σ_b——分别为螺纹连接件材料的屈服强度和抗拉强度，见表7-5，常用铸铁被连接件的 σ_b 可取200～250 MPa；

S、S_τ、S_P——安全系数，见表7-6。

表7-6　螺纹连接的许用应力

<table>
<tr><th rowspan="2">螺栓类型</th><th rowspan="2" colspan="2">受载情况</th><th rowspan="2">许用应力计算公式</th><th colspan="5">安全系数</th></tr>
<tr><th colspan="4">不控制预紧力</th><th>控制预紧力</th></tr>
<tr><td rowspan="7">普通螺栓连接</td><td rowspan="6">紧连接</td><td rowspan="3">静载</td><td rowspan="3">$[\sigma]=\frac{\sigma_s}{S}$</td><td>直径
材料</td><td>M10～M16</td><td>M16～M30</td><td>M30～M60</td><td>不分直径</td></tr>
<tr><td>碳钢</td><td>5～4</td><td>4～2.5</td><td>2.5～2</td><td rowspan="2">1.2～1.5</td></tr>
<tr><td>合金钢</td><td>5.7～5</td><td>5～3.4</td><td>3.4～3</td></tr>
<tr><td rowspan="3">变载</td><td rowspan="2">按最大应力$[\sigma]=\frac{\sigma_s}{S}$</td><td>碳钢</td><td>12.5～8.5</td><td>8.5</td><td>8.5～12.5</td><td rowspan="2"></td></tr>
<tr><td>合金钢</td><td>10～6.8</td><td>6.8</td><td>6.8～10</td></tr>
<tr><td>按循环应力幅$[\sigma_a]=\frac{\varepsilon\sigma_{-1}}{S_a k_\sigma}$</td><td colspan="4">$S_a=2.5～5$</td><td>$S_a=1.25～2.5$</td></tr>
<tr><td colspan="2">松连接</td><td>$[\sigma]=\frac{\sigma_s}{S}$</td><td colspan="5">1.2～1.7</td></tr>
<tr><td rowspan="6">铰制孔用螺栓连接</td><td rowspan="3">静载</td><td rowspan="2">钢</td><td>$[\tau]=\frac{\sigma_s}{S_\tau}$</td><td colspan="5">2.5</td></tr>
<tr><td>$[\sigma_P]=\frac{\sigma_s}{S_P}$</td><td colspan="5">1.25</td></tr>
<tr><td>铸铁</td><td>$[\sigma_P]=\frac{\sigma_b}{S_P}$</td><td colspan="5">2～2.5</td></tr>
<tr><td rowspan="3">变载</td><td rowspan="2">钢</td><td>$[\tau]=\frac{\sigma_s}{S_\tau}$</td><td colspan="5">3.5～5</td></tr>
<tr><td>$[\sigma_P]$</td><td colspan="5" rowspan="2">许用应力比静载荷降低20%～30%</td></tr>
<tr><td>铸铁</td><td>$[\sigma_P]$</td></tr>
</table>

注：σ_{-1}—材料的对称循环疲劳极限，MPa；ε—尺寸系数；k_σ—有效应力集中系数。

例7-1　图7-26为一凸缘联轴器，用8个普通螺栓连接，已知联轴器传递的转矩 $T=1.25\ \text{kN}\cdot\text{m}$，螺栓均匀分布在直径 $D=200\ \text{mm}$ 的圆周上，试确定螺栓的直径。

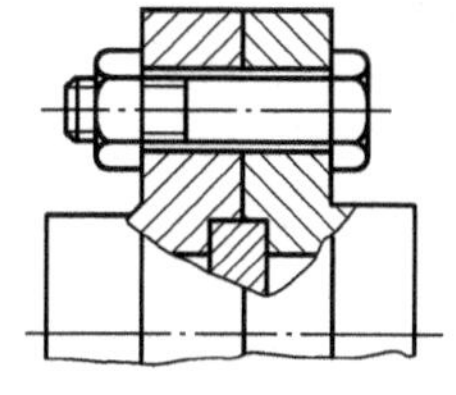

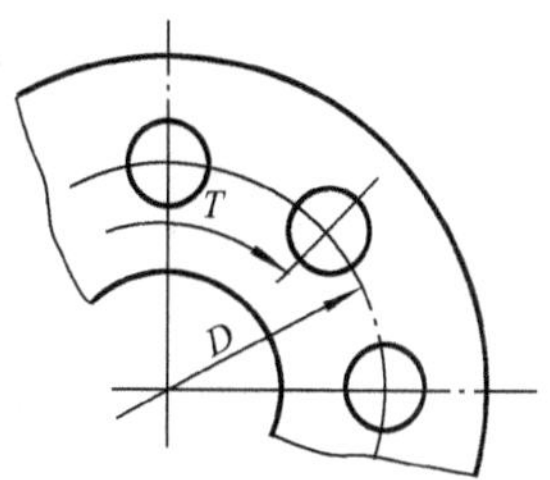

图7-26　凸缘联轴器

解：

(1) 螺栓受力分析

采用普通螺栓连接，工作前拧紧螺栓，靠两个半联轴器凸缘接触面上产生的摩擦力来传递力矩。此种工况与受横向载荷的螺栓连接相近，故每个螺栓所需的预紧力 F' 按式(7-15)计算,式中摩擦因数 $f_s=0.10\sim0.16$,取为 0.15;可靠性系数 $K_f=1.1\sim1.3$,取为 1.2。

$$F'=\frac{K_fF}{f_snm}=\frac{K_fT}{f_sn\frac{D}{2}m}=\frac{1.2\times1.25\times1\,000}{0.15\times8\times\frac{200}{2}\times1}=12.5\text{ kN}$$

(2)选择螺栓材料,确定许用应力

选择螺栓的性能等级为 4.6,由表 7-5 查得材料的屈服强度 $\sigma_s=240$ MPa,按表 7-6 取安全系数 $S=1.4$,许用应力为

$$[\sigma]=\frac{\sigma_s}{S}=\frac{240}{1.2}=160\text{ MPa}$$

(3)确定螺栓直径

由式 7-14 得

$$d_1\geqslant\sqrt{\frac{4\times1.3F'}{\pi[\sigma]}}=\sqrt{\frac{4\times1.3\times12.5\times1\,000}{\pi\times160}}=11.37\text{ mm}$$

由机械设计手册查得当 $d=14$ mm 时,$d_1=11.835$ 略大于 11.37 mm,与原假设接近,故选 M14 螺栓合适。

7.7 提高螺栓连接强度的措施

螺栓连接强度主要取决于螺栓的强度,影响螺栓强度的因素主要有螺纹牙间的载荷分布、应力集中、附加弯曲应力、应力变化幅度和制造工艺等,下面分析各种因素对螺栓强度的影响以及提高螺栓强度的措施。

7.7.1 改善螺纹牙间的载荷分布

由于螺栓和螺母的刚度和变形性质不同,即使螺栓连接制造和装配精确,旋合各圈螺纹牙的受力也是不均匀的,如图 7-27 所示。螺栓连接受载时,外螺纹(螺栓)受拉,螺距增大,内螺纹(螺母)受压,螺距减小,产生螺距变化差。由图 7-27 可知,从螺母支承面向上,第一圈螺纹牙的受力最大,以后各圈递减,如图 7-28 所示,到第 8 ~ 10 圈以后,螺纹牙受力很小,所以,采用厚螺母以增加旋合圈数,不能提高连接强度。

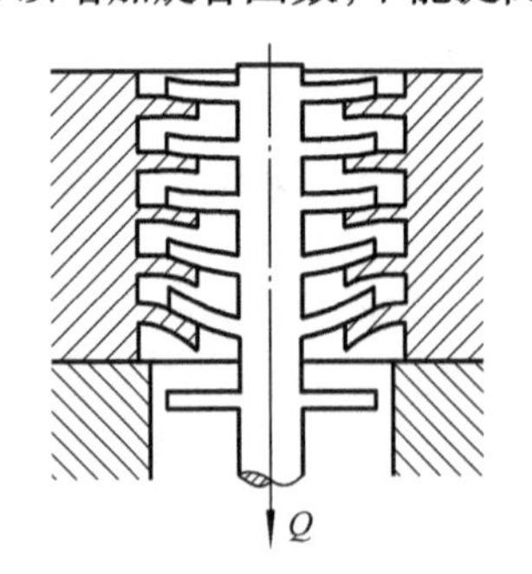

图 7-27 旋合螺纹承载时的变形

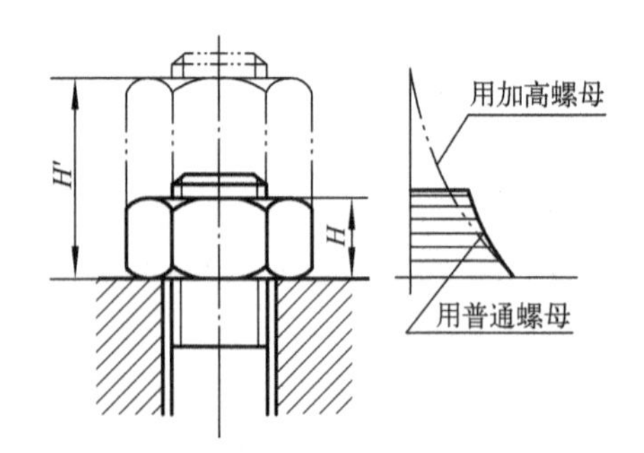

图 7-28 旋合螺纹间的载荷分布

采用悬置螺母(见图 7-29a)、环槽螺母(见图 7-29b)或内斜螺母(见图 7-29c),使螺母受拉,则螺母与螺栓均为拉伸变形,有利于减少螺母与螺栓的螺距变化差值,从而使螺纹牙间的载荷分

布趋于均匀。采用内斜螺母(见图 7-29c)可减小原来受力较大的螺纹牙的刚度,而把载荷分移到原受力小的螺纹牙上,可提高螺栓疲劳强度达 20% 。

(a)悬置螺母　(b)环槽螺母　(c)内斜螺母

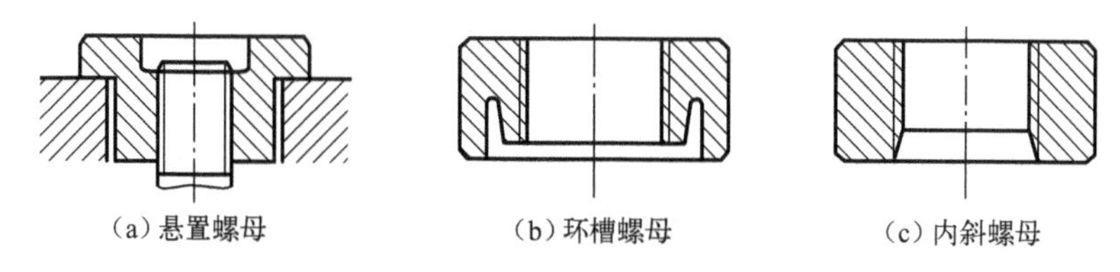

图 7-29　悬置螺母、环槽螺母、内斜螺母

7.7.2　减小应力集中

在螺栓杆与螺栓头之间或螺纹收尾处都存在较大的应力集中,据统计也是常发生断裂的部位。为减小应力集中,可以增大螺栓头部的过渡圆角(见图 7-30a),增大螺纹牙根的过渡圆角、采用卸载槽(见图 7-30b、c)都可减少应力集中,提高螺栓的疲劳强度。

7.7.3　避免附加应力

由于设计、制造或安装不当,都会使螺栓受到附加应力作用,严重时会造成疲劳断裂。如图 7-31 所示,采用钩头螺栓、被连接件支承面不平整、被连接件刚度不够、螺纹孔不正等都能导致螺栓受到附加弯曲应力。如图 7-32 所示,采用球面垫圈、斜垫圈、凸台、沉头座和环腰螺栓等措施,可有效避免附加应力。

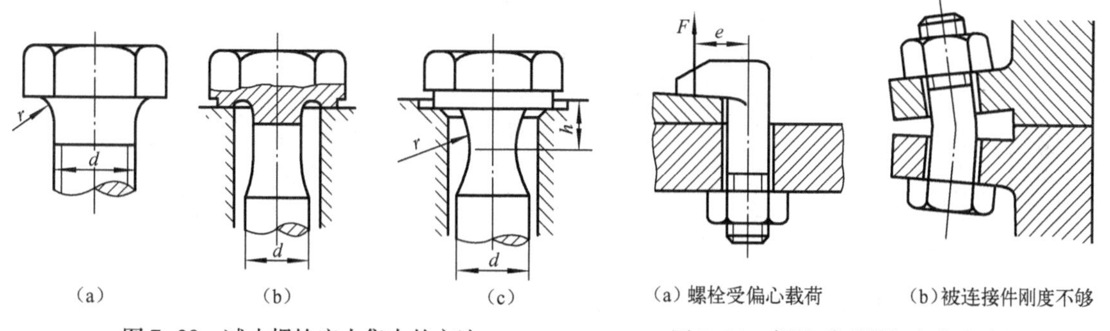

(a)　(b)　(c)

图 7-30　减小螺栓应力集中的方法

(a)螺栓受偏心载荷　(b)被连接件刚度不够

图 7-31　螺栓受到附加弯曲应力的原因

(a)采用球面垫圈　(b)采用斜垫圈　(c)采用凸台　(d)采用沉头座　(e)采用环腰

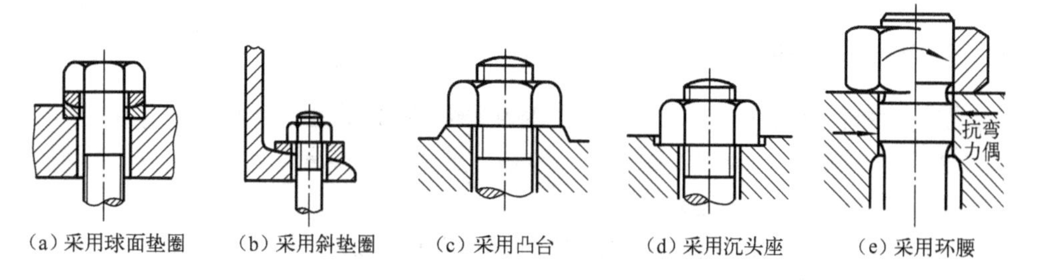

图 7-32　避免或减少附加弯曲应力结构措施

7.7.4 减小影响螺栓疲劳强度的应力幅

受轴向变载荷的紧螺栓连接，在螺栓最大应力一定的条件下，应力幅越小，则螺栓越不容易发生疲劳破坏，连接的可靠性越高。当螺栓所受工作拉力为零时，螺栓只受预紧力 F'；当螺栓所受的工作载荷为 F 时，螺栓受最大拉力为 F_0。所以，螺栓所受的总拉力变化范围是 $F' \sim F_0$。减小这个范围的措施是增大预紧力 F'，使 F'接近 F_0。增大 F'可用减小螺栓刚度的方法，如图 7-33 所示，或用增大被连接件刚度的方法，如图 7-34 所示，都可以达到减小总拉力 F_0的变动范围，即减小应力幅的目的。

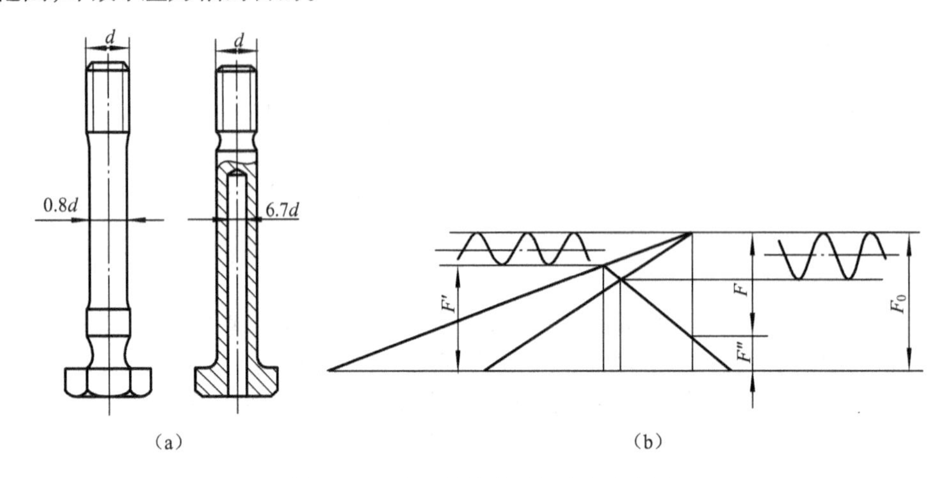

图 7-33 减小螺栓刚度以减小应力幅

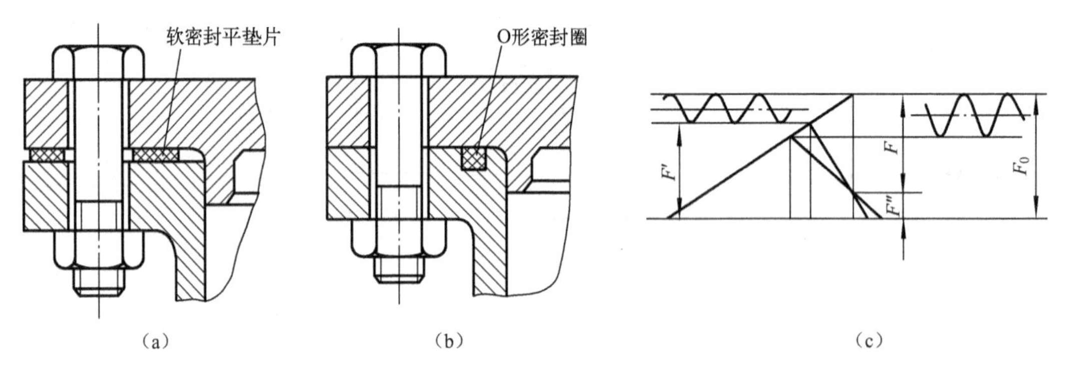

图 7-34 增大被连接件刚度以减小应力幅

7.7.5 采用合理的制造工艺

制造工艺对螺栓疲劳强度有重要影响。采用碾制螺纹时，由于冷作硬化作用，表层有残余压应力，螺栓疲劳强度较车制螺纹高 30% ～ 40%；热处理后再滚压的效果更好。碳氮共渗、渗氮、喷丸处理等都能提高螺栓疲劳强度。

GB/T 3099.22—2009《紧固件机械性能 细晶粒非调质钢螺栓、螺钉和螺柱》中，当使用非调质钢作为螺栓的材料，可以减少调质工序，提高螺栓的强度，用于性能等级 8.8 级以上的螺栓，有利于节约材料，节能减排。

7.8 螺旋传动

螺旋传动是依靠螺杆和螺母组成的螺旋副来实现传动的。它主要用于将回转运动转变为直线运动,同时传递运动和动力。

7.8.1 螺旋传动的类型、特点及应用

按照用途不同,螺旋传动分为传力螺旋、传导螺旋和调整螺旋三种类型,如图7-35所示。

(1) 传力螺旋　以传递动力为主,可用较小的转矩获得较大的轴向力,传力螺旋多为间歇工作,一般要求具有自锁性能。常用于起重装置或压力装置,如千斤顶(见图7-35a)、螺旋压力机(见图7-35b)等。

(2) 传导螺旋　以传递运动为主,要求具有较高的传动精度,如用于机床刀架或工作台的进给机构(见图7-35c)。

(3) 调整螺旋　以调整或固定零件间的相对位置,调整螺旋不经常转动,一般在空载下调整。如机床和仪器中的微调机构。

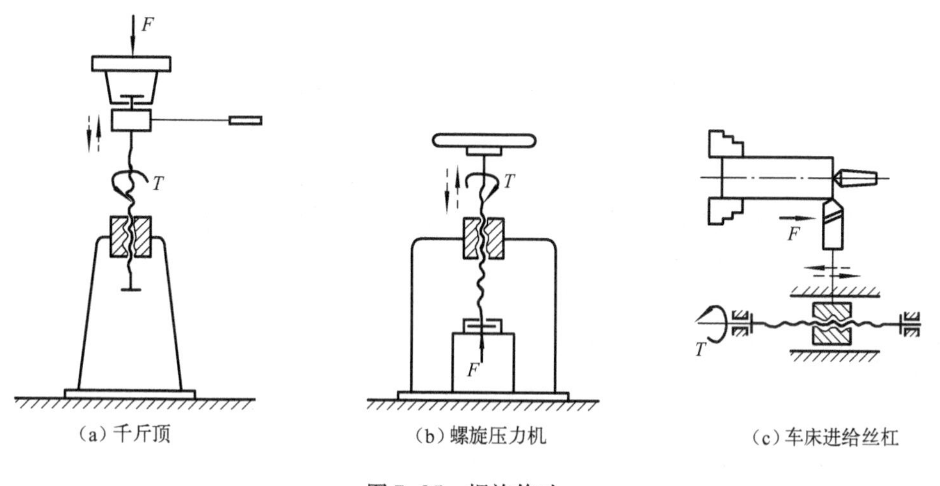

图7-35　螺旋传动

按照螺旋副的摩擦性质不同,螺旋传动分为滑动螺旋传动、滚动螺旋传动和静压螺旋传动三种类型。

(1) 滑动螺旋传动　螺杆与螺母间的摩擦状态为滑动摩擦。滑动螺旋的优点为运转平稳,结构简单,加工方便,能够实现自锁要求。缺点为摩擦、磨损大,传动效率低(通常为30%～40%),螺纹有侧向间隙,定位精度和轴向刚度较差等。常应用于螺旋千斤顶、螺旋测微仪、台钳、机床进给装置等。

(2) 滚动螺旋传动　螺杆与螺母间加入滚动体,使之形成滚动摩擦。滚动螺旋的优点为摩擦阻力小,传动效率高(一般大于90%),运动精度高,运转平稳,具有传动可逆性等。缺点为抗冲击能力差,不能自锁,结构复杂,成本高。

(3) 静压螺旋传动　螺杆与螺母间实现液体静压润滑。静压螺旋的优点为摩擦阻力小,

传动效率高(可达99%),磨损小、寿命长,工作平稳,定位精度高等。缺点为螺母结构复杂,需专门提供液压供油系统,结构复杂,成本高。

滚动螺旋和静压螺旋用于需要传动性能要求高的重要场合。本章主要论述滑动螺旋传动的设计。

7.8.2 滑动螺旋传动的结构和材料

1. 滑动螺旋传动的结构

滑动螺旋主要由螺杆、螺母和支承组成。如图7-36所示,螺旋千斤顶由螺杆、螺母、底座、手柄和托杯等组成。

螺杆的长度适中且垂直布置时,可以采用螺母作为支承,如螺旋千斤顶。螺杆细长且水平布置时,可以在螺杆的两端或中间加装辅助支承,以提高其刚度,如台钳(见图7-37)、车床丝杠等。

螺母的结构有整体式、剖分式和组合式。整体螺母结构简单,但由于不能补偿因磨损而产生的轴向间隙,所以多用于精度不高的螺旋传动。为消除轴向间隙和补偿磨损,常采用组合式螺母(见图7-38a)或剖分式螺母(见图7-38b)。

滑动螺旋传动可采用矩形螺纹、梯形螺纹、锯齿形螺纹。由于矩形螺纹难加工,所以梯形螺纹和锯齿形螺纹使用较为广泛。受双向轴向载荷时,常采用梯形螺纹。螺杆一般选用右旋螺纹,特殊场合选用左旋螺纹,如为操作方便,车床的横向进给丝杠采用左旋螺纹。滑动螺旋传动有自锁要求时,可采用单线螺纹;有运动速度要求时,可采用多线螺纹。

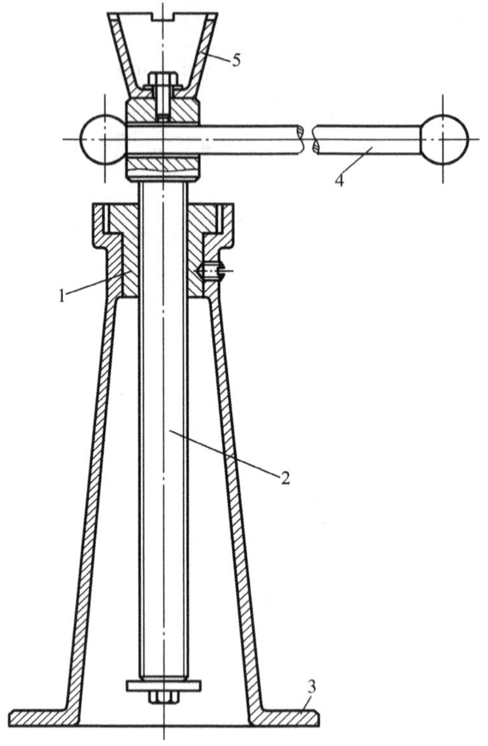

图7-36 螺旋千斤顶

1—螺母;2—螺杆;3—底座;4—手柄;5—托杯

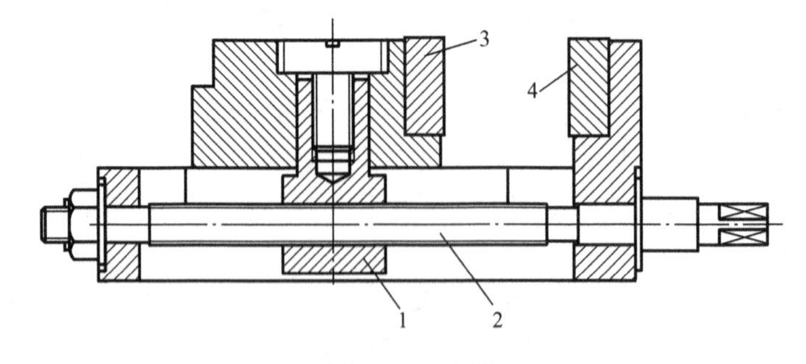

图7-37 台钳

1—螺母;2—螺杆;3—活动钳口;4—固定钳口

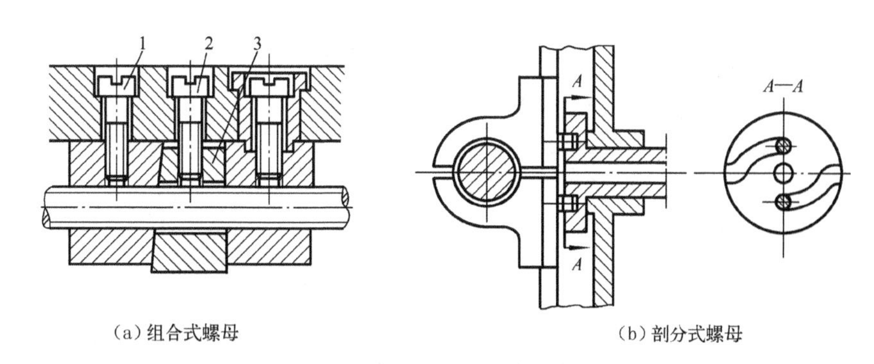

（a）组合式螺母　　（b）剖分式螺母

图7-38 螺旋副螺母结构

1—固定螺钉；2—调整螺钉；3—调整垫块

2. 滑动螺旋传动的材料

螺杆材料应具有较高的强度、耐磨性、加工工艺性和热处理稳定性。对于一般螺杆可选用Q275、45和50等材料，不经热处理；重要螺杆可选用T12、65Mn、40Cr等材料，并经热处理；精密螺杆可选用38CrMoAl、CrWMn、9Mn2V等材料，并经热处理。

螺母材料应具有较高的强度、减摩性、耐磨性和抗胶合性，为减少对螺杆的磨损，应选择比螺杆材料软些的材料。一般螺母可选用铸造青铜或铸造黄铜如ZCuSn5Pb5Zn5、ZCuSn10Pb1、ZCuAl10Fe3、ZCuZn25Al6Fe3Mn3等材料；轻载低速螺母可选用耐磨铸铁或灰铸铁。

7.8.3 滑动螺旋传动的设计计算

滑动螺旋传动的主要失效形式是螺纹的磨损，因此，通常应根据耐磨性计算确定螺旋传动的基本尺寸，即螺杆直径和螺母高度，然后对滑动螺旋传动进行螺纹强度、螺杆强度和稳定性校核。对于要求自锁的螺旋传动，应校核自锁性，对于一般无特殊要求的螺旋传动则可根据经验参照同类机型直接选用。

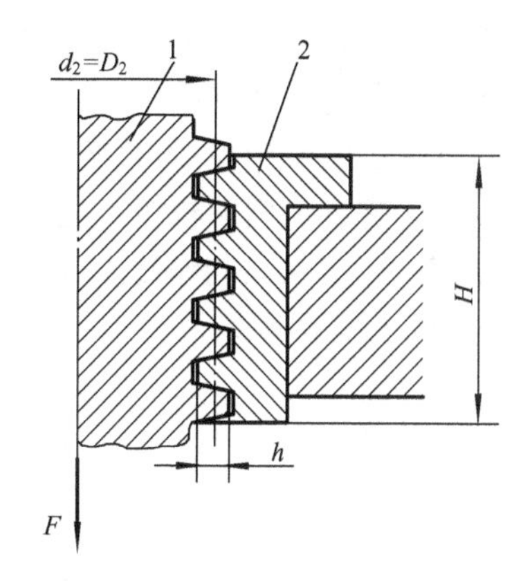

图7-39 螺旋传动的受力

螺旋传动的设计计算

（1）耐磨性计算　主要是校核螺旋在轴向载荷作用下螺纹工作面上的压强是否超过螺旋材料的许用值，如果产生过大的压强，螺纹牙会很快磨损而失去运动精度。耐磨性计算主要用来确定螺杆的中径d_2和螺母的高度H。

如图7-39所示，螺旋上作用的轴向载荷为F，则螺纹牙工作面上产生的单位压强为p，其耐磨性条件为

$$p=\frac{F}{\pi d_2 hz}\leqslant[p] \tag{7-26}$$

式中　F——作用在螺杆上的轴向载荷，N；

d_2——螺纹中径，mm；

z——螺纹工作圈数，$z=H/P$，H为螺母高度，P为螺距；

h——螺纹工作高度，mm，梯形螺纹$h=0.5P$，锯齿形螺纹$h=0.75P$；

$[p]$——材料的许用压强，MPa，见表7-7。

表 7-7　滑动螺旋副材料的许用压强[p]和摩擦因数μ

螺杆-螺母材料	滑动速度/m/min	许用压强/MPa	摩擦因数
淬火钢-青铜	6～12	10～13	0.06～0.08
钢-青铜	低速	18～25	0.08～0.10
	≤3	11～18	
	6～12	7～10	
	>15	1～2	
钢-耐磨铸铁	低速	15～22	0.10～0.12
	≤3	14～19	
	6～12	6～8	
钢-灰铸铁	≤3	12～16	0.12～0.15
	6～12	4～7	
钢-钢	低速	7.5～13	0.11～0.17

注：φ 值小时[p]取大值，φ 值大时[p]取小值。

为了设计方便，令 $\varphi = H/d_2$，又因为 $z = H/P$，梯形螺纹的工作高度 $h = 0.5P$，锯齿形螺纹的工作高度 $h = 0.75P$，将这些关系代入式(7-26)整理后，可得螺旋传动的设计式为

梯形螺纹
$$d_2 \geqslant 0.8\sqrt{\frac{F}{\varphi[p]}} \tag{7-27}$$

锯齿形螺纹
$$d_2 \geqslant 0.65\sqrt{\frac{F}{\varphi[p]}} \tag{7-28}$$

对于整体螺母，由于磨损后不能调整间隙，为了使受力均匀，螺纹工作圈数不能太多，φ 取为1.2～2.5；剖分式螺母 φ 取为2.5～3.5。注意，由于螺纹各圈受力不均匀，故螺纹工作圈数 z 一般不超过10圈。

计算出螺纹中径后，再按相应国家标准选取公称直径 d 和螺距 P。

(2) 螺杆的强度校核　受力较大的螺杆需进行强度校核。螺杆工作时承受轴向载荷 F 和摩擦力矩 T 的共同作用。因此，校核螺杆强度时，可根据第四强度理论求出危险截面的计算应力 σ_c，其强度条件为

$$\sigma_c = \sqrt{\sigma^2 + 3\tau^2} = \sqrt{\left(\frac{4F}{\pi d_1^2}\right)^2 + 3\left(\frac{16T}{\pi d_1^3}\right)^2} \leqslant [\sigma] \tag{7-29}$$

式中　d_1——螺纹小径，mm；

$[\sigma]$——螺杆材料的许用压力，MPa，见表7-8。

表 7-8　滑动螺旋副材料的许用应力

	许用应力/MPa		
螺杆强度	$[\sigma] = \sigma_s/(3\sim5)$，$\sigma_s$为螺杆材料的屈服强度		
螺纹牙强度	材料	切应力 $[\tau]$/MPa	弯曲应力 $[\sigma_b]$/MPa
	钢	$0.6[\sigma]$	$(1.0\sim1.2)[\sigma]$
	青铜	30～40	40～60
	灰铸铁	40	45～55
	耐磨铸铁	40	50～60

注：静载时许用应力取大值。

(3) 螺母螺纹牙的强度校核 螺纹牙多发生剪切和弯曲失效，一般螺母材料强度低于螺杆材料，故只需校核螺母螺纹牙的强度。

螺母受轴向载荷 F，螺旋副旋合段工作圈数为 z，假设载荷由各圈均匀承担，则单圈螺纹所受载荷为 F/z，并作用在以螺纹中径 D_2 为直径的圆周上。将单圈螺纹展开，则螺纹牙可看作宽度为 πD 的悬臂梁，梁根部厚度为 b，危险截面面积为 πDb，如图 7-40 所示。

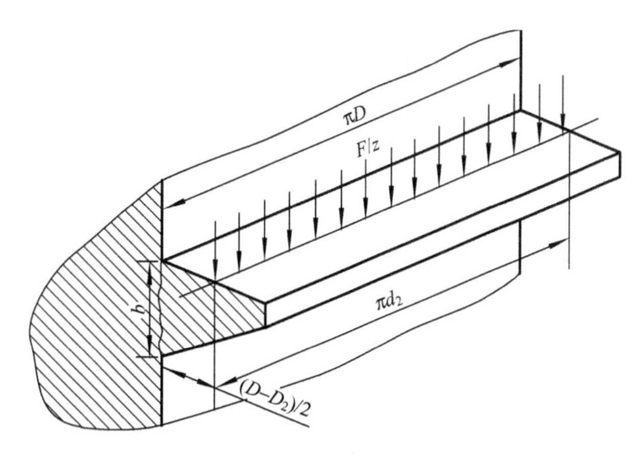

图 7-40 螺母螺纹牙的受力

剪切强度条件为

$$\tau=\frac{F}{\pi Dbz}\leqslant[\tau] \tag{7-30}$$

弯曲强度条件为

$$\sigma_b=\frac{3Fh}{\pi Db^2z}\leqslant[\sigma_b] \tag{7-31}$$

式中 b——螺纹牙根部的厚度，mm，梯形螺纹，$b=0.65P$，锯齿形螺纹，$b=0.75P$，P 为螺距；

D——螺母螺纹大径，mm；

z——螺纹工作圈数；

h——螺纹工作高度，mm；

$[\tau]$——螺母材料的许用剪切应力，MPa，见表 7-8；

$[\sigma_b]$——螺母材料的许用弯曲应力，MPa，见表 7-8。

(4) 螺杆的稳定性校核 长径比较大的螺杆承受较大轴向载荷时，有可能丧失稳定性，因此，螺杆所受的轴向载荷 F 必须小于一个临界值。螺杆的稳定性条件为

$$S_C=\frac{F_C}{F}\geqslant[S] \tag{7-32}$$

$$F_C=\frac{\pi^2EI}{(\mu L)^2} \tag{7-33}$$

式中 F_C——螺杆的稳定临界载荷，N；

$[S]$——螺杆稳定性许用安全系数，$[S]=2.5\sim5$；

E——螺杆材料的弹性模量，MPa，对于钢 $E=2.07\times10^5$ MPa；

I——螺杆危险截面的惯性矩，mm^4，$I=\frac{\pi d_1^2}{64}$；

L——螺杆的工作长度，mm；

μ——长度系数，与螺杆两端支承形式有关：两端固定时为 0.5；对于传力螺旋可看作一端固定，一端铰支，取 $\mu=0.7$；对于传导螺旋，可看作两端铰支，取 $\mu=1$；对于螺旋千斤顶，可看做一端固定，一端自由，取 $\mu=2$。

(5) 自锁性能校核

对于要求自锁的螺旋副,应校核其自锁性能,即

$$\psi \leqslant \rho_v \tag{7-34}$$

式中 ψ——螺纹中径升角,$\psi = \arctan \frac{S}{\pi d_2}$,$S$ 为螺纹导程;

ρ_v——当量摩擦角,$\rho_v = \arctan \frac{\mu}{\alpha/2}$,$\mu$ 为摩擦因数,α 为螺纹牙形角。

7.9 轴毂连接

轴与传动零件(如齿轮、凸轮、联轴器等)轮毂之间的连接称为轴毂连接。轴毂连接的方式很多,有键连接、花键连接、销连接、型面连接等。轴毂连接主要是实现轴和传动零件(如齿轮、蜗轮)之间的周向固定,用以传递转矩。

7.9.1 键连接和花键连接

键连接是应用最为广泛的轴毂连接形式。它通过轴与轴上零件的周向固定以传递运动和转矩,有些还可以实现轴向固定和传递周向力。键是标准件,其主要类型有平键、半圆键、楔键、切向键等。

键连接设计的主要内容为:选择键的类型,确定键的尺寸和校核键连接的强度。

1. 键连接的类型

(1) 平键连接 如图7-41a 所示为平键连接的结构型式。键的两侧面是工作面并与键槽两侧面配合,配合面相互挤压,以传递转矩,键的上表面与轮毂槽底面之间留有间隙。

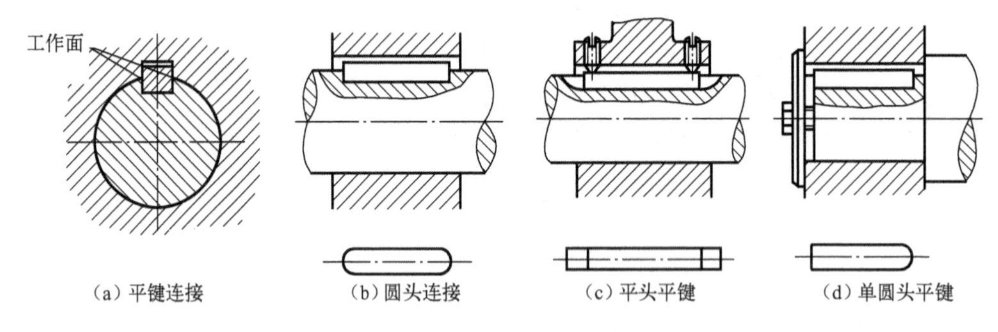

(a) 平键连接 (b) 圆头连接 (c) 平头平键 (d) 单圆头平键

图 7-41 普通平键连接

平键连接具有结构简单、工作可靠、装拆方便、对中性好等优点,因此,得到广泛应用。平键连接不能承受轴向力,对轴上零件不能起到轴向固定的作用。

按照用途的不同,平键可分为普通平键、导向平键和滑键。

普通平键用于轴与轮毂间的静连接,按键的端部形状分为圆头(A 型)、平头(B 型)和单圆头(C 型)三种(见图 7-41b、c、d)。图中圆头平键的轴槽用指状铣刀加工,键在槽中固定良好,但键槽端部应力集中较大。平头平键用盘状铣刀加工,轴的应力集中较小。单圆头平键用于轴端与轮毂的连接。普通平键的尺寸见表 7-9。

表7-9　普通平键　　mm

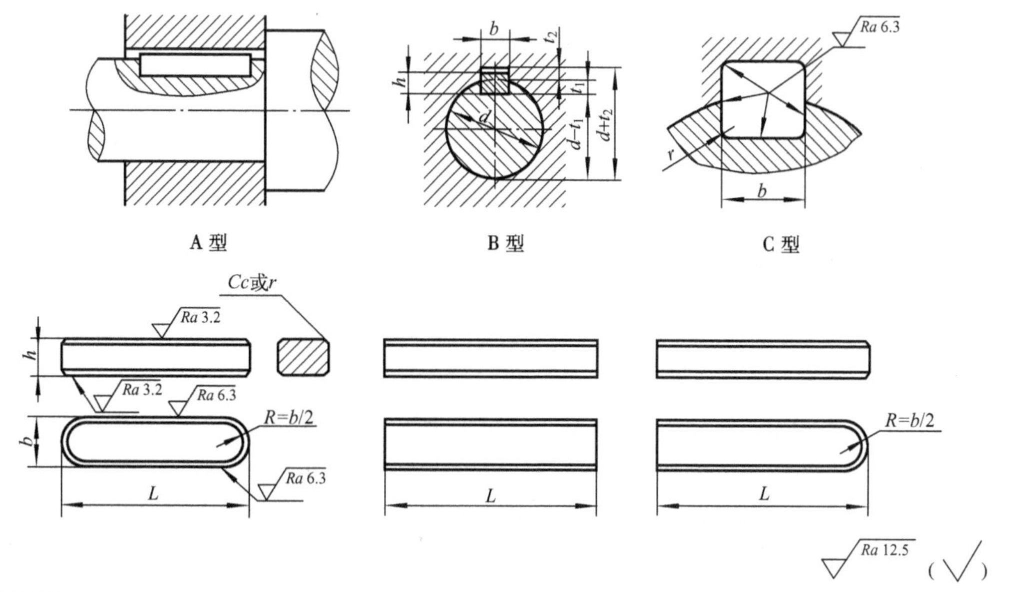

标记示例：

普通 A 型平键，$b=16$，$h=10$，$L=100$：GB/T 1096 键 16×10×100

普通 B 型平键，$b=16$，$h=10$，$L=100$：GB/T 1096 键 B16×10×100

普通 C 型平键，$b=16$，$h=10$，$L=100$：GB/T 1096 键 C16×10×100

轴的直径 d	键的公称尺寸			轴的直径 d	键的公称尺寸		
	b	h	L		b	h	L
6～8	2	2	6～20	>38～44	12	8	28～140
>8～10	3	3	6～36	>44～50	14	9	36～160
>10～12	4	4	8～45	>50～58	16	10	45～180
>12～17	5	5	10～56	>58～65	18	11	50～200
>17～22	6	6	14～70	>65～75	20	12	56～220
>22～30	8	7	18～90	>75～85	22	14	63～250
>30～38	10	8	22～110	>85～95	25	14	70～280
L系列	6,8,10,12,14,16,18,20,22,25,28,32,36,40,45,50,56,63,70,80,90,100,110,125,140,160,180,200,220,250,280,320,360,400,450,500						

导向平键和滑键用于轴与轮毂间的动连接，如图7-42、图7-43所示，导向平键较长，需用螺钉固定在轴槽中，为便于装拆，在键上制出起键螺纹孔，导向平键分为导向A型平键（圆头）、导向B型平键（平头）。当轴上零件滑移距离较大时，为避免导向平键过长，宜采用滑键。滑键固定在轮毂上并随轮毂一起在轴槽中作轴向滑动。

（2）半圆键连接　半圆键用于静连接，如图7-44所示，键的两侧面是工作面，半圆键能在轴槽中摆动，可适应轮毂键槽的倾斜，对中性好，装卸方便；但轴上键槽较深，对轴的强度削弱较大。半圆键主要用于轻载和锥形轴端的连接。

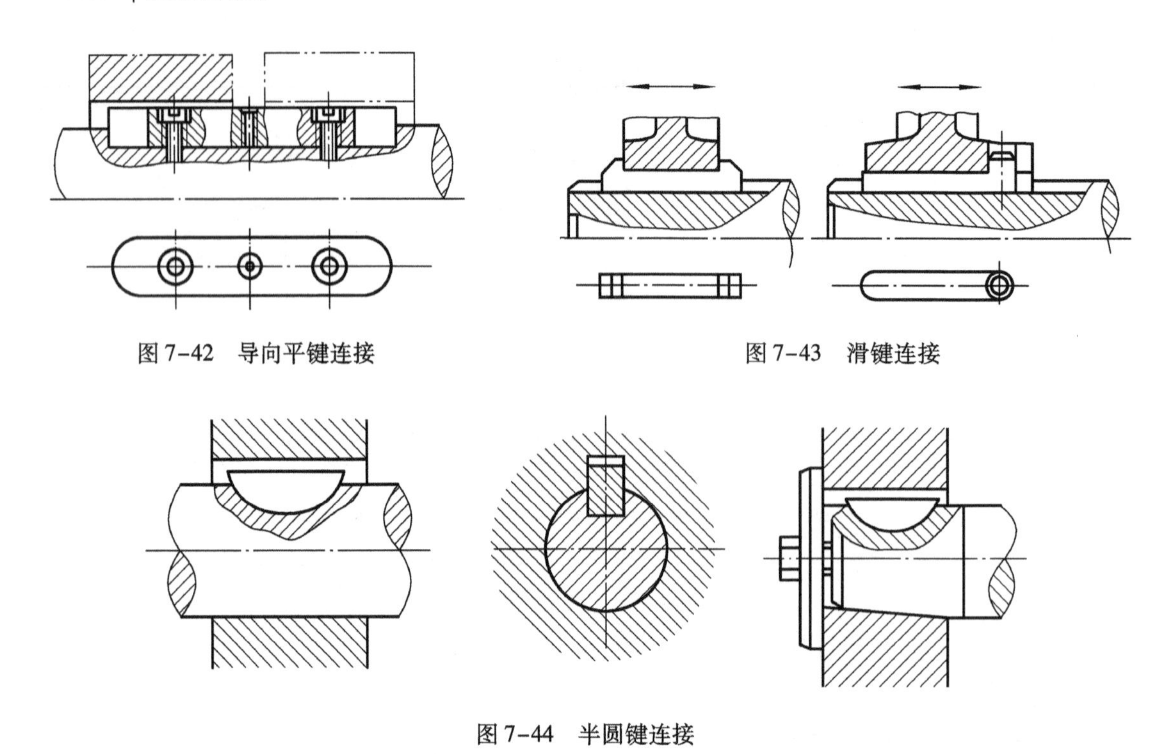

图 7-42　导向平键连接

图 7-43　滑键连接

图 7-44　半圆键连接

(3) 楔键连接　楔键用于静连接(见图 7-45),键的上下两面是工作面,键的上表面和轮毂键槽底面均有 1∶100 的斜度,装配时,靠两斜面楔紧产生的摩擦力传递转矩,并可承受单方向的轴向力。由于楔键打入时造成轴与轮毂偏心,因此,楔键仅用于定心精度要求不高,载荷平稳和低速的场合。

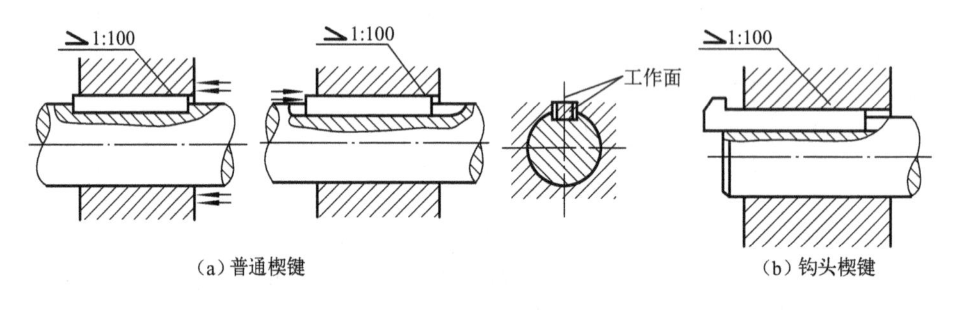

(a) 普通楔键　　(b) 钩头楔键

图 7-45　楔键连接

楔键分为普通楔键(见图 7-45a)和钩头楔键(见图 7-45b)两种,普通楔键有圆头、半圆头和平头三种形式。钩头楔键便于拆卸。

(4) 切向键连接　切向键由一对斜度为 1∶100 的楔键组成(见图 7-46),装配时将两键楔紧。键的窄面为工作面,工作时,靠工作面上的挤压力和键与毂间的摩擦力来传递转矩,能传递较大的转矩。用一个切向键时,只能传递单向转矩;当要传递双向转矩时,必须用两个切向键,两者间的夹角为 120°～130°。由于键槽对轴的强度削弱较大,所以切向键一般用于重型机械中直径大于 100 mm 的轴上。

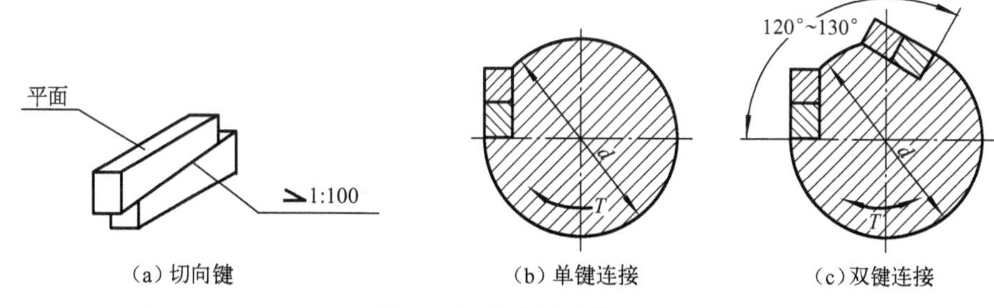

（a）切向键　（b）单键连接　（c）双键连接

图7-46　切向键连接

2. 键连接的强度校核

（1）平键尺寸的选择

平键的主要尺寸有键的横截面尺寸(键宽 $b\times$键高 h)和长度 L。键的截面尺寸 $b\times h$ 可按轴的直径 d 从表7-9中选取。普通平键的长度 L 按轮毂的长度确定,即键的长度应等于或略小于轮毂的长度;导向平键的长度则按轮毂长度及滑动距离而定。另外所选的键长应符合标准规定的长度系列。重要的键连接在选定尺寸后还应进行强度校核。

（2）平键连接的强度校核

平键连接传递转矩时,连接内各零件的受力情况如图7-47所示。普通平键连接(静连接)的主要失效形式是工作面的压溃。一般不会出现键的剪断,除非过载严重。因此,通常按工作面上挤压应力对普通平键进行强度校核。对于导向平键连接(动连接),其主要失效形式是工作面的过度磨损,通常按工作面上的压强进行条件性的强度校核。

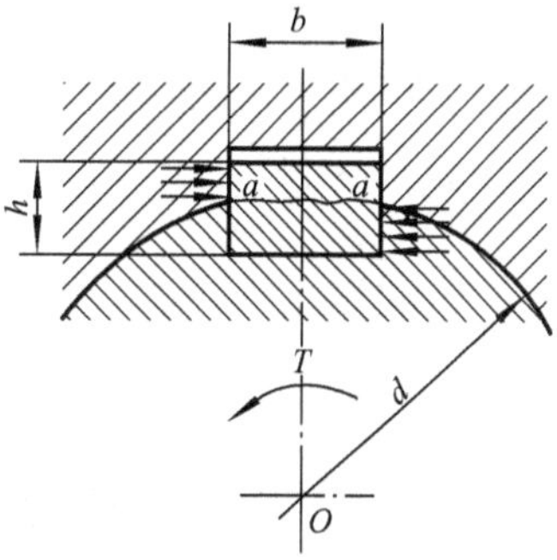

图7-47　平键连接受力情况

假设载荷在工作面上分布均匀,普通平键的强度条件为

静连接　挤压强度计算
$$\sigma_p=\frac{2T}{dkl}\leqslant[\sigma_p] \tag{7-35}$$

动连接　耐磨性计算
$$p=\frac{2T}{dkl}\leqslant[p] \tag{7-36}$$

式中　T——传递的转矩,N·mm;

d——轴的直径,mm;

l——键的工作长度,mm;

K——键与轮毂键槽的接触高度,mm;

$[\sigma_p]$——许用挤压应力,MPa,见表7-10;

$[p]$——许用压强,MPa,见表7-10。

表7-10　键连接的许用挤压应力和许用压力　MPa

许用值	工作方式	键、轴或轮毂的材料	载荷性质		
			静载荷	轻微冲击	冲击
$[\sigma_p]$	静连接	钢	120～150	100～120	60～90
		铸铁	70～80	50～60	30～45
$[p]$	动连接	钢	50	40	30

如果所选键的强度不够所时，①可适当增加键的长度，轮毂的长度也相应增加。②可采用双键，考虑载荷分布的不均匀性，通常按 1.5 个键进行计算。

3. 花键连接

花键连接由内花键和外花键组成，如图 7-48 所示，它靠轴上花键齿的侧面传递转矩。与平键相比，花键的优点有：接触齿数多，接触面积大，承载能力大。齿槽浅，齿根应力集中小。制造精度高，轴与轮毂对中性好。花键连接常用于重载、高速场合，可用于静连接或动连接，对于动连接有较好的导向性。花键的缺点有：需专用设备加工，成本较高。

花键连接按齿形不同，可分为矩形花键和渐开线花键两种。

（1）矩形花键（见图 7-49）容易制造，应用广泛。主要参数有：齿数 N、小径 d、大径 D、键宽 B，矩形花键标准中规定有两个系列：轻系列用于较轻载荷的静连接；中系列用于中等载荷的连接。矩形花键采用小径对中，其定心精度高且稳定性好，标记方法为 $N\times d\times D\times B$。

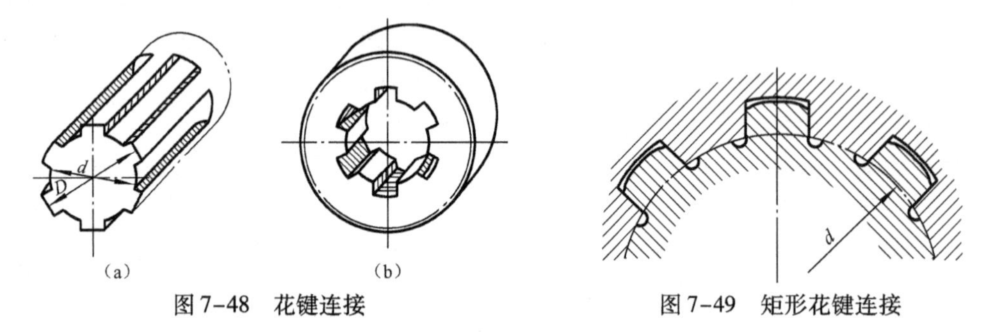

图 7-48　花键连接　　图 7-49　矩形花键连接

（2）渐开线花键的齿廓为渐开线，见图 7-50，安装时，靠内外花键的齿侧定心。渐开线花键的制造工艺与渐开线齿轮相同，常用标准压力角有 30°（见图 7-50a）、37.5°和 45°（见图 7-50b）等几种，压力角为30°的渐开线花键应用最广泛。模数为 0.5 mm ～ 10 mm 共 15 种。渐开线花键齿根较厚，齿根圆角大，强度高，有较大的承载能力，定心精度高，工艺性好。

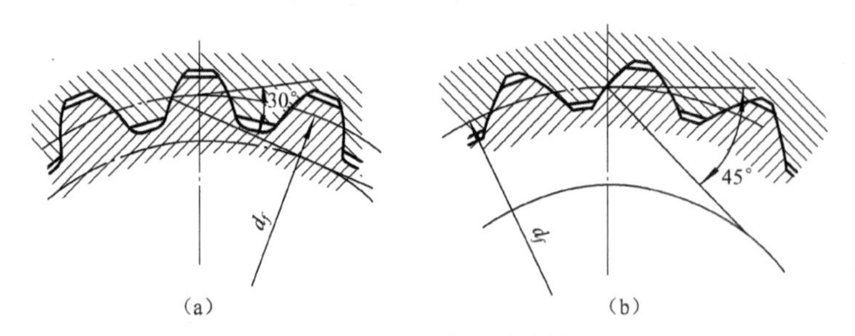

图 7-50　渐开线花键连接

4. 花键连接的强度计算

静连接花键的主要失效形式是齿面压溃，动连接花键的主要失效形式是齿面磨损。因此，应进行挤压强度或耐磨性计算。如图 7-51 所示，以矩形花键为例，其强度条件为

静连接　挤压强度计算

$$\sigma_p=\frac{2T}{\psi zhlD_m}\leqslant[\sigma_p] \tag{7-37}$$

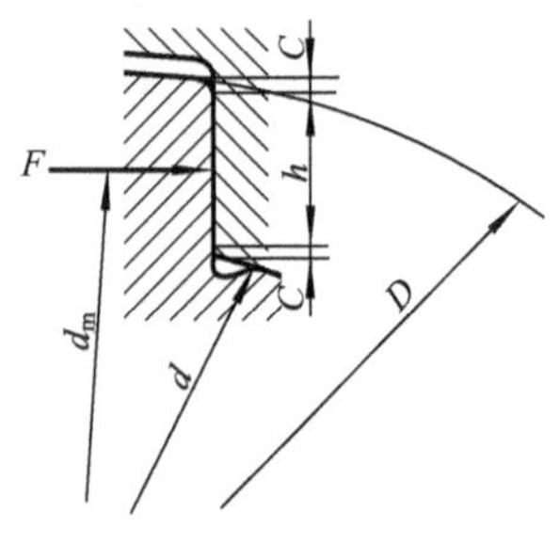

图 7-51　花键受力分析

动连接 耐磨性计算

$$p=\frac{2T}{\psi zhlD_{\mathrm{m}}}\leqslant[p] \tag{7-38}$$

式中 T——转矩,N · mm;

ψ——载荷分布不均匀系数,一般取 $\psi=0.7\sim0.8$;

z——花键齿数;

l——键的接触长度,mm;

D_{m}——花键平均直径,$D_{\mathrm{m}}=(D+d)/2$;

h——花键齿工作高度,$h=(D-d)/2-2C$, C 为键齿倒角;

$[\sigma_{\mathrm{p}}]$——许用挤压应力,见表 7-11,MPa;

$[p]$——动连接许用压强,见表 7-11,MPa。

表 7-11 花键连接的许用挤压应力、许用压强 MPa

许用挤压应力、许用压强	连接工作方式	使用和制造情况	齿面未经热处理	齿面经热处理
$[\sigma_{\mathrm{p}}]$	静连接	不良	35～50	40～70
		中等	60～100	100～140
		良好	80～120	120～200
$[p]$	空载下移动的动连接	不良	15～20	20～35
		中等	20～30	30～60
		良好	25～40	40～70
	在载荷作用下移动的动连接	不良	—	3～10
		中等	—	5～15
		良好	—	10～20

7.9.2 无键连接和销连接

1. 无键连接

(1) 型面连接

型面连接是利用非圆截面的轴与孔组成的轴毂连接,如图 7-52 所示。轴和孔的连接表面可以做成柱形或锥形,柱形只能传递转矩,锥形既可以传递转矩,又可以传递轴向力。

型面连接的特点是装拆方便,对中性好;没有应力集中源,但加工需要专用设备。

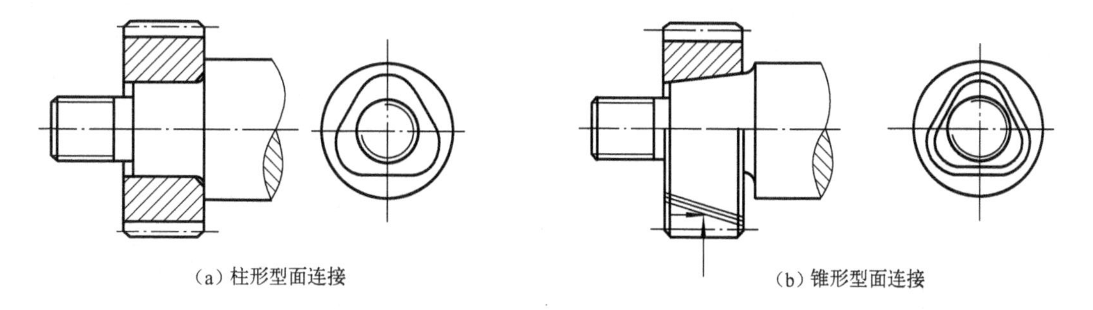

(a) 柱形型面连接 (b) 锥形型面连接

图 7-52 型面连接

(2) 胀紧连接

胀紧连接是在轴与孔之间安装一组或多组锥形胀套,在外加轴向力作用下,内套缩小,外套胀大,形成过盈配合,靠产生的摩擦力传递轴向力和转矩,如图 7-53 所示。

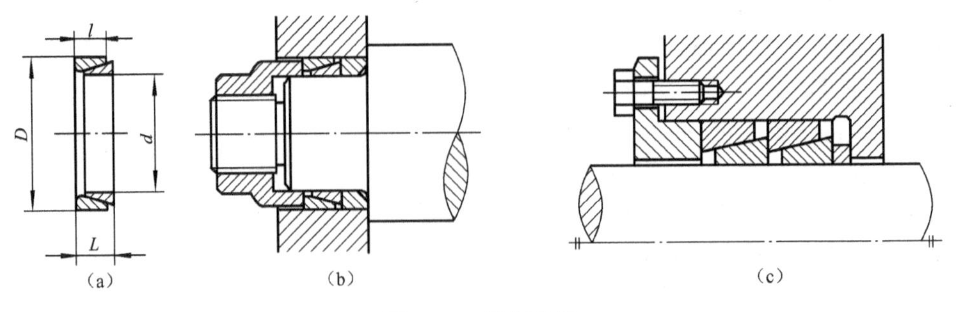

图 7-53 胀紧连接

胀紧连接的特点是:对中性好,装拆方便,承载能力高,不削弱被连接件的强度,能起到密封作用,适用于大直径轴与孔的连接。

2. 销连接

销主要用于固定零件间的相对位置,也可以用于轴毂连接或其他零件的连接,可传递不大的载荷(见图 7-54),还可以用于安全装置中的过载剪断元件(见图 7-55)。

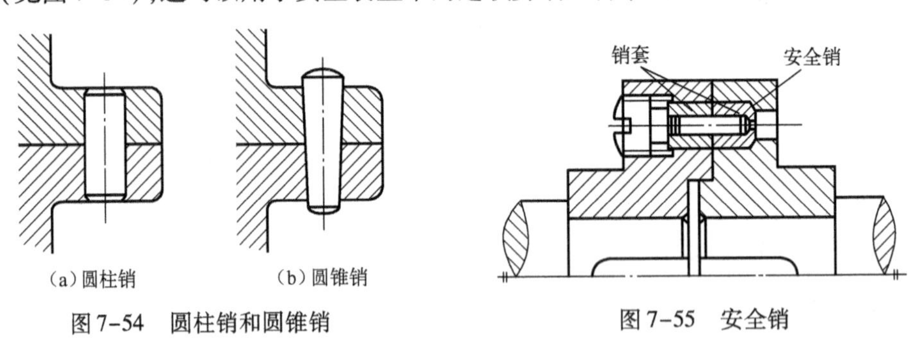

图 7-54 圆柱销和圆锥销

图 7-55 安全销

常用的销有圆柱销、圆锥销(见图 7-54)、槽销(见图 7-56)和开口销(见图 7-57)。圆柱销靠过盈配合固定在销孔中,经多次装拆后其定位精度和可靠性要有所降低。圆锥销有1:50 的锥度,安装方便,定位精度高,可多次装拆而不影响定位精度。槽销上有辗压或模锻出的三条纵向沟槽,打入销孔后与孔壁压紧,不易松脱,用于承受振动和变载荷的场合,可多次装拆;开口销用于锁定其他紧固件,是一种防松零件。

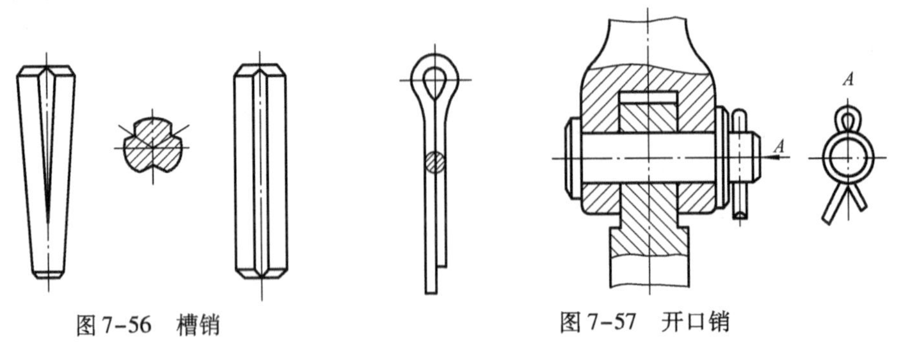

图 7-56 槽销

图 7-57 开口销

销的常用材料是35、45钢,开口销用低碳钢制造。

例7-2　图7-58为一凸缘联轴器,传递功率5.5 kW,转速$n=90$ r/min,单向传动,轻微冲击,联轴器材料为Q235。试选择平键并校核键连接的强度。

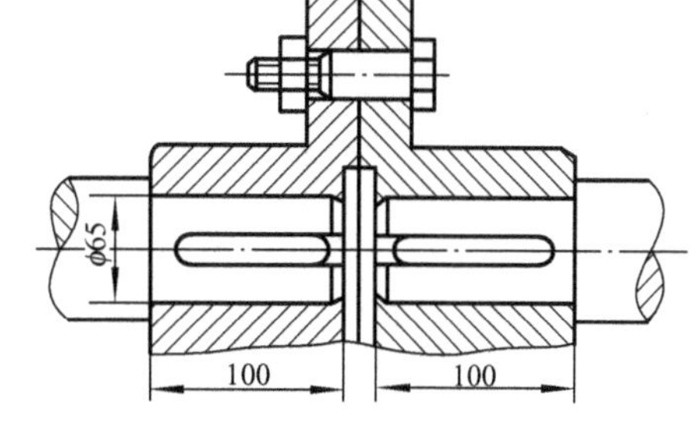

图7-58　凸缘联轴器

解:(1)选择键的类型及尺寸

由题意选用普通圆头平键。

由表7-9查得当轴径为65 mm时,平键的剖面尺寸$b\times h$为18 mm × 11 mm。半联轴器轮毂长100 mm,取键长$L=90$ mm。键标记为:键18 × 11 GB 1096-2003。

(2)强度校核

由式(7-25),平键的挤压强度条件为

$$\sigma_p=\frac{2T}{dkl}\leqslant[\sigma_p]$$

$$T=9\,550\times P/n=9\,550\times5.5/90=584\ \text{N}\cdot\text{m}$$

$$k=h/2=11/2=5.5\ \text{mm}$$

$$l=L-b=90-18=72\ \text{mm}$$

由表7-10查得$[\sigma_p]=100\sim120$ MPa

$$\sigma_p=2\times584\,000/(65\times5.5\times72)=45.4\ \text{MPa}<[\sigma_p]$$

挤压强度满足要求。

复习思考题

7-1　螺纹的主要参数有哪些?各参数间的关系如何?

7-2　螺纹的螺距和导程有何区别?普通螺纹的公称直径是螺纹的哪个尺寸?

7-3　试比较三角形螺纹、梯形螺纹和锯齿形螺纹的特点,各举一例说明它们的应用。

7-4　螺纹的自锁性和效率各与哪些因素有关?

7-5　螺纹连接有哪些类型?它们适用的场合是什么?

7-6　螺纹连接为什么要防松?螺纹连接常用的防松方法有哪些?要求每一种举一例。

7-7　将承受轴向变载荷的连接螺栓的光杆部分的直径缩小,有什么好处?

7-8　为什么自锁螺纹的效率要小于50%?

7-9　试计算普通螺纹M20、M20 × 1.5的螺纹升角;并说明在静载荷下这两种螺纹能否自锁(已知摩擦因数$f=0.1\sim0.15$)。

7-10　在设计螺栓组连接时应考虑哪些原则?

7-11　简述各种键连接的特点和应用。

7-12　平键、楔键连接的轴和轮毂的键槽是如何加工的?

7-13　平键连接的主要失效形式是什么?如何进行强度计算?

7-14　矩形花键的对中形式国家标准中只规定“小径对中”,这是为什么?

7-15　对比圆柱销连接和圆锥销连接的特点和应用。

习　题

7-1　试画出：(1)双头螺柱连接结构图；(2)螺钉连接结构图(螺钉、弹簧垫圈、被连接件装配在一起的结构)。

7-2　图 7-59 为某机构上的拉杆端部采用粗牙普通螺纹连接。已知拉杆所受最大载荷 $F=15\ \text{kN}$，载荷变动小，拉杆材料为 Q235 钢，试确定拉杆的螺纹直径。

7-3　图 7-60 为一刚性联轴器，联轴器材料为 Q235，其上用 4 个 M16 铰制孔用螺栓连接，螺栓材料 45 钢，受剪面处螺栓直径为 $d_0=17\ \text{mm}$，螺栓光柱长度 42 mm，其他尺寸见图示，许用最大转矩为 $T=1.5\ \text{kN}\cdot\text{m}$，试校核其强度。

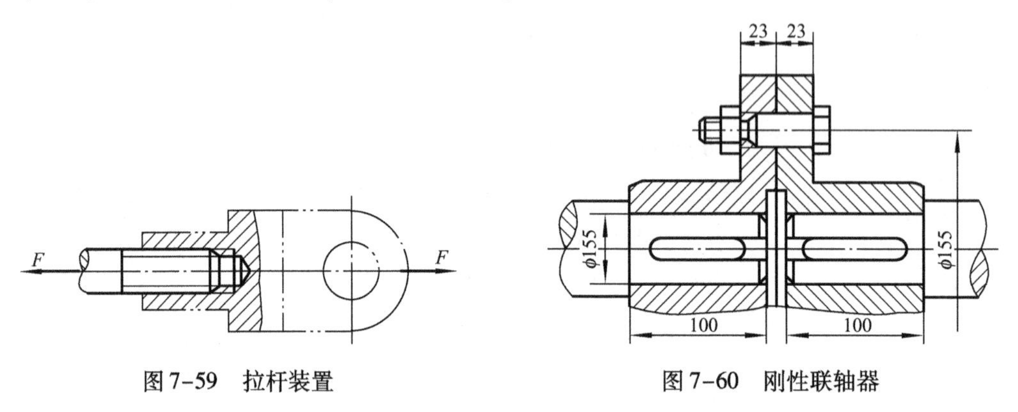

图 7-59　拉杆装置

图 7-60　刚性联轴器

7-4　选择并校核齿轮轮毂与轴的平键连接，见图 7-47。轮毂宽 $B=60\ \text{mm}$，轴径 $d=42\ \text{mm}$，传递转距 $T=250\ \text{N}\cdot\text{mm}$，有轻微冲击。齿轮与轴的材料均为 45 钢。

7-5　已知作用在图 7-61 中轴承盖上的力 $F=10\ \text{kN}$，轴承盖用 4 个螺钉固定于铸铁箱体上，螺钉材料为 Q235 钢，取残余预紧力 $F''=0.4F$，不控制预紧力，求所需的螺钉直径。

7-6　图 7-62 为在直径 $d=80\ \text{mm}$ 的轴端安装一钢制直齿圆柱齿轮，轮毂长 $L=1.5d$，传递转矩 $T=1\ 000\ \text{N}\cdot\text{m}$，工作时有轻微冲击，试确定平键的连接尺寸，并校核其强度。

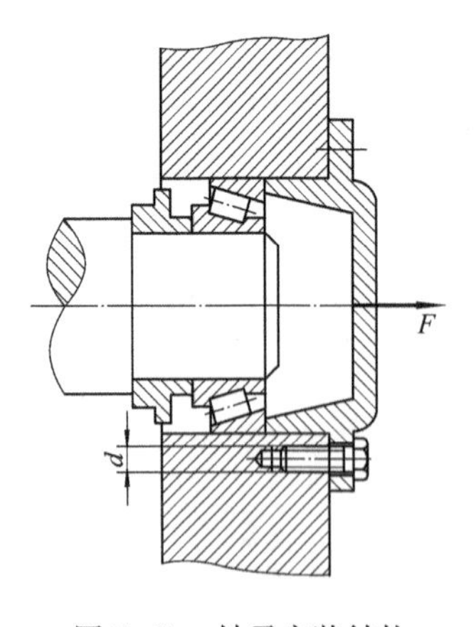

图 7-61　轴承安装结构

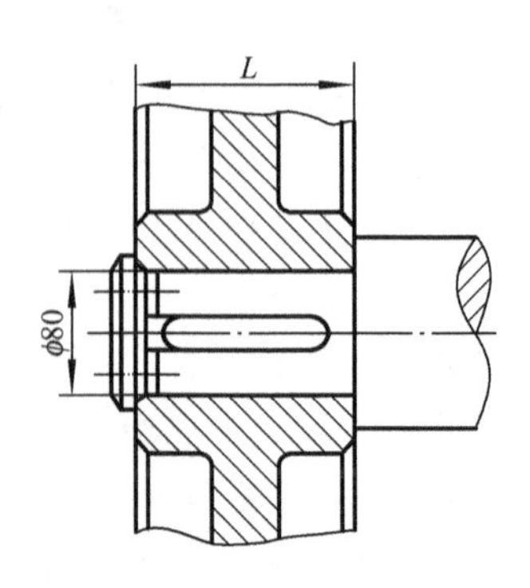

图 7-62　直齿圆柱齿轮键连接

第8章　带　传　动

本章学习提要

本章要点包括：①熟悉带传动的类型、工作原理、特点、运动特性和应用；②V带传动的受力分析、应力分析，弹性滑动及打滑；③V带传动的失效形式和设计准则；④掌握V带传动的设计方法、步骤以及设计参数的选择；⑤熟悉V带轮的结构和设计，V带传动的张紧方法。

本章重点是普通V带传动的设计计算方法和设计参数的选择。

8.1　带传动概述

带传动是通过带(挠性件)和带轮来传递运动和动力的。这种传动形式适用于两轴中心距较大的场合，因此，在各种机械中得到广泛的应用。

带传动是由主动带轮1、从动带轮2和传动带3组成，见图8-1。工作时，靠带和带轮间的摩擦或啮合来传递运动和动力。

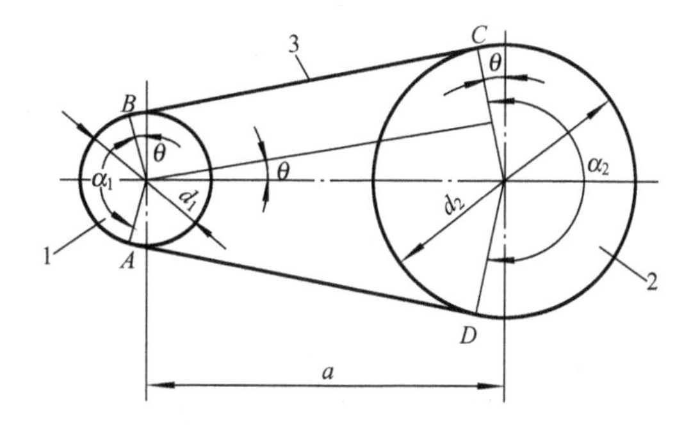

图8-1　带传动示意图

1—主动带轮；2—从动带轮；3—传动带

8.1.1　带传动的类型

根据工作原理的不同，带传动可分为摩擦型带传动和啮合型带传动。按照带的截面形状，摩擦型带传动又可分为平带、V带、圆带和多楔带等。啮合型带传动为同步带传动，见图8-2。

平带传动靠带的底面与轮面接触，结构简单，带轮也容易制造，常用于传动中心距较大的场合，也广泛用于高速平带传动。常用的平带有胶帆布平带、编织平带、尼龙片复合平带和高速环形胶带等。

V带传动靠带的两侧面与轮槽接触，带的底面与轮槽不接触。在相同的张紧力作用下，V带传动所产生的摩擦力要大于平带传动，因此，能传递较大的功率，应用更广泛。

圆带传动传递的功率较小，一般用于轻载、小型机械，如缝纫机、牙科医疗器械等。

多楔带传动兼有平带和V带的优点，带与带轮接触面数较多，摩擦力和横向刚度较大，故宜用于要求结构紧凑且传递功率较大的场合。

同步带传动是通过带齿的环形带与带轮上轮齿进行啮合传动，带与带轮间无相对滑动，能保证准确的传动比，带的柔性好，能缓冲、吸振，故允许的线速度较高。同步带用于要求传动比准确的中、小功率传动，如录音机、放映机、磨床、纺织机等。

本章主要讲述V带传动。

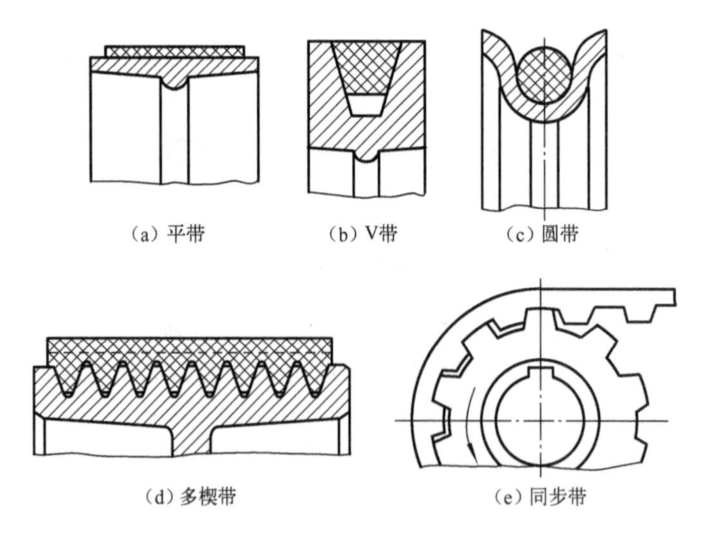

图 8-2 带传动的类型

8.1.2 带传动的特点及应用

带传动的优点是①适用于远距离传递运动和动力,通过改变带的长度可适应不同的中心距;②传动带具有弹性,可以起到缓冲、吸振的作用,因而传动平稳、噪声小;③过载时,带在带轮上打滑,可防止其他零部件损坏,起安全保护作用;④结构简单,制造和维护方便,成本低廉。

缺点是①带传动的外廓尺寸大,结构不紧凑;②带与带轮之间有相对滑动,不能保证准确的传动比;③传动效率较低,带的寿命较短;④需要张紧装置。

带传动应用广泛,多用于传递功率不大($P \leqslant 50\,\mathrm{kW}$),速度适中($v=5 \sim 25\,\mathrm{m/s}$),传动比要求不严格,且中心距较大的场合;不宜用于高温、易燃等场合。在多级传动系统中,通常将其置于高速级(直接与原动机相连),这样可起到过载保护作用,同时还可减小其结构尺寸和重量。

8.2 带传动的工作情况分析

8.2.1 带传动的受力分析

安装带传动时,必须将传动带张紧在带轮上。当带传动静止时,带上各处所受拉力均相同,此拉力称为初拉力,用 F_0 表示,见图 8-3a。

如图 8-3b 所示,带传动工作时,传动带作用在主动带轮上的摩擦力 F_f 与主动带轮的圆周速度方向相同,传动带通过摩擦力驱动主动带轮以转速 n_1 转动;同理,传动带作用在从动带轮上的摩擦力与传动带的运动方向相同,从动带轮在摩擦力作用下以转速 n_2 转动,从而实现了从主动带轮到从动带轮的传动。由于主、从动带轮对传动带摩擦力 F_f 的作用,传动带上、下两边的拉力发生了变化。绕上主动带轮的一边被进一步拉紧,拉力由 F_0 增加到 F_1,称为紧边;绕上从动带轮的一边被放松,拉力由 F_0 减少到 F_2,称为松边。此时紧、松两边的拉力之差 $F_1 - F_2$ 就是带传动中起传递动力作用的有效拉力 F_e,即

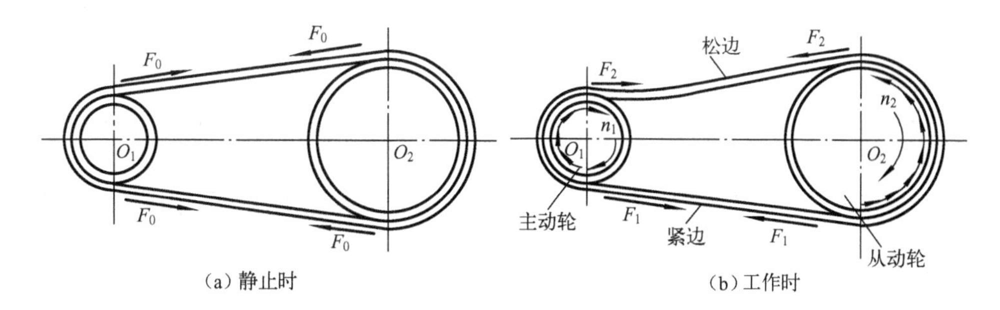

（a）静止时　　　　（b）工作时

图 8-3　带传动的受力分析

$$F_e = F_1 - F_2 \tag{8-1}$$

设工作时带的总长度不变，则紧边拉力的增加量 $F_1 - F_0$ 等于松边拉力的减少量 $F_0 - F_2$，即

$$F_1 - F_0 = F_0 - F_2 \tag{8-2}$$

或

$$F_1 + F_2 = 2F_0 \tag{8-3}$$

有效拉力 F_e 等于带和带轮接触面上各点摩擦力的总和 F_f，即

$$F_e = F_f = F_1 - F_2 \tag{8-4}$$

带传动所能传递的功率为

$$P = F_e v/1\,000 \tag{8-5}$$

式中　P——带传递的功率，kW；

F_e——有效拉力，N；

v——带的速度，m/s。

由式(8-3)和式(8-4)，可得

$$\left.\begin{aligned} F_1 &= F_0 + F_e/2 \\ F_2 &= F_0 - F_e/2 \end{aligned}\right\} \tag{8-6}$$

当 F_f 达到极限值 F_{flim} 时，带传动的有效拉力达到最大值，这时，F_1 与 F_2 的关系可用柔性体摩擦的欧拉公式表示，即

$$F_1 = F_2 e^{f\alpha} \tag{8-7}$$

式中　e——自然对数的底，e = 2.718…；

f——摩擦因数（对于 V 带，用当量摩擦因数 f_V 代替 f，$f_V = f/\sin\dfrac{\varphi}{2}$，$\varphi$ 为 V 带轮槽角，见表 8-1；

α——带在带轮上的包角，rad。

将式(8-7)代入式(8-6)，可得最大有效拉力为

$$F_{ec} = 2F_0\frac{e^{f\alpha}-1}{e^{f\alpha}+1} = F_1\left(1-\frac{1}{e^{f\alpha}}\right) \tag{8-8}$$

由式(8-8)可知，带传动的最大有效拉力与摩擦因数、包角和初拉力有关。

(1) 初拉力 F_0　F_{ec} 与 F_0 成正比，F_0 越大，带与带轮间的正压力越大，带与带轮间的摩擦

力就越大,最大有效拉力 F_{ec} 也越大。但 F_0 应适当,过大时,将导致带的磨损加剧,工作寿命缩短。带的寿命将会降低。

(2) 包角 α　F_{ec} 随 α 增大而增大。当 α 越大,所产生的总摩擦力就越大。因此,在设计水平布置的带传动时,应将松边放置在上边,以利于增大包角 α。

(3) 摩擦因数 f　因为摩擦因数 f 越大,带与带轮间的摩擦力就越大,故 F_{ec} 随 f 增大而增大。

8.2.2 带的应力分析

带传动工作时,在带中将产生以下三种应力

1. 拉应力

紧、松边拉力 F_1 和 F_2 产生的紧、松边拉应力 σ_1、σ_2(单位为 MPa,下同)分别为

$$\left.\begin{aligned}\sigma_1 &= F_1/A\\ \sigma_2 &= F_2/A\end{aligned}\right\} \tag{8-9}$$

式中　A——带的横截面积,mm^2;

F_1、F_2——紧、松边拉力,N。

2. 离心应力

当带绕过带轮时,随着带轮作圆周运动,会产生离心力。虽然离心力只产生在接触弧上,但由它引起的拉应力 σ_c 却作用在整个带长上。其值为

$$\sigma_c = qv^2/A \tag{8-10}$$

式中　q——传动带单位长的质量(见表 8-1),kg/m;

v——带速,m/s。

3. 弯曲应力

当带绕过带轮时,带将因弯曲而产生弯曲应力 σ_b,其值为

$$\sigma_b \approx E\frac{h}{d_d} \tag{8-11}$$

式中　E——带的弹性模量,MPa;

h——带横截面的高度,mm;

d_d——带轮的基准直径,mm。

由式(8-11)可知,带轮直径 d_d 越小,带的高度 h 越大,带的 σ_b 越大,而带离开带轮后所受 σ_b 将消失。显然小带轮上的弯曲应力大于大带轮上的弯曲应力,为防止带所受弯曲应力过大,对各种型号的 V 带都规定了最小带轮基准直径 d_{dmin},见表 8-6。

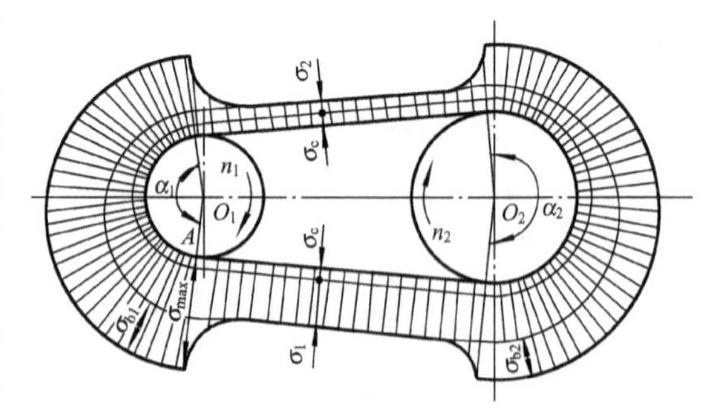

图 8-4　带工作时的应力分布情况

图 8-4 为带工作时,上述三种应力沿带长的分布情况。由图 8-4 可知,带在工作过程中,各点的应力大小是不同的,最大应力发生在带的紧边进入小带轮处(图中 A 点),最大应力为

$$\sigma_{max} = \sigma_1 + \sigma_c + \sigma_{b1} \tag{8-12}$$

8.2.3 带的弹性滑动和打滑

带是弹性体，受到拉力时会产生弹性变形。由于带在紧、松边上所受的拉力不同，因而产生的弹性变形也不同，见图8-5。当带从A_1点开始绕上主动带轮到在B_1点离开主动带轮的过程中，带由紧边转入松边，带所受的拉力由F_1逐渐减少到F_2，同时带的弹性变形伸长量也相应减少，即带的变形在主动带轮包角范围内逐渐在减小，带相对于带轮会发生局部微量滑动，使带速v小于主动带轮的圆周速度v_1；同理，在从动带轮上，由于带的拉力由F_2逐渐增加到F_1，致使带在从动带轮包角范围内弹性变形逐渐增加，同样会发生局部微量滑动，使带速v大于从动轮的圆周速度v_2。这种由于带的弹性变形变化而引起的滑动称为弹性滑动。带传动工作时，带在带轮两边总是有拉力差，因此，弹性滑动是带传动工作时不可避免的物理现象。

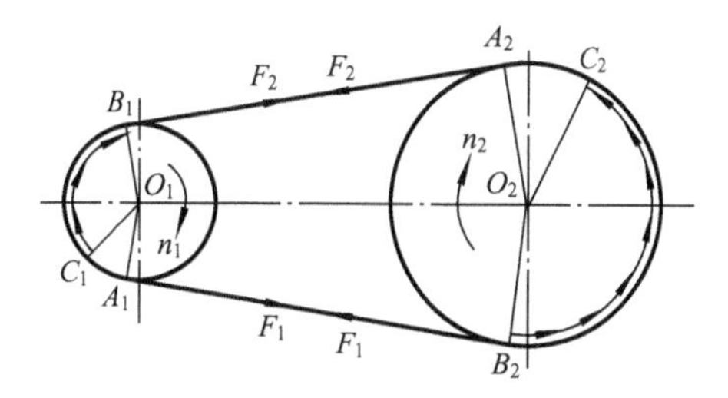

图8-5 带的弹性滑动

弹性滑动将导制从动带轮的圆周速度v_2低于主动带轮的圆周速度v_1，其速度的降低程度用滑动率ε表示，即

$$\varepsilon=\frac{v_1-v_2}{v_1}\times 100\% \tag{8-13}$$

将$v_1=\dfrac{\pi d_1 n_1}{60\times 1\,000}$、$v_2=\dfrac{\pi d_2 n_2}{60\times 1\,000}$代入上式，整理后可得带传动的传动比计算公式

$$i=\frac{n_1}{n_2}=\frac{d_2}{d_1(1-\varepsilon)} \tag{8-14}$$

通常V带传动的滑动率$\varepsilon=1\%\sim 2\%$，其值甚微，在不需要精确计算从动带轮转速时，可取传动比为

$$i=\frac{n_1}{n_2}\approx\frac{d_2}{d_1} \tag{8-15}$$

弹性滑动与有效拉力大小有关，故在不同有效拉力下滑动率不同，导致带传动不能保证恒定的传动比。另外，弹性滑动还将使带传动效率下降。

带传动工作时，随着载荷的增加，有效拉力F_e相应增加。当有效拉力F_e达到带与小带轮之间摩擦力总和的极限值时，带将在带轮的整个接触弧上发生相对滑动，这种现象称为打滑。打滑时带的磨损加剧，从动带轮转速急剧降低甚至停止转动，致使传动失效。因此，打滑现象必须避免。

8.3 V带传动的设计

8.3.1 V带的类型和结构

V带有普通V带、窄V带、宽V带、接头V带、联组V带、齿形V带、大楔角V带等类型，见图 8-6。其中普通 V 带应用最广,近年来窄 V 带应用趋于广泛。

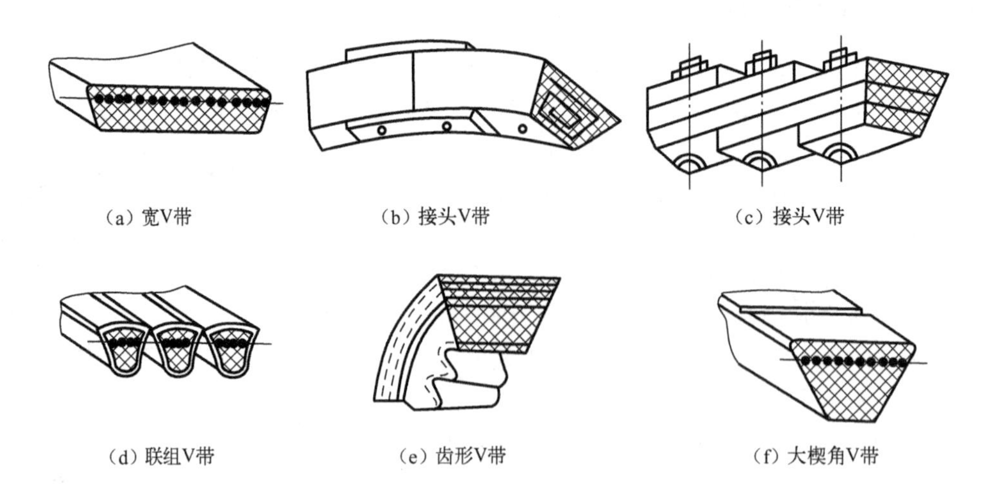
(a) 宽V带　(b) 接头V带　(c) 接头V带
(d) 联组V带　(e) 齿形V带　(f) 大楔角V带

图 8-6　V 带类型(普通 V 带、窄 V 带除外)

普通 V 带呈无接头环形。其结构由顶胶、抗拉体、底胶和包布组成,见图 8-7。按抗拉体材料的不同,可分为帘布芯结构和绳芯结构两种。帘布芯结构制造较方便,抗拉强度高,型号齐全,应用较广;绳芯结构较柔软,易弯曲,适用于带轮直径小、载荷不大和转速较高的场合。

按截面尺寸由小到大,普通 V 带分为 Y、Z、A、B、C、D、E 七种,其截面尺寸见表 8-1。当 V 带弯曲时,顶胶伸长,底胶缩短,只有在两者之间的中性层长度保持不变,称其为节面,节面宽度称为节宽 b_p(见表 8-1),带弯曲时,节宽保持不变。带的节面(线)长度称为带的基准长度,即带的公称长度,以 L_d 表示,其长度系列和带长系数 K_L 见表 8-2。在 V 带轮上,与相配用 V 带的节宽 b_p相对应的直径称为基准直径 d_d,见表 8-6。

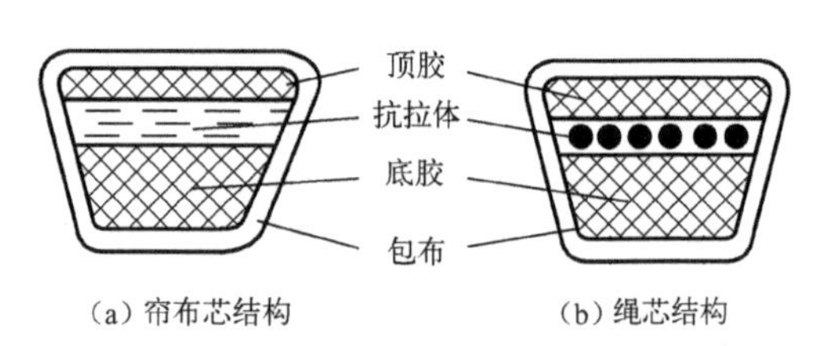

(a) 帘布芯结构　(b) 绳芯结构

图 8-7　普通 V 带的结构

表 8-1　普通 V 带的截面尺寸(摘自 GB/T 13575.1—2008)　mm

截型	顶宽 b	节宽 b_p	高度 h	面积 A/mm²	楔角 φ	每米质量 q/(kg/m)
Y	6.0	5.3	4.0	18	40°	0.02
Z	10.0	8.5	6.0	47		0.06
A	13.0	11	8.0	81		0.10
B	17.0	14	11.0	138		0.17
C	22.0	19	14.0	230		0.30
D	32.0	27	19.0	476		0.62
E	38.0	32	23.0	692		0.90

表 8-2 普通 V 带的基准长度系列 L_d和带长系数 K_L(摘自 GB/T 13575.1—2008)

Y		Z		A		B		C	
L_d/mm	K_L	L_d/mm	K_L	L_d/mm	K_L	L_d/mm	K_L	L_d/mm	K_L
200	0.81	405	0.87	630	0.81	930	0.83	1 565	0.82
224	0.82	475	0.90	700	0.83	1 000	0.84	1 760	0.85
250	0.84	530	0.93	790	0.85	1 100	0.86	1 950	0.87
280	0.87	625	0.96	890	0.87	1 210	0.87	2 195	0.90
315	0.89	700	0.99	990	0.89	1 370	0.90	2 420	0.92
355	0.92	780	1.00	1 100	0.91	1 560	0.92	2 715	0.94
400	0.96	920	1.04	1 250	0.93	1 760	0.94	2 880	0.95
450	1.00	1 080	1.07	1 430	0.96	1 950	0.97	3 080	0.97
500	1.02	1 330	1.13	1 550	0.98	2 180	0.99	3 520	0.99
		1 420	1.14	1 640	0.99	2 300	1.01	4 060	1.02
		1 540	1.54	1 750	1.00	2 500	1.03	4 600	1.05
				1 940	1.02	2 700	1.04	5 380	1.08
				2 050	1.04	2 870	1.05	6 100	1.11
				2 200	1.06	3 200	1.07	6 815	1.14
				2 300	1.07	3 600	1.09	7 600	1.17
				2 480	1.09	4 060	1.13	9 100	1.21
				2 700	1.10	4 430	1.15	10 700	1.24

8.3.2 带传动的设计准则和单根 V 带的基本额定功率

由于带传动的主要失效形式为带传动的打滑和带的疲劳破坏,因此,带传动的设计准则为:在保证带传动不打滑的条件下,使带具有一定的疲劳强度和寿命。

单根 V 带的许用功率,可依据设计准则确定。要保证带传动不打滑,必须使

$$F_e \leqslant F_{flim}$$

要保证带具有一定的疲劳强度,应满足的强度条件为

$$\sigma_{max} = \sigma_1 + \sigma_{b1} + \sigma_c \leqslant [\sigma]$$

即

$$\sigma_1 \leqslant [\sigma] - \sigma_{b1} - \sigma_c \tag{8-16}$$

由式(8-5)、(8-8)、(8-9)和式(8-16)可以得到带传动满足既不打滑又具有一定疲劳强度时,单根 V 带所能传递的功率为

$$P_0 = \frac{F_e v}{1\,000} = ([\sigma] - \sigma_{b1} - \sigma_c)\left(1 - \frac{1}{e^{f_v \alpha_1}}\right)\frac{Av}{1\,000} \tag{8-17}$$

单根普通 V 带在载荷平稳、包角 $\alpha = 180°(i = 1)$、特定带长等特定条件下的基本额定功率 P_0值,如表 8-3 所示。

表 8-3 单根普通 V 带的基本额定功率 P_0(摘自 GB/T 13575.1—2008) kW

型号	小带轮的基准直径 d_{d1}/mm	小带轮转速 n_1/(r/min)														
		200	400	800	950	1 200	1 450	1 600	2 000	2 400	2 800	3 200	3 600	4 000	5 000	6 000
Z	50	0.04	0.06	0.10	0.12	0.14	0.16	0.17	0.20	0.22	0.26	0.28	0.30	0.32	0.34	0.31
	56	0.04	0.06	0.12	0.14	0.17	0.19	0.20	0.25	0.30	0.33	0.35	0.37	0.39	0.41	0.40
	63	0.05	0.08	0.15	0.18	0.22	0.25	0.27	0.32	0.37	0.41	0.45	0.47	0.49	0.50	0.48
	71	0.06	0.09	0.20	0.23	0.27	0.30	0.33	0.39	0.46	0.50	0.54	0.58	0.61	0.62	0.56
	80	0.10	0.14	0.22	0.26	0.30	0.35	0.39	0.44	0.50	0.56	0.61	0.64	0.67	0.66	0.61
	90	0.10	0.14	0.24	0.28	0.33	0.36	0.40	0.48	0.54	0.60	0.64	0.68	0.72	0.73	0.56

续表

型号	小带轮的基准直径 d_{d1}/mm	小带轮转速 n_1/(r·min^{-1})														
		200	400	800	950	1 200	1 450	1 600	2 000	2 400	2 800	3 200	3 600	4 000	5 000	6 000
A	75	0.15	0.26	0.45	0.51	0.60	0.68	0.73	0.84	0.92	1.00	1.04	1.08	1.09	1.02	0.80
	90	0.22	0.39	0.68	0.77	0.93	1.07	1.15	1.34	1.50	1.64	1.75	1.83	1.87	1.82	1.50
	100	0.26	0.47	0.83	0.95	1.14	1.32	1.42	1.66	1.87	2.05	2.19	2.28	2.34	2.25	1.80
	112	0.31	0.56	1.00	1.15	1.39	1.61	1.74	2.04	2.30	2.51	2.68	2.78	2.83	2.64	1.96
	125	0.37	0.67	1.19	1.37	1.66	1.92	2.07	2.44	2.74	2.98	3.16	3.26	3.28	2.91	1.87
	140	0.43	0.78	1.41	1.62	1.96	2.28	2.45	2.87	3.22	3.48	3.65	3.72	3.67	2.99	1.37
	160	0.51	0.94	1.69	1.95	2.36	2.73	2.94	3.42	3.80	4.06	4.19	4.17	3.98	2.67	
	180	0.59	1.09	1.97	2.27	2.74	3.16	3.40	3.93	4.32	4.54	4.58	4.40	4.00	1.81	
B	125	0.48	0.84	1.44	1.64	1.93	2.19	2.33	2.64	2.85	2.96	2.94	2.80	2.51	1.09	
	140	0.59	1.05	1.82	2.08	2.47	2.82	3.00	3.42	3.70	3.85	3.83	3.63	3.24	1.29	
	160	0.74	1.32	2.32	2.66	3.17	3.62	3.86	4.40	4.75	4.89	4.80	4.46	3.82	0.81	
	180	0.88	1.59	2.81	3.22	3.85	4.39	4.68	5.30	5.67	5.76	5.52	4.92	3.92		
	200	1.02	1.85	3.30	3.77	4.50	5.13	5.46	6.13	6.47	6.43	5.95	4.98	3.47		
	224	1.19	2.17	3.86	4.42	5.26	5.97	6.33	7.02	7.25	6.95	6.05	4.47	2.14		
	250	1.37	2.50	4.46	5.10	6.04	6.82	7.20	7.87	7.89	7.14	5.60	3.12			
	280	1.58	2.89	5.13	5.85	6.90	7.76	8.13	8.60	8.22	6.80	4.26				
C	200	1.39	2.41	4.07	4.58	5.29	5.84	6.07	6.34	6.02	5.01	3.23				
	224	1.70	2.99	5.12	5.78	6.71	7.45	7.75	8.06	7.57	6.08	3.57				
	250	2.03	3.62	6.23	7.04	8.21	9.04	9.38	9.62	8.75	6.56	2.93				
	280	2.42	4.32	7.52	8.49	9.81	10.72	11.06	11.04	9.50	6.13					
	315	2.84	5.14	8.92	10.05	11.53	12.46	12.72	12.14	9.43	4.16					
	355	3.36	6.05	10.46	11.73	13.31	14.12	14.19	12.59	7.98						
	400	3.91	7.06	12.10	13.48	15.04	15.53	15.24	11.95	4.34						
	450	4.51	8.20	13.80	15.23	16.59	16.47	15.57	9.64							

ΔP_0是考虑 $i \neq 1$ 时基本额定功率 P_0的增量，ΔP_0值可根据传动比 i 由表 8-4 中查得。

表 8-4　单根普通 V 带额定功率的增量 ΔP_0（摘自 GB/T 13575.1—2008）　kW

型　号	传动比 i	小带轮转速 n_1/(r·min^{-1})						
		400	700	800	950	1 200	1 450	2 800
Z	1.00～1.01	0.00	0.00	0.00	0.00	0.00	0.00	0.00
	1.02～1.04	0.00	0.00	0.00	0.00	0.00	0.00	0.01
	1.05～1.08	0.00	0.00	0.00	0.00	0.01	0.01	0.02
	1.09～1.12	0.00	0.00	0.00	0.01	0.01	0.01	0.02
	1.13～1.18	0.00	0.00	0.01	0.01	0.01	0.01	0.03
	1.19～1.24	0.00	0.00	0.01	0.01	0.01	0.02	0.03
	1.25～1.34	0.00	0.01	0.01	0.01	0.02	0.02	0.03
	1.35～1.50	0.00	0.01	0.01	0.02	0.02	0.02	0.04
	1.51～1.99	0.01	0.01	0.02	0.02	0.02	0.02	0.04
	≥2.0	0.01	0.02	0.02	0.02	0.03	0.03	0.04

续表

型号	传动比 i	小带轮转速 $n_1/(\mathrm{r \cdot min^{-1}})$						
		400	700	800	950	1 200	1 450	2 800
A	1.00～1.01	0.00	0.00	0.00	0.00	0.00	0.00	0.00
	1.02～1.04	0.01	0.01	0.01	0.01	0.02	0.02	0.04
	1.05～1.08	0.01	0.02	0.02	0.03	0.03	0.04	0.08
	1.09～1.12	0.02	0.03	0.03	0.04	0.05	0.06	0.11
	1.13～1.18	0.02	0.04	0.04	0.05	0.07	0.08	0.15
	1.19～1.24	0.03	0.05	0.05	0.06	0.08	0.09	0.19
	1.25～1.34	0.03	0.06	0.06	0.07	0.10	0.11	0.23
	1.35～1.51	0.04	0.07	0.08	0.08	0.11	0.13	0.26
	1.52～1.99	0.04	0.08	0.09	0.10	0.13	0.15	0.30
	≥2.0	0.05	0.09	0.10	0.11	0.15	0.17	0.34
B	1.00～1.01	0.00	0.00	0.00	0.00	0.00	0.00	0.00
	1.02～1.04	0.01	0.02	0.03	0.03	0.04	0.05	0.10
	1.05～1.08	0.03	0.05	0.06	0.07	0.08	0.10	0.20
	1.09～1.12	0.04	0.07	0.08	0.10	0.13	0.15	0.29
	1.13～1.18	0.06	0.10	0.11	0.13	0.17	0.20	0.39
	1.19～1.24	0.07	0.12	0.14	0.17	0.21	0.25	0.49
	1.25～1.34	0.08	0.15	0.17	0.20	0.25	0.31	0.59
	1.35～1.51	0.10	0.17	0.20	0.23	0.30	0.36	0.69
	1.52～1.99	0.11	0.20	0.23	0.26	0.34	0.40	0.79
	≥2.0	0.13	0.22	0.25	0.30	0.38	0.46	0.89
C	1.00～1.01	0.00	0.00	0.00	0.00	0.00	0.00	0.00
	1.02～1.04	0.04	0.07	0.08	0.09	0.12	0.14	0.27
	1.05～1.08	0.08	0.14	0.16	0.19	0.24	0.28	0.55
	1.09～1.12	0.12	0.21	0.23	0.27	0.35	0.42	0.82
	1.13～1.18	0.16	0.27	0.31	0.37	0.47	0.58	1.10
	1.19～1.24	0.20	0.34	0.39	0.47	0.59	0.71	1.37
	1.25～1.34	0.23	0.41	0.47	0.56	0.70	0.85	1.64
	1.35～1.51	0.27	0.48	0.55	0.65	0.82	0.99	1.92
	1.52～1.99	0.31	0.55	0.63	0.74	0.94	1.14	2.19
	≥2.0	0.35	0.62	0.71	0.83	1.06	1.27	2.47

8.3.3 V带传动的设计计算及参数选择

设计普通V带传动的原始数据通常为：传动的用途，载荷的性质，传递的功率 P，小带轮的转速 n_1，传动比 i，传动的位置要求以及外廓尺寸要求等。

设计内容包括：①确定V带的型号，基准长度 L_d，根数 z；②确定带轮的材料、基准直径 d_{d1}、d_{d2} 以及结构尺寸；③计算传动中心距 a，传动的初拉力 F_0 及V带对轴的压力 F_Q；④确定张紧装置等。

设计步骤如下：

1. 确定计算功率 P_C

$$P_C = K_A P \tag{8-18}$$

式中 P_C——计算功率，kW；

K_A——工作情况系数,见表 8-5;

P——带传动所需传递的功率,kW。

表 8-5　工作情况系数 K_A

载荷性质	工　作　机	K_A					
		空、轻载启动			重载启动		
		每天工作小时数/h					
		<10	10～16	>16	<10	10～16	>16
载荷变动很小	液体搅拌机,通风机和鼓风机(≤7.5 kW),离心式水泵和压缩机,轻负荷输送机	1.0	1.1	1.2	1.1	1.2	1.3
载荷变动小	带式输送机(不均匀载荷),通风机(>7.5 kW),旋转式水泵和压缩机(非离心式),发电机,金属切削机床,印刷机,锯木机和木工机械	1.1	1.2	1.3	1.2	1.3	1.4
载荷变动较大	制砖机,斗式提升机,往复式水泵和压缩机,起重机,磨粉机,冲剪机床,橡胶机械,纺织机械,重载输送机	1.2	1.3	1.4	1.4	1.5	1.6
载荷变动很大	破碎机(旋转式、颚式等),磨碎机(球磨、棒磨、管磨)	1.3	1.4	1.5	1.5	1.6	1.8

注:1. 空、轻载启动:电动机(交流启动、三角启动、直流并励),4 缸以上的内燃机,装有离心式离合器、液力联轴器的动力机。

2. 重载启动:电动机(联机交流启动、直流复励或串励),4 缸以下的内燃机。

2. 选择带的型号

普通 V 带型号根据带传动的计算功率 P_C 和小带轮转速 n_1,由图 8-8 选取,当选择的坐标点(P_C、n_1)位于图中两种型号分界线附近时,可按两种型号分别计算,最后比较两种方案的设计结果,择优选用。

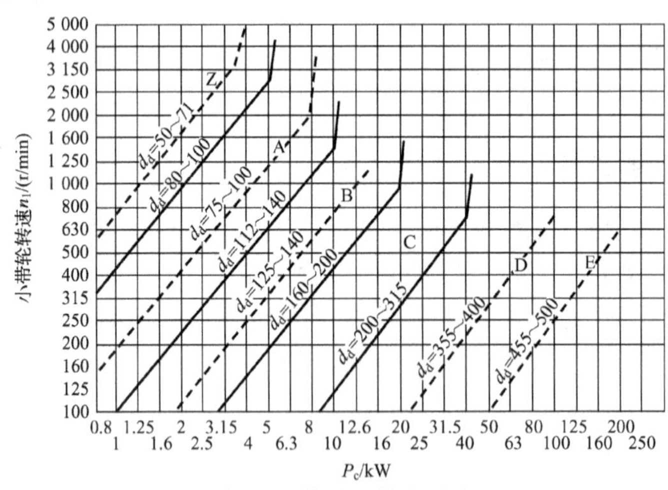

图 8-8　普通 V 带选型图

3. 确定带轮基准直径 d_{d1}、d_{d2}

(1) 选择小带轮基准直径 d_{d1}　小带轮基准直径越小,带传动越紧凑,但弯曲应力越大,导致带疲劳强度下降。表 8-6 列出了 V 带轮的最小基准直径,在设计时,应使 $d_{d1} \geqslant d_{dmin}$。

(2) 计算大带轮基准直径 d_{d2}

$$d_{d2} = id_{d1} = \frac{n_1}{n_2}d_{d1} \tag{8-19}$$

d_{d1}、d_{d2}应尽量按表 8-6 带轮的基准直径系列圆整,圆整后应保证传动比误差在 ±5% 的允许范围内。

表 8-6 普通 V 带轮的最小基准直径 d_{dmin} mm

型 号	Y	Z	A	B	C	D	E
d_{dmin}	20	50	75	125	200	355	500

注:普通 V 带轮的基准直径系列是:20,22.4,25,28,31.5,35.5,40,45,50,56,63,71,75,80,90,100,106,112,125,132,140,150,180,200,212,224,236,250, 280,300,315,355,375,400,425,450,475,500,530,560,600,630,670,710,750,800,900,1 000 等。

4. 验算带速 v

带速的计算公式为

$$v = \frac{\pi d_{d1} n_1}{60 \times 1\ 000} \tag{8-20}$$

一般应使 v 在 5 ～ 25 m/s 范围内。带速 v 过大,则因离心力加大,使带与带轮间的压力减小,传动能力下降;带速过小,在传递相同功率时,则要求有效拉力 F_e 过大,所需带的根数较多,载荷分布不均匀。

5. 确定中心距 a 和带的基准长度 L_d

中心距过大,则结构尺寸大,易引起带的颤动;中心距过小,在单位时间内带的绕转次数会增加,导致带的疲劳寿命和传动能力降低。

(1) 初定中心距 a_0

若设计时未给定中心距,可在下式限定的范围内初定中心距 a_0

$$0.7(d_{d1} + d_{d2}) \leqslant a_0 \leqslant 2(d_{d1} + d_{d2}) \tag{8-21}$$

带的计算基准长度可根据带轮的基准直径和初定中心距 a_0 计算

$$L_{do} = 2a_o + \frac{\pi}{2}(d_{d1} + d_{d2}) + \frac{(d_{d2} - d_{d2})^2}{4a_o} \tag{8-22}$$

根据初步计算的带基准长度 L_{d_0},由表 8-2 选取相近的标准基准长度 L_d。

(2) 实际中心距 a

实际中心距 a 可由下式近似计算

$$a \approx a_0 + \frac{L_d - L_{d_0}}{2} \tag{8-23}$$

考虑到安装、调整和补偿张紧的需要,实际中心距允许有一定变动范围,其大小为

$$\left.\begin{aligned} a_{min} &= a - 0.015L_d \\ a_{max} &= a + 0.03L_d \end{aligned}\right\} \tag{8-24}$$

6. 验算小带轮包角 α_1

小带轮包角 α_1 可按下式计算得到

$$\alpha_1 = 180° - \frac{d_{d2} - d_{d1}}{a} \times 57.3° \tag{8-25}$$

为保证带的传动能力，一般要求 $\alpha_1 \geqslant 120°$，仅传递运动时，允许到 $\alpha_1 > 90°$。否则应加大中心距或减小传动比，或者加装张紧轮。

7. 确定带的根数 *z*

$$z \geqslant \frac{P_c}{(P_0 + \Delta P_0) K_\alpha K_L} \tag{8-26}$$

式中 P_c、P_0、ΔP_0的含义同上；

K_α——小带轮包角系数，见表 8-7；

K_L——带长系数，见表 8-2。

计算结果应圆整。为使各根带受力均匀，带的根数不宜过多，一般 $z < 10$，当 z 过大时，应改选带的型号或加大带轮基准直径，重新计算。

表 8-7 包角系数 K_α（摘自 GB/T 13575.1—2008）

包角 α_1/(°)	180	170	160	150	140	130	120	110	100	90
K_α	1.00	0.98	0.95	0.92	0.89	0.86	0.82	0.78	0.74	0.69

8. 确定带的初拉力 F_0

保持适当的初拉力是带传动正常工作的必要条件，初拉力 F_0过小，传动能力减小，易出现打滑；F_0过大，则带的寿命低，对轴及轴承的压力大。单根 V 带的初拉力为

$$F_0 = 500 \times \frac{(2.5 - K_\alpha) P_c}{K_\alpha z v} + q v^2 \tag{8-27}$$

式中 P_c、K_α同前；

z——带的根数；

v——带的线速度，m/s；

q——V 带的单位长度质量，kg/m，见表 8-1。

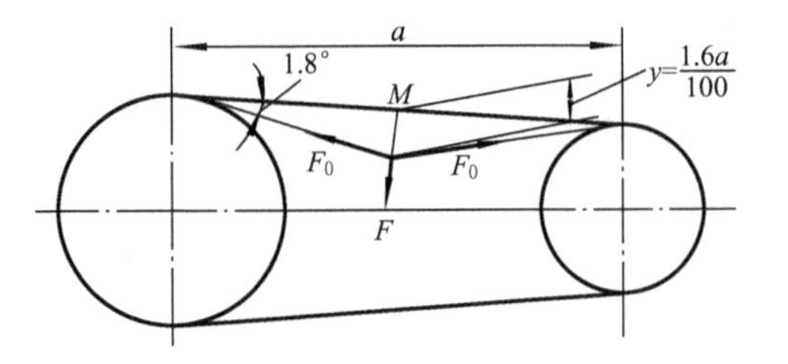

图 8-9 初拉力的控制

初拉力 F_0可用图 8-9 的测量方法确定：在 V 带与两轮切点的跨度中点 M 处，对单根 V 带施加一垂直于带边的力 F，使带沿跨距每 100 mm所产生的挠度 $y = 1.6$ mm（挠角 1.8°），即按 $y = 1.6a/100$ 确定。载荷 F 由下式求得

$$F = (XF_0 + \Delta F_0)/16 \tag{8-28}$$

式中 X——载荷系数，新安装 V 带 $X = 1.5$，工作后的 V 带 $X = 1.3$；

ΔF_0——初拉力增量，见表 8-8。

表 8-8 普通 V 带的初拉力增量 ΔF_0值 N

型号	Y	Z	A	B	C	D	E
ΔF_0	6	10	15	20	29	59	108

9. 计算压轴力 F_Q

为了设计轴和轴承，应计算 V 带对轴的压力 F_Q。F_Q可按带的两边初拉力 F_0的合力近似

计算,见图8-10。即

$$F_Q \approx 2zF_0 \sin\frac{\alpha_1}{2} \qquad (8-29)$$

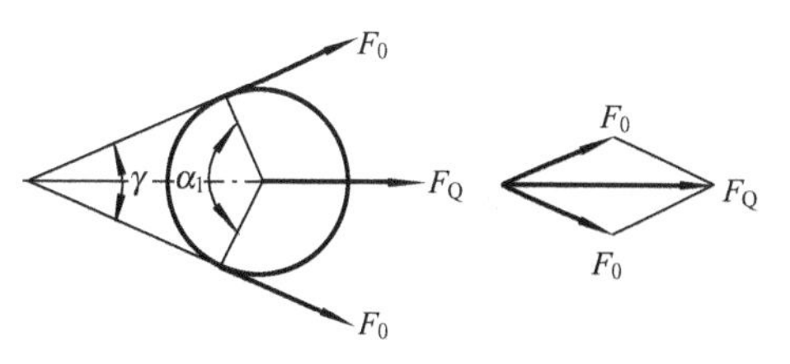

图8-10 带传动作用在轴上的压力

例 设计一带式运输机中的普通V带传动。原动机为Y112M-4异步电动机,其额定功率$P=4\,kW$,满载转速$n_1=1\,440\,r/min$,从动轮转速$n_2=470\,r/min$,单班制工作,载荷变动较小,要求中心距$\alpha \leqslant 550\,mm$。

解:(1)计算功率P_c

由表8-5查得$K_A=1.1$,故

$$P_c=K_AP=1.1\times4=4.4\,kW$$

(2)选择带型

根据$P_c=4.4\,kW$和$n_1=1\,440\,r/min$,由图8-8初步选用A型V带。

(3)选取带轮基准直径d_{d1}和d_{d2}

由表8-6取$d_{d1}=100\,mm$,由式(8-19)得

$$d_{d2}=\frac{n_1}{n_2}d_{d1}=\frac{1\,440}{470}\times100\,mm=306\,mm$$

由表8-6取直径系列值,$d_{d2}=315\,mm$

(4)验算带速v

$$v=\frac{\pi d_{d1}n_1}{60\times1\,000}=\frac{\pi\times100\times1\,440}{60\times1\,000}=7.54\,m/s$$

带速v在5～25 m/s范围内,带速合适。

(5)确定中心距a和带的基准长度L_d

由式(8-21)初定中心距$a_0=450\,mm$符合下式

$$0.7(d_{d1}+d_{d2})<a_0<2(d_{d1}+d_{d2})$$
$$0.7(100+315)<a_0<2(100+315)$$

由式(8-22)得带长

$$L_{d0}=2a_0+\frac{\pi}{2}(d_{d1}+d_{d2})+\frac{(d_{d2}-d_{d1})^2}{4a_0}$$
$$=\left(2\times450+\frac{3.14}{2}\times(100+315)+\frac{(315-100)^2}{4\times450}\right)mm=1\,578\,mm$$

由表8-2查得A型带基准长度$L_d=1\,640\,mm$,计算实际中心距

$$a\approx a_0+\frac{L_d-L_0}{2}=450+\frac{1\,640-1\,578}{2}=481\,mm$$

(6)验算小带轮包角α_1

$$\alpha_1=180^\circ-\frac{d_{d2}-d_{d1}}{a}\times57.3^\circ=180^\circ-\frac{315-100}{481}\times57.3^\circ\approx154.4^\circ>120^\circ$$

包角合适。

(7)确定带的根数z

由表8-3查得, $P_0=1.31\,kW$

由表 8-5 查得， $\Delta P=0.17\ \text{kW}$

由表 8-10 查得， $K_\alpha=0.926$

由表 8-2 查得， $K_L=0.99$

由式(8-23)得

$$z \geqslant \frac{P_c}{(P_1+\Delta P_1)K_\alpha K_L}=\frac{4.4}{(1.31+0.17)\times 0.926\times 0.99}=3.25$$

取 $z=4$ 根。

(8) 确定初拉力 F_0

由式(8-24)计算单根普通 V 带的初拉力

$$F_0=500\times\frac{(2.5-K_\alpha)P_c}{K_\alpha zv}+qv^2=\left[500\times\frac{(2.5-0.926)\times 4.4}{0.926\times 4\times 7.54}+0.1\times 7.54^2\right]\approx 129.7\ \text{N}$$

(9) 计算压轴力 F_Q

由式(8-25)得

$$F_Q=2zF_0\sin\frac{\alpha}{2}=2\times 4\times 129.7\times\sin\frac{153.2^\circ}{2}\approx 1\,009\ \text{N}$$

(10) 带轮的结构设计(略)

8.4 V 带轮设计

V 带轮的材料可采用铸铁、钢、铝合金或工程塑料等，常用的材料为 HT150 或 HT200，转速较高时可用钢制带轮，小功率时可用铝合金或工程塑料。

V 带轮由轮缘、轮幅、轮毂三部分组成。轮缘是安装带的部分，轮毂是与轴配合的部分，轮幅是连接轮缘和轮毂的部分。其结构型式可根据带轮基准直径的大小决定。当基准直径 $d_d\leqslant(2.5\sim 3)d$(d 为轴的直径)时，可采用实心式(见图 8-11a)；$d_d\leqslant 300$ mm 时，可采用腹板式(见图 8-11b)或孔板式(见图 8-11c)；$d_d>300$ mm 时，应采用轮幅式(见图 8-11d)。

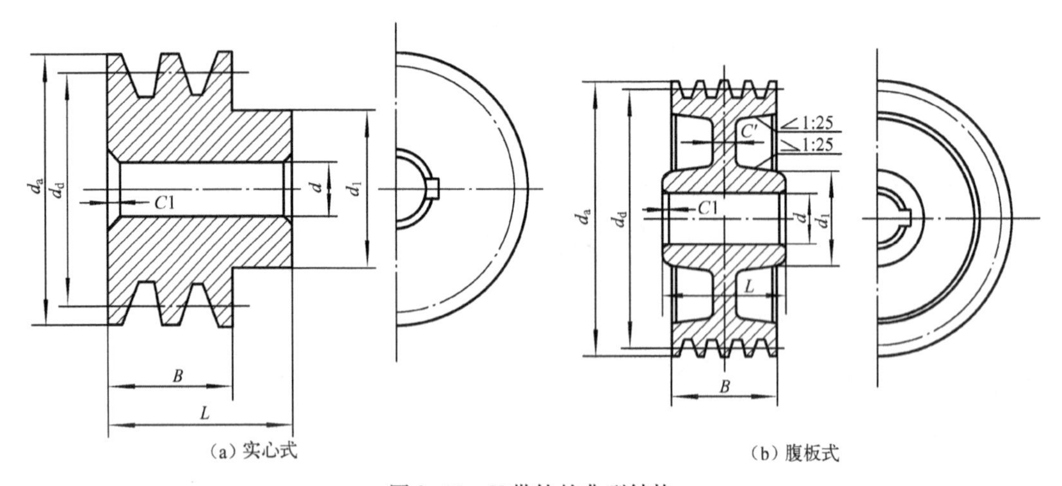

图 8-11 V 带轮的典型结构

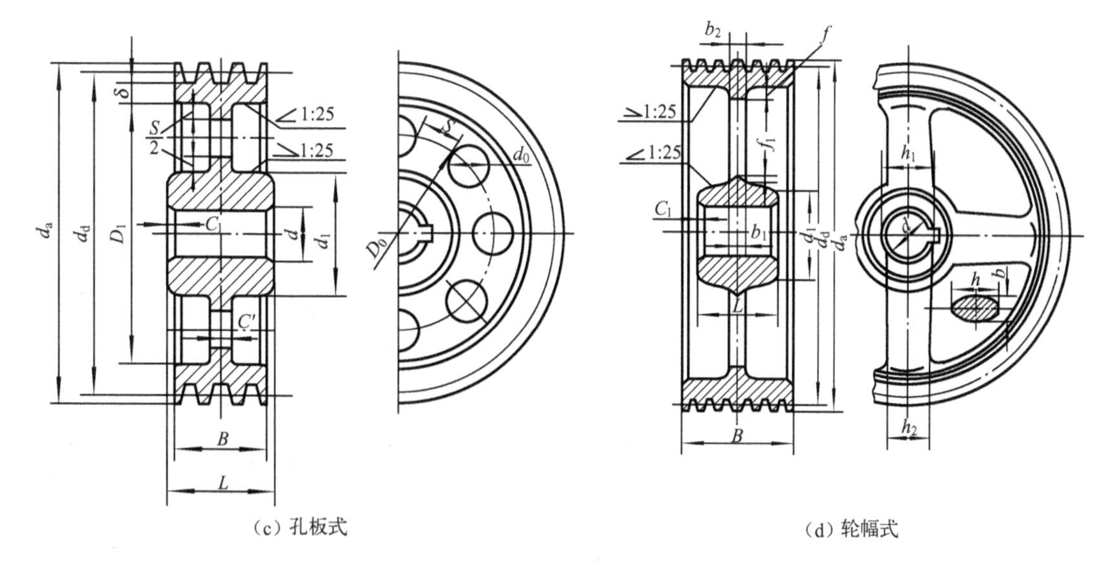

（c）孔板式　　（d）轮幅式

图 8-11　V 带轮的典型结构(续)

$d_1=(1.8\sim2)d$，d 为轴的直径；$h_2=0.8h_1$；$D_0=0.5(D_1+d_1)$；$d_0=(0.2\sim0.3)(D_1-d_1)$；$f=0.2h_1$；

$f_1=0.2h_2$；$b_1=0.4h_1$；$b_2=0.8b_1$；$L=(1.5\sim2)d$，当 $B<1.5d$ 时，$L=B$；

$$S=C'; C'=\left(\frac{1}{7}\sim\frac{1}{4}\right)B; h_1=290\sqrt[3]{\frac{P}{nm}}。$$

式中　P——传递的功率，kW；n——带轮的转速，r/min；m——轮幅数。

各种型号 V 带楔角 α 均为 40°，而 V 带轮的轮槽角根据带轮直径不同而分别为 32°、34°、36°和 38°。其原因是带绕上带轮而弯曲时，其截面形状发生改变而使带的截面楔角变小，且带轮直径越小，这种现象越显著。为使带的侧面与轮槽侧面能很好的接触，应使轮槽角 φ 小于 V 带的截面楔角 α。

V 带轮轮槽尺寸见表 8-9，表中插图 b_d 称为轮槽的基准宽度。通常 V 带节面宽度与轮槽基准宽度相等，即 $b_p=b_d$。轮槽基准宽度所在圆称为基准圆（节圆），其直径 d_d 称为带轮的基准直径。

表 8-9　V 带轮的轮槽尺寸(摘自 GB/T 13575.1—2008)　　mm

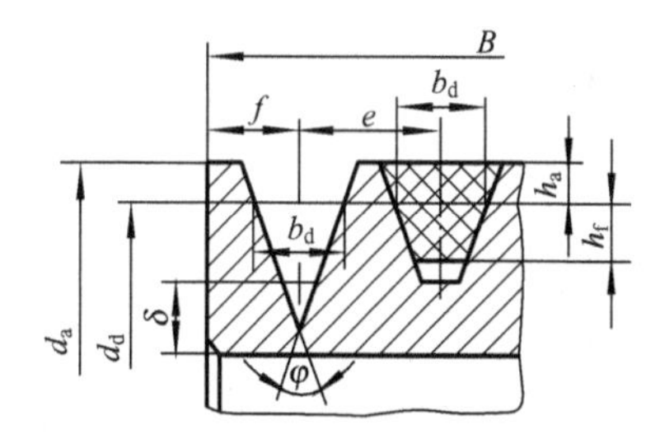

槽　型		Y	Z	A	B	C	D	E
节宽	b_d	5.3	8.5	11	14	19	27	32
基准线上槽深	h_{amin}	1.6	2.0	2.75	3.5	4.8	8.1	9.6

续表

槽型			Y	Z	A	B	C	D	E
基准线下槽深		h_{fmin}	4.7	7.0	8.7	10.8	14.3	19.9	23.4
槽间距		e	8 ±0.3	12 ±0.3	15 ±0.3	19 ±0.4	25.5 ±0.5	37 ±0.6	44.5 ±0.7
第一槽对称面至端面的距离		f_{min}	6	7	9	11.5	16	23	28
最小轮缘厚		δ_{min}	5	5.5	6	7.5	10	12	15
带轮宽		B	$B=(z-1)e+2f$　z为轮槽数						
外径		d_a	$d_a=d_d+2h_a$						
轮槽角φ	32°	相应的基准直径d_d	≤60	-	-	-	-	-	-
	34°		-	≤80	≤118	≤190	≤315	-	-
	36°		>60	-	-	-	-	≤475	≤600
	38°		-	>80	>118	>190	>315	>475	>600

8.5 带传动的张紧、使用和维护

8.5.1 带传动的张紧

为了使带与带轮间产生压力，带在安装时必须张紧在带轮上，另外，当工作一段时间后，带在张紧力的长期作用下，会逐渐松弛，使带的初拉力减小，传动能力降低。为了始终保持一定初拉力，必须重新张紧。带传动常用的张紧装置有：

(1) 定期张紧装置　滑道式(见图8-12a)和摆架式(见图8-12b)定期张紧装置，可通过调节螺钉改变传动中心距而使带得到合适的张紧。其中滑道式适用于水平或接近水平布置的带传动；摆架式适用于垂直或接近垂直布置的带传动。

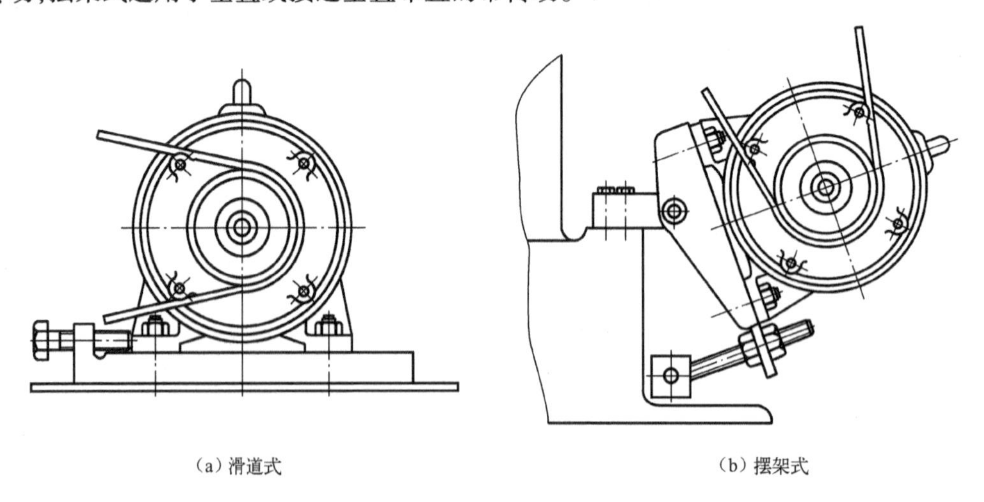

(a) 滑道式　　(b) 摆架式

图8-12　定期张紧装置

（2）自动张紧装置　图8-13为自动摆架式张紧装置，它是利用电动机自重产生的力矩，使电动机轴上的带轮绕固定支点摆动而维持一定的张紧力。此装置常用于小功率的带传动。

（3）张紧轮装置　当中心距不能调节时，可采用张紧轮（见图8-14）将带张紧，张紧轮应装在松边内侧，靠近大带轮处。

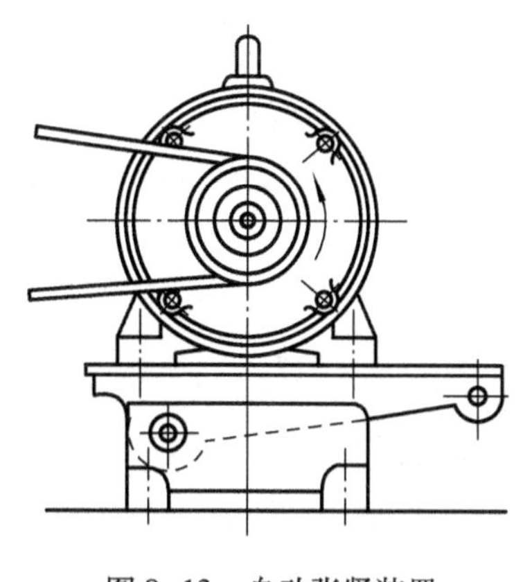

图8-13　自动张紧装置

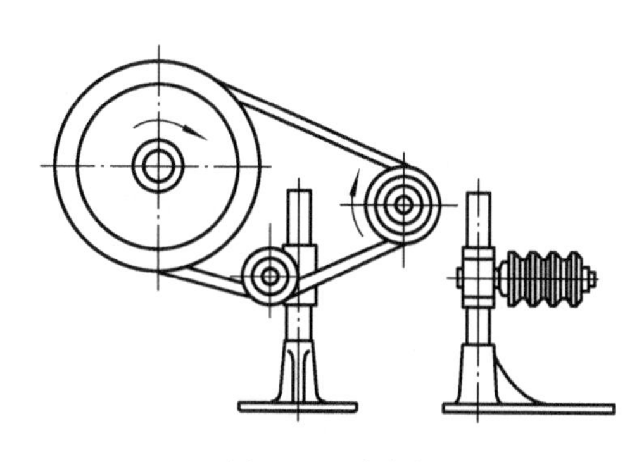

图8-14　张紧轮

8.5.2　带传动的使用和维护

为保证带传动能正常工作，正确使用和维护十分重要。一般应注意：

（1）安装时，两带轮轴线应保持平行，两轮的相应轮槽对齐，以免带被扭曲致使侧面过度磨损（见图8-15）。

（2）V带在带轮轮槽中应处于正确的位置，过高或过低都不利于带的正常工作（见图8-16）。

（3）定期检查V带，如发现有松弛或损坏，应全部更换新带，不允许新旧带混用。

（4）带传动应设置防护罩。

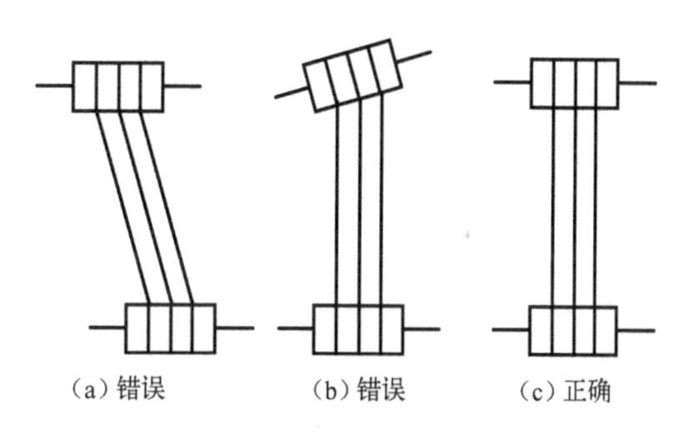

（a）错误　（b）错误　（c）正确

图8-15　V带轮轴线安装情况

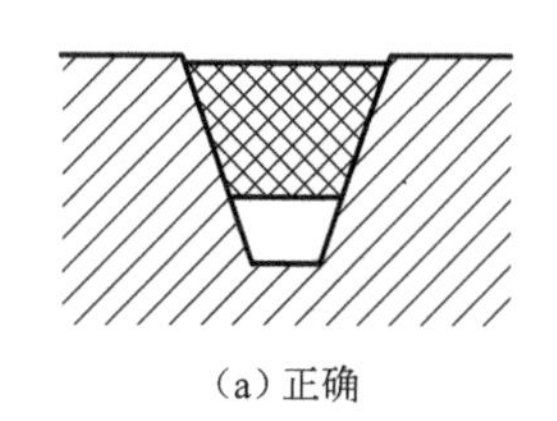

（a）正确

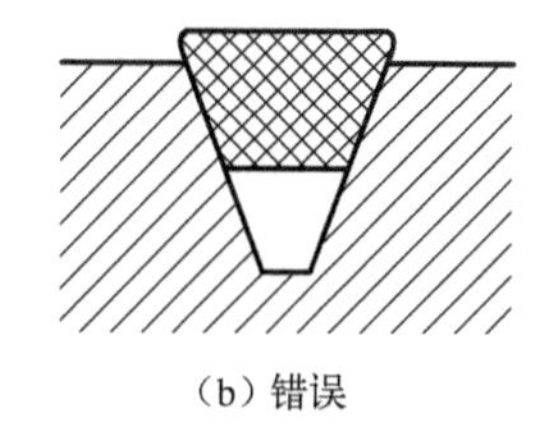

（b）错误

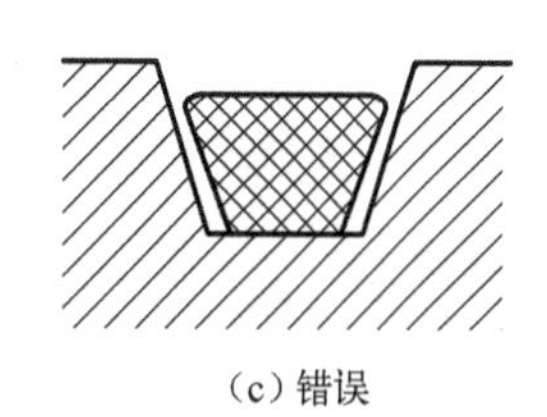

（c）错误

图8-16　V带在轮槽中的位置

（5）应保持带的清洁，避免与酸、碱、油等介质接触，以防变质。注意：带不宜在阳光下曝晒。

8.6 其他带传动简介

8.6.1 同步带传动

同步带传动(见图8-17)综合了带传动与链传动的优点,带的工作面呈齿形,与带轮的齿槽作啮合传动,使主、从动轮间能作无滑差的同步传动。其特点为:传动比准确,对轴作用力小,结构紧凑,耐油、耐磨损,抗老化性能好,传动效率可达99.5%,传递功率从几W到数百kW,传动比可达10,线速度可达40 m/s以上。

聚氨脂同步带由带背、带齿和抗拉层三部分组成。带背和带齿材料为聚氨脂,抗拉层采用钢丝绳,适用于工作温度-20～+80℃的中小功率的高速运转场合。氯丁橡胶同步带由带背、带齿、抗拉层和包布层组成,带背和带齿材料为氯丁橡胶,抗拉层采用玻璃纤维,抗冲击能力强,传递功率大(特别在大功率传动中,优于聚氨脂同步带)。适用工作温度-34～+100℃。

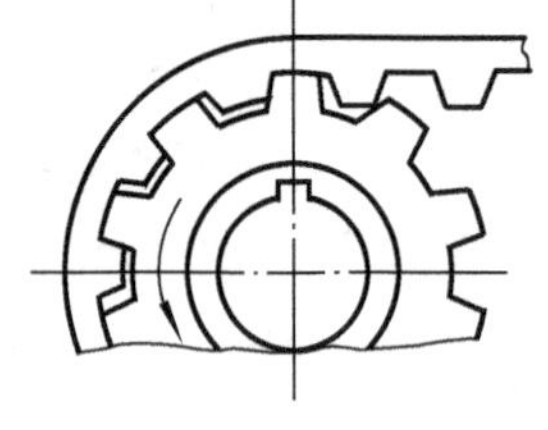

图8-17　同步带传动

8.6.2 高速平带传动

带速$v>30$ m/s或高速轴转速$n_1=10\,000\sim50\,000$ r/min,的平带传动属于高速平带传动;带速$v\geqslant100$ m/s的平带传动为超高速平带传动。

高速平带传动的特点为:

(1) 带速高,最高线速度可达80 m/s;传动比大,且多为增速传动。

(2) 带体薄、轻、软,具有优异的耐弯曲性能,曲挠次数可达3×10^9次/s。

(3) 强度高、伸长小,摩擦因数大,不易打滑,传动效率可达80%以上。

(4) 应用范围广,既能很好地用于小功率传动(如扫描仪),又能用于大功率传动(如大型钢板冷轧机)。

(5) 中心距一般较小,通常一般不使用张紧轮,故中心距必须可调节。

高速平带传动通常为开口传动。定期张紧时,i可达4;自动张紧时,i可达6;采用张紧装置时,i可达8。小带轮直径一般取$d=20\sim40$ mm。

高速平带采用重量轻、薄而均匀、挠曲性好的环形平带,常用的高速平带有三种,涂胶编织平带(见图8-18a)、尼龙片基平带(见图8-18b)、聚氨脂高速平带(见图8-18c)。

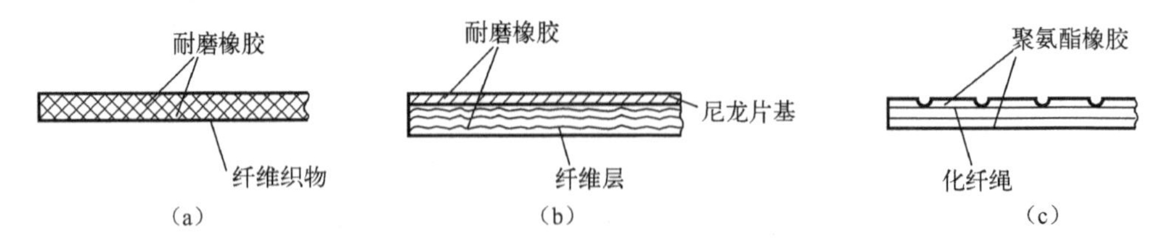

图8-18　高速平带的类型

高速平带轮(见图8-19)要求重量轻、质量均匀、有足够的强度、运行阻力小。带轮应进行精加工,并按设计要求进行动平衡。带轮材料常用铝硅合金或45钢制造。

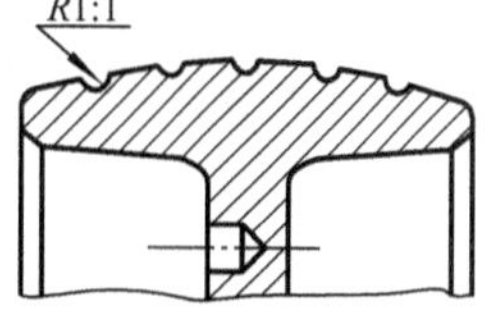

图8-19 高速平带带轮

为防止掉带,大小带轮轮缘表面应有凸弧。轮缘表面还要加工出环形槽,槽间距为5 ~ 10 mm,防止平带与轮缘表面间形成空气层,降低摩擦因数,影响正常传动。

8.6.3 窄V带传动

窄V带(见图8-20)采用合成纤维绳作抗拉体,与普通V带相比,具有以下优点:

(1)带速相同时,传动能力可提高50% ~ 150%;

(2)传递相同的功率时,结构尺寸可减少50%;

(3)带的极限速度可达40 ~ 45 m/s;

(4)带的传动效率可达90% ~ 97%,并且使用寿命长。

窄V带在国外已经广泛应用,特别是在中型和重型设备上,有明显取代普通V带的趋势。我国已将窄V带标准化。

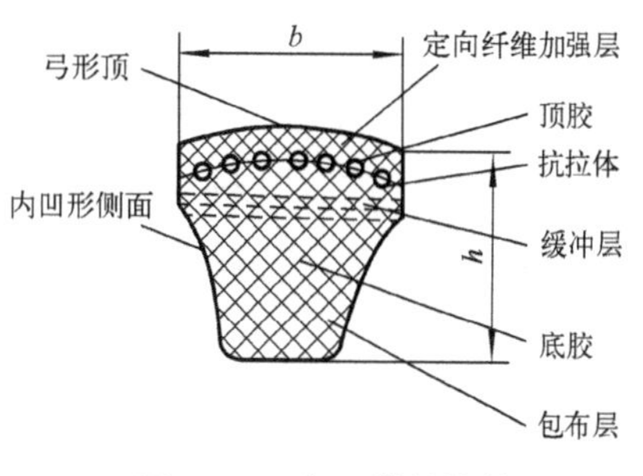

图8-20 窄V带的结构

8.6.4 多楔带传动

聚氨脂多楔带传动(见图8-21)兼有普通V带传动紧凑、高效率和普通平带传动柔软、韧性好等优点。其主要特点为

(1)带体为整体,可消除传动时多根带长短不一的现象,充分发挥带的传动能力;

(2)传动功率大,结构紧凑,能适应带轮直径小的传动;

(3)适应高速传动,带速可达40 m/s,振动小,伸长小,胶带载荷分布均匀。

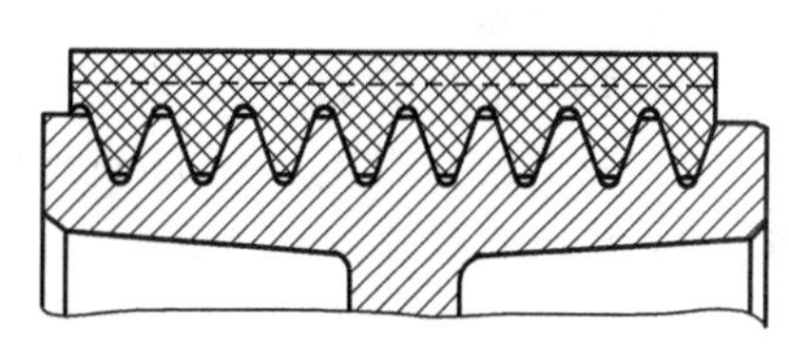

图8-21 多楔带传动

复习思考题

8-1 带的楔角与带轮轮槽的槽角是否相同?为什么?

8-2 带传动中的弹性滑动是怎么产生的?为什么说弹性滑动是不可避免的?

8-3 带传动正常工作时,小带轮与大带轮上的摩擦力是否相等?为什么打滑总是先从小轮开始?

8-4 V带传动设计中,为什么要限制小带轮直径的最小尺寸?

8-5 在多根V带传动中,当一根带失效时,为什么要全部更换?

8-6 有一双速电机与V带组成的传动装置,改变电动机转速可使从动轴得到300 r/min和600 r/min两种转速。若从动轴输出功率不变,试问在设计带传动时应按哪种转速计算?为什么?

8-7 试推导满足既不打滑又具有一定疲劳强度时，单根 V 带所能传递的功率 P_0的公式。

8-8 从小带轮包角 α_1的大小、弯曲应力 σ_b的变化分析图 8-22 中带传动张紧轮布置的利与弊，张紧轮的布置应考虑哪些因素？图中哪两种布置比较合理？

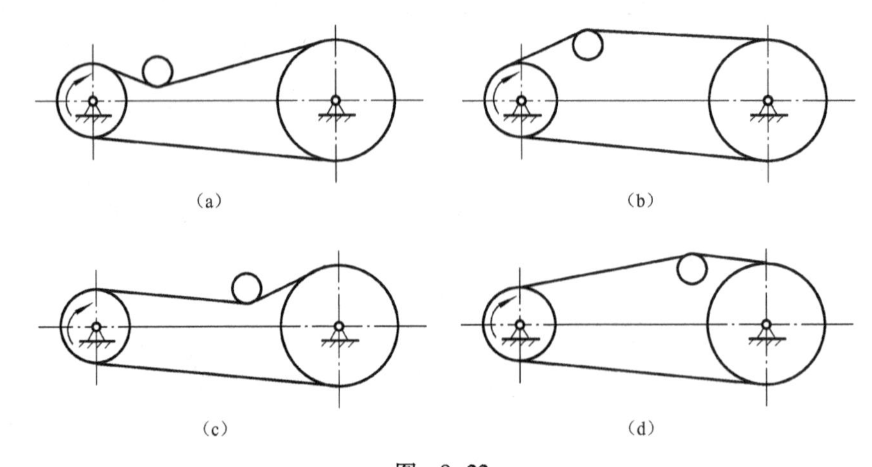

图 8-22

习 题

8-1 单根 B 型普通 V 带传动传递功率 $P=2$ kW，小带轮转速 $n_1=1\ 400$ r/min，小带轮包角 $\alpha_1=175°$，当量摩擦因数 $f_v=0.51$，如下三种情况下分别计算紧边拉力 F_1、松边拉力 F_2，并分析带的传动能力。

（1）当小轮直径 $d_{d1}=125$ mm，初拉力 $F_0=160$ N 时；

（2）当小轮直径 $d_{d1}=140$ mm，初拉力 $F_0=160$ N 时；

（3）当小轮直径 $d_{d1}=125$ mm，初拉力 $F_0=180$ N 时。

8-2 一鼓风机采用普通 V 带传动，电机功率为 5.5 kW，主动轮转速 $n_1=1\ 440$ r/min，中心距 $a\approx800$ mm，每天工作 12 小时，传动比为 3.5，试设计该 V 带传动。

8-3 某立式搅拌机采用普通 V 带传动，已知传递功率 $P=10$ kW，主动轮转速 $n_1=1\ 450$ r/min，从动轮转速 $n_2=650$ r/min，中心距 $a\approx550$ mm，载荷变化不大，两班制工作，试分析：

（1）该带传动可选用的带的型号有哪些？

（2）对其中某型号的带按带轮直径系列，选用三种不同的小轮直径 d_{d1}分别进行设计，并对带传动的设计结果从传动尺寸、带的根数等方面进行分析比较。

（3）对两种不同型号带，按相同小带轮直径进行设计，分析比较设计结果。

8-4 有一 A 型普通 V 带传动，传递功率 $P=2$ kW，初拉力 $F_0=190$ N，主动轮直径 $d_{d1}=90$ mm，从动轮直径 $d_{d2}=180$ mm，中心距 $a=480$ mm，主动轮转速 $n_1=1\ 400$ r/min，带的弹性模量 $E=300$ MPa，试求：

（1）传动中带的最大应力 σ_{max}之值。

（2）分析哪种应力对带的寿命影响最大。

8-5 一离心水泵采用3根B型普通V带传动，主动轮直径 $d_{d1}=140$ mm，从动轮直径 $d_{d2}=280$ mm，中心距 $a=800$ mm，若要求输出转速 $n_2=480$ r/min，工作情况系数 $K_A=1.1$，试问：

(1) 允许传递的最大功率是多少？

(2) 带传动作用在轴上的压轴力有多大？

8-6 有一带式制动器如图8-23所示。制动带轮直径 $D=100$ mm，若制动力矩 $T=90$ N·m，摩擦因数 $f=0.3$，试求：

(1) 求加在杆端的力 F 是多少？

(2) 如果制动轮反方向转动，加在杆端的力 F 又是多少？

(3) 设计制动器时拉紧力是作用在带的松边好，还是紧边好？

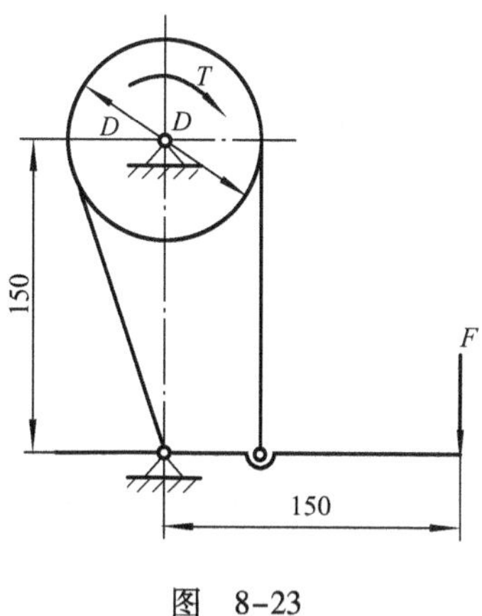

图 8-23

8-7 某普通V带传动传递功率 $P=5$ kW，带速 $v=8$ m/s，紧、松边拉力之比 $F_1/F_2=3$。试求紧边拉力及有效圆周力。若小带轮包角 $\alpha_1=150°$、摩擦因数 $f=0.4$，带截面楔角 $\varphi=40°$，问该传动是否处于极限状态？

8-8 设普通V带传动的小带轮转速 $n_1=1\,450$ r/min，传动比 $i=2$。选用B型V带，带基准长度 $L_d=2\,240$ mm，单班制，工作平稳。当分别选用直径 $d_{d1}=140$ mm 和 180 mm 的小带轮时（中心距可变），单根带所能传递的功率各为多少？

8-9 有一Y型交流电动机通过普通V带传动驱动一离心式水泵。电动机额定功率为22 kW，转速 $n_1=1\,470$ r/min，离心式水泵工作功率为20 kW，转速 $n_2=970$ r/min，两班制工作。试设计该V带传动。

第9章　链　传　动

本章学习提要

本章要点包括:①熟悉链传动的类型、工作原理、特点、运动特性和应用。②滚子链传动的运动分析、受力分析和动载荷。③滚子链传动的失效形式和设计准则、设计方法、步骤以及设计参数的选择。④熟悉滚子链轮的结构和设计。⑤了解滚子链传动的润滑和布置。

本章重点是滚子链传动的设计计算方法和设计参数的选择。

9.1　链传动概述

链传动由主动链轮1、链条2和从动链轮3组成,链条为中间挠性件,如图9-1所示。工作时,靠链轮轮齿与链节的啮合来传递运动和动力。

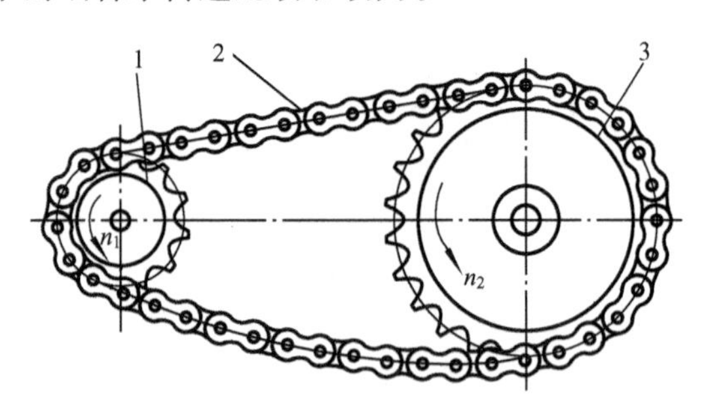

图9-1　链传动

1—主动链轮;2—链条;3—从动链轮

9.1.1　链传动的类型

按用途不同,链传动可分为传动链、起重链和曳引链。传动链主要用于机械传动中,传递运动和动力,应用广泛。起重链和曳引链主要用于起重机械和运输机械。

传动链主要有传动用短节距精密套筒链(简称套筒链),传动用短节距精密滚子链(简称滚子链),见图9-2a,传动用齿形链(简称齿形链),图9-2b和成型链等类型。其中滚子链的产量最多,应用最广。本章主要讨论滚子链传动的设计。

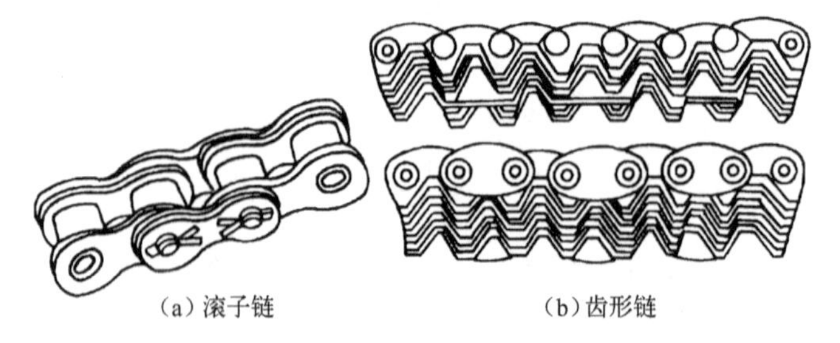

(a) 滚子链　　(b) 齿形链

图9-2　传动链

9.1.2　链传动的特点及应用

链传动是具有中间挠性件的啮合传动，与带传动相比，链传动的主要优点是没有弹性滑动和打滑，能保持准确的平均传动比，传动效率较高，对轴的压力较小，传递功率大，过载能力强，能在低速、重载下较好工作，能适应恶劣环境；与齿轮传动相比，链传动的制造与安装精度要求较低，成本低廉，易于实现较大距离的传动。

链传动的主要缺点是：瞬时链速和瞬时传动比都是变化的，工作中有冲击和噪声，传动平稳性较差，不宜用于载荷变化大和转动方向频繁改变的传动，并且只能用于平行轴间的传动。

链传动广泛用于中心距较大，要求平均传动比准确的传动；环境恶劣的开式传动；低速重载传动和润滑良好的高速传动中。通常，链传动传递的功率 $P<100$ kW，链速 $v\leqslant15$ m/s，传动比 $i\leqslant8$，传动中心距 $a\leqslant5\sim6$ m，传动效率 $\eta=0.95\sim0.98$。

9.1.3　滚子链

滚子链的结构如图 9-3 所示，它由外链板 1、内链板 2、销轴 3、套筒 4 和滚子 5 组成。销轴与外链板、套筒与内链板分别采用过盈配合连接；而销轴与套筒、滚子与套筒之间分别采用间隙配合。当链条链节与链轮轮齿啮合时，滚子沿链轮齿廓滚动，为减轻重量和运动时的惯性，链板一般做成∞字形，使其各截面接近等强度。

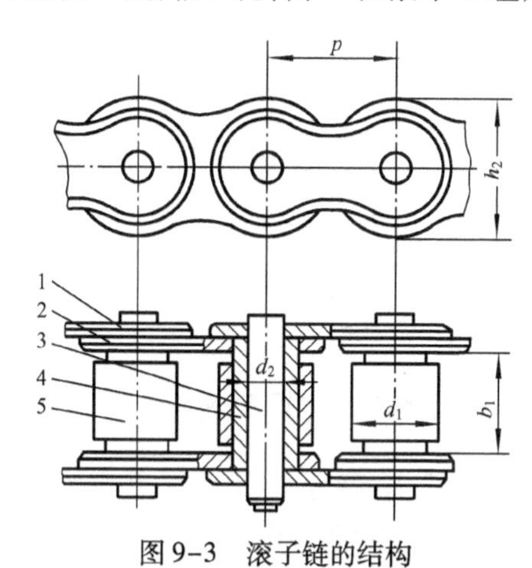

图 9-3　滚子链的结构

1—外链板；2—内链板；3—销轴；4—套筒；5—滚子

滚子链是标准件，滚子链的基本参数是链节距 p，即链条上相邻两销轴中心的距离。链节距 p 越大，链的各部分尺寸越大，链传递的功率也越大。表 9-1 列出 GB/ T 1243—2006 规定的滚子链的部分规格和主要参数。滚子链分 A、B、H 三个系列，A 系列用于设计，B 系列仅用于维修，H 系列为重型系列。

表 9-1　滚子链规格和主要参数(摘自 GB/T 1243—2006)

链　号	节距 p/mm	排距 p_t/mm	滚子外径 d_1/mm	抗拉强度(单排) F_{lim}/kN	每米质量(单排) q/(kg·m^{-1})
08A	12.70	14.38	7.92	13.9	0.60
10A	15.875	18.11	10.16	21.8	1.00
12A	19.05	22.78	11.91	31.3	1.50
16A	25.40	29.29	15.88	55.6	2.60
20A	31.75	35.76	19.05	87.0	3.80
24A	38.10	45.44	22.23	125.0	5.60
28A	44.45	48.87	25.40	170.0	7.50
32A	50.80	58.55	28.58	223.0	10.10
40A	63.50	71.55	39.68	347.0	16.10
48A	76.20	87.83	47.63	500.0	22.60

注：1. 表中链号与相应的国际标准链号一致，链号数乘以 25.4/16 mm 即为链节距值。

2. 过渡链节 F_{lim} 值取表列数值的 80%。

3. 标记示例：链号为 10A、单排、100 节链长的滚子链：滚子链 10A－1×100 GB/T1243—2006。

滚子链有三种接头形式，当链节数 L_p 为偶数时，接头处可用开口销（见图 9-4a）或弹簧锁片锁紧（见图 9-4b）。当链节数为奇数，需采用过渡链节（见图 9-4c）。过渡链节的链板受拉时受到附加弯曲应力，其强度低于正常链板，故设计时，应尽量采用偶数链节的链。

滚子链分为单排链（见图 9-3）、双排链（见图 9-5）和多排链。多排链是将单列链并列、由长销轴连接而成。多排链的承载能力和排数成正比，但排数越多，各排受力不均匀的现象就越明显，因此，一般排数不超过 3 排和 4 排。

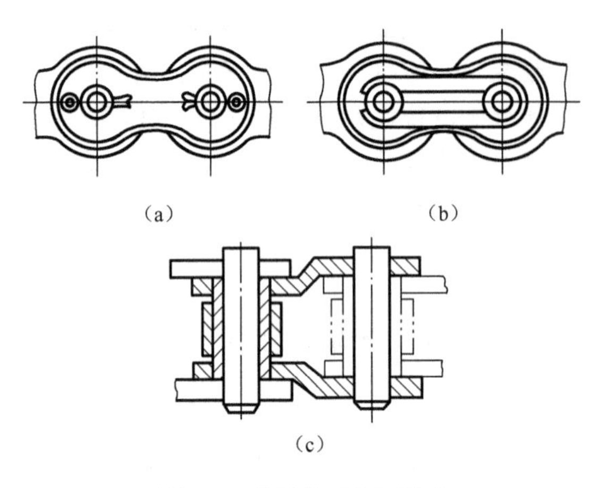

图 9-4　滚子链的接头形式

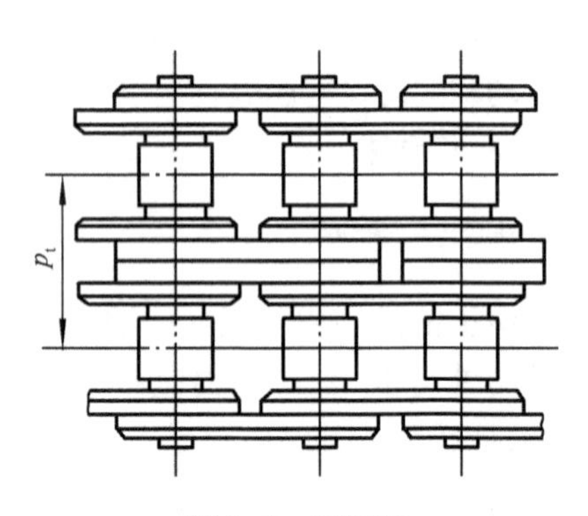

图 9-5　双排链

9.2　链传动的工作情况分析

9.2.1　链传动的运动分析

链条是由链节通过销轴铰接而成的刚性件，当链条绕在链轮上时，呈正多边形（见图 9-6a）。正多边形的边数等于链轮齿数 z，边长等于链条节距 p。链轮每转一周，随之转过的链长为 zp，当主、从动链轮转速分别为 n_1、n_2，齿数分别为 z_1、z_2，则平均链速 v 可表示为

$$v=\frac{n_1z_1p}{60\times 1\ 000}=\frac{n_2z_2p}{60\times 1\ 000} \tag{9-1}$$

由上式可得平均传动比

$$i=\frac{n_1}{n_2}=\frac{z_2}{z_1} \tag{9-2}$$

实际上，链传动的瞬时链速和瞬时传动比都是在一定范围内变化的。

如图 9-6 所示，主动链轮以等角速度 ω_1 转动，设链条紧边处于水平位置。当链节进入主动链轮时，铰链的销轴随着链轮的转动而不断改变其位置，销轴 A 的轴心是沿着链轮分度圆运动的，其圆周速度 $v_1=r_1\omega_1$ 可分解为沿着链条前进方向的水平分速度 v_{1x} 和作上下运动的垂直分速度 v_{1y}。链条的水平分速度 v_{1x} 为

$$v_{1x}=v_1\cos\beta=r_1\omega_1\cos\beta \tag{9-3}$$

式中，β—A 点的圆周速度与水平线的夹角。

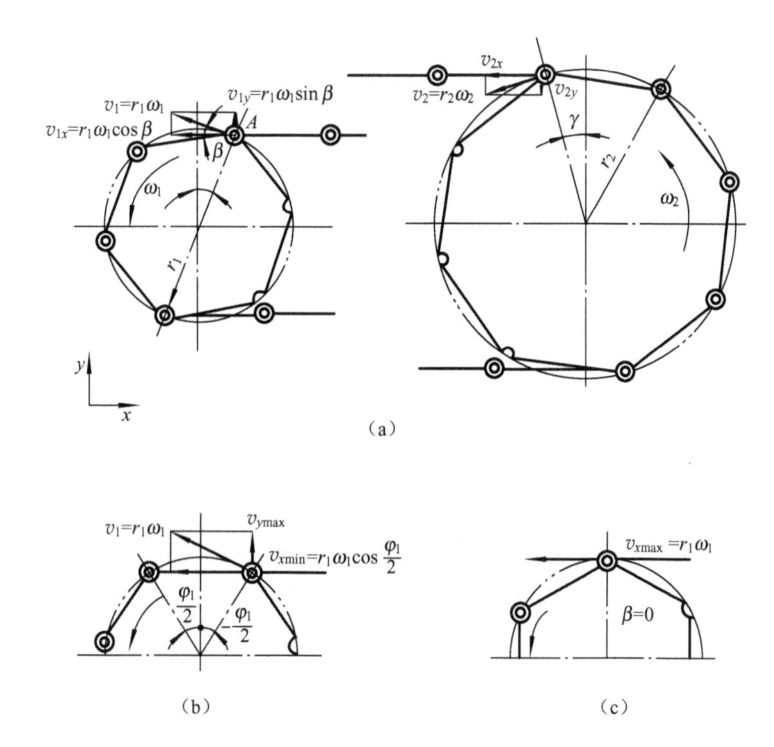

图 9-6 链传动的速度分析

如图 9-6 所示,在一个链节从进入啮合至终止啮合的过程中,β 角大小将随链轮的转动而变化,其变化范围为:$[-\varphi_1/2,\ +\varphi_1/2]$。显然,$v_{1x}$将随 β 角的变化而作周期性地变化,β 角的变化范围与链轮齿数有关,链轮齿数越少,ϕ_1 值越大,水平分速度 v_{1x}的变化也越大。

链条的垂直分速度为:$v_{1y}=v_1\sin\beta=r_1\omega_1\sin\beta$,它也作周期性变化,导致链条上下抖动。

由于链速 v_x 周期性变化,导致从动轮角速度 ω_2 也周期性变化。设从动链轮 2 分度圆上的圆周速度为 v_2,由图 9-6 可知

$$v_{2x}=v_2\cos\gamma=r_2\omega_2\cos\gamma \tag{9-4}$$

由式(9-3)和式(9-4)可得瞬时传动比为

$$i'=\frac{\omega_1}{\omega_2}=\frac{r_2\cos\gamma}{r_1\cos\beta} \tag{9-5}$$

由于角 β 和角 γ 都随链轮的转动而变化,虽然 ω_1 是定值,ω_2 却随角 β 和角 γ 而变化,瞬时传动比 i'也随之变化,致使链传动不可避免地要产生振动和动载荷。因此,在设计链传动时,为了减轻振动和动载荷,应尽量减小链节距,增加链轮齿数,限制链速。

9.2.2 链传动的受力分析

链在工作时,为了使松边不至于过分下垂,以保证链条正常啮合和减轻振动、防止跳齿或脱链等现象,链传动在安装时,应使链条适当张紧。

链传动的紧边和松边拉力是不相等的。若不考虑传动中的动载荷,作用在链上的力主要

有:由链传动传递的工作拉力 F、离心拉力 F_c 和悬垂拉力 F_y。

(1) 工作拉力 F　它与所传递的功率 P(kW)和链速 v(m/s)有关

$$F=\frac{1\,000P}{v} \tag{9-6}$$

(2) 离心拉力 F_c　设每米链长的质量为 q(kg/m)　链速为 v(m/s)

$$F_c=qv^2 \tag{9-7}$$

(3) 悬垂拉力 F_y　悬垂拉力的大小与链条松边的垂度和传动的布置有关,可按下式求得

$$F_y=K_y qga \tag{9-8}$$

式中　a——中心距,m;

g——重力加速度,$g=9.81\ \mathrm{m/s^2}$;

q——每米链长的质量,kg/m,见表 9-1;

K_y——垂度系数,即下垂度 $y=0.02a$ 时的系数,其值与两轮中心线与水平线的夹角 α(图 9-7)有关,水平布置时 $K_y=7$;垂直布置时 $K_y=1$;$\alpha=30°$时 $K_y=6$,$\alpha=60°$时 $K_y=4$,$\alpha=75°$时 $K_y=2.5$。

链的紧边拉力 F_1 和松边拉力 F_2 分别为

$$\left.\begin{aligned}F_1&=F+F_c+F_y\\F_2&=F_c+F_y\end{aligned}\right\} \tag{9-9}$$

链条作用在轴上的力(即压轴力)F_Q,可近似取为

$$F_Q=(1.2\sim1.3)F \tag{9-10}$$

水平布置时取较大值。

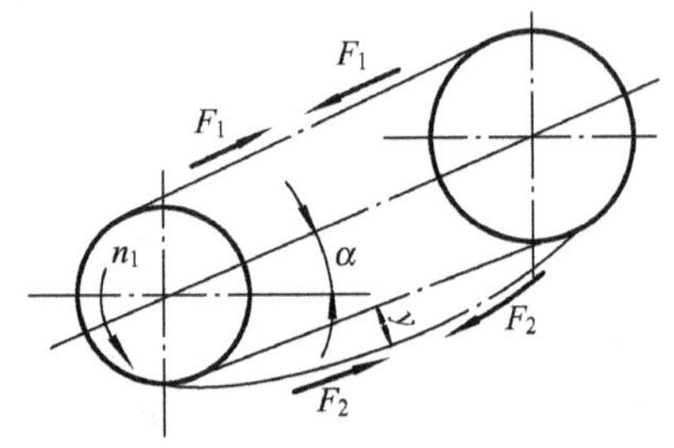

图 9-7　作用在链上的力

9.2.3　链传动的动载荷

链传动在工作时,由于运动的不均匀性,将产生动载荷,引起振动、冲击和噪声,影响链传动的性能和使用寿命。动载荷产生的原因主要有:

(1) 链速和从动轮角速度的周期性变化产生的加速度,从而引起的附加动载荷。链轮转速越高,链节距越大,链轮齿数越少,动载荷越大。

(2) 链条垂直分速度的周期性变化产生的垂直加速度,使链条产生振动。

(3) 当链节进入链轮的瞬间,链节和轮齿以一定的相对速度啮合,使链节和轮齿受到冲击,并产生附加的冲击载荷。

(4) 若链条有较大的松边垂度,在起动、制动、反转、载荷变化的情况下,将产生惯性冲击,使链传动产生较大的惯性冲击载荷。

综上所述,在设计链传动时,采用较多的链轮齿数和较小的链节距,链传动工作时,链条不要过松,并限制链轮的转速,可降低链传动的动载荷。

9.3 滚子链传动的设计

9.3.1 链传动的主要失效形式

链传动的主要失效形式有以下几种：

(1) 链板疲劳破坏

链条工作时，链板在变应力作用下，经过一定的循环次数后，即可能发生疲劳破坏。在正常润滑的条件下，链板的疲劳强度是决定链传动能力的主要因素。

(2) 链条铰链磨损

链条工作时，其销轴和套筒间存在相对滑动，并产生摩擦磨损，从而使链节变长。链节伸长后，在与链轮啮合时，接触点将移向轮齿齿顶，这将引起跳齿和脱链，致使传动失效。铰链磨损是开式或润滑不良的链传动的主要失效形式。

(3) 滚子、套筒的冲击疲劳破坏

由链传动运动分析可知，链条在进入链轮的瞬间会产生冲击，速度越高，冲击越大。反复起动、制动的链传动也会有冲击。经受多次冲击后，滚子、套筒可能发生冲击疲劳破坏，致使链传动失效。

(4) 销轴与套筒的胶合

在润滑不良或链轮转速过高时，可能造成销轴和套筒间的润滑油膜被破坏导致胶合。因此，胶合限制了链传动的极限转速。

(5) 链条过载拉断

在低速重载或严重过载时，链条所受载荷超过链条静强度时链条会被拉断。

9.3.2 滚子链的功率曲线

链传动的各种失效形式都在一定条件下限制了链条的承载能力，滚子链的极限功率曲线，见图9-8。实际使用的功率应在各极限功率曲线范围以内，见图中的修正功率曲线5所限定的范围。当润滑不良、工况恶劣时，磨损将很严重，极限功率将大幅度下降，见图中虚线6。

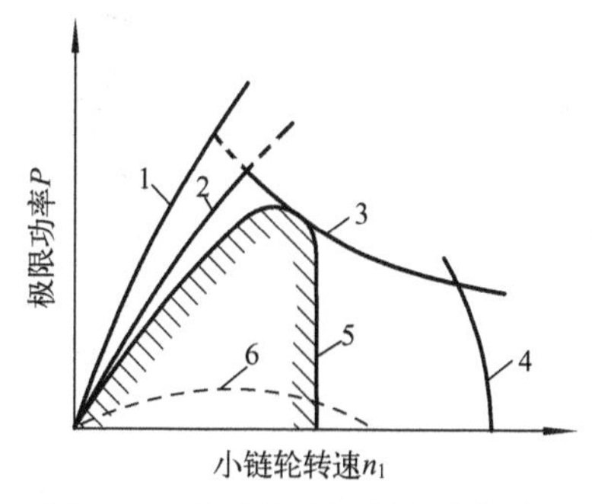

图9-8 滚子链的极限功率曲线

1—润滑良好时由磨损失效限定；2—由链板疲劳强度限定；3—由滚子、套筒冲击疲劳强度限定
4—由销轴和套筒胶合限定；5—修正功率曲线；6—润滑恶劣时由磨损失效限定

图 9-9 为 A 系列单排滚子链的修正功率曲线，它是在规定实验条件下得到的，即：单排滚子链平行布置，两链轮共面；小链轮齿数 $z_1=19$；传动比 $i=3$；链节数 $L_p=120$ 节；运转平稳；按图 9-10 所推荐的方式润滑；工作寿命为 15 000 h；链条因磨损引起的相对伸长量不超过 3%；工作温度为 -5 ～ +70℃。

当实际使用情况不符合规定实验条件时，应将链所传递的功率 P 经一系列修正，然后根据修正功率 P_c 及小链轮转速 n_1 由图 9-9 中查出所需的 A 系列单排滚子链的链号。修正功率为

$$P_c = f_1 f_2 P \tag{9-11}$$

式中 f_1——应用系数，见表 9-2；

f_2——小链轮齿数系数，小链轮齿数从 11 齿到 45 齿的 f_2 值可由图 9-11 查得。

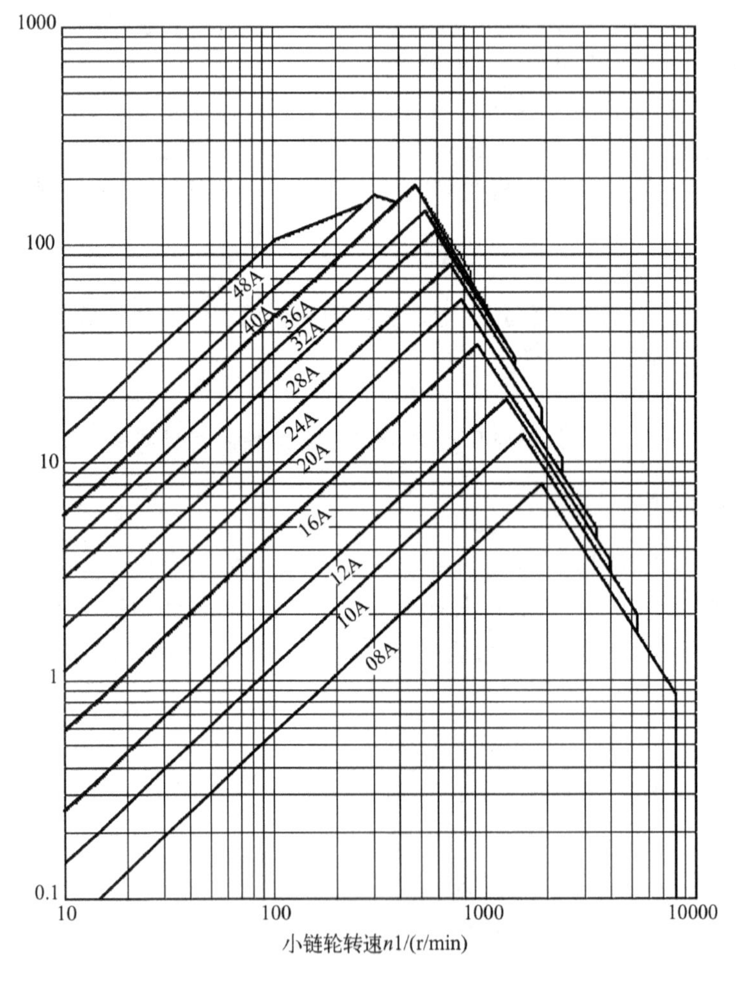

图 9-9　A 系列单排滚子链的修正功率曲线

注 1：双排链的修正功率可以用单排链的 P_c 值乘以 1.7 计算得到。

注 2：三排链的修正功率可以用单排链的 P_c 值乘以 2.5 计算得到。

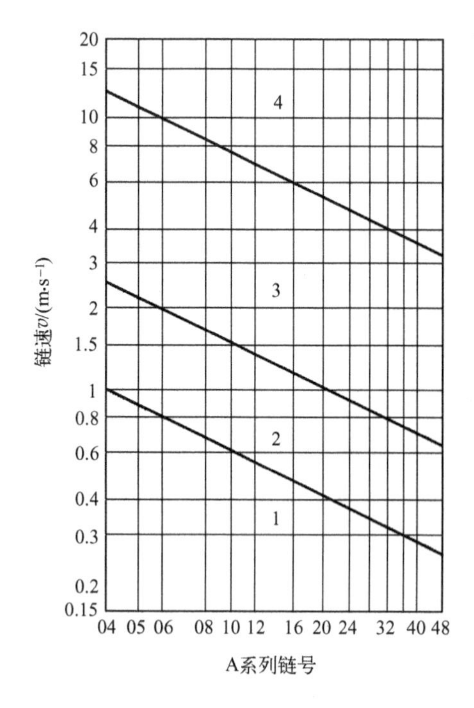

图9–10　推荐的润滑方式

1—人工定期润滑;2—滴油润滑

3—油浴或飞溅润滑;4—强制润滑

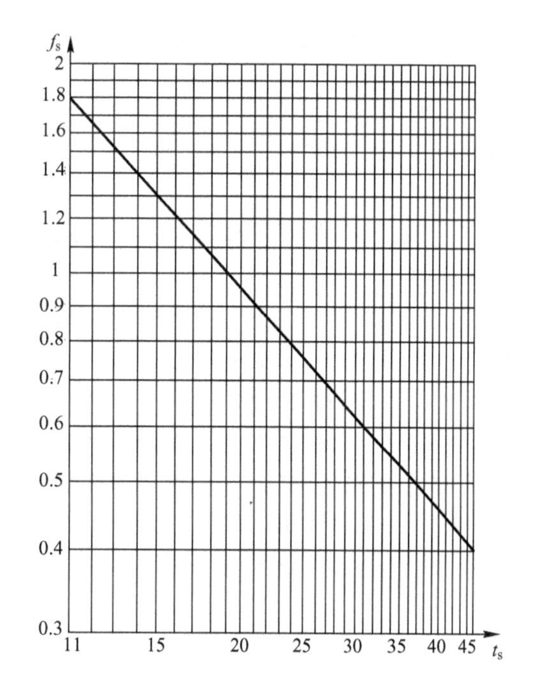

图9–11　小链轮齿数系数

表9–2　应用系数f_1

工作机特性		原动机特性		
		平稳运转	中等振动	严重振动
载荷性质	工作机	电动机、汽轮机和燃气轮机、带有液力变矩器的内燃机	带机械联轴器的六缸或六缸以上内燃机、频繁起动的电动机(每天多于两次)	带机械联轴器六缸以下内燃机
平稳运转	离心式泵和压缩机、印刷机、平稳载荷的皮带输送机、纸张压光机、自动扶梯、液体搅拌机和混料机、旋转干燥机、风机	1.0	1.1	1.3
中等振动	三缸或三缸以上往复式泵和压缩机、混凝土搅拌机、载荷不均匀的输送机、固体搅拌机和混合机	1.4	1.5	1.7
严重振动	电铲、轧机和球磨机、橡胶加工机械、刨床、压床和剪床、单缸或双缸泵和压缩机、石油钻采设备	1.8	1.9	2.1

9.3.3 滚子链传动主要参数选择和设计计算

设计滚子链传动时的原始数据有：传递的功率 P、主、从动链轮的转速 n_1、n_2（或传动比 i）、原动机的种类、载荷性质和工作条件等。设计计算的主要内容有：确定链轮齿数 z_1、z_2、链号、链节数 L_p、排数 m、传动中心距 a 和链轮的结构尺寸等。

1. 链轮的齿数和传动比

链轮齿数的多少不但对传动尺寸有影响，而且对链传动的平稳性和使用寿命有很大影响，齿数过少会使运动不均匀性和动载荷加剧，单个链齿所受压力加强，链节间的相对转角增大，加速链轮与链条的磨损。链轮齿数过多，除增大了传动尺寸和质量外，还会使滚子与链轮齿的接触点向链轮齿顶移动，进而发生跳齿和脱链现象，导致链条使用寿命缩短，如图 9-12所示，销轴和套筒磨损后，链节距的增长量 Δp 和链节沿轮齿齿顶方向的移动量 Δd 有如下关系：

$$\Delta p = \Delta d \sin \frac{180°}{z} \tag{9-12}$$

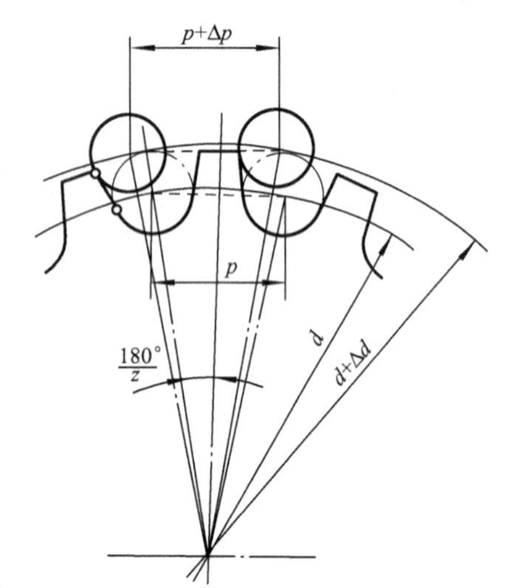

图 9-12　节圆外移量与链节距增长量的关系

当链节距的增长量 Δp 一定的条件下，链轮齿数越多，不发生脱链允许的增加量 Δp 就越小，链条的寿命就越短。

小链轮齿数可根据链速由表 9-3 选取。大链轮齿数 $z_2 = iz_1$，通常限制 $z_2 \leqslant 120$。由于链节数常为偶数，为使磨损均匀，链轮齿数一般应取与链节数互为质数的奇数，并优先选用下列数 17、19、21、23、25、38、57、76、95 和 114。

表 9-3　小链轮齿数 z_1

链速 v/(m/s)	0.6～3	3～8	>8
z_1	≥17	≥21	≥25

传动比过大时，会导致链条在小链轮上的包角过小，小链轮啮合齿数过少，容易出现跳齿或加速轮齿的磨损。通常限制链传动的传动比 $i \leqslant 7$，推荐的传动比 $i = 2 \sim 4$。当 $v \leqslant 2$m/s 且载荷平稳时，i_{max} 可达 10。传动比过大时，为了保证足够的啮合齿数，应减小每级的传动比，采用二级或二级以上传动。

2. 链节距和排数

链节距 p 是链传动的主要参数，它反映了链条和链轮各部分尺寸大小。节距越大，承载能力越大，但链和链轮的尺寸会增大，传动的不均匀性、动载荷、冲击和噪声也都越严重。因此，在满足传递功率的前提下，尽量选择较小的链节距。从经济上考虑，当中心距小、速度高、功率和传动比大时，宜选择小节距多排链；当中心距大，传动比小时，宜选取大节距单排链。

3. 中心距和链节数

中心距的大小对链传动性能影响很大。中心距小，单位时间内链条绕转次数增多，加剧了链条的磨损和疲劳破坏；同时，由于中心距小，链条在小链轮上的包角变小，啮合的齿数减少，易出现跳齿和脱链现象。中心距太大，链的垂度过大，传动时造成松边颤动。设计时，一般初选中心距 $a_0=(30\sim50)p$，最大中心距 $a_{0max}=80p$。有张紧装置时，中心距 a_{0max} 可大于 $80p$；对中心距不能调整的传动，$a_{0max}=30p$。

链条长度以链节数表示。与带传动相似，链节数 L_p 与中心距 a 之间的关系为

$$L_p=\frac{2a_0}{p}+\frac{z_1+z_2}{2}+\frac{p}{a_0}\left(\frac{z_2-z_1}{2\pi}\right)^2 \tag{9-13}$$

按式(9-13)计算得的 L_p 应圆整为相近的整数，且最好为偶数，然后根据圆整后的链节数 L_p，计算实际中心距 a

$$a=\frac{p}{4}\left[\left(L_p-\frac{z_1+z_2}{2}\right)+\sqrt{\left(L_p-\frac{z_1+z_2}{2}\right)^2-8\left(\frac{z_2-z_1}{2\pi}\right)^2}\right] \tag{9-14}$$

为便于链的安装和保证合适的松边下垂量，实际中心距应比理论中心距小。中心距可调时，实际中心距可比理论中心距减少 $(0.003\sim0.004)a$；中心距不可调时，可减少 $(0.002\sim0.003)a$。

4. 链传动作用在轴上的力（简称压轴力）$\boldsymbol{F_Q}$

链传动的压轴力 F_Q 可近似取为

$$F_Q=F_1+F_2\approx(1.2\sim1.3)F \tag{9-15}$$

式中 F 为工作拉力(N)。

链条张紧的目的主要是使松边垂度不致过大，若松边垂度过大，将影响链条和链轮轮齿的啮合，容易产生振动、跳齿和脱链。链传动的张紧力是靠保持适当的垂度产生悬垂力或通过张紧装置达到的。

9.3.4 低速链传动的静强度计算

对于链速 $v<0.6$ m/s 的低速链传动，主要失效形式是链条静力拉断，设计时应进行静强度计算。静强度安全系数 S_c 应满足下要求

$$S_c=\frac{nF_{lim}}{f_1F_1}\geqslant4\sim8 \tag{9-16}$$

式中 F_{lim}——单排链抗拉强度(kN)，见表9-1；

n——排数；

F_1——链的紧边拉力，kN；

f_1——应用系数，见表9-2。

9.4 滚子链链轮

9.4.1 链轮的齿形

链轮的齿形应便于加工，保证链节能平稳地进入啮合和退出啮合，不易脱链，并且尽量减少啮合时与链节的冲击。滚子链和链轮的啮合属于非共轭啮合，国家标准中没有规定具体的

链轮齿形,仅规定了滚子链链轮齿槽的齿槽圆弧半径 r_e、齿沟圆弧半径 r_i 和齿沟角 α(图 9-13)的最大和最小值,在极限齿槽形状之间的各种标准齿形均可采用。目前常用的端面齿形是三圆弧一直线齿形,如图 9-14 所示,齿形由三段圆弧 $\overset{\frown}{aa}$、$\overset{\frown}{ab}$、$\overset{\frown}{cd}$ 和一段直线 $\overline{bc}$ 组成。

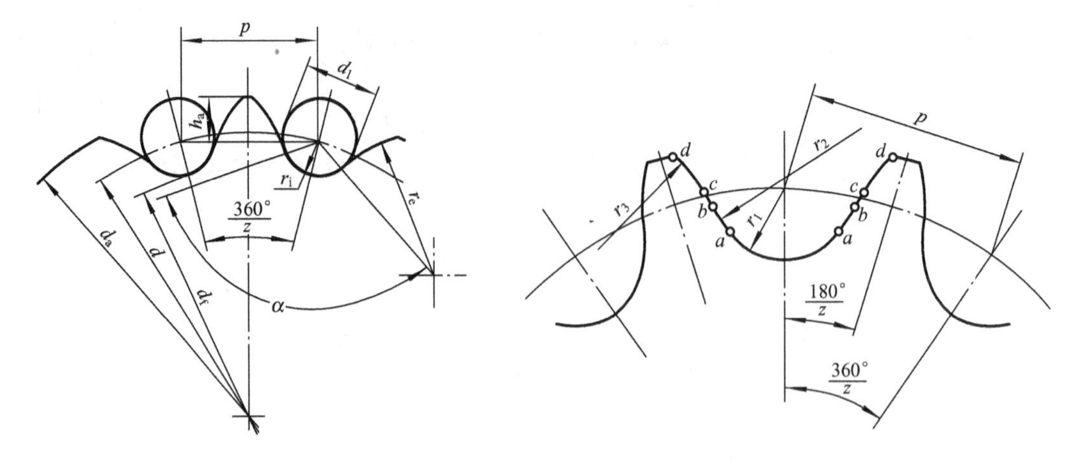

图 9-13　滚子链链轮齿形　　　　图 9-14　三圆弧一直线齿形

链轮的基本参数是配用链条的节距 p,滚子外径 d_1,排距 p_t 及齿数 z。采用三圆弧一直线齿形时,链轮分度圆(链条滚子中心所在的圆)直径 d、齿顶圆直径 d_a、齿根圆直径 d_f 等主要尺寸的计算式,见表 9-4。

当选用三圆弧一直线齿形并用相应的标准刀具加工时,在链轮工作图上不必画出其齿形,只需注明链轮的基本参数和主要尺寸,并注明何种齿形。

表 9-4　滚子链链轮主要尺寸及计算公式

计算项目	符　号	计算公式
分度圆直径	d	$d=\dfrac{p}{\sin(180°/z)}$
齿顶圆直径	d_a	$d_a=p(0.54+\cot(180°/z))$
齿根圆直径	d_f	$d_f=d-d_1$　　d_1:滚子直径

注:d_a 取整数值,其他尺寸精确到 0.01 mm。

链轮的轴面齿形如图 9-15 所示,两侧齿廓为圆弧状,以便于链节进入和退出啮合。

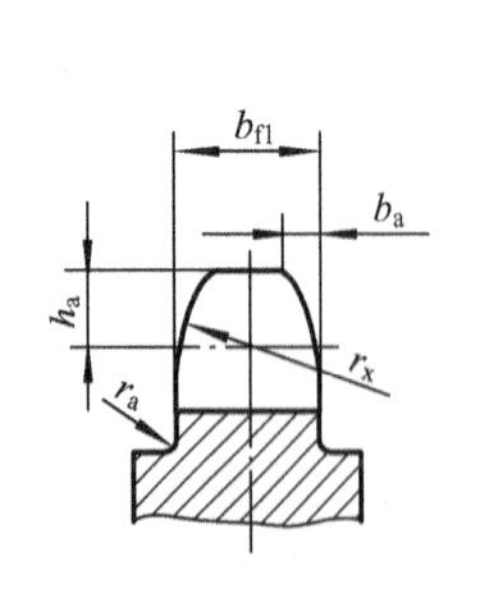

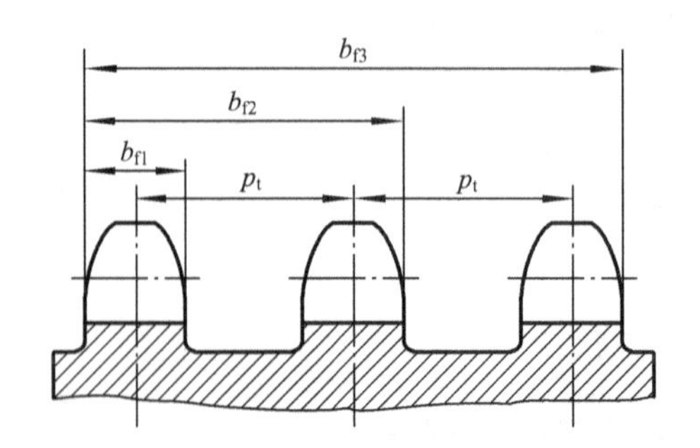

图 9-15　轴面齿形

9.4.2 链轮结构

链轮结构如图9-16所示。小直径链轮可制成实心式(图9-16a),中等直径链轮可制成孔板式(图9-16b),大直径链轮可采用组合结构(图9-16c、d)。组合式链轮轮齿磨损后,齿圈可更换。

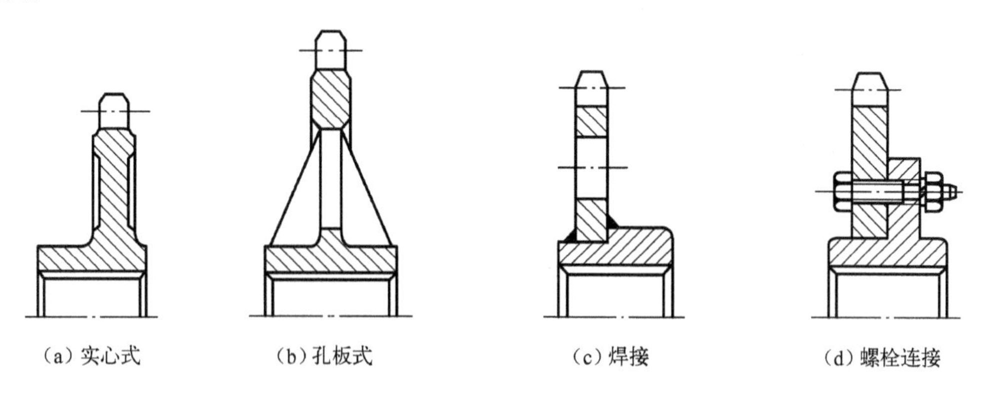

图9-16 链轮的结构

9.4.3 链轮材料

链轮材料应具有足够的强度和耐磨性。由于小链轮的啮合次数比大链轮多,所受冲击也较严重,所以小链轮的材料的力学性能应优于大链轮。常用的链轮材料有碳素钢(如Q235、Q275、45、50、ZG310-570等)、灰铸铁(如HT200)等。重要的链轮可采用合金钢。

9.5 链传动的布置、张紧和润滑

9.5.1 链传动的布置

链传动的合理布置应从以下几方面考虑:

(1)链传动应布置在铅垂平面内,尽可能避免链轮回转平面布置在水平或倾斜平面内。如确有需要,则应考虑加托板或张紧轮等装置,并尽量减小中心距。

(2)两链轮的回转平面应在同一平面内,否则易造成链条脱落和不正常磨损。

(3)两链轮中心连线最好在水平面布置(图9-17a),若需要倾斜布置时,倾角 α 应尽量小于45°(图9-17b)。如果必须垂直布置时,应避免 $\alpha=90°$,可采用中心距可调、设张紧装置或上下两轮偏置(图9-17c)。

(4)链传动最好使链条的紧边在上、松边在下(图9-17a),以防松边下垂量过大导致链条与链轮轮齿发生干涉或松边与紧边相碰。

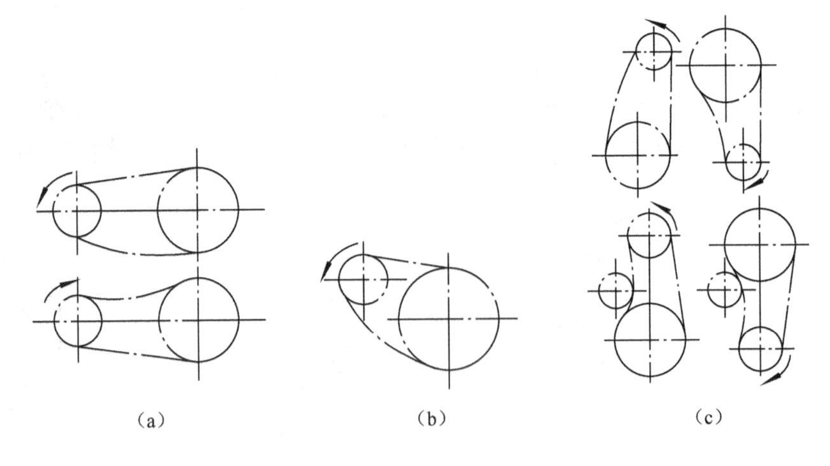

图 9-17　链传动的布置

9.5.2　链传动的张紧

链传动张紧的目的在于调节链条松边的垂度，增大包角和补偿链条磨损后的伸长，使链条与链轮啮合良好，减轻冲击和振动。

常用的张紧方法是：①通过调节中心距来控制张紧程度；②拆除链节，最好去掉 2 个链节，以避免采用过渡链节；③采用张紧装置（见图 9-18），张紧轮一般是紧压在松边靠近小链轮处，张紧轮可以是链轮或滚轮，直径应与小链轮的直径相近。张紧轮有自动张紧（见图 9-18a）及定期张紧（见图 9-18b）两种，另外还可用压板和托板张紧（见图 9-18c）。

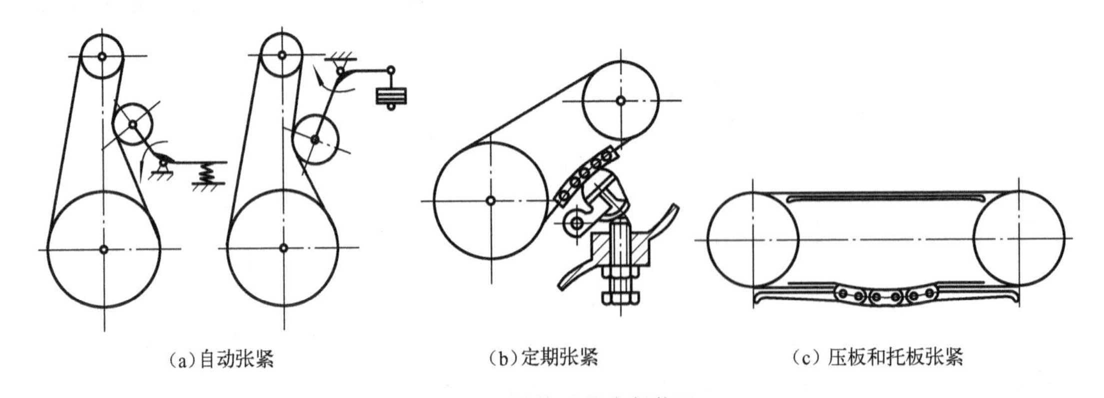

图 9-18　链传动的张紧装置

9.5.3　链传动的润滑

链传动的润滑十分重要，对高速、重载的链传动更为重要。良好的润滑可缓和冲击，减轻磨损，延长链条使用寿命。图 9-10 推荐了四种常用的润滑方法。

润滑油可选用 L-AN32、L-AN46、L-AN68 全损耗系统用油，环境温度高或载荷大时宜取粘度高者；反之粘度宜低。对于开式及重载低速传动，可在润滑油中加入 M_0S_2，WS_2 等添加剂。对用润滑油不便的场合，允许涂抹润滑脂，但应定期清洗与涂抹。

例 设计一拖动某带式运输机的滚子链传动。已知:电动机型号 Y160M－6(额定功率 $P=7.5\,\text{kW}$,转速 $n_1=970\,\text{r/min}$),从动轮转速 $n_2=300\,\text{r/min}$,载荷平稳,链传动的中心距不应小于 550 mm,要求中心距可调整。

解:(1) 选择链轮齿数

假设链速 $v=3\sim8\,\text{m/s}$,由表 9-3 选小链轮齿数 $z_1=21$,大链轮齿数为

$z_2=i\,z_1=z_1\dfrac{n_1}{n_2}=21\times\dfrac{970}{300}=67.9$,取 $z_2=68<120$,合适。

(2) 确定单排链的修正功率

工作平稳,电动机拖动,由表 9-2,选 $f_1=1$;按 $z_1=21$,由图 9-11 查得 $f_2=0.9$。

修正功率为

$$P_c=f_1f_2P=1\times0.9\times7.5=6.75\,\text{kW}$$

(3) 确定链节距 p

根据链的修正功率 $P_c=6.75\,\text{kW}$ 和小链轮转速 $n_1=970\,\text{r/min}$,由图 9-9 确定滚子链型号为 10A ,查表 8－10 得 链节距 $p=15.875\,\text{mm}$。

(4)初定中心距 a_0,取定链节数 L_p

初定中心距 $a_0=(30\sim50)p$ 取 $a_0=40p$。

由式 8－42

$$L_p=\frac{2a_0}{p}+\frac{z_1+z_2}{2}+\frac{p}{a_0}\left(\frac{z_2-z_1}{2\pi}\right)^2=\frac{2\times40p}{p}+\frac{21+68}{2}+\frac{p}{40p}\left(\frac{68-21}{2\pi}\right)^2=125.9$$

取 $L_p=126$ 节(取偶数)

(5) 确定中心距

传动中心距,由式 8－43 得

$$a=\frac{p}{4}\left[\left(L_p-\frac{z_1+z_2}{2}\right)+\sqrt{\left(L_p-\frac{z_1+z_2}{2}\right)^2-8\left(\frac{z_2-z_1}{2\pi}\right)^2}\right]$$

$$=\frac{15.875}{4}\left[\left(180-\frac{21+68}{2}\right)+\sqrt{\left(180-\frac{21+68}{2}\right)^2-8\left(\frac{68-21}{2\pi}\right)^2}\right]$$

$$=1\,069\,\text{mm}$$

(6) 求作用在轴上的压力

链速 $$v=\frac{n_1z_1p}{60\times1\,000}=\frac{970\times21\times15.875}{60\times1\,000}=5.39\,\text{m/s}$$

由式 8－35 得,工作拉力

$$F=1\,000\,P/v=1000\times7.5/5.39=1\,392\,\text{N}$$

由式 8－44 得,压轴力 $F_Q=(1.2\sim1.3)F$,水平传动,取 $F_Q=1.2F$

$$F_Q=1.2\times1392=1\,670\,\text{N}$$

设计结果:滚子链型号 10A－1×180 GB/T1243－2006,链节数 $L_p=126$,链轮齿数 $z_1=21$,$z_2=68$,传动中心距 $a=1\,069\,\text{mm}$,压轴力 $F_Q=1\,670\,\text{N}$。

复习思考题

9-1　链传动的特点有哪些，适用于什么场合？

9-2　链传动中，小链轮齿数 z_1 不应过少，大链轮齿数 z_2 不应过多，其原因是什么？

9-3　分析链传动工作时，影响运动不均匀和动载荷大小的因素有哪些。

9-4　带传动和链传动采用张紧装置的目的是否相同？

9-5　观察变速自行车的张紧装置，说明张紧原理。

9-6　水平或接近水平布置的链传动，为什么其紧边应放在上边？

习　题

9-1　一链传动，$z_1 = 25$，$z_2 = 63$，$n_1 = 125$ r/min，$p = 38.1$ mm，传动功率 $P = 7$ kW，载荷平稳，初取 $a_0 = 40p$，水平布置。试计算链轮分度圆直径 d_1、d_2，链的紧边拉力 F_1 及作用于轴上的压力 F_Q。

9-2　一单排滚子链传动。已知：节距 $p = 25.4$ mm，$z_1 = 23$，$z_2 = 47$，主动链轮转速 $n_1 =$ 900 r/min，应用系数 $f_1 = 1.2$。试求其能传递的功率。

9-3　单列滚子链传动的功率 $P = 0.6$ kW，链节距 $p = 12.7$ mm，主动链轮转速 $n_1 =$ 145 r/min，主动轮齿数 $z_1 = 19$，有冲击载荷。试校核此传动的静强度。

9-4　一输送装置用套筒滚子链传动，已知输送功率 $P = 7.5$ kW，主动轮转速 $n_1 =$ 960 r/min，从动轮转速 $n_2 = 320$ r/min，中心距 $a \approx 650$ mm，试设计该链传动。

9-5　设计某带式输送机中的链传动。已知电动机功率 $P = 11$ kW，主动轮转速 $n_1 =$ 1 400 r/min，传动比 $i = 3$，按规定方式润滑，两班制工作，载荷平稳。

（1）分别按单排链、双排链设计该链传动，并分析比较设计结果。

（2）分别取不同的小链轮齿数按单排链设计，并分析比较设计结果。

（3）分别取不同的中心距按单排链设计，并分析比较设计结果。

9-6　一链传动驱动的液体搅拌机，电动机功率 $P = 5.5$ kW，主动轮转速 $n_1 = 1\,450$ r/min，传动比 $i = 3$，载荷平稳，试设计此链传动。

第10章 齿轮传动

本章学习提要

本章要点包括:①掌握齿轮传动的类型、特点及其应用;②掌握渐开线的形成、性质,渐开线齿轮的基本参数和几何尺寸计算;③熟悉一对渐开线齿轮的啮合过程,掌握正确啮合的条件和连续传动的条件;④了解渐开线齿轮的加工原理,根切现象和防止根切的措施;⑤了解齿轮传动的失效形式和防止措施,了解对齿轮材料基本要求,软齿面与硬齿面材料的常用热处理方法和配对齿轮材料的选择原则;⑥掌握直齿圆柱齿轮传动的设计计算方法(包括设计准则、受力分析和强度计算);⑦分析斜齿圆柱齿轮传动和锥齿轮传动的啮合特点,基本参数,当量齿轮,几何尺寸计算,受力分析和强度计算;⑧熟悉齿轮的结构设计。

本章重点是外啮合标准直齿圆柱齿轮的啮合原理、几何尺寸计算、受力分析和强度计算,斜齿圆柱齿轮和直齿锥齿轮传动的基本参数、几何尺寸计算、受力分析和强度计算。

本章难点是针对实际工作条件,合理确定设计准则、选择设计参数和设计计算方法。

10.1 齿轮传动概述

10.1.1 齿轮传动的特点

齿轮传动是一种重要的机械传动形式,应用非常广泛,可用来传递空间两任意轴之间的运动和动力,传递功率可达数十万千瓦,圆周速度可达200 m/s。本章主要介绍最常用的渐开线齿轮传动。

齿轮传动的主要优点有:

(1) 传递功率大　对低速重载齿轮传动,传递转矩可高达 14×10^5 N·m。对高速齿轮传动,传递功率可达50 000 kW,甚至更大。

(2) 传动比稳定　传动比稳定是机械传动性能的基本要求之一。

(3) 传动效率高　与其他机械传动相比,齿轮传动的传动效率高。如一级圆柱齿轮传动的效率可达99%。这对大功率传动十分重要,即使效率只提高1%,也有很大的经济意义。

(4) 工作可靠、寿命长　设计制造和使用维护良好的齿轮传动,工作寿命可达10～20年,这是其他机械传动所不可比拟的,这对车辆及在矿井内工作的机器尤为重要。

(5) 结构紧凑　在相同的条件下,齿轮传动所需要的空间尺寸一般较小。

齿轮传动的主要缺点有:

(1) 工作中有振动和噪声,会产生附加动载荷。

(2) 不适宜用于远距离传动。

(3) 要求较高的制造和安装精度,需专用机床制造,成本较高。

（4）无过载保护功能。

10.1.2 齿轮传动的类型

齿轮传动的分类方法很多，详见表 10-1 和图 10-1。

表 10-1 齿轮传动的类型

按轴的布置方式分	平行轴传动，相交轴传动，交错轴传动
按齿轮齿向分	直齿，斜齿，人字齿，曲齿
按工作条件分	闭式传动，开式传动，半开式传动
按齿廓曲线分	渐开线齿，摆线齿，圆弧齿
按齿面硬度分	软齿面（≤350 HBW），硬齿面（>350 HBW）

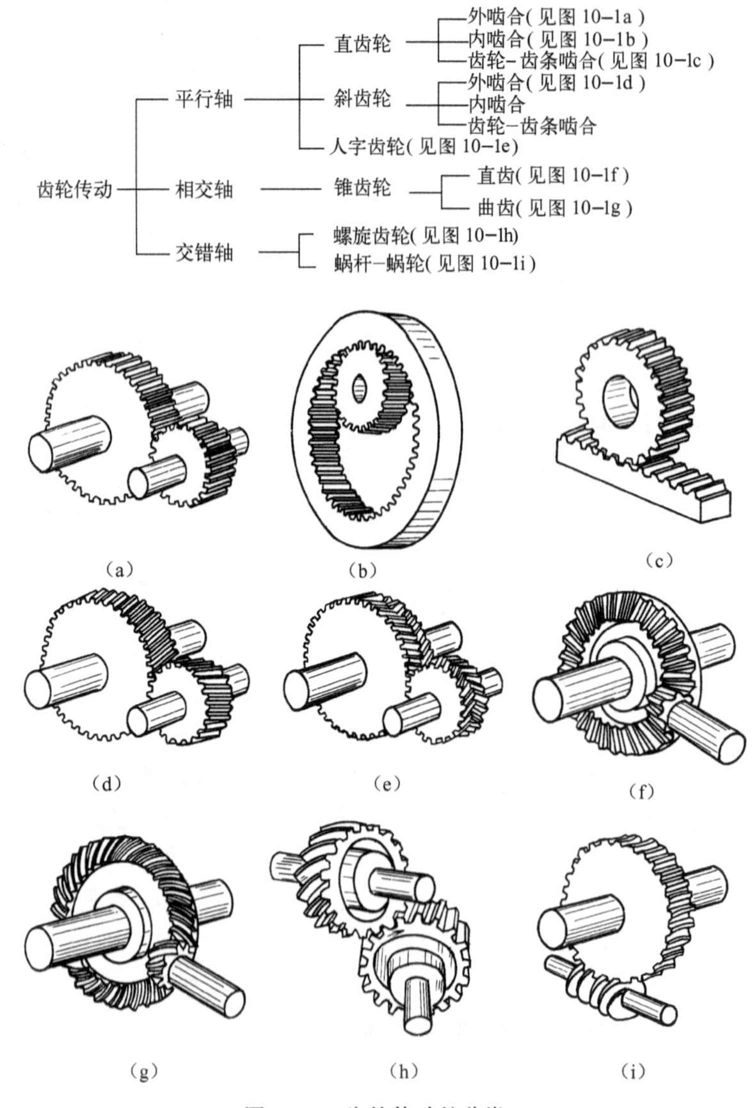

图 10-1 齿轮传动的分类

10.2　渐开线和渐开线齿轮

10.2.1　渐开线的形成

如图10-2所示，当一直线 $n-n$ 在一圆周上作纯滚动时，直线上任意一点 A 从位置 n_0-n_0 沿逆时针方向在半径为 r_b 的圆周上作纯滚动转到 $n-n$ 时，A 点的轨迹 AK 称为该圆的渐开线，该圆称为基圆，该直线 NK 称为渐开线的发生线，角 θ_K（$\angle AOK$）称为渐开线 AK 段的展角。

10.2.2　渐开线的性质

由渐开线形成的过程可知，渐开线具有如下性质：

（1）当发生线从位置 n_0-n_0 滚动到位置 $n-n$ 时，因它与基圆之间为纯滚动，没有相对滑动，所以 $\overline{KN}=\overset{\frown}{AN}$。

（2）当发生线在位置 $n-n$ 处沿基圆作纯滚动时，N 点是它的速度瞬心，因此，直线 NK 是 K 点渐开线上的法线，且线段 $\overline{NK}$ 为其曲率半径，N 点为其曲率中心。又因发生线始终与基圆相切，所以渐开线上任意一点的法线必与基圆相切。由图10-2可知，渐开线离基圆越远，其曲率半径越大，即渐开线越平直。渐开线在基圆起始点 A 处，曲率半径为零。

（3）渐开线齿廓上某点的法线（压力方向线），与齿廓上该点速度方向线所夹的锐角，称为该点的压力角。设基圆半径为 r_b，由图10-2可知

$$\cos\alpha_K=\frac{ON}{OK}=\frac{r_b}{r_K} \tag{10-1}$$

上式表示渐开线齿廓上各点压力角不等，向径 r_K 越大，其压力角越大。

（4）渐开线的形状取决于基圆的大小。大小不等的基圆其渐开线形状不同。如图10-3所示，当展角 θ_K 相同时，基圆越大，它的渐开线在 K 点的曲率半径越大。当基圆半径趋于无穷大时，其渐开线将成为垂直于 N_3K 的直线，这就是渐开线齿条的齿廓。

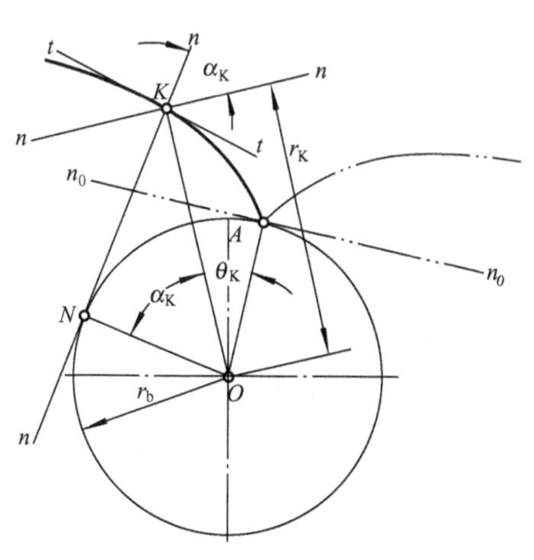

图10-2　渐开线的形成

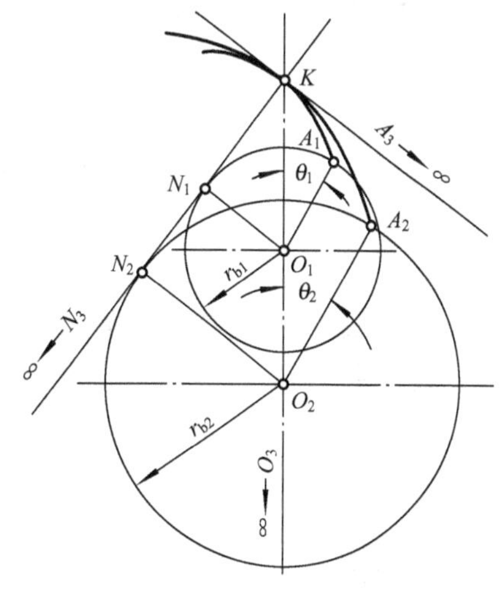

图10-3　基圆大小对渐开线的影响

（5）基圆内无渐开线。

10.2.3 渐开线齿轮各部分的名称

渐开线齿轮是由同一基圆上两条反向渐开线作为齿廓的齿轮，图 10-4 所示为直齿圆柱齿轮的一部分。齿轮各部分名称如下：

（1）齿顶圆和齿根圆

过齿顶端的圆称为齿顶圆，分别用 r_a、d_a 表示其半径和直径。过齿槽底部的圆称为齿根圆，分别用 r_f、d_f 表示其半径和直径。

（2）齿槽宽、齿厚和齿距

在任意直径 d_k 的圆周上，轮齿槽两侧齿廓之间的弧线长称为该圆的齿槽宽，用 e_k 表示。轮齿两侧齿廓之间的弧长称为该圆的齿厚，用 s_k 表示。相邻的两齿同侧齿廓之间的弧长称为该圆的齿距，用 p_k 表示。显然 $p_k = s_k + e_k$。

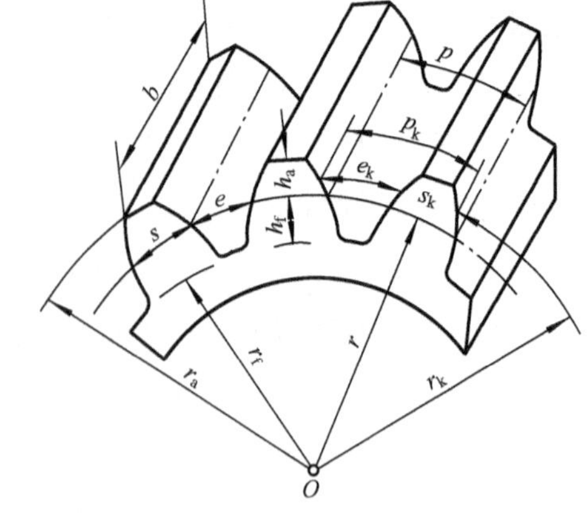

图 10-4　齿轮各部分名称

（3）分度圆

为了确定齿轮各部分的几何尺寸，在齿轮上选择一个圆作为计算的基准，该圆称为齿轮的分度圆，略去表示符号的下标，分别用 r、d 表示其半径和直径，并将分度圆上的齿厚、齿槽宽和齿距简称为齿厚、齿槽宽和齿距，分别用 s、e 和 p 表示，则有 $p = s + e$。

（4）齿顶高、齿根高和齿全高

分度圆将轮齿分为两部分，介于分度圆与齿顶圆间的部分称为齿顶，其径向尺寸称为齿顶高，用 h_a 表示。位于分度圆与齿根圆间的部分称为齿根，其径向尺寸称为齿根高，用 h_f 表示。齿顶圆与齿根圆间的径向尺寸称为全齿高，用 h 表示，则有 $h = h_a + h_f$。

10.2.4 齿轮的基本参数

（1）齿数　齿轮整个圆周上轮齿的总数称为齿数，以 z 表示。

（2）模数 m

设齿轮的齿数为 z，直径为 d_k 的圆周长为 $\pi d_k = p_k z$，则有

$$d_k = \frac{p_k}{\pi} z \tag{10-2}$$

由上式可知，在不同直径的圆周上，比值 p_k/π 不同。为了便于设计、制造及互换，我们将齿轮上分度圆的 p/π 比值设定为标准值。分度圆上的 p/π 比值称为模数，以 m 表示，即 $m = p/\pi$。模数 m 的单位为 mm。模数是决定齿轮尺寸的一个基本参数。对于齿数相同的齿轮，显然，模数 m 越大，则 p 越大，分度圆直径 $d = mz$，即齿轮尺寸就越大，如图 10-5 所示。

（3）压力角 α

由任意圆上压力角的定义和式(10-1)可得

$$\alpha_k = \arccos\ (r_b/r_k)$$

由上式可知，由于齿廓在不同圆周上的压力角不同，国家标准将分度圆上的压力角定为标准值，称为标准压力角，以 α 表示，且 $\alpha = 20°$。当分度圆大小相同，压力角不同时，基圆的大小也不相同，则其渐开线齿廓的形状也就不同。因此，压力角 α 是决定渐开线齿廓形状的一个基本参数。

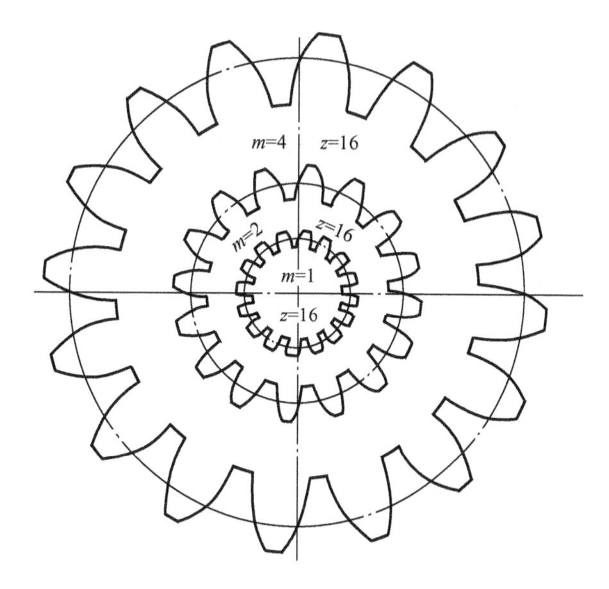

图 10-5 齿数相同、模数不同的齿轮对比

$$r_b = r\cos\alpha = \frac{mz}{2}\cos\alpha \quad (10\text{-}3)$$

标准压力角和标准模数系列

GB/T 1357—2008 规定的标准压力角为 20°。对于一些特殊用途的齿轮，压力角也可采用非标准值，如 14.5°、15°、22.5° 和 25° 等。表 10-2 列出了我国通用机械用和重型机械用渐开线圆柱齿轮模数。

表 10-2 通用机械用和重型机械用圆柱齿轮模数(GB/T 1357—2008) mm

第一系列	1,1.25,1.5,2,2.5,3,4,5,6,8,10,12,16,20,25,32,40,50
第二系列	1.75,2.25,2.75,(3.25),3.5,(3.75),4.5,5.5,(6.5),7,9,(11),14,18,22,28,(30),36,45

注：1. 选用模数时应优先选用第一系列，其次选用第二系列，括号内模数尽量不选用。
2. 本表适用于渐开线圆柱齿轮，对斜齿轮是指法面模数。

(4) 齿顶高系数 h_a^*

若将齿顶高用模数表示，则齿轮的齿顶高是模数 m 与齿顶高系数 h_a^* 的乘积，即

$$h_a = h_a^* m \tag{10-4}$$

(5) 顶隙系数 c^*

若将齿根高用模数表示，即

$$h_f = (h_a^* + c^*)m \tag{10-5}$$

式中，h_a^* 和 c^* 分别称为齿顶高系数和顶隙系数，对于圆柱齿轮，这两个系数的标准值如表 10-3所示。

表 10-3 渐开线圆柱齿轮的齿顶高系数和顶隙系数

	正常齿制	短齿制
h_a^*	1.0	0.8
c^*	0.25	0.3

10.2.5 标准齿轮

对于模数、压力角、齿顶高系数与顶隙系数均为标准值，且分度圆上齿厚 s 等于齿槽宽 e 的直齿圆柱齿轮称为标准齿轮，否则称为变位齿轮（或修正齿轮）。标准齿轮几何尺寸的计算公式如表 10-4 所示。

表 10-4 标准直齿圆柱齿轮的几何尺寸计算公式 mm

名　称	符　号	计算公式
分度圆直径	d	$d=mz$
基圆直径	d_b	$d_b=mz\cos\alpha$
齿顶圆直径	d_a	$d_a=m(z\pm 2h_a^*)$
齿根圆直径	d_f	$d_f=m(z\mp 2h_a^*\mp 2c^*)$
齿顶高	h_a	$h_a=h_a^* m$
齿根高	h_f	$h_f=(h_a^*+c^*)m$
齿全高	h	$h=h_a+h_f=(2h_a^*+c^*)m$
齿距	p	$p=\pi m$
齿厚	s	$s=\frac{\pi m}{2}$
齿槽宽	e	$e=\frac{\pi m}{2}$
标准中心距	a	$a=\frac{1}{2}m(z_1\pm z_2)$

注：1. 表中的 m、α、h_a^*、c^* 均为标准参数。
2. 在同一公式中有上、下运算符号时，上面的符号用于外齿轮，下面的符号用于内齿轮。

10.2.6 内齿轮的齿形特点

轮齿分布在圆环体内表面上的齿轮，称为内齿轮（见图 10-6）。内齿轮的齿槽宽相当于外齿轮的齿厚，内齿轮的齿厚相当于外齿轮的齿槽宽；内齿轮的齿顶圆半径小于齿根圆半径；为保证内齿轮齿顶部分均为渐开线，内齿轮的齿顶圆必须大于基圆。

图 10-6 直齿内啮合齿轮

根据以上特点，参照标准外齿圆柱齿轮几何尺寸的计算公式得到内齿轮的主要几何尺寸计算公式如下：

分度圆直径 $d=mz$　　基圆直径 $d_b=d\cos\alpha$

齿顶高 $h_a=h_a^* m$　　齿根高 $h_f=(h_a^*+c^*)m$

齿顶圆直径 $d_a=d-2h_a=(z-2h_a^*)m$

齿根圆直径 $d_f=d_1+2h_f=(z_1+2h_a^*+2c^*)m$

中心距 $a=m(z_2-z_1)/2$

10.2.7 齿条的齿形特点

如图10-7所示，当齿轮的齿数趋于无穷大时，其基圆和其他圆的半径也就趋于无穷大，此时各圆均变成一些相互平行的直线，渐开线齿廓也就变成了相互平行的直线齿廓，这就形成了齿条。

齿条具有如下特点：

（1）由于齿条齿廓为直线，所以齿廓线上各点的压力角均为标准值，且等于齿廓的倾斜角（也称为齿形角），对于标准齿条其值为 $\alpha=20°$。

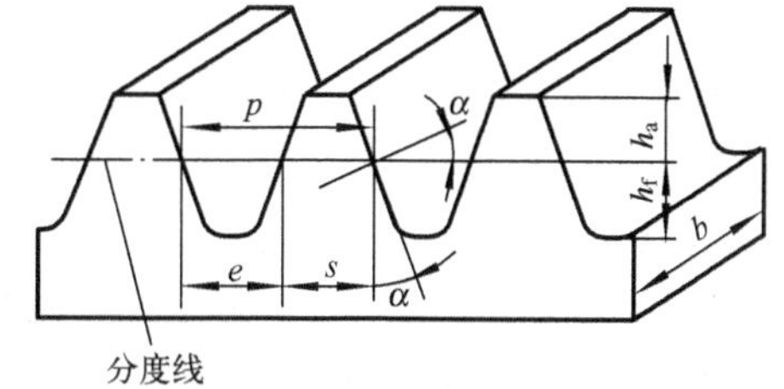

图10-7 齿条的基本参数

（2）齿条两侧齿廓是由对称的斜直线组成，因此，在平行于齿顶线的各条直线上具有相同的齿距，且有 $p=\pi m$。对于标准齿条而言，齿厚和齿槽宽相同的直线称为分度线，即 $s=e=\dfrac{\pi m}{2}$。

例10-1 已知一标准直齿圆柱外齿轮 $m=2.5$ mm、$z=24$，求齿轮的几何尺寸。

解 由于为标准齿轮，故 $h_a^*=1.0$、$c^*=0.25$、$\alpha=20°$

主要几何尺寸计算如下：

分度圆直径 $d=mz=2.5\times24=60$ mm

基圆直径 $d_b=mz\cos\alpha=2.5\times24\cos20°=56.38$ mm

齿顶高 $h_a=h_a^*m=1\times2.5=2.5$ mm

齿根高 $h_f=(h_a^*+c^*)m=(1+0.25)\times2.5=3.125$ mm

齿全高 $h=h_a+h_f=(2h_a^*+c^*)m=(2+0.25)\times2.5=5.625$ mm

10.3 一对渐开线齿轮的啮合

10.3.1 渐开线齿廓满足定角速比要求

齿轮传动必须满足定角速比要求，否则当主动轮以等角速度回转时，从动轮的角速度为变值，因而产生惯性力，引起机器的振动、冲击和噪声，影响轮齿的强度、运转平稳性、工作精度和寿命。下面讨论渐开线齿廓满足定角速比要求。

如图10-8所示，当两渐开线齿廓 E_1 和 E_2 在任意点 K 处接触时，过 K 点作两齿廓的公法线 $n-n$ 与两轮连心线交于 C 点。由渐开线的特性可知，$n-n$ 必同时与两基圆相切，也就是说，过啮合点所作的齿廓公法线是两基圆的内公切线。由于齿轮传动时基圆位置不变，同一方向的内公切线只有一条，因此它与连心线交点的位置也是固定的。即无论两齿廓在何处接触，过接触点所作齿廓公法线均通过连心线上固定点 C，C 点称为节点。其传动比 i 为

$$i=\frac{\omega_1}{\omega_2}=\frac{n_1}{n_2}=\frac{O_2C}{O_1C}$$

由图 10-8 可知，$\triangle O_1N_1C \propto \triangle O_2N_2C$，故

$$i=\frac{\omega_1}{\omega_2}=\frac{n_1}{n_2}=\frac{O_2C}{O_1C}=\frac{r_2'}{r_1'}=\frac{r_{b2}}{r_{b1}}=\text{常数} \tag{10-6}$$

式中，r_1'、r_2' 分别为两轮的节圆半径；r_{b1}、r_{b2} 分别为两轮的基圆半径。

式(10-6)表示渐开线齿廓能够满足定角速比(传动比)要求，也就是说，两轮的传动比为常数。渐开线齿轮的传动比不仅与两轮节圆半径成反比，同时也等于两轮基圆半径的反比。

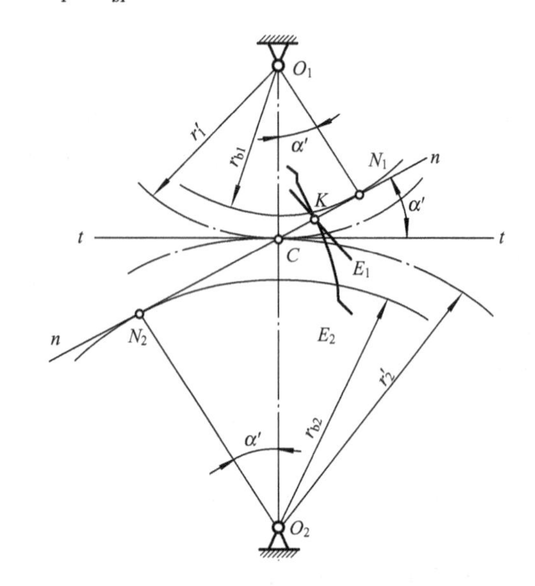

图 10-8　渐开线齿廓定角速比证明

由图 10-8 可以看出渐开线齿廓啮合的一些特点：

(1) 渐开线齿轮传动的可分性

当一对渐开线齿轮制成后，其基圆半径也就固定不变了，由式(10-6)可知，即使两轮中心距稍有改变时，因基圆半径不变，故其传动比不会改变。这种性质称为渐开线齿轮的可分性。利用这一特性，既使渐开线齿轮在制造或安装时产生误差，仍能保持传动比不变，从而保持渐开线齿轮的传动特性。此外，利用渐开线齿轮的可分性还可以设计变位齿轮。因此，可分性是渐开线齿轮的一大优点。

(2) 啮合线是直线

齿轮传动工作时，其齿廓接触点的轨迹称为啮合线。对于渐开线齿轮，无论在哪一点接触，接触齿廓的公法线总是两基圆的内公切线 N_1N_2。因此直线 N_1N_2 就是渐开线齿廓的啮合线。显然，一对渐开线齿廓的啮合线、公法线和两基圆的公切线和轮齿压力作用线四线重合。

(3) 啮合角不变

过节点 C 作两节圆的公切线 $t-t$，它与啮合线 N_1N_2 间的夹角称为啮合角 α'。由图 10-8 可知，渐开线齿轮传动中啮合角为常数。且啮合角的数值等于渐开线在节圆上的压力角。由于啮合角不变，若齿轮传递的力矩恒定时，则轮齿间压力的大小和方向均不改变，这对于齿轮传动的平稳性是十分有利的。

10.3.2　渐开线直齿轮传动的啮合过程

如图 10-9 所示，一对渐开线直齿轮的啮合情况，两齿轮在 A 点处由主动轮 1 的齿根与从动轮 2 的齿顶开始啮合，再由主动轮 1 推动从动轮 2 回转，最后，在 B 点处主动轮 1 的齿顶与从动轮 2 的齿根终止啮合。在整个啮合过程中，啮合点的实际轨迹为线段$\overline{AB}$，故称为实际啮

合线。由于基圆内没有渐开线，所示实际啮合线不可能超出极限点 N_1 和 N_2，故线段$\overline{N_1N_2}$称为理论啮合线。

在齿轮传动过程中，其啮合线和啮合角始终不变。

10.3.3 正确啮合的条件

在齿轮传动工作时，前一对轮齿啮合一段时间后便要分离，再由后一对轮齿接替。为确保传动的连续性，必有一对以上的轮齿同时参加啮合。如图 10-10 所示，当前一对轮齿在啮合线上 K 点处接触时，其后一对轮齿应在啮合线的另一点 K'处接触。

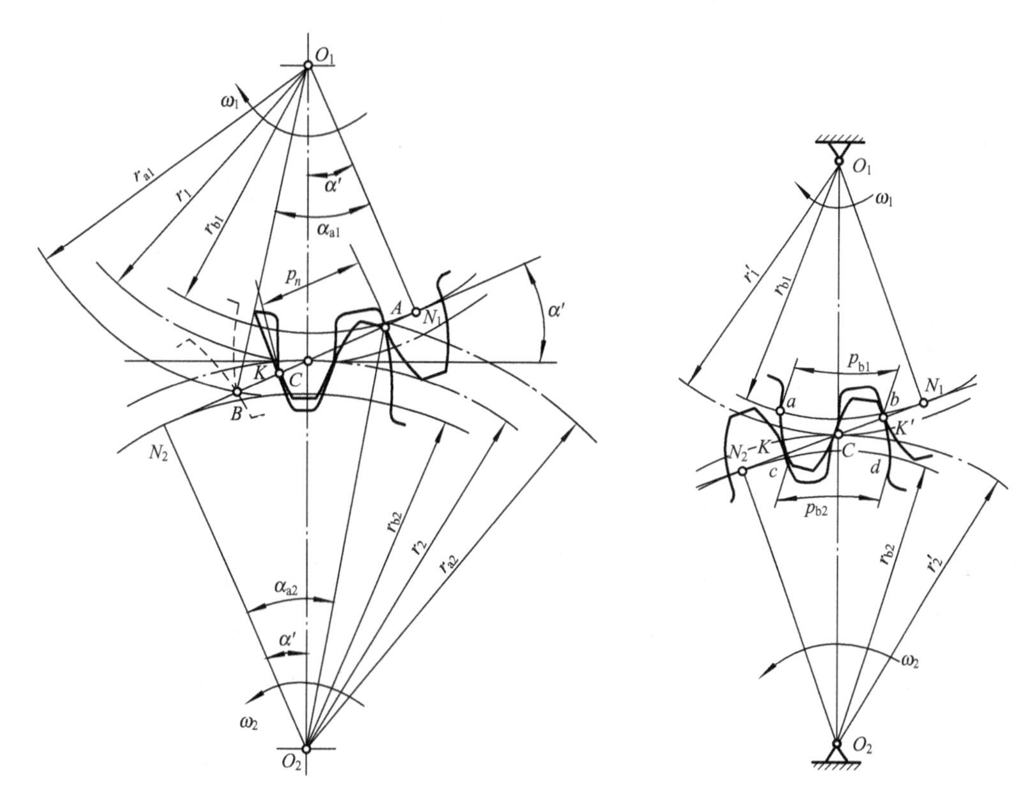

图 10-9 渐开线直齿轮传动的啮合过程

图 10-10 渐开线齿轮正确啮合

线段 KK'同时是两齿轮相邻同侧齿廓沿公法线上的距离，称为法向齿距。显然，实现定传动比的正确啮合条件为两轮的法向齿距相等，由渐开线的性质可知，齿轮的法向齿距与基圆齿距相等，所以上述条件可写为

$$p_{b1}=p_{b2} \tag{10-7}$$

由基圆齿距计算公式得

$$p_b=\frac{\pi d_b}{z}=\frac{\pi}{z}d\cos\alpha=p\cos\alpha=\pi m\cos\alpha \tag{10-8}$$

将式(10-8)代入式(10-7)得：

$$m_1\cos\alpha_1=m_2\cos\alpha_2 \tag{10-9}$$

式中，m_1、m_2和 α_1、α_2分别为两轮的模数和压力角。由于模数和压力角均已标准化，所以要满足上式就必须使

$$\left.\begin{aligned} m_1 = m_2 = m \\ \alpha_1 = \alpha_2 = \alpha \end{aligned}\right\} \tag{10-10}$$

上式表明，渐开线齿轮的正确啮合条件是两轮的模数和压力角必须分别相等。

10.3.4 标准齿轮的安装

当一对齿轮传动时，一齿轮节圆上的齿槽宽与另一齿轮节圆上的齿厚之差称为齿侧间隙。为了消除反向传动空程和减少撞击，理论上要求齿侧间隙为零。因此，在齿轮设计中，正确安装的齿轮都按无齿侧间隙的理想情况计算其名义尺寸，如图 10-11 所示。

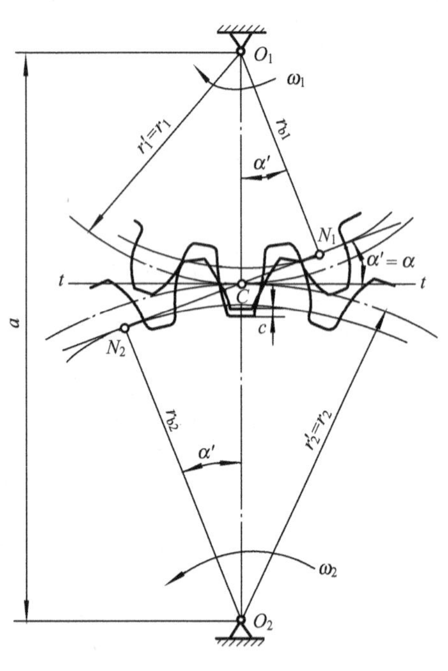

图 10-11 标准齿轮的正确安装

如前所述，标准齿轮分度圆上的齿厚和齿槽宽相等，又因正确啮合的一对渐开线齿轮的模数和压力角相等。若使分度圆与节圆重合（也就是说，两轮的分度圆相切），则齿侧间隙为零。一对标准齿轮分度圆相切时的中心距称为标准中心距，以 a 表示，即

$$a = r_1' + r_2' = r_1 + r_2 = \frac{m}{2}(z_1 + z_2) \tag{10-11}$$

下面讨论分度圆与节圆、压力角与啮合角的区别：对单个齿轮，只有分度圆和压力角，而无节圆和啮合角；只有当一对齿轮互相啮合时，才有节圆和啮合角。一对标准齿轮啮合，只有在分度圆与节圆重合时，压力角与啮合角才相等；否则，压力角与啮合角不相等。

10.3.5 连续传动的条件

如图 10-12 所示为一对齿轮的啮合过程，为使齿轮传动能连续进行，应使前一对轮齿尚未终止啮合时，后一对轮齿就开始进入啮合。为此，必须使实际啮合线段$\overline{AE}$大于或等于齿轮的法向齿距 p_n，即使$\overline{AE} \geqslant p_n$。由于齿轮的法向齿距 p_n 等于基圆齿距 p_b，即 $p_n = p_{b2}$，故应使$\overline{AE} \geqslant p_b$。如果$\overline{AE} < p_b$，当前一对轮齿到达 E 点终止啮合时，而后一对轮齿尚未进入啮合，结果将使传动中断，从而造成轮齿间的冲击，不能保证两轮的连续传动，从而破坏了传动的平稳性。

因此，渐开线齿轮连续传动的条件为：两齿轮的实际啮合线段$\overline{AE}$应大于或等于齿轮的基圆齿距 p_b。通常把$\overline{AE}$与 p_b 的比值 ε 称为重合度，它表示一对轮齿在啮合过程中，同时啮合的轮齿对数，反映齿轮传动的连续性。ε 大表示同时啮合的轮齿对数多，齿轮传动的承载能力高，传动平稳，因此 ε 是衡量齿轮传动质量的重要指标。齿轮连续传动时要求

$$\varepsilon = \frac{\overline{AE}}{p_b} \geqslant 1 \qquad (10-12)$$

重合度 ε 可按下列公式计算，对于外啮合直齿圆柱齿轮传动

$$\varepsilon = \frac{1}{2\pi}[z_1(\tan\alpha_{a1} - \tan\alpha') + z_2(\tan\alpha_{a2} - \tan\alpha')] \qquad (10-13)$$

对于内啮合直齿圆柱齿轮传动

$$\varepsilon = \frac{1}{2\pi}[z_1(\tan\alpha_{a1} - \tan\alpha') - z_2(\tan\alpha_{a2} - \tan\alpha')] \qquad (10-14)$$

对于齿轮齿条传动

$$\varepsilon = \frac{1}{2\pi}\left[z_1(\tan\alpha_{a1} - \tan\alpha') + \frac{2h_a^*}{\sin\alpha\cos\alpha}\right] \qquad (10-15)$$

式中　α_a——齿顶圆压力角，$\alpha_a = \arccos\frac{r_b}{r_a}$；

　　α'——啮合角，$\alpha' = \arccos\frac{r_b}{r'}$。

从上述公式可知，重合度 ε 与模数无关，而随齿数 z 的增加而增大，随啮合角 α' 的增加而减小。

$\varepsilon = 1.35$ 表示 35% 的时间为两对齿啮合，其余 65% 的时间为单对齿啮合。考虑到制造和安装的误差，为了确保齿轮能够连续传动，应使 ε 大于许用重合度 $[\varepsilon]$，许用重合度 $[\varepsilon]$ 的确定取决于齿轮传动的使用条件和安装精度，常用 $[\varepsilon]$ 的推荐值见表 10-5。

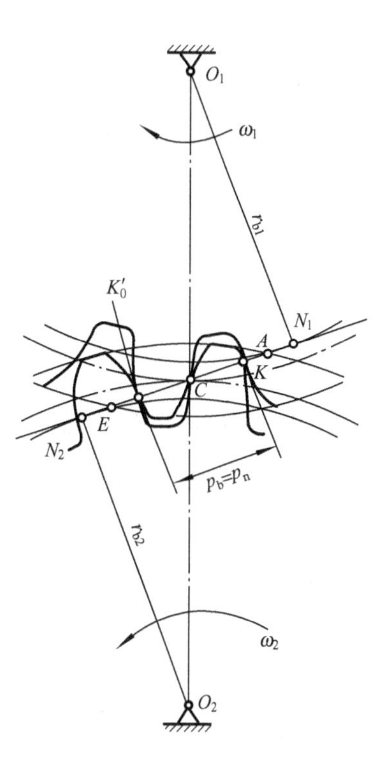

图 10-12　重合度

表 10-5　$[\varepsilon]$ 的推荐值

适用行业	汽车、拖拉机	机床	纺织机械	一般机械
齿轮精度	6	7	8	9
$[\varepsilon]$	1.1～1.2	1.3	1.3～1.4	1.4

例 10-2　已知一对标准安装外啮合标准直齿圆柱齿轮参数为 $z_1 = 22$、$z_2 = 33$、$\alpha = 20°$、$m = 2.5$ mm、$h_a^* = 1.0$、$c^* = 0.25$，求这对齿轮的主要尺寸和重合度。

解： $d_1 = mz_1 = 2.5 \times 22 = 55$ mm　$d_2 = mz_2 = 2.5 \times 33 = 82.5$ mm

$d_{a1} = d_1 + 2h_a^* m = 60$ mm　$d_{a2} = d_2 + 2h_a^* m = 87.5$ mm

$d_{f1} = d_1 - 2(h_a^* + c^*)m = 48.75$ mm　$d_{f2} = d_2 - 2(h_a^* + c^*)m = 76.25$ mm

$d_{b1} = d_1\cos\alpha = 55 \times \cos 20° = 51.683$ mm

$d_{b2} = d_2\cos\alpha = 82.5 \times \cos 20° = 77.526$ mm

$p = \pi m = 7.854$ mm　$p_b = p\cos\alpha = 7.380$ mm

$\alpha_{a1} = \arccos\frac{d_{b1}}{d_{a1}} = \arccos\frac{51.68}{60} = 30°32'$　　$\alpha_{a2} = \arccos\frac{d_{b2}}{d_{a2}} = \arccos\frac{77.52}{87.5} = 27°38'$

$\alpha' = \alpha = 20°$

则
$$\varepsilon=\frac{1}{2\pi}[z_1(\tan\alpha_{a1}-\tan\alpha')+z_2(\tan\alpha_{a2}-\tan\alpha')]$$
$$=\frac{1}{2\pi}[22\times(\tan 30°32'-\tan 20°)+33\times(\tan 27°38'-\tan 20°)]$$
$$=1.629$$

标准中心距 $a=r_1+r_2=27.5+41.25=68.75\text{ mm}$

10.4 渐开线齿廓的加工和根切现象

10.4.1 渐开线齿廓的加工原理

渐开线齿廓的加工方法很多，主要有：切制法、电加工法、粉末冶金法、模锻法、铸造法和冲压法等，目前最常用的还是切制法。按切制法加工齿轮的切制原理可以分为成形法和范成法两大类。成形法是用渐开线齿形的成形铣刀直接切出齿廓。这种切齿方法简单，可以在普通铣床上加工，但生产效率低、齿轮精度低，故常用于维修、单件或小批量生产。范成法的原理是在加工中保持刀具和轮坯之间按渐开线齿轮啮合的运动关系来切制轮齿。范成法生产率高、加工精度高，但需要采用专用机床，故加工成本高，常用于批量生产中。

1. 成形法

成形法利用刀具的轴面齿形与所切制的渐开线齿轮的齿廓相同的特点，在齿坯上直接加工出齿轮的齿廓。成形法常用的刀具有盘状铣刀和指状铣刀，如图 10-13 所示。切齿时刀具转动、轮坯移动，每铣完一个齿槽后，轮坯退回原处，用分度机构将轮坯旋转 $360°/z$ 之后再铣下一个齿槽，直至铣完全部轮齿。成形法加工齿轮方法简单，在普通铣床上即可进行，但精度低，因为渐开线形状取决于基圆，由于 $d_b=mz\cos\alpha$，即渐开线的形状由 m、z、α 决定，因此既使 m、α 相同，而齿数不同的齿轮也应配置不同的成形刀具。为经济起见，通常对同一模数和压力角的齿轮铣刀只备 8 把或 15 把，每把铣刀都是按所加工的一组齿轮中齿数最少的齿轮的齿廓曲线来设计的，故用这把刀加工同模数、同压力角的其他齿数的齿轮时将产生齿形误差。

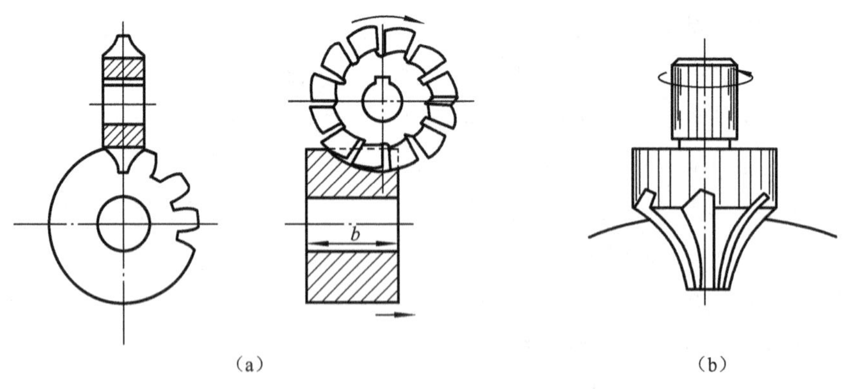

图 10-13　成形法加工齿轮

2. 范成法

(1) 齿轮插刀切制齿轮

用齿轮插刀切制齿轮的过程,如图 10-14、图 10-15 所示。齿轮插刀为具有刀刃的外齿轮。齿轮插刀与轮坯之间的相对运动有:①范成运动,即齿轮插刀与轮坯以一定的传动比作啮合传动,直至轮齿全部切制完成;②切削运动,即齿轮插刀沿轮坯的轴线方向作往复切削运动;③进给运动,即在切削过程中,齿轮插刀需向轮坯中心移动,直至达到规定的轮齿高度为止。此外,为防止退刀时,刀具与工件产生摩擦,损伤已切好的齿面,在齿轮插刀退刀时,轮坯需作让刀运动。

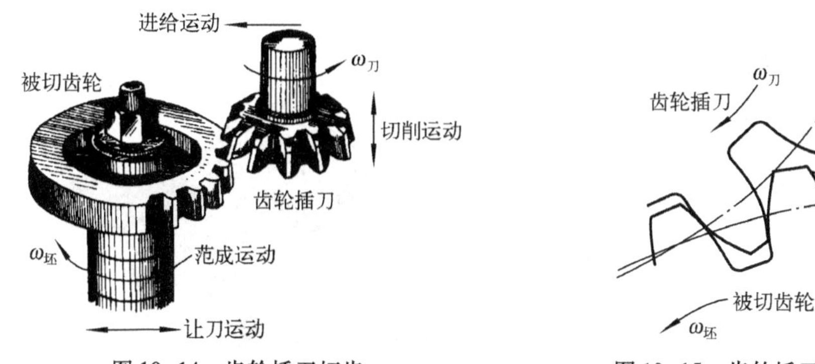

图 10-14 齿轮插刀切齿　　图 10-15 齿轮插刀切齿示意图

由于齿轮插刀的齿廓为精确的渐开线,所以切制出的齿轮齿廓也是渐开线。根据正确啮合条件,被切齿轮的模数和压力角与插刀的模数和压力角相等,所以用同一把插刀加工出的齿轮不论齿数多少都能正确啮合。

(2) 齿条插刀切制齿轮

用齿条插刀切制齿轮的过程,如图 10-16 所示。当齿轮插刀的齿数增加到无穷多时,其基圆半径趋于无穷大,渐开线齿廓变为直线齿廓,齿轮插刀就变为齿条插刀,因此,齿条插刀的切齿原理与齿轮插刀的切齿原理相同。

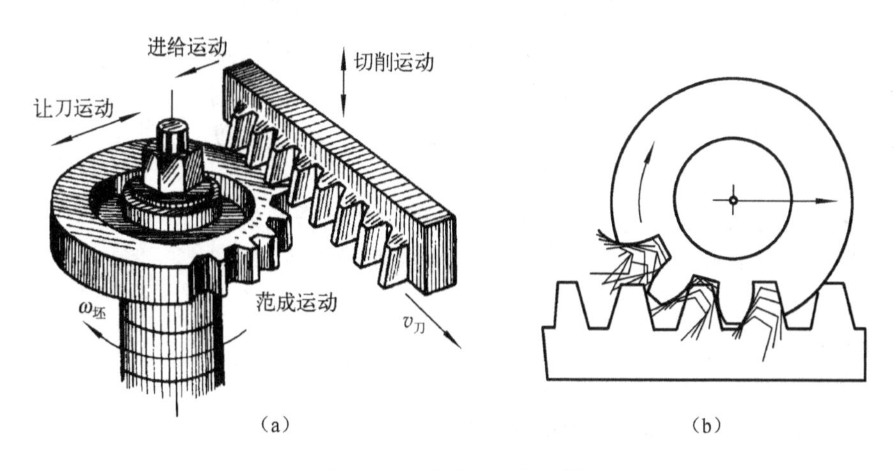

图 10-16 齿条插刀的齿廓

用上述两种加工方法切制齿轮，其切削过程都不连续，故生产效率较低，因此，大批量生产常采用效率较高的齿轮滚刀来切制齿轮。

(3) 齿轮滚刀切制齿轮

用齿轮滚刀切制齿轮的过程，如图 10-17 所示。齿轮滚刀的形状类似螺旋，其轴向截面为一齿条。齿轮滚刀回转时，相当于齿条移动，因此，用齿轮滚刀切制齿轮的原理与齿条插刀切制齿轮的原理类似，只是齿轮滚刀的螺旋运动取代了齿条插刀的范成运动和切削运动。齿轮滚刀在回转的同时还作沿轮坯的轴向移动，切制出齿廓。通过调整滚刀安装位置，同一把滚刀既能切制直齿轮也能切制斜齿轮。

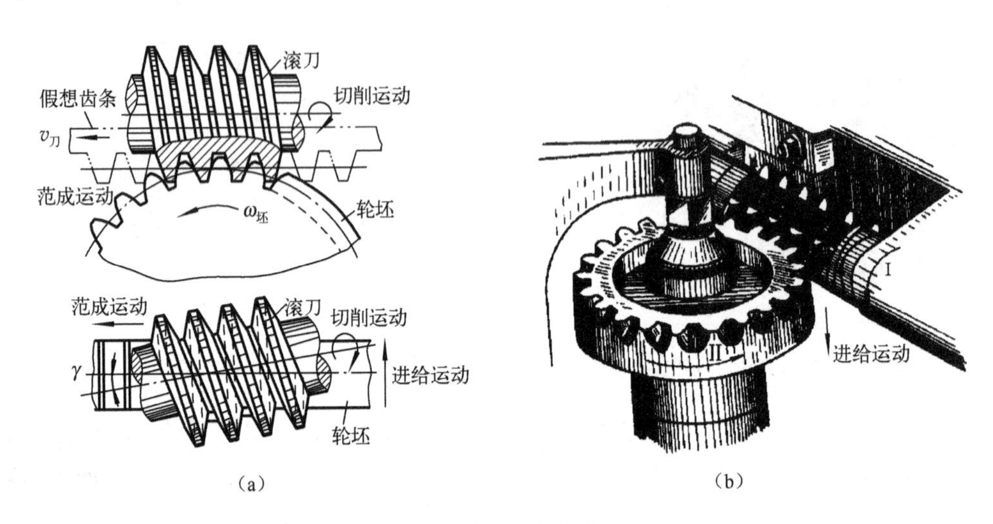

图 10-17　滚刀切齿

10.4.2　根切现象

1. 产生根切现象的原因

用范成法加工齿轮时，若被切齿轮的齿数太少，则切削刀具的齿顶就会将轮齿齿廓的根部切去一部分，这种现象称为根切现象，如图 10-18所示。图中虚线表示该轮齿的理论齿廓，实线表示根切后的齿廓。轮齿发生根切后，齿根厚度减薄，轮齿的弯曲强度下降，重合度减少，影响了传动的平稳性，故应避免根切现象的发生。

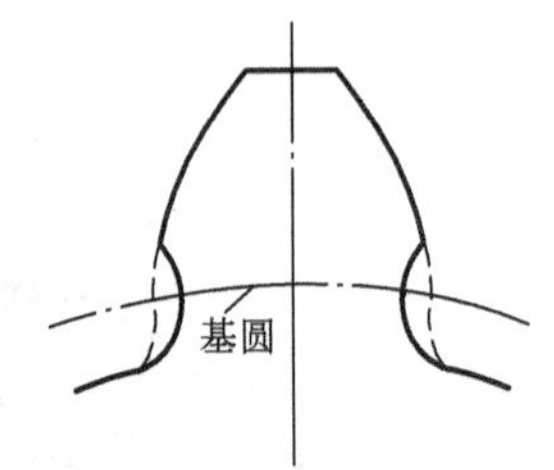

图 10-18　根切现象

用范成法加工齿轮时，若刀具的齿顶线或齿顶圆与啮合线的交点超过被切齿轮的极限点 N_1，如图 10-19 中的虚线所示位置时，就会出现根切现象。

2. 避免根切的方法

(1) 限制小齿轮的最少齿数

如图 10-19 所示为齿条插刀加工标准齿轮的示意图，刀具中线与被切齿轮的分度圆切于 C 点。为了避免根切，刀具的齿顶线必须位于啮合极限点 N_1的下方。而 N_1点的位置和轮坯基圆半径 r_b的大小有关。若被切齿轮的齿数过少，其基圆半径 r_b过小，齿坯中心 O_1下移至 O_1'

点，啮合极限点 N_1 相应下移至 N_1' 点，N_1' 点位于刀具齿顶线下方而产生根切。反之，若被切齿轮的齿数增多，则点 N_1 将沿啮合线上移到位于刀具齿顶线的上方，避免产生根切。加工标准齿轮时，不产生根切的最少齿数 $z_{\min}=2h_a^*/\sin^2\alpha$。对于 $\alpha=20°$ 和 $h_a^*=1$ 的正常齿制标准渐开线齿轮，当用齿条刀具加工时，其最少齿数 $z_{\min}=17$，若允许略有根切，则正常标准齿轮的实际最少齿数可取14。

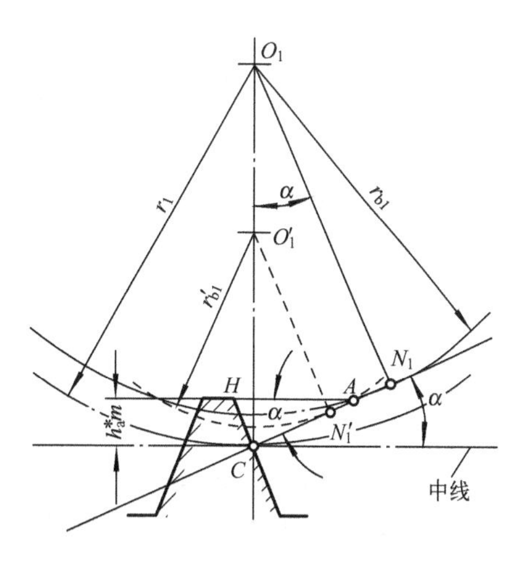

图10-19 根切与基圆的关系

标准齿轮欲避免根切，其齿数 z 必须大于或等于不产生根切的最少齿数。

(2) 采用变位齿轮

如图10-20所示，可将刀具从虚线位置向下移动一段距离 xm，即移至实线的位置，刀具的齿顶线位于啮合极限点 N_1 的下方。这样就可避免发生根切。此种加工方法称为变位修正法，所切制的齿轮称为变位齿轮。

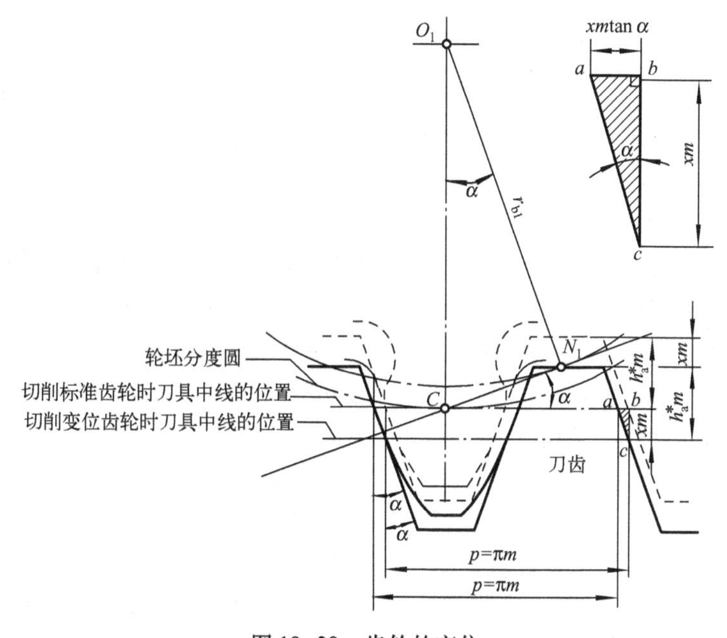

图10-20 齿轮的变位

10.5 变位齿轮传动简介

10.5.1 问题的提出

标准齿轮具有互换性好、设计计算方便等优点，但也存在许多不足之处，主要有：

(1) 受不产生根切最少齿数的限制。标准齿轮的齿数必须大于或等于最少齿数 $z_{\min}$，否则会产生根切。

(2) 受标准安装的限制,对于外啮合齿轮传动,若 $a' < a$ 时,则无法安装;若 $a > a'$时,重合度会减小,齿侧间隙过大,将影响齿轮传动的平稳性。

(3) 大小齿轮的抗弯能力存在着差别。在一对互相啮合的标准齿轮中,小齿轮比大齿轮齿根厚度小、强度差,且磨损严重,易于损坏。

为了改善和解决标准齿轮存在的上述问题,必须对标准齿轮进行变位修正,用变位修正设计制造出的齿轮称为变位齿轮。

10.5.2 变位齿轮

用齿条刀具加工标准齿轮,当根切现象发生时,刀具的中心线与齿轮的分度圆相切,而刀具的齿顶线超出了极限点 N_1,设想如果将刀具向外移一段距离 xm,使其齿顶线正好通过极限点 N_1,则切出的齿轮就可以避免根切。这时与齿轮分度圆相切并作纯滚动的直线是与刀具平行的另一条直线(称为分度线)。这样切制的齿轮称为变位齿轮。

以切制标准齿轮时的位置为基准,刀具的移动距离 xm 称为变位,x 称为变位系数,并规定刀具离开轮坯中心的变位系数为正,即正变位,反之为负,即负变位。

10.5.3 变位齿轮的参数和几何尺寸

在切制变位齿轮时,刀具上总有一条分度线与齿轮的分度圆保持相切纯滚动,切制出的变位齿轮的齿距、模数和压力角应等于刀具的齿距、模数和压力角。

变位齿轮的分度圆直径和基圆直径均保持不变,所以变位齿轮传动的角速比仍满足定角速比要求。

由于刀具移位后,刀具分度线上的齿槽宽和齿厚不相等,所以此时与分度线相切并保持作纯滚动的被切齿轮的分度圆上的齿厚和齿槽宽也不相等。对于变位量为 xm 的变位齿轮,分度圆上的齿厚增加了 $2ab$,而齿槽宽则减小了 $2ab$,其中

$$ab = xm\tan\alpha$$

所以变位齿轮分度圆齿厚和齿槽宽的计算公式分别为

$$s = \pi m/2 + 2xm\tan\alpha$$

$$e = \pi m/2 - 2xm\tan\alpha$$

上式对正负变位均适用,计算时 x 应代入正负号。

由此可知,当采用正变位时,可以制出齿数小于 $z_{\min}$ 且无根切的齿轮,又由于正变位还能增加齿厚,所以可以提高轮齿的弯曲强度。

10.5.4 变位齿轮传动

(1) 零传动　若一对齿轮传动的变位系数之和为零($x_1 + x_2 = 0$),则称为零传动。零传动是一个齿轮采用正变位,另一个齿轮采用负变位,且变位的绝对值相等,所以这种传动又称为等变位齿轮传动。一般来说小齿轮应采用正变位,大齿轮采用负变位。

等变位齿轮的齿根圆半径有了变化,为了保持全齿高不变,其齿顶高半径也需作相应的变化,其齿顶高和齿根高已不同于标准齿轮,所以等变位又称为高度变位。

(2) 正传动　若一对齿轮传动的变位系数之和大于零($x_1+x_2>0$),则称为正传动。正传动变位齿轮的中心距大于标准中心距。

(3) 负传动　若一对齿轮传动的变位系数之和小于零($x_1+x_2<0$),则称为负传动。负传动的中心距小于标准中心距。

采用正传动或负传动,能够在满足无侧隙条件下实现非标准中心距传动。此时,由于节圆与分度圆不重合,所以啮合角与分度圆上的压力角不等,即啮合角发生了变化。所以这两种变位又称为角度变位。

零传动和正传动的主要特点:①可以切制出齿数小于 z_{min} 而无根切的齿轮,并可以减小齿轮的尺寸和重量;②能合理地调整两齿轮的齿厚,使两齿轮的弯曲强度和轮齿的磨损大致相等,以提高传动的承载能力和耐磨性能。

10.6　齿轮传动的失效形式和设计准则

10.6.1　齿轮传动的失效形式

齿轮传动是靠轮齿之间的啮合来传递运动和动力的,所以齿轮的失效主要发生在轮齿上。齿轮传动的主要失效形式有轮齿折断、齿面点蚀、齿面磨损、齿面胶合和塑性变形等。

1. 轮齿折断

轮齿折断是指齿轮的一个或多个齿整体或局部折断,如图 10-21 所示。轮齿受力后,在轮齿根部产生很大的弯曲应力,且齿根过渡圆角处应力集中较大,因此,折断一般发生在轮齿根部。轮齿折断可分为疲劳折断和过载折断两种。轮齿在弯曲变应力的反复作用下,受拉的一侧会产生初始疲劳裂纹,随着裂纹的不断扩展,致使轮齿发生疲劳折断。

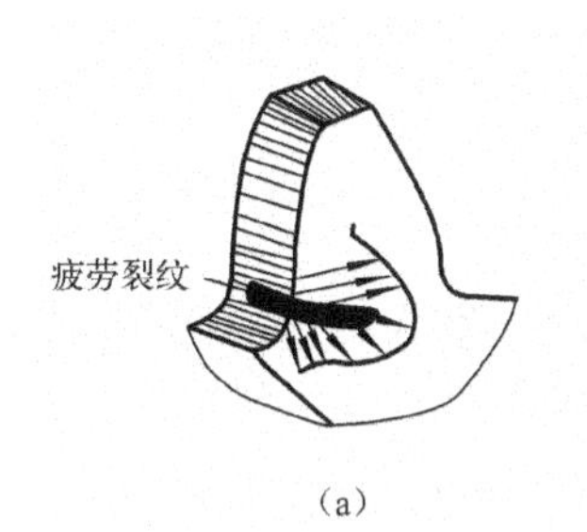

(a)

(b)

图 10-21　轮齿折断

当轮齿受到短时过载或冲击载荷作用时,可能出现过载折断。特别是用脆性材料(如铸铁及整体淬火钢)制成的齿轮,易引起过载折断;在轮齿经过严重磨损后齿厚过分减薄时,也会在正常载荷作用下发生折断。

在斜齿圆柱齿轮(简称斜齿轮)传动中,齿轮工作面上的接触线为一斜线,轮齿受载后,如有载荷集中时,就会发生局部折断。若制造及安装不良或轴的弯曲变形过大及轮齿局部受载过大时,既使是直齿圆柱齿轮(简称直齿轮),也会发生局部折断。

为了提高轮齿的抗折断能力,可采取下列措施:①选用合适的材料和热处理方法,使轮齿材料具有足够的韧性;②增大齿根过渡圆角半径及消除加工刀痕的办法来减小齿根应力集中;③增大轴及支撑的刚性,使轮齿接触线上受载较为均匀;④采用喷丸、滚压等工艺措施对齿根表层进行强化处理。

2. 齿面磨损

在齿轮啮合传动时,当齿面间落入砂粒、铁屑及非金属物等磨料或齿面粗糙时,会引起齿面磨损，在磨损表面留有较均匀的条痕，如图 10-22 所示。齿面磨损后，使齿廓形状变化，从而引起冲击、振动和噪声，且齿厚减薄后容易发生轮齿折断。齿面磨损是开式传动的主要失效形式。

通过改善润滑和密封条件，提高齿面的硬度，可提高抗磨损的能力。改用闭式齿轮传动是避免齿面磨粒磨损最有效的办法。

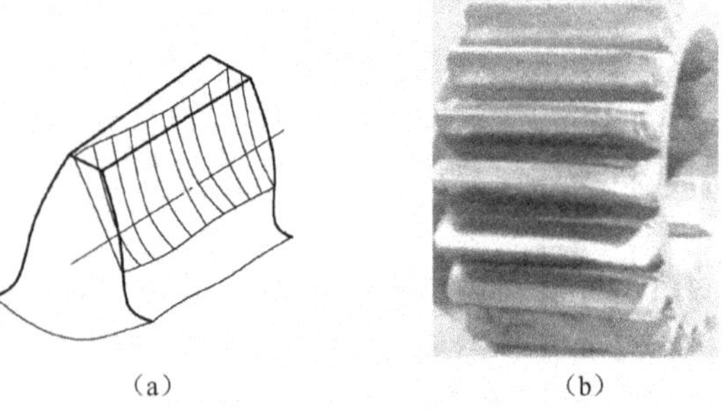

（a）　　（b）

图 10-22　齿面磨粒磨损

3. 齿面点蚀

在润滑良好的闭式齿轮传动中，齿面接触处在接触变应力的反复作用下，轮齿表面将会出现初始疲劳裂纹，在润滑油的渗入及多次挤压下，裂纹不断扩展，最终导致齿面金属脱落而形成麻点状凹坑，称为齿面点蚀，如图 10-23 所示。齿面点蚀一般出现在齿根表面靠近节线处。随着点蚀的不断扩展，致使啮合状况恶化，从而导致传动失效。齿面点蚀是润滑良好的闭式齿轮传动的主要失效形式。

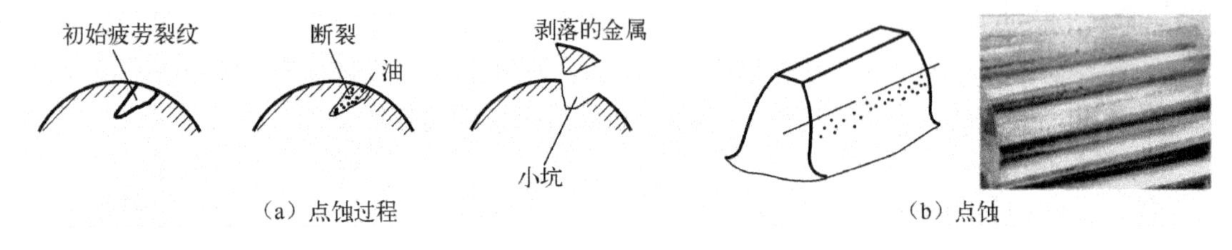

（a）点蚀过程　　（b）点蚀

图 10-23　齿面点蚀

开式齿轮传动，由于齿面磨损较快，很少出现点蚀。

在轮齿啮合过程中，齿面间的相对滑动速度越高，越易在齿面间形成油膜，润滑性能越好。当轮齿在靠近节线处啮合时，由于相对滑动速度低，形成油膜条件差，润滑不良，摩擦较大，特别是直齿轮传动，通常这时只有一对齿啮合，轮齿受力最大，因此，点蚀首先出现在靠近节线的齿根面上，然后再向其他部位扩展。因此，靠近节线处的齿根面抵抗点蚀的能力最差（即接触疲劳强度最低）。

通过提高齿面硬度和润滑油粘度等，可减缓或防止齿面点蚀。

4. 齿面胶合

对于高速重载的齿轮传动（如飞机减速器的主传动齿轮），齿面间的压力大，瞬时温度高，润滑效果差，当瞬时温度过高时，相啮合的两齿面就会发生黏在一起的现象，由于齿面间的相对滑动，相粘结的部位被撕破，在齿面沿相对滑动的方向形成伤痕，称为胶合，如图 10-24 所示。传动时的齿面相对滑动速度越大、瞬时温度越高，越易发生胶合。

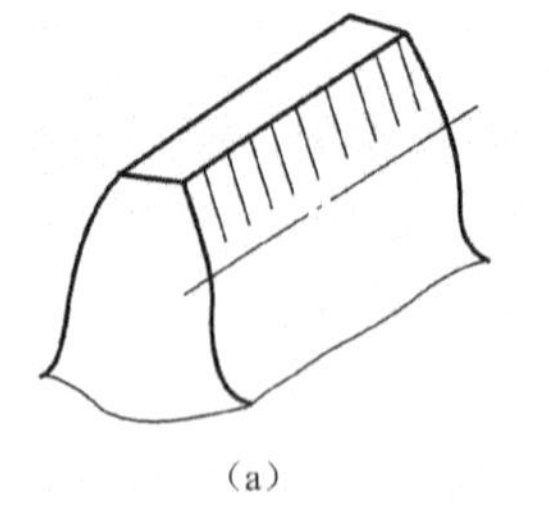

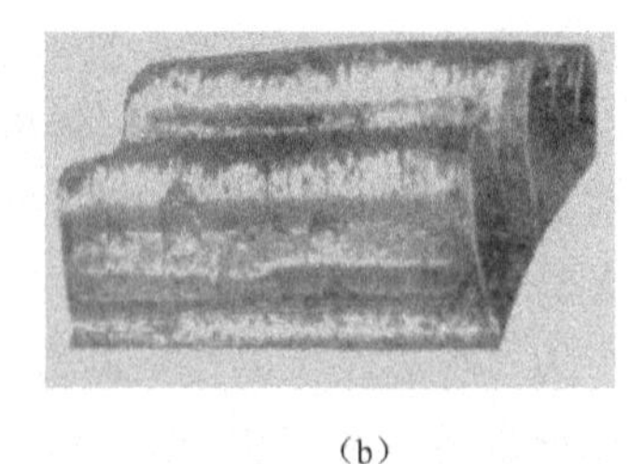

（a）　　（b）

图 10-24　齿面胶合

有些低速重载的重型齿轮传动，由于齿面间的油膜遭到破坏，也会产生胶合失效。此时，齿面的瞬时温度并无明显增高，故称之为冷胶合。

加强润滑措施，采用抗胶合性能强的润滑油（如硫化油），在润滑油中加入极压添加剂等，均可防止或减轻齿面的胶合。

5. 塑性变形

塑性变形属于轮齿永久变形失效，它是由于在过大的应力作用下，轮齿材料处于屈服状态而产生的齿面或齿体塑性流动而形成的，如图10-25所示。塑性变形一般发生在硬度低的齿轮上；但在重载作用下，硬度高的齿轮上也会出现塑性变形。

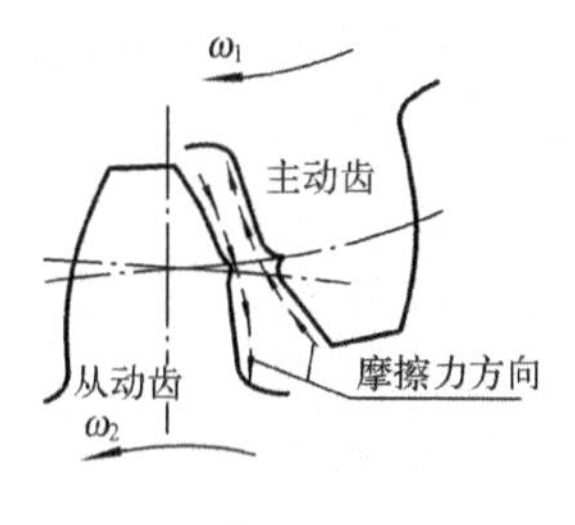

（a）塑性变形过程

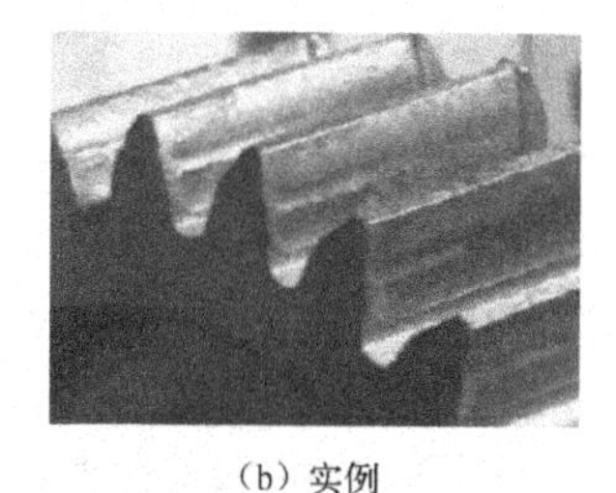

（b）实例

图10-25 齿面塑性变形

提高轮齿对上述失效形式的抵抗能力，除上述办法外，还有减小齿面粗糙度，适当选配主、从动齿轮的材料硬度，进行适当的磨合，以及选用合适的润滑剂及润滑方法等。

轮齿的失效形式除上述5种外，还可能出现过热、电蚀和腐蚀等，可参看有关资料。

10.6.2 齿轮传动的设计准则

由分析齿轮失效形式可知，针对齿轮齿面的不同（软齿面和硬齿面），可采用不同的设计准则。

1. 对于闭式齿轮传动

（1）软齿面（≤350 HBW）齿轮主要失效形式是齿面点蚀，故可按齿面接触疲劳强度设计，再按齿根弯曲疲劳强度校核。通常，齿面接触疲劳强度满足要求，齿根弯曲疲劳强度要求即可满足。由于小齿轮工作中受载次数多，为使两轮寿命相近，小齿轮的材料硬度应比大齿轮高些，一般大小齿轮硬度差在 $HBW_1 - HBW_2 = 30 \sim 50$。

（2）硬齿面（>350 HBW）或铸铁齿轮，由于抗点蚀能力较高，轮齿折断的可能性较大，故可按齿根弯曲疲劳强度设计，再按齿面接触疲劳强度校核。对高速重载齿轮传动，还应按齿面抗胶合能力计算（可查阅相关资料）。

说明：当两配对齿轮的齿面均为硬齿面时，两轮的材料、热处理方法及硬度均可取成一样的。设计这种齿轮传动时，可分别按齿根弯曲疲劳强度及齿面接触疲劳强度的设计公式进行计算，并取其中较大者作为设计结果。

2. 对于开式齿轮传动

齿面磨损和轮齿折断是开式齿轮传动的主要失效形式。因其磨粒磨损速率远比齿面疲劳裂纹扩展速率快，即齿面疲劳裂纹还未扩展即被磨去，所以一般开式齿轮传动齿面不会出现疲劳点蚀，无需校核齿面接触疲劳强度，仅按齿根弯曲疲劳强度计算即可。为考虑磨损的影响，可将设计所得模数加大10%～20%，再取相近的标准值。

10.7 齿轮的材料及选择原则

10.7.1 齿轮的材料

为了防止齿轮失效，在选择齿轮材料时，应使齿面具有足够的硬度和耐磨性，以抵抗齿面磨损、点蚀、胶合和塑性变形，在变载荷和冲击载荷下工作的齿轮应有足够的强度，以抵抗齿根弯曲疲劳折断。因此，对齿轮材料的基本要求是：齿面要硬、齿芯要韧，并具有良好的制造工艺性。

制造齿轮的材料有碳钢、合金钢、铸铁和非金属材料等，一般多用锻钢，大直径齿轮不易锻造，可采用铸钢或球墨铸铁。

1. 锻钢

钢的韧性好，耐冲击，可以通过热处理或化学处理改善其力学性能，提高齿面的硬度，故最适于用来制造齿轮。

齿轮材料一般采用锻钢制造，锻钢的牌号可根据热处理方式和齿面硬度来选择。

对于强度、速度及精度要求都不高的一般齿轮，可采用软齿面齿轮。这类齿轮的轮齿可在热处理（正火或调质）后进行切齿，切齿后的齿轮精度一般为 8 级，精切时可达 7 级。常用材料为：35、45 等优质中碳钢或 40Cr、35SiMn 等中碳合金钢。这类齿轮制造简便、经济、生产率高。

对于高速、重载及精密机器（如精密机床、航空发动机）所用的重要齿轮传动，轮齿应具有较高的硬度（58HRC ～ 65HRC）和优良的力学性能。这类齿轮的轮齿在切齿后需要进行热处理或化学处理，常用的热处理方法有整体淬火、表面淬火、渗碳淬火、氮化及氰化等，表面处理后还需对轮齿进行磨削或研磨等精加工，以消除热处理后轮齿的变形。常用材料为 20Cr、20CrMnTi、20Mn2B 等表面渗碳淬火；35SiMn、40Cr 、42SiMn 等表面淬火。这类齿轮制造精度要求高，价格比较昂贵。其承载能力高于软齿面齿轮，在同样条件下，尺寸和重量均较小。随着硬齿面加工技术的发展，从节约材料及经济效益考虑，硬齿面齿轮的应用越来越广泛。

2. 铸钢

当齿轮尺寸较大（$d>400 \sim 600$ mm）、结构形状复杂或由于设备限制而不能锻造时，宜采用铸钢。铸钢应经退火、正火或调质处理。常用材料为 ZG270—500 ～ ZG340—640、ZG40Mn、ZG40Cr 等。

3. 铸铁

普通灰铸铁的铸造和切削性能好、抗点蚀和抗胶合能力强，但抗弯强度低、冲击韧性差，常用于低速、工作平稳、轻载、对尺寸和重量无严格要求的开式齿轮传动。灰铸铁常用材料有 HT200 ～ HT350。高强度球墨铸铁的力学性能比灰铸铁好，越来越获得广泛应用。球墨铸铁常用材料有 QT400—15、QT500—7、QT600—3。

4. 非金属材料

非金属材料弹性模量小，密度小，重量轻；但它的硬度和强度低，用于高速、小功率、精度不高或要求低噪声的场合。常用材料为夹布塑胶、尼龙和加有填充物的聚四氟乙烯等。由于其导热性差，与其相配对的齿轮应采用钢或铸铁制造，以利于散热。

常用齿轮材料及力学性能见表10-6。

表10-6　常用齿轮材料及其力学性能

材料牌号	热处理方法	强度极限 σ_b/MPa	屈服极限 σ_s/MPa	硬度/HBW	
				齿芯	齿面
HT250		250		170～241	
HT300		300		187～255	
HT350		350		197～269	
QT500—5	常化	500		147～241	
QT600—2		600		229～302	
ZG310—570		580	320	156～217	
ZG340—640		650	350	169～229	
45		580	290	162～217	
ZG340—640	调质	700	380	241～269	
45		650	360	217～255	
30CrMnSi		1 100	900	310～360	
35SiMn		750	450	217～269	
38SiMnMo		700	550	217～269	
40Cr		700	500	241～286	
45	调质后表面淬火			217～255	40～50HRC
40Cr				241～286	48～55HRC
20Cr	渗碳后淬火	650	400	300	58～62HRC
20CrMnTi		1 100	850		
12Cr2Ni4		1 100	850	320	
20Cr2Ni4		1 200	1 100	350	
35CrAlA	调质后氮化(氮化层厚 $\delta\geq$0.3、0.5 mm)	950	750	255～321	>850HV
38CrMoAlA		1 000	850		
夹布塑胶		100		25～35	

注：40Cr钢可用40MnB或40MnVB钢代替；20Cr、20CrMnTi钢可用20Mn2B或20MnVB代替。

10.7.2　齿轮材料的选择原则

齿轮材料的种类很多，在选择时应考虑的因素也很多，以下几点可供选择材料时参考：

(1) 齿轮材料必须满足机器的工作要求。

(2) 应考虑齿轮尺寸的大小、毛坯成形方法、材料及热处理和制造工艺。

(3) 正火碳钢可用于制作在载荷平稳或轻度冲击下工作的齿轮，不能承受大的冲击载荷；

调质碳钢可用于制作在中等冲击载荷下工作的齿轮。

(4) 合金钢常用于制作高速、重载或在冲击载荷下工作的齿轮。

(5) 飞行器中的齿轮传动,要求齿轮尺寸尽可能小,应采用表面硬化处理的高强度合金钢。

(6) 金属制的软齿面齿轮,配对两轮齿面的硬度差应保持在 30 ～ 50 HBW 或更多。

10.8 直齿圆柱齿轮传动的受力分析和强度计算

10.8.1 轮齿受力分析

为了计算轮齿强度和设计轴及轴承,需要知道作用在轮齿上作用力的大小与方向。如前所述,一对渐开线齿轮啮合,若略去齿面间的摩擦力,则轮齿间相互作用的法向力 F_n始终沿着啮合线的方向。为了计算方便,将法向力 F_n在节点 C 处沿齿轮的周向和径向分解为两个分力,即圆周力 F_t和径向力 F_r,如图 10-26 所示。其大小分别为

$$\left.\begin{aligned} F_t &= \frac{2T_1}{d_1} \\ F_r &= F_t \tan\alpha \\ F_n &= \frac{F_t}{\cos\alpha} = \frac{2T_1}{d_1\cos\alpha} \end{aligned}\right\} \tag{10-16}$$

式中 T_1——小齿轮传递的转矩,N · mm;

d_1——小齿轮的分度圆直径,mm;

α——压力角,对于标准齿轮,$\alpha = 20°$。

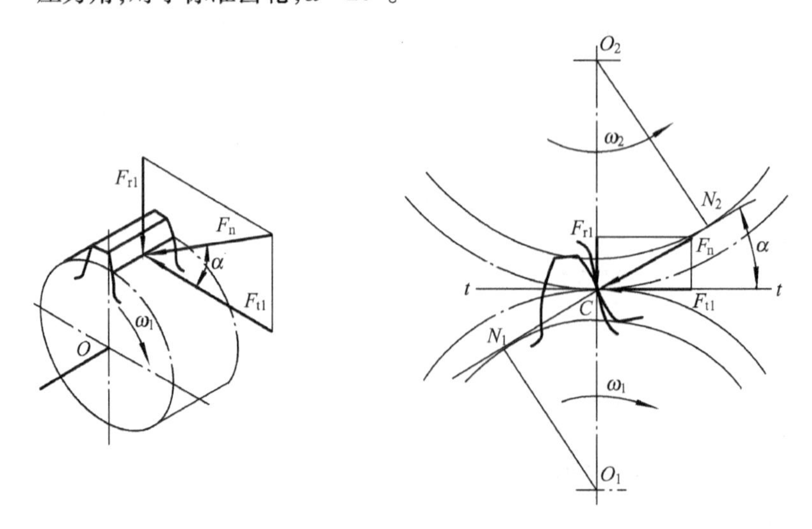

图 10-26 直齿圆柱齿轮轮齿的受力分析

作用在主动轮和从动轮上的各力为等值反向。各力方向的判定方法为:①圆周力 F_t在主动轮上是阻力,它与主动轮回转方向相反,在从动轮上是驱动力,与从动轮回转方向相同;②径

向力 F_r分别指向各自轮心。

10.8.2 齿根弯曲疲劳强度计算

轮齿在受载时,齿根所受的弯矩最大,为了防止齿轮在工作时发生轮齿折断,应限制轮齿根部的弯曲应力。

进行轮齿弯曲应力计算时,对于制造精度较低的齿轮传动(如7、8、9级精度),通常按全部载荷作用于齿顶处并由一对轮齿承受,这时齿根所受的弯矩最大。计算轮齿弯曲应力时,将轮齿看作宽度为 b 的悬臂梁(见图10-27)。

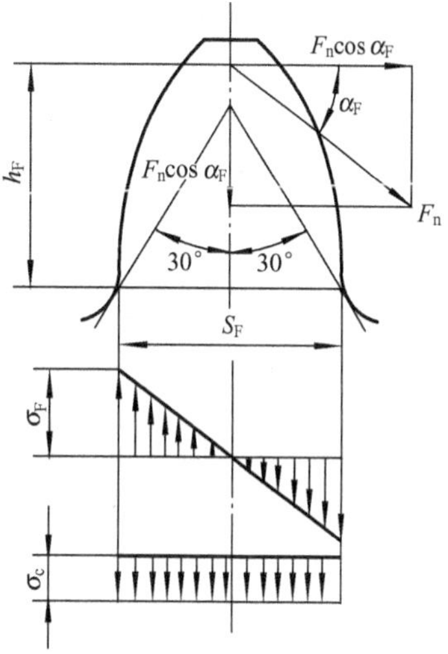

图10-27 齿根应力图

其危险截面可用30°切线法确定,即作用于轮齿对称中心线成30°夹角并与齿根圆角相切的斜线,两切点的连线是危险截面位置。设法向力 F_n移至轮齿中线并分解成相互垂直的两个分力,即 $F_n\cos\alpha_F$和 $F_n\sin\alpha_F$,其中 $F_n\cos\alpha_F$使齿根产生弯曲应力,$F_n\sin\alpha_F$则产生压应力。由于在齿根危险截面处的压应力 σ_c比弯曲应力 σ_F小得多,为简化计算,在计算轮齿弯曲强度时只考虑弯曲应力。

齿根危险截面的弯曲应力为

$$\sigma_F=\frac{M}{W}=\frac{KF_nh_F\cos\alpha_F}{\frac{bs_F^2}{6}}=\frac{6KF_nh_F\cos\alpha_F}{bs_F^2}$$

$$=\frac{6KF_th_F\cos\alpha_F}{bs_F^2\cos\alpha}=\frac{KF_t}{bm}\frac{6\left(\frac{h_F}{m}\right)\cos\alpha_F}{\left(\frac{s_F}{m}\right)^2\cos\alpha} \tag{10-17}$$

取

$$Y_F=\frac{6\left(\frac{h_F}{m}\right)\cos\alpha_F}{\left(\frac{s_F}{m}\right)^2\cos\alpha} \tag{10-18}$$

将 $F_t=\frac{2T_1}{d_1}$和 $d_1=mz_1$,代入式(10-18),可得轮齿弯曲强度的校核公式

$$\sigma_F=\frac{2KT_1Y_F}{bm^2z_1}\leqslant[\sigma_F] \tag{10-19}$$

式中 K——载荷系数,见表10-7;

T_1——小齿轮传递转矩,N·mm;

b——齿宽,mm;

m——模数;

z_1——小齿轮齿数;

Y_F——齿形系数是一个无量纲值,只与轮齿的齿廓形状有关,而与齿的大小(模数)无关。齿形系数的值小,轮齿的弯曲强度高。载荷作用于齿顶时的齿形系数如图 10-28所示。

表 10-7 载荷系数 *K*

原动机	工作特性		
	工作平稳	中等冲击	较大冲击
电动机、透平机、	1～1.2	1.2～1.5	1.5～1.8
多缸内燃机	1.2～1.5	1.5～1.8	1.8～2.1
单缸内燃机	1.6～1.8	1.8～2.0	2.0～2.4

注:斜齿圆柱齿轮,圆周速度低、精度高、齿宽系数小时取小值;直齿圆柱齿轮,圆周速度高、精度低、齿宽系数大时取大值。齿轮在两轴承之间对称布置时取较小值,不对称布置及悬臂布置时取较大值。

令齿宽系数 $\phi_a = \dfrac{b}{a}$,则得到轮齿弯曲疲劳强度设计公式为

$$m \geqslant \sqrt[3]{\frac{4KT_1 Y_F}{\phi_a (u \pm 1) z_1^2 [\sigma_F]}} \qquad (10-20)$$

式中 负号用于内啮合传动。应力单位为 MPa;b、m 的单位为 mm;T 的单位为 N·mm。ϕ_a 为齿宽系数:轻型减速器可取 $\phi_a = 0.2 \sim 0.4$;中型减速器可取 $\phi_a = 0.4 \sim 0.6$;重型减速器可取 $\phi_a = 0.8$;当 $\phi_a > 0.4$ 时,通常用斜齿或人字齿。

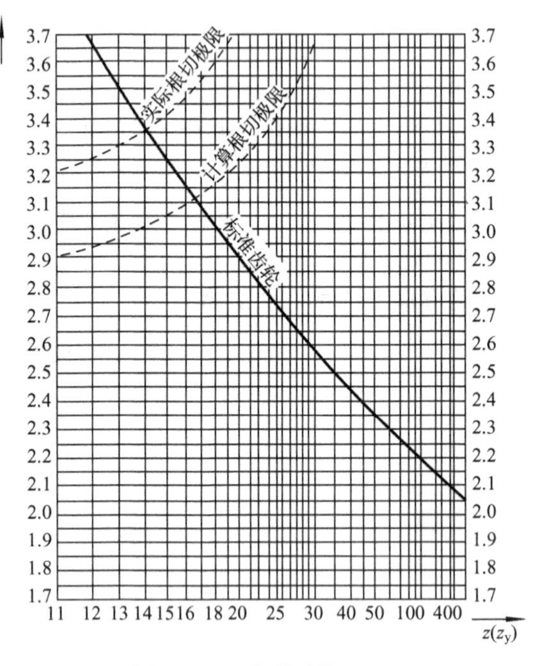

图 10-28 齿形系数 Y_F

对于 $i \neq 1$ 的齿轮传动,由于 $z_1 \neq z_2$,因此,$Y_{F1} \neq Y_{F2}$,故 $\sigma_{F1} \neq \sigma_{F2}$。当两齿轮的材料或热处理方式、硬度不同时,其许用弯曲应力也不同,故进行轮齿弯曲强度校核时,两齿轮应分别计算。而在设计时,两齿轮的弯曲强度可能不同,应取弯曲疲劳强度较弱的计算,即以 $\dfrac{Y_{F1}}{[\sigma_{F1}]}$、$\dfrac{Y_{F2}}{[\sigma_{F2}]}$ 两者中的大值代入计算。求得 m 后,应圆整为标准模数。

10.8.3 齿面接触疲劳强度计算

由于齿轮工作过程中,轮齿工作表面受接触变应力作用,为保证齿轮有足够的齿面接触强度,以防止齿面点蚀失效,需要进行齿面疲劳强度计算。齿面接触疲劳强度的设计准则是限制齿面接触应力,避免发生齿面点蚀失效。两齿轮接触时,如图 10-29 所示,齿面点蚀与齿面接触疲劳应力的大小有关,由于节点 C 处同时啮合的齿对数少,两齿廓相对滑动速度小,不易形成油膜,摩擦力大,故点蚀常发生在节点附近。所以,通常以节点 C 处计算

齿轮的接触应力。

一对齿轮在节点 C 处的啮合可看作是曲率半径为 ρ_1 和 ρ_2 及宽度为 b 的两个圆柱体相互接触，如图 10-29 所示。由弹性力学赫兹公式可知，齿面接触的最大应力为

$$\sigma_H = \sqrt{\frac{F_n}{\pi b} \frac{\left(\frac{1}{\rho_1} \pm \frac{1}{\rho_2}\right)}{\left[\left(\frac{1-\mu_1^2}{E_1}\right)+\left(\frac{1-\mu_2^2}{E_2}\right)\right]}} \leqslant [\sigma_H] \qquad (10-21)$$

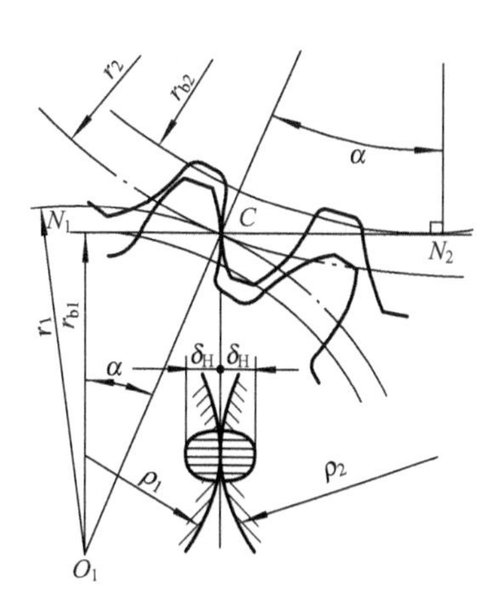

图 10-29 节点处的接触应力和曲率半径

式中 F_n——作用在圆柱体上的载荷；

B——圆柱体的接触宽度；

E_1、E_2——两圆柱体材料的综合弹性模量；

μ_1、μ_2——两圆柱体材料的泊松比；

“+”号用于外接触；“-”号用于内接触。

由图 10-29 可知

$$\rho_1 = \frac{d_1}{2}\sin\alpha \qquad \rho_2 = \frac{d_2}{2}\sin\alpha \qquad (10-22)$$

在式(10-22)中，令 $u = z_2/z_1$，则中心距为

$$a = \frac{1}{2}(d_1 \pm d_2) = \frac{d_1}{2}(u \pm 1) \qquad (10-23)$$

或表示为

$$d_1 = \frac{2a}{u \pm 1}$$

由于

$$F_n = \frac{F_t}{\cos\alpha} = \frac{2T_1}{d_1 \cos\alpha} \qquad (10-24)$$

引入载荷系数 K，标准齿轮压力角 $\alpha = 20°$。一对钢制齿轮取 $E = 0.6 \times 10^5$ MPa，$\mu = 0.3$，可得轮齿接触疲劳强度的校核公式为

$$\sigma_H = 335\sqrt{\frac{KT_1(u \pm 1)^3}{ba^2 \quad u}} \leqslant [\sigma_H] \qquad (10-25)$$

将齿宽系数 $b = a \cdot \phi_a$ 代入式(10-25)，可得齿轮接触疲劳强度设计公式为

$$a \geqslant (u \pm 1)\sqrt[3]{\frac{KT_1}{\phi_a \cdot u}\left(\frac{335}{[\sigma_H]}\right)^2} \qquad (10-26)$$

式(10-25)和式(10-26)仅适用于一对钢制齿轮，若配对材料为钢对铸铁或铸铁对铸铁，则应将公式中的系数 335 分别改为 285 和 250。

一对相啮合的大、小齿轮的齿面接触应力相等，而大、小齿轮的材料和热处理方法不尽相同，即两轮的许用齿面接触疲劳应力不同。因此，在运用公式时，应取两轮中较小的许用接触疲劳应力进行计算。

当齿轮传动的载荷和材料一定时，影响齿轮接触强度的几何参数主要有：直径 d、齿宽 b、齿数比 u 和啮合角 α。采用正变位，增大齿轮的变位系数 x_1、x_2，可提高齿轮接触疲劳强度。在直径 d 确定后，齿宽 b 过大会造成偏载严重，齿数比 u 过大会使两齿轮寿命差过大，因此，齿

轮接触强度主要取决于齿轮的直径 d。d 越大，σ_H越小。此外，提高齿轮精度等级，改善齿轮材料和热处理方式，均可提高齿面接触疲劳强度。

10.8.4 许用接触应力和许用弯曲应力

齿面许用接触疲劳应力$[\sigma_H]$和齿根许用弯曲疲劳应力$[\sigma_F]$可按下式计算

齿面许用接触疲劳应力
$$[\sigma_H]=\frac{\sigma_{Hlim}}{S_H} \tag{10-27}$$

齿根许用弯曲疲劳应力
$$[\sigma_F]=\frac{\sigma_{Flim}}{S_F} \tag{10-28}$$

式中 σ_{Hlim}、σ_{Flim}——分别为试验齿轮的齿面接触疲劳极限和齿根弯曲疲劳极限，由不同材料的齿轮试验测得，可按图 10-30 和图 10-31 查得；

S_H、S_F——分别为齿轮传动中接触许用安全系数和弯曲许用安全系数，可查表 10-8。

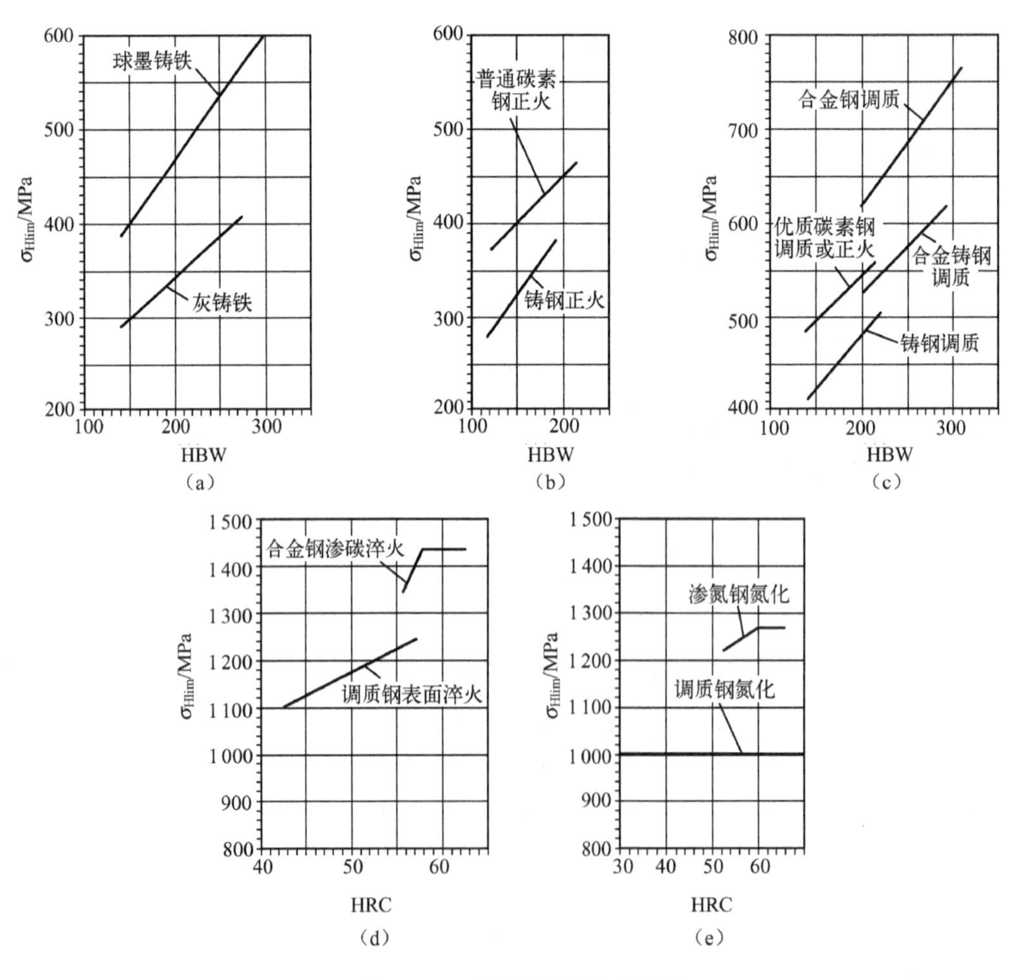

图 10-30 齿轮的接触疲劳极限

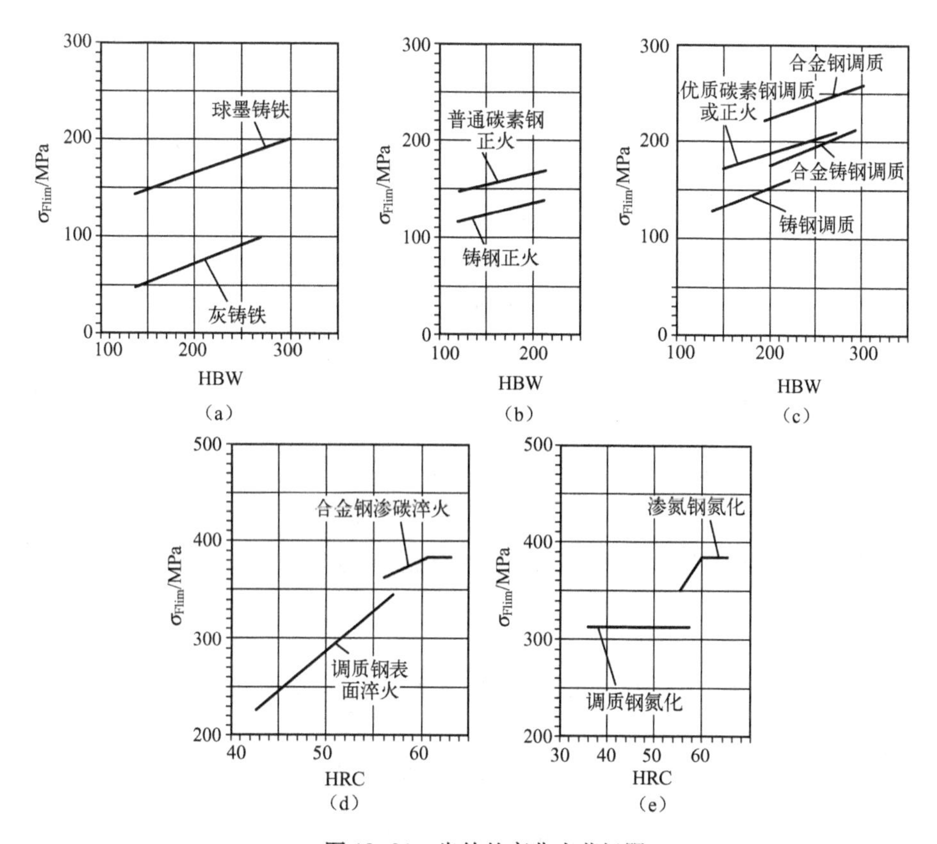

图 10-31 齿轮的弯曲疲劳极限

表 10-8 安全系数 S_H 和 S_F

安全系数	软齿面(<350HBW)	硬齿面(>350HBW)	重要的齿轮
S_H	1.0～1.1	1.1～1.2	1.3
S_F	1.3～1.4	1.4～1.6	1.6～2.2

10.8.5 齿轮传动主要参数的选择

1. 压力角 α 的选择

由齿轮的切制原理可知,增大压力角 α,轮齿的齿厚及节点处的齿廓曲率半径亦即随之增加,有利于提高齿轮传动的弯曲强度及接触强度。我国对一般用途的齿轮传动规定的标准压力角为 $\alpha=20°$。为增强航空齿轮传动的弯曲强度及接触强度,我国航空齿轮传动标准还规定了 $\alpha=25°$的标准压力角。

2. 齿数 z 的选择

若保持齿轮传动的中心距 a 不变,增加齿数,除能增大重合度、改善传动的平稳性外,还可减小模数,降低齿高,因而减少金属切削量,节省制造费用。另外,降低齿高还能降低滑动速度,以减少磨损及胶合。但模数小了,齿厚随之减薄,轮齿的弯曲强度也会降低。

闭式齿轮传动一般转速较高,为了提高传动的平稳性,减小冲击振动,以齿数多一些为好,小齿轮的齿数可取 $z_1=20\sim40$。开式(半开式)齿轮传动,由于轮齿主要为磨损失效,为使轮齿不致过小，故小齿轮不宜选用过多的齿数，一般可取 $z_1=17\sim20$。

为避免轮齿根切，对于 $\alpha=20°$ 的标准直齿圆柱齿轮，应取 $z_1\geqslant17$。

小齿轮齿数确定后，可按齿数比 $u=z_2/z_1$ 确定大齿轮的齿数 z_2。为了使相啮合齿对磨损均匀，传动平稳，z_2 与 z_1 尽量互为质数。

例 10-3 设计单级直齿圆柱齿轮传动。已知传递功率 $P_1=10$ kW，小齿轮的转速 $n_1=960$ r/min，齿数比 $u=3.2$，由电动机驱动，减速器工作平稳，转向不变。

解：1. 选择齿轮类型、材料、精度等级和齿数

① 材料选择：考虑到功率较小，大小齿轮均用软齿面。

② 小齿轮材料为 $40C_r$ 调质，齿面硬度为 260HBW；大齿轮材料为 45 钢调质，齿面硬度为 230HBW，ΔHBW = 260HBW − 230HBW = 30HBW。

③ 选取精度等级，初选 7 级精度；初选小齿轮齿数 $z_1=26$，则 $z_2=u\cdot z_1=83$；初选 $\phi_a=0.3$。

④ 确定设计准则：闭式软齿轮传动按齿面接触疲劳强度设计，再按齿根弯曲疲劳强度校核。

（1）计算接触疲劳许用应力

① 按齿面硬度，由图 10-30 查得小齿轮与大齿轮的接触疲劳强度极限 $[\sigma_{Hlim1}]=680$ MPa、$[\sigma_{Hlim2}]=550$ MPa；

② 取失效概率为 1%，安全系数 $S_H=1.1$，由式(10-27)，得：

$$[\sigma_{H1}]=\frac{\sigma_{Hlim1}}{S_H}=\frac{680}{1.1}=618.18\ \text{MPa}$$

$$[\sigma_{H2}]=\frac{\sigma_{Hlim2}}{S_H}=\frac{550}{1.1}=500\ \text{MPa}$$

取

$$[\sigma_H]=[\sigma_{H2}]=500\ \text{MPa}$$

（2）计算弯曲疲劳许用应力

① 按齿面硬度，由图 10-31 查得大小齿轮的弯曲疲劳强度极限 $[\sigma_{Flim1}]=240$ MPa、$[\sigma_{Flim2}]=190$ MPa；

② 取弯曲疲劳安全系数 $S_F=1.3$，由式(10-29)，得

$$[\sigma_{F1}]=\frac{\sigma_{Flim1}}{S_F}=\frac{240}{1.3}=184.62\ \text{MPa}$$

$$[\sigma_{F2}]=\frac{\sigma_{Flim2}}{S_F}=\frac{190}{1.3}=146.15\ \text{MPa}$$

2. 按齿面接触疲劳强度设计

（1）设计公式

$$a\geqslant(u+1)\sqrt[3]{\frac{KT_1}{\phi_a\cdot u}\left(\frac{335}{[\sigma_H]}\right)^2}$$

（2）确定各参数值

① 由表 10-7 取载荷系数 $K=1.3$

② 计算小齿轮的转矩

$$T_1=\frac{9.55\times10^6P_1}{n_1}=\frac{9.55\times10^6\times10}{960}=9.948\times10^4\ \text{N}\cdot\text{mm}$$

（3）计算

① 将以上参数代入公式计算

$$a\geqslant(u+1)\sqrt[3]{\frac{KT_1}{\phi_a\cdot u}\left(\frac{335}{[\sigma_H]}\right)^2}=(3.2+1)\sqrt[3]{\frac{1.3\times9.948\times10^4}{0.3\times3.2}\left(\frac{335}{500}\right)^2}=164.85\ \text{mm}$$

② 计算模数 m

$$m=\frac{2a}{z_1+z_2}=\frac{2\times164.85}{24+77}=3.26\ \text{mm}$$

查表 10-2 取 $m=3.5$ mm，取 $z_1=26$、$z_2=83$，计算中心距

$$a=\frac{m(z_1+z_2)}{2}=\frac{3.5\times(26+83)}{2}=190.75\ \text{mm}$$

③ 计算主要尺寸

$$d_1=mz_1=3.5\times26=91\ \text{mm}$$
$$d_2=mz_2=3.5\times83=290.5\ \text{mm}$$
$$b=\phi_a a=0.3\times190.75=57.2\ \text{mm}$$

圆整为 $b_1=65$ mm，$b_2=60$ mm。

3. 校核齿根危险截面的弯曲强度条件

由图 10-28 查取齿形系数 $Y_{F1}=2.65$，$Y_{F2}=2.226$；

$$\sigma_{F1}=\frac{2KT_1Y_{F1}}{bm^2z_1}=\frac{2\times1.3\times9.948\times10^4\times2.65}{60\times3.5^2\times26}=35.87\ \text{MPa}\leqslant[\sigma_{F1}]$$

$$\sigma_{F2}=\sigma_{F1}\frac{Y_{F2}}{Y_{F1}}=35.87\times\frac{2.226}{2.65}=30.13\ \text{MPa}\leqslant[\sigma_F]$$

安全，合格。

4. 结构设计及绘制齿轮零件图（从略）

10.9 斜齿圆柱齿轮传动

10.9.1 斜齿圆柱齿轮齿廓曲面的形成和啮合特点

直齿圆柱齿轮的轮齿方向与轴线平行，由于齿轮有一定宽度，如图 10-32a 所示，故直齿圆柱齿轮的齿廓曲面是发生面在基圆柱上作纯滚动时，其上任一条与基圆柱母线 CC 平行的直线 BB 所展成的渐开线曲面。一对直齿圆柱齿轮在啮合过程中，接触线均为平行于轴线的直线，如图 10-32b 所示。因此，在进入或退出啮合时，相啮合的轮齿是沿着整个齿宽同时进入或同时退出的；轮齿上的作用力也是突然加上或突然卸去。这种接触方式使齿轮传动产生振动、冲击和噪声，不适宜高速、重载传动。

斜齿圆柱齿数的轮齿方向不与轴线平行，斜齿圆柱齿轮齿廓曲面的形成如图 10-33a 所示。当发生面在基圆柱上作纯滚动时，其上一条不与母线 CC 平行而与它成一夹角 β_b（称为基

圆柱上的螺旋角）的直线 BB 所展成的渐开螺旋面，即斜齿圆柱齿轮的齿廓曲面。斜齿圆柱齿轮在啮合过程中，接触线均不与轴线平行，如图 10-33b 所示。因此，在进入或退出啮合时，接触线由短逐渐变长，又逐渐缩短。这一啮合特点克服了直齿轮突然进入及突然退出啮合的缺点，因此，提高了传动的平稳性和承载能力，在高速、重载齿轮传动中应用广泛。

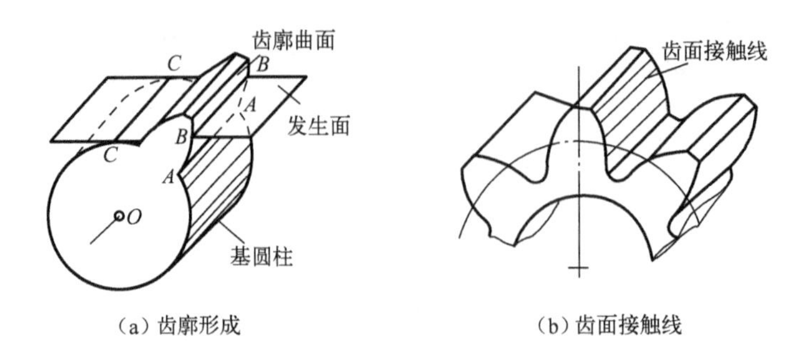

（a）齿廓形成　　（b）齿面接触线

图 10-32　直齿圆柱齿轮齿廓曲面的形成

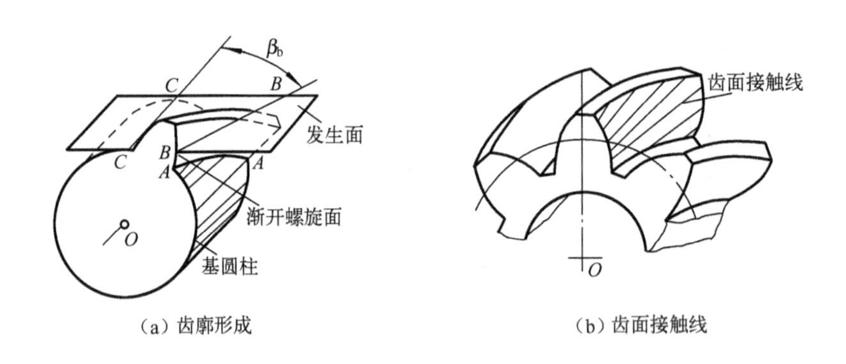

（a）齿廓形成　　（b）齿面接触线

图 10-33　斜齿圆柱齿轮齿廓曲面的形成

斜齿轮的主要缺点是在传动时会产生轴向力 F_a，如图 10-34a 所示，这对轴和轴承的受力不利。为克服这个缺点，可以采用人字齿轮，如图 10-34b 所示，使两边产生的轴向力 F_a 相互抵消。人字齿轮加工困难，精度较低，主要用于重型机械。

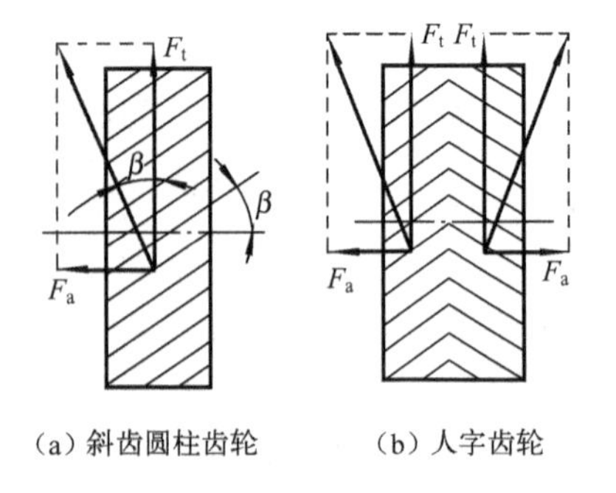

（a）斜齿圆柱齿轮　　（b）人字齿轮

图 10-34　斜齿圆柱齿轮齿廓曲面的形成

10.9.2　斜齿轮的基本参数和几何尺寸计算

斜齿圆柱齿轮的齿形有法面和端面之分。法面（垂直于轮齿方向的平面，也称法向）参数与刀具参数相同，故为标准值；端面（垂直于轴线的平面）

参数用于计算斜齿轮的几何尺寸，端面与法向参数分别用下脚标 t 和 n 表示。

1. 法向模数和端面模数

如图 10-35 所示为斜齿轮分度圆柱的展开图。其中 β 称为分度圆柱的螺旋角。图中 p_n 为法向齿距，p_t 为端面齿距，两者间的关系为

$$p_n = p_t \cos\beta \tag{10-29}$$

由于 $p_n = \pi m_n$，$p_t = \pi m_t$，可得法向模数与端面模数的关系为

$$m_n = m_t \cos\beta \tag{10-30}$$

式中 β——分度圆柱上的螺旋角。β 越大传动的平稳性越好，但轴向力越大。在设计时，通常取 $\beta = 8° \sim 20°$。

2. 法向压力角 α_n 和端面压力角 α_t

如图 10-36 所示，在直角三角形 ABD、ACE 和 ABC 中

$$\tan\alpha_t = \overline{AB}/\overline{BD} \qquad \tan\alpha_n = \overline{AC}/\overline{CE} \qquad \overline{AC} = \overline{AB}\cos\beta$$

又因 $\overline{BD} = \overline{CE}$，故得

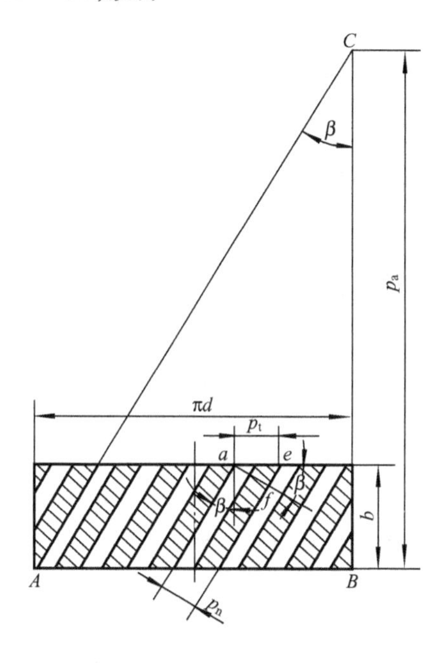

图 10-35 端面齿距与法向齿距

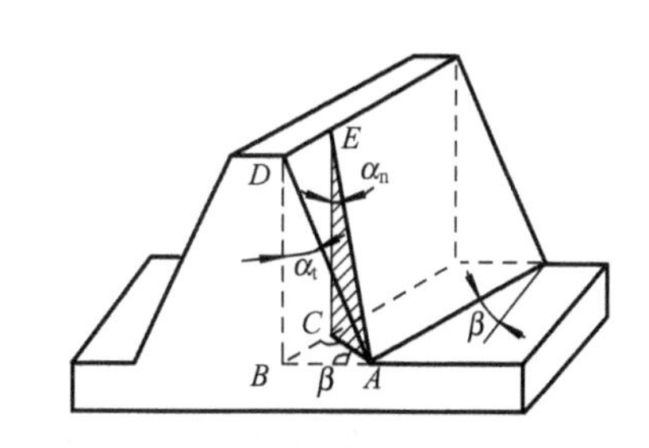

图 10-36 端面压力角与法向压力角

$$\tan\alpha_n = \frac{\overline{AC}}{\overline{CE}} = \frac{\overline{AB}\cos\beta}{\overline{BD}} = \tan\alpha_t \cos\beta \tag{10-31}$$

3. 螺旋角

如图 10-36 所示，斜齿轮分度圆柱面上的螺旋角 β 为

$$\tan\beta = \pi d / p_z \tag{10-32}$$

式中　p_z 为螺旋线的导程，即螺旋线绕一周时它沿轴方向前进的距离。由于斜齿轮各个圆柱面上的螺旋线的导程相同，所以基圆柱面上的螺旋角 β_b 满足

$$\tan\beta_b = \pi d_b / p_z \tag{10-33}$$

由式(10-32)和式(10-33)得

$$\tan\beta_b = \frac{d_b}{d}\tan\beta = \cos\alpha_t \tan\beta \tag{10-34}$$

4. 齿顶高系数 h_{an}^* 和 h_{at}^* 及顶隙系数 c_n^* 和 c_t^*

斜齿轮的齿顶高无论是法面，还是端面都是相同的，顶隙也相同，即

$$h_{an}^* m_n = h_{at}^* m_t \qquad c_n^* m_n = c_t^* m_t$$

将式(10-30)代入以上两式，得

$$\left.\begin{aligned} h_{at}^* &= h_{an}^* \cos\beta \\ c_t^* &= c_n^* \cos\beta \end{aligned}\right\} \tag{10-35}$$

一对斜齿轮传动在端面上相当于一对直齿轮传动，所以斜齿轮几何参数计算时，一般应先算出端面参数，再按直齿轮的几何计算公式进行计算。其主要几何尺寸计算见表 10-9。

表 10-9　渐开线标准斜齿圆柱齿轮的几何尺寸计算

序　号	名　　称	符　　号	计算公式及参数选择
1	端面模数	m_t	$m_t = \frac{m_n}{\cos\beta}$，$m_n$ 为标准值
2	螺旋角	β	一般取 $\beta = 8° \sim 20°$
3	端面压力角	α_t	$\alpha_t = \arctan\frac{\tan\alpha_n}{\cos\beta}$，$\alpha_n$ 为标准值
4	分度圆直径	d_1、d_2	$d_1 = m_t z_1 = \frac{m_n z_1}{\cos\beta}$，$d_2 = m_t z_2 = \frac{m_n z_2}{\cos\beta}$
5	齿顶高	h_a	$h_a = m_n$
6	齿根高	h_f	$h_f = 1.25 m_n$
7	全齿高	h	$h = h_a + h_f = 2.25 m_n$
8	顶　隙	c	$c = h_f - h_a = 0.25 m_n$
9	齿顶圆直径	d_{a1}、d_{a2}	$d_{a1} = d_1 + 2h_a$、$d_{a2} = d_2 + 2h_a$
10	齿根圆直径	d_{f1}、d_{f2}	$d_{f1} = d_1 - 2h_f$、$d_{f2} = d_2 - 2h_f$
11	中心距	a	$a = \frac{d_1 + d_2}{2} = \frac{m_t}{2}(z_1 + z_2) = \frac{m_n(z_1 + z_2)}{2\cos\beta}$

10.9.3　斜齿轮传动正确啮合的条件

为了使一对平行轴斜齿圆柱齿轮传动能够正确啮合，除了应满足两轮的模数和压力角分别相等外，还应使两轮螺旋角相互匹配，故一对平行轴斜齿圆柱齿轮传动正确啮合的条件为

$$\left.\begin{aligned} m_{t1} &= m_{t2} = m_t \\ \alpha_{t1} &= \alpha_{t2} = \alpha_t \\ \beta_1 &= \mp\beta_2 \end{aligned}\right\} \quad 或 \quad \left.\begin{aligned} m_{n1} &= m_{n2} = m_n \\ \alpha_{n1} &= \alpha_{n2} = \alpha_n \\ \beta_1 &= \mp\beta_2 \end{aligned}\right\} \tag{10-36}$$

式中　“ - ”用于外啮合，表示两轮的螺旋角大小相等，旋向相反；“ + ”号用于内啮合，表示两轮的螺旋角大小相等，旋向相同。

10.9.4 斜齿轮传动连续传动的条件

如图10-37所示，两个端面参数完全相同的直圆柱齿轮和斜齿圆柱齿轮的啮合面示意图。

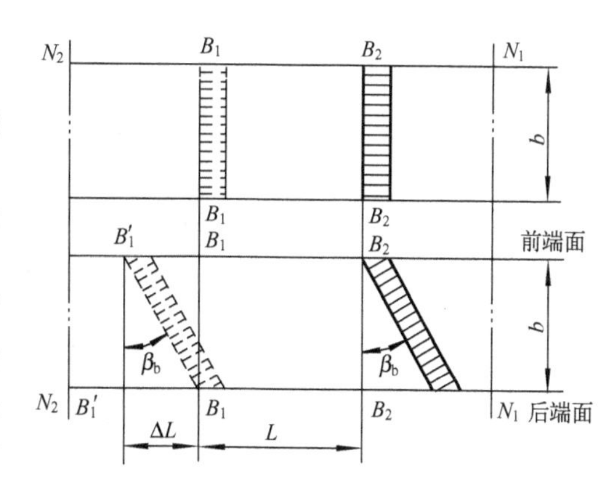

图10-37 斜齿轮传动的重合度

如图10-37所示，上半图为直齿圆柱齿轮的啮合面，一对轮齿在B_2B_2处进入啮合、在B_1B_1处脱离啮合，其啮合区为L，重合度$\varepsilon_a = L/p_b$。下半图为斜齿圆柱齿轮的啮合面，一对轮齿也是在B_2B_2处进入啮合，但在齿宽方向上是逐渐进入啮合，同样在B_1B_1处也是逐渐脱离啮合。显然，斜齿轮的实际啮合区是从齿宽最初一端进入啮合到齿宽最后一端脱离啮合，斜齿轮的啮合区比直齿轮增大了ΔL。重合度增量为

$$\varepsilon_\beta = \frac{\Delta L}{p_{bt}} = \frac{b\tan\beta_b\cos\alpha_t}{p_n\cos\alpha_t/\cos\beta} = \frac{b\sin\beta}{\pi m_n} \tag{10-37}$$

式中 p_{bt}为斜齿轮的端面基节，ε_β与斜齿轮的轴向尺寸b有关，称为轴面重合度。因此，平行轴斜齿轮机构的总重合度ε_γ由端面重合度ε_α和轴面重合度ε_β两部分组成，即

$$\varepsilon_\gamma = \varepsilon_\alpha + \varepsilon_\beta \tag{10-38}$$

对于外啮合斜齿轮传动，端面重合度ε_α的计算公式与直齿圆柱齿轮的重合度相同。

由式(10-37)可知，平行轴斜齿轮机构的重合度随齿轮宽b和螺旋角β的增大而增大。

10.9.5 斜齿轮的当量齿轮和当量齿数

用成形法切制斜齿轮选择铣刀刀号和进行斜齿轮强度计算时，必须知道斜齿轮的法面齿形，如图10-38所示。过斜齿轮分度圆柱上齿廓的任一点P作轮齿的法面$n-n$，则法面与斜齿轮分度圆柱的交线为一椭圆，其长轴半径$a=\dfrac{d}{2\cos\beta}$，短轴半径为$b=\dfrac{d}{2}$，椭圆在P点的曲率半径为

$$\rho = \frac{a^2}{b} = \frac{d}{2\cos^2\beta} \tag{10-39}$$

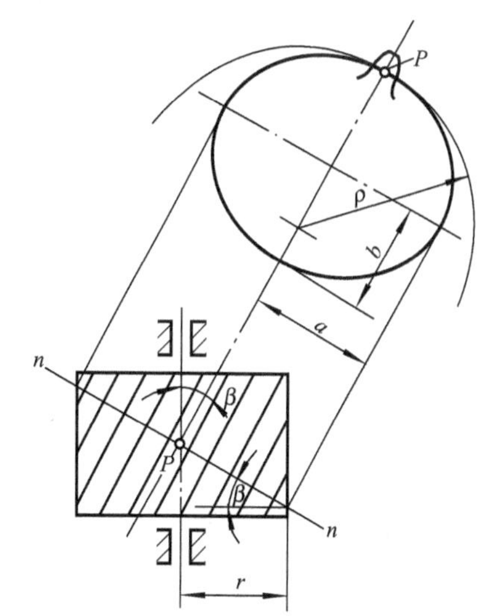

图10-38 斜齿轮的当量齿轮

假想一直齿圆柱齿轮的分度圆半径为ρ，其齿形与斜齿轮的法面齿形近似，则该直齿轮称为斜齿轮的当量齿轮，其齿数称为当量齿数，用z_v表示，即

$$z_v = \frac{2\rho}{m_n} = \frac{d}{m_n\cos^2\beta} = \frac{m_n z}{m_n\cos^3\beta} = \frac{z}{\cos^3\beta} \tag{10-40}$$

式中 z——斜齿轮的实际齿数。

正常齿标准斜齿轮不发生根切的最少齿数z_{min}可由当量直齿轮的最少齿数z_{vmin}计算出来，即

$$z_{min} = z_{vmin}\cos^3\beta \tag{10-41}$$

10.9.6 斜齿圆柱齿轮传动的优缺点

综上所述，斜齿圆柱齿轮传动与直齿圆柱齿轮传动相比，具有以下主要优点：①传动平稳、噪声小；②重合度较大，减小了每对轮齿的载荷，提高了承载能力；③不发生根切的最少齿数较小，故结构更紧凑；④中心距 a 与螺旋角有关，不用变位，可采用 β 来凑配中心距。其主要缺点是：①斜齿受力时将产生轴向分力 F_a；②齿面间相对滑动增大。

10.9.7 斜齿圆柱齿轮传动的强度计算

1. 轮齿的受力分析

在斜齿轮传动中，作用于齿面上的法向力 F_n 垂直于齿面，位于法面 $Pabc$ 内，如图 10-40 所示。法向力 F_n 可沿齿轮的周向、径向及轴向分解成三个相互垂直的分力。

首先，将力 F_n 在法面内分解成沿径向的分力（径向力）F_r 和在 $Pa'ae$ 面内的分力 F'，然后再将力 F' 在 $Pa'ae$ 面内分解成沿周向的分力（圆周力）F_t 及沿轴向的分力（轴向力）F_a。

各力的方向如图 10-39 所示。

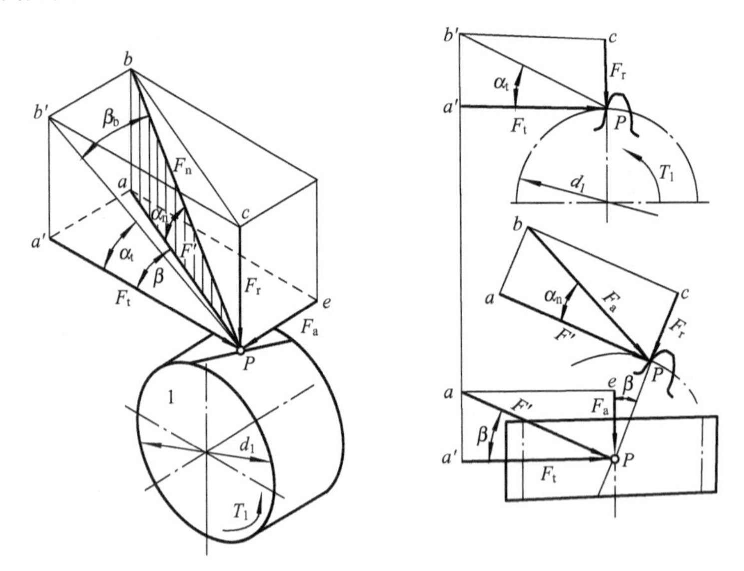

图 10-39 斜齿轮的轮齿受力分析

各力的大小为

$$\left.\begin{aligned}F_t&=\frac{2T_1}{d_1}\\F_r&=F_t\tan\alpha_n/\cos\beta\\F_a&=F_t\tan\beta\\F_n&=\frac{F_t}{\cos\alpha_n\cos\beta}\end{aligned}\right\}\qquad(10-42)$$

式中 β——节圆螺旋角，对标准斜齿轮即分度圆螺旋角；

α_n——法向压力角，对于标准斜齿轮，$\alpha_n=20°$；

α_t——端面压力角。

从动轮轮齿上的载荷也可以分解为 F_t、F_a 和 F_r 各力，它们分别与主动轮上的各力大小相等方向相反。

2. 齿根弯曲疲劳强度计算

斜齿轮轮齿的强度计算方法与直齿轮类似，斜齿轮传动重合度较大，同时啮合的轮齿对数较多，而且轮齿的接触线是倾斜的，有利于降低斜齿轮的弯曲应力，因此斜齿轮轮齿的抗弯能力比直齿轮高。考虑到斜齿轮的上述特点，可得斜齿轮轮齿弯曲强度的校核公式和设计公式为

$$\sigma_F = \frac{1.6KT_1Y_F}{bm_nd_1} = \frac{1.6KT_1Y_F\cos\beta}{bm_n^2z_1} \leqslant [\sigma_F] \tag{10-43}$$

$$m_n \geqslant \sqrt[3]{\frac{3.2KT_1\cos^2\beta}{\phi_a(u\pm1)z_1^2}\frac{Y_F}{[\sigma_F]}} \tag{10-44}$$

式中　Y_F——斜齿轮的齿形系数，可近似地按当量齿数 $z_v \approx \frac{z}{\cos^3\beta}$，查图 10-28。

式(10-43)为校核计算公式，式(10-44)为设计计算公式。两式中 σ_F、$[\sigma_F]$ 的单位为 MPa、m_n 的单位为 mm，其余各符号的意义和单位同前。

3. 齿面接触疲劳强度计算

斜齿轮传动除了重合度较大之外，还因为在法面内斜齿轮当量齿轮的分度圆半径增大，齿廓的曲率半径增大，如图 10-39 所示，致使斜齿轮的齿面接触应力也较直齿轮有所降低。因此，斜齿轮轮齿的抗点蚀能力也较直齿轮高，由于上述特点，可得一对钢制标准斜齿轮传动齿面接触强度的校核公式和设计公式为

$$\sigma_H = 305\sqrt{\frac{KT_1}{ba^2}\frac{(u\pm1)^3}{u}} \leqslant [\sigma_H] \tag{10-45}$$

$$a \geqslant (u\pm1)\sqrt[3]{\frac{KT_1}{\phi_a u}\left(\frac{305}{[\sigma_H]}\right)^2} \tag{10-46}$$

式(10 -45)为设计计算公式，式(10-46)为校核计算公式。两式中 σ_H、$[\sigma_H]$ 的单位为 MPa；a 的单位为 mm；。其余各符号的意义和单位同前。

若配对齿轮材料改变时，以上两式中系数 305 应加以修正。钢对铸铁应将 305 乘以 $\frac{285}{335}$，铸铁对铸铁应将 305 乘以 $\frac{250}{335}$。

按式(10-47)求出中心距 a 并圆整成整数，根据已选定的 z_1、z_2 和螺旋角 β（或模数 m_n），由下式计算模数 m_n：

$$m_n = \frac{2a\cos\beta}{z_1+z_2}$$

求得的 m_n 应按表 10-2 取为标准值。

然后，再修正螺旋角

$$\beta = \arccos\frac{(z_1+z_2)m_n}{2a}$$

一般 $\beta = 8° \sim 20°$。

斜齿轮传动齿面的接触疲劳强度同时取决于大、小齿轮。实际设计时，斜齿轮传动的许用

接触应力可取为$[\sigma_H]=\dfrac{[\sigma_{H1}]+[\sigma_{H2}]}{2}$，当$[\sigma_H]\geqslant 1.23[\sigma_{H2}]$时应取$[\sigma_H]=1.23[\sigma_{H2}]$，$[\sigma_{H2}]$为较软齿面的许用接触应力。

例 10-4 设计单级斜齿圆柱齿轮减速器。已知输入功率 $P_1=10$ kW，小齿轮的转速 $n_1=960$ r/min，齿数比 $u=3.2$，由电动机驱动，减速器工作平稳，转向不变。

解：1. 选择齿轮类型、材料、精度等级和齿数

① 材料选择：考虑到功率较大，大小齿轮均用硬齿面。

② 材料为 $40C_r$；调质后表面淬火，齿面硬度为 48 ～ 55HRC。

③ 选取精度等级，初选 7 级精度。

④ 选取螺旋角，初选 $\beta=14°$。

⑤ 齿宽系数，初选 $\phi_a=0.5$。

⑥ 选取小齿轮齿数 $z_1=34$，大齿轮齿数 $z_2=z_1\cdot u=34\times 3.2=109$。

（1）计算接触疲劳许用应力

① 按齿面硬度，由图 10-30 查得小齿轮与大齿轮的接触疲劳强度极限 $\sigma_{Hlim1}=\sigma_{Hlim2}$，$\sigma_{Hlim}=1\ 160$ MPa

② 由表 10-9 查得接触疲劳安全系数 $S_H=1.1$

$$[\sigma_{H1}]=[\sigma_{H2}]=\frac{\sigma_{Hlim}}{S_H}=\frac{1\ 160}{1.1}=1\ 054.55\ \text{MPa}$$

$$[\sigma_H]=1054.55\ \text{MPa}$$

（2）计算弯曲疲劳许用应力

① 由图 10-31 查得大小齿轮的弯曲疲劳强度极限 $\sigma_{Flim1}=\sigma_{Flim2}=\sigma_{Flim}=280$ MPa

② 由表 10-9 查得弯曲疲劳安全系数 $S_F=1.5$，得

$$[\sigma_{F1}]=[\sigma_{F2}]=\frac{\sigma_{Flim}}{S_F}=\frac{280}{1.5}=186.67\ \text{MPa}$$

$$[\sigma_F]=186.67\ \text{MPa}$$

2. 按齿根弯曲疲劳强度设计

（1）设计公式

$$m_n\geqslant\sqrt[3]{\frac{3.2KT_1\cos^2\beta}{\phi_a(u+1)z_1^2}\frac{Y_F}{[\sigma_F]}}$$

（2）确定各参数值

① 由表 10-7 取载荷系数 $K=1.6$

② 计算小齿轮的转矩

$$T_1=\frac{9.55\times 10^6 P_1}{n_1}=\frac{9.55\times 10^6\times 10}{960}=9.948\times 10^4\ \text{N}\cdot\text{mm}$$

③ 计算当量齿数

$$z_{v1}=\frac{z_1}{\cos^3\beta}=\frac{34}{\cos^3 12.84°}=36.68\quad z_{v2}=\frac{z_2}{\cos^3\beta}=\frac{109}{\cos^3 12.84°}=117.60$$

④ 由图10-28查取齿形系数 $Y_{F1}=2.48, Y_{F2}=2.19$

比较 $\dfrac{Y_{F1}}{[\sigma_{F1}]}=\dfrac{2.48}{186.67}=0.0133>\dfrac{Y_{F2}}{[\sigma_{F2}]}=\dfrac{2.19}{186.67}=0.0117$，代入大值

(3) 计算

① 将以上参数代入公式计算

$$m_n \geqslant \sqrt[3]{\frac{3.2\times1.6\times9.948\times10^4\cos^2 14°\times0.0133}{0.5\times(3.2+1)\times34^2}}=1.38\ \text{mm}$$

查表10-2取 $m_n=1.5\ \text{mm}$

② 计算中心距 $a=\dfrac{m_n(z_1+z_2)}{2\cos\beta}=\dfrac{1.5\times(34+109)}{2\cos 14°}=110.53\ \text{mm}$

圆整中心距取 $a=110\ \text{mm}$

③ 修正螺旋角并计算主要尺寸

$$\beta=\arccos\frac{(z_1+z_2)m_n}{2a}=\arccos\frac{(34+109)\times1.5}{2\times110}=12.84°=12°50'24''$$

④ 计算 $d_1=\dfrac{m_n z_1}{\cos\beta}=\dfrac{1.5\times34}{\cos 12.84°}=52.31\ \text{mm}, d_2=\dfrac{m_n z_2}{\cos\beta}=\dfrac{1.5\times109}{\cos 12.84°}=167.70\ \text{mm}$

$$b=\phi_a a=0.5\times110=55\ \text{mm}$$

圆整为 $b_1=60\ \text{mm}\quad b_2=55\ \text{mm}$

3. 按齿面接触疲劳强度校核

$$\sigma_H=305\sqrt{\frac{KT_1(u+1)^3}{ba^2\quad u}}=305\sqrt{\frac{1.6\times9.948\times10^4(3.2+1)^3}{55\times110^2\quad 3.2}}=717.72\ \text{MPa}\leqslant[\sigma_H]$$

安全，合格。

4. 结构设计及绘制齿轮零件图（从略）

10.10 锥齿轮传动

10.10.1 锥齿轮概述

锥齿轮传动用于传递空间两相交轴之间的运动和动力。轴交角∑可根据传动系统需要确定，最常用的是∑ =90°。锥齿轮可分为直齿、斜齿和曲齿三种，直齿锥齿轮设计、制造和安装较简单，应用较广。曲齿锥齿轮传动平稳、承载能力大，但设计、制造较复杂，常用于高速重载传动。斜齿轮应用较少。本节只讨论直齿锥齿轮传动。

一对锥齿轮传动相当于一对节圆锥作相切纯滚动。锥齿轮有分度圆锥、齿顶圆锥、齿根圆锥和基圆锥。标准直齿锥齿轮传动，节圆锥与分度圆锥重合。

如图10-40所示为一对标准锥齿轮传动，设 δ_1 和 δ_2 分别为小齿轮和大齿轮的分度圆锥角，$\sum=\delta_1+\delta_2=90°$ 为两轴线的交角，分度圆半径为

$$r_1=OP\sin\delta_1\qquad r_2=OP\sin\delta_2$$

故传动比为

$$i = \frac{\omega_1}{\omega_2} = \frac{z_2}{z_1} = \frac{r_2}{r_1} = \frac{\sin\delta_2}{\sin\delta_1} \tag{10-47}$$

当$\sum = 90°$时

$$i = \frac{\omega_1}{\omega_2} = \frac{z_2}{z_1} = \frac{r_2}{r_1} = \cot\delta_1 = \tan\delta_2 \tag{10-48}$$

当已知传动比 i 时,则可由上式求出两轮的分度圆锥角。

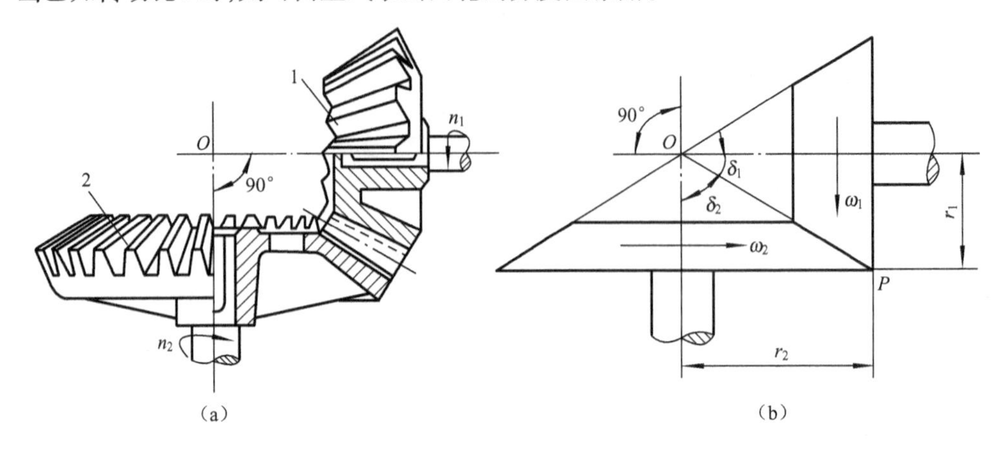

图 10-40 圆锥齿轮传动

10. 10. 2 锥齿轮齿廓的形成、背锥和当量齿数

圆柱齿轮的齿廓是发生面在基圆柱上作纯滚动时形成的(见图 10-41a)。锥齿轮的齿廓是发生面在基圆锥上作纯滚动时形成的(见图 10-41b)。在发生面上 K 点产生的渐开线 AK 应在以 OA 为半径的球面上,故称为球面渐开线,其齿廓如图 10-41c 所示。

由于球面渐开线不能展开成平面,这给齿轮的设计和制造带来很大困难,因此,需将球面渐开线用一个与它接近的圆锥面上的渐开线代替,如图 10-42 所示。该圆锥母线 $O'A$ 与锥齿轮分度圆锥的母线 OA 垂直,并与锥齿轮大端处的球面相切。此圆锥称为锥齿轮大端处的背锥。将背锥展开成一个扇形齿轮,并将其补全为完整的假想圆柱齿轮。圆柱齿轮的齿廓为锥齿轮大端背锥面近似齿廓,其模数和压力角为锥齿轮大端背锥面齿廓的模数和压力角,该圆柱齿轮称为锥齿轮的当量齿轮。当量齿轮的齿数称为当量齿数。由图 10-42 可知,当量齿轮分度圆直径 d_v为

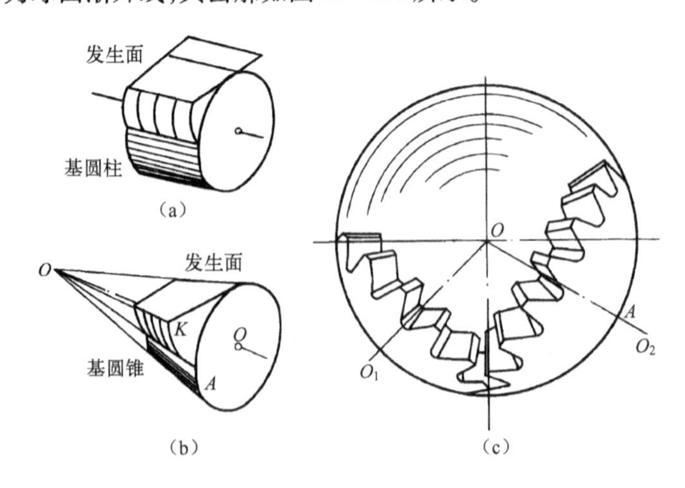

图 10-41 锥齿轮的齿廓形成

$$d_v = mz_v = 2(O'A) = \frac{2\left(\frac{AA'}{2}\right)}{\cos\delta} = \frac{d}{\cos\delta} = \frac{mz}{\cos\delta}$$

则当量齿数 z_v 为

$$z_v = \frac{z}{\cos\delta} \tag{10-49}$$

直齿锥齿轮不发生根切的最少齿数为

$$z_{min} = z_{vmin}\cos\delta = 17\cos\delta \tag{10-50}$$

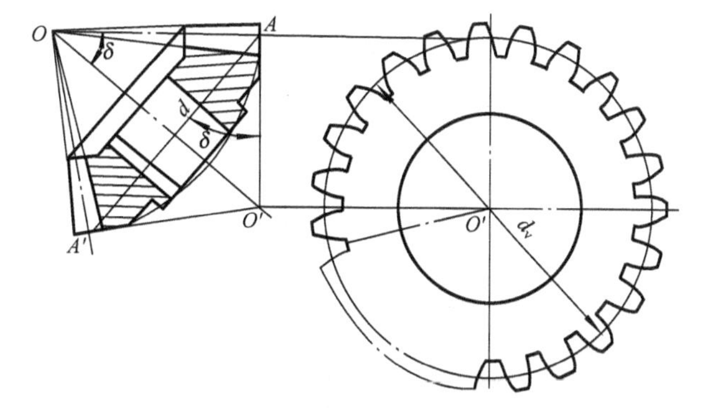

图 10-42 背锥和当量齿轮

10.10.3 直齿锥齿轮啮合传动

1. 基本参数

锥齿轮的基本参数和几何尺寸通常以大端为标准,这是因为大端的尺寸计算和测量的相对误差较小,同时也便于决定锥齿轮的外形尺寸。GB/T 12368—1990 对锥齿轮的大端端面模数作出了规定(见表 10-10)。国标同时还规定大端压力角 $\alpha = 20°$,齿顶高系数 $h^* = 1$,顶隙系数 $c^* = 0.2$。

表 10-10 锥齿轮模数(GB/T 12368—1990) mm

…	1	1.125	1.25	1.375	1.5	1.75	2	2.25	2.5	2.75	3	3.25	3.5	3.75	4
4.5	5	5.5	6	6.5	7	8	9	10	11	12	14	16	18	20	22	25	28	…

注:1. 表中模数为锥齿轮大端端面模数。
2. 该标准适用于直齿、斜齿和曲齿锥齿轮。

2. 正确啮合条件

一对锥齿轮啮合相当于一对当量直齿圆柱齿轮的啮合。由于当量直齿圆柱齿轮的模数、压力角等于锥齿轮的大端模数、压力角。故直齿锥齿轮的正确啮合条件为:两锥齿轮大端模数、压力角分别相等。此外,两轮的锥距也必须相等。

3. 连续传动条件

为了保证一对直齿锥齿轮能够实现连续传动,其重合度必须大于或等于 1。锥齿轮传动的重合度可按其当量齿轮计算,公式可参阅相关资料。

设计直齿锥齿轮传动时,可按式(10-48)求出两轮的分度圆锥角。通常直齿锥齿轮的齿高由大端到小端逐渐收缩,称为收缩齿锥齿轮。这类齿轮按顶隙不同又可分为不等顶隙收缩齿和等顶隙收缩齿两种。由于等顶隙收缩齿增加的小端的顶隙,改善了润滑状况;同时还可降低小端的齿高,提高小端轮齿的弯曲强度,故推荐用等顶隙锥齿轮传动。

4. 标准直齿锥齿轮几何尺寸计算

如图 10-43 所示为一对标准直齿锥齿轮。其节圆锥与分度圆锥重合,轴交角 $\Sigma = 90°$。它的各部分名称和几何尺寸计算公式见表 10-11。

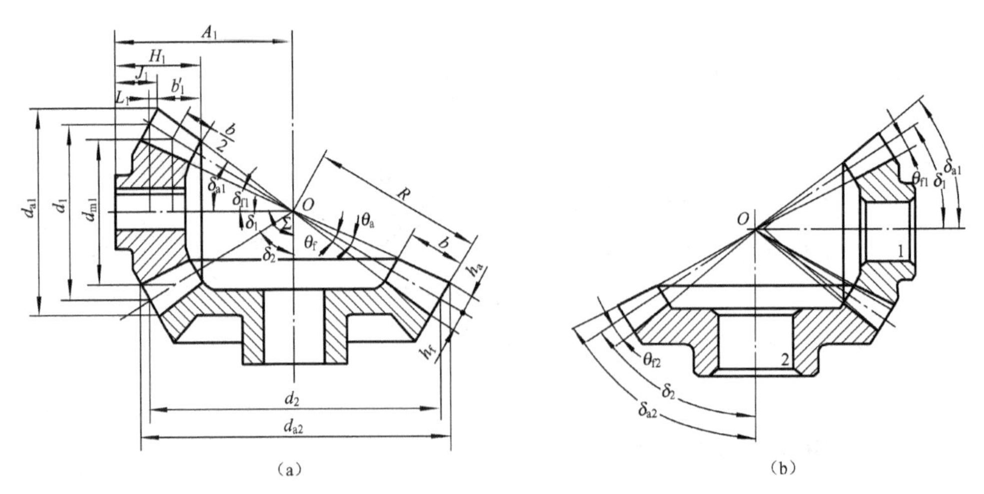

图 10–43　标准直齿锥齿轮啮合

表 10–11　$\sum=90°$标准直齿锥齿轮的几何尺寸计算

序　号	名　　称	符　　号	计 算 公 式
1	分度圆锥角	δ	$\delta_1=\operatorname{arccot}\frac{z_2}{z_1}, \delta_2=90°-\delta_1$
2	齿顶高	h_a	$h_a=h_a^* m \quad (h_a^*=1)$
3	齿根高	h_f	$h_f=(h_a^*+c^*)m \quad (c^*=0.2)$
4	分度圆直径	d	$d_1=mz_1 \qquad d_2=mz_2$
5	齿顶圆直径	d_a	$d_{a1}=d_1+2h_a\cos\delta_1 \quad d_{a2}=d_2+2h_a\cos\delta_2$
6	齿根圆直径	d_f	$d_{f1}=d_1-2h_f\cos\delta_1 \quad d_{f2}=d_2-2h_f\cos\delta_2$
7	锥　距	R	$R=\frac{d_1}{2\sin\delta_1}=\frac{d_2}{2\sin\delta_2}=\frac{m}{2}\sqrt{z_1^2+z_2^2}$
8	齿顶角	θ_a	正常收缩齿(不等顶隙)　$\tan\theta_a=\frac{h_a}{R}$
9	齿根角	θ_f	$\tan\theta_f=\frac{h_f}{R}$
10	顶锥角	δ_a	正常收缩齿(不等顶隙)　$\delta_a=\delta+\theta_a$
			等顶隙收缩齿　$\delta_{a1}=\delta_1+\theta_{f2}$　$\delta_{a2}=\delta_2+\theta_{f1}$
11	根锥角	δ_f	$\delta_f=\delta-\theta_f$
12	当量齿数	z_v	$z_{v1}=\frac{z_1}{\cos\delta_1} \qquad z_{v2}=\frac{z_2}{\cos\delta_2}$
13	分度圆齿厚	s	$s=\frac{\pi m}{2}$
14	齿　宽	b	$b\leqslant\frac{R}{3}$(取整数)

10.10.4　直齿锥齿轮传动的强度计算

1. 轮齿的受力分析

直齿锥齿轮齿面上所受的法向载荷 F_n 可视为集中作用在平均分度圆上，即在齿宽中点的法向

截面 $N—N(Pabc$ 平面)内(见图10-44)。与圆柱齿轮一样,将法向载荷 F_n 分解为切于分度圆锥面的周向分力(圆周力) F_t 及垂直于分度圆锥母线的分力 F',再将力 F' 分解为径向力 F_{r1} 及轴向力 F_{a1}。小锥齿轮轮齿上所受各力方向如图10-44所示,各力的大小分别为

$$\left.\begin{aligned}F_t&=\frac{2T_1}{d_{m1}}\\F_{r1}&=F_t\tan\alpha\cos\delta_1=F_{a2}\\F_{a1}&=F_t\tan\alpha\sin\delta_1=F_{r2}\\F_n&=\frac{F_t}{\cos\alpha}\end{aligned}\right\}\tag{10-51}$$

式中 F_{r1} 与 F_{a2} 及 F_{a1} 与 F_{r2} 大小相等,方向相反;

d_{m1}——小齿轮齿宽中点的分度圆直径,$d_{m1}=d_1-b\sin\delta_1$。

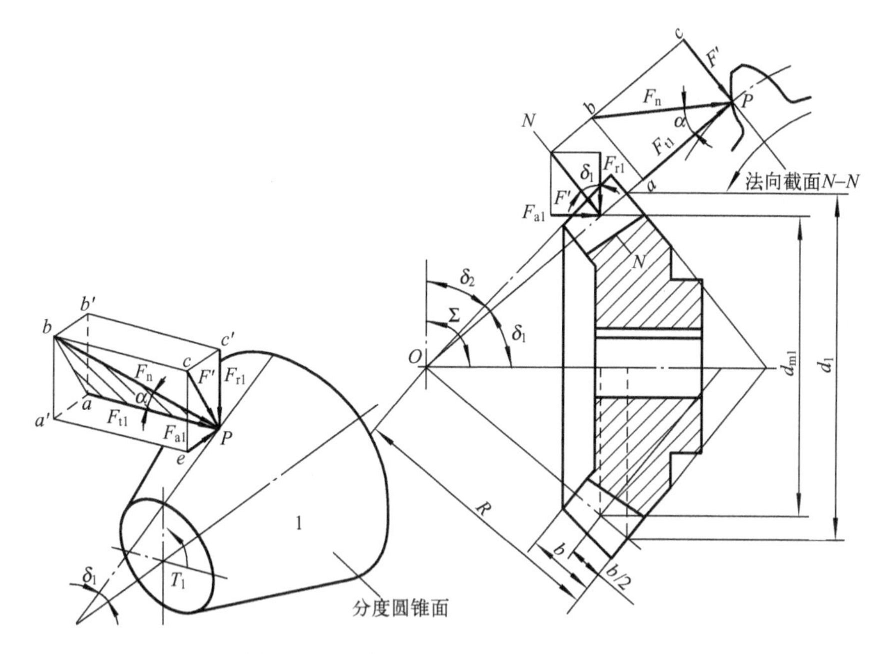

图10-44 直齿锥齿轮的轮齿受力分析

2. 齿根弯曲疲劳强度计算

直齿锥齿轮的弯曲疲劳强度可近似按平均分度圆处的当量圆柱齿轮进行计算。因而可直接沿用直齿轮计算公式得

$$\sigma_F=\frac{2KT_1Y_F}{bm_m^2z_1}\leqslant[\sigma_F]\tag{10-52}$$

$$m_m\geqslant\sqrt[3]{\frac{4KT_1(1-0.5\phi_R)}{\phi_Rz_1^2\sqrt{u^2+1}}\frac{Y_F}{[\sigma_F]}}\tag{10-53}$$

其中,式(10-52)为校核公式,式(10-53)为设计公式。

式中 m_m——平均模数,$m_m=m(1-0.5\phi_R)$,mm;

σ_F、$[\sigma_F]$分别为齿根弯曲应力和许用弯曲应力,MPa;其余各符号的意义和单位同前。

3. 齿面接触疲劳强度计算

$$\sigma_{\mathrm{H}}=\frac{335}{R-0.5b}\sqrt{\frac{\sqrt{(u^2\pm1)^3}KT_1}{ub}}\leqslant[\sigma_{\mathrm{H}}] \tag{10-54}$$

$$R\geqslant\sqrt{u^2+1}\sqrt[3]{\left(\frac{335}{(1-0.5\phi_{\mathrm{R}})[\sigma_{\mathrm{H}}]}\right)^2\frac{KT_1}{\phi_{\mathrm{R}}u}} \tag{10-55}$$

其中,式(10-54)为校核公式,式(10-55)为设计公式。两式中σ_{H}、$[\sigma_{\mathrm{H}}]$的单位为MPa、a的单位为mm,ϕ_{R}为齿宽系数,$\phi_{\mathrm{R}}=\frac{b}{R}$,一般取$\phi_{\mathrm{R}}=0.25\sim0.3$;其余各符号的意义和单位同前。

两式中系数仅适用于一对钢制齿轮,若配对齿轮材料为钢对铸铁或铸铁对铸铁,则应将公式中的系数335分别改为385和250。

由上式求出锥距R后,再由已选定的齿数z_1和z_2,求出大端端面模数

$$m=\frac{2R}{z_1\sqrt{u^2+1}} \tag{10-56}$$

例10-5 设计单级标准直齿锥齿轮减速器(轴交角为90°)。已知输入功率$P_1=20$ kW,小齿轮的转速$n_1=960$ r/min,齿数比$u=3.2$,由电动机驱动,减速器工作平稳,转向不变。

解:1. 选择齿轮类型、材料、精度等级和齿数

① 材料选择:考虑到功率较大,大小齿轮均用硬齿面。

② 材料为$40C_r$;调质后表面淬火,齿面硬度为48～55HRC。

③ 选取精度等级,初选7级精度;初选$z_1=24$、$z_2=uz_1=3.2\times24=77$。

(1) 计算接触疲劳许用应力

① 按齿面硬度,由图10-30查得小齿轮与大齿轮的接触疲劳强度极限$\sigma_{\mathrm{Hlim}}=\sigma_{\mathrm{Hlim1}}=\sigma_{\mathrm{Hlim2}}=1\ 160$ MPa

② 取失效概率为1%,安全系数$S_{\mathrm{H}}=1.1$,由式(10-26),得

$$[\sigma_{\mathrm{H1}}]=[\sigma_{\mathrm{H2}}]=\frac{\sigma_{\mathrm{Hlim1}}}{S_{\mathrm{H}}}=\frac{1\ 160}{1.1}=1\ 054.55\ \mathrm{MPa}$$

$$[\sigma_{\mathrm{H}}]=1\ 054.55\ \mathrm{MPa}$$

(2) 计算弯曲疲劳许用应力

① 由图10-31查得大小齿轮的弯曲疲劳强度极限$\sigma_{\mathrm{Flim}}=\sigma_{\mathrm{Flim1}}=\sigma_{\mathrm{Flim2}}=280$ MPa

② 取弯曲疲劳安全系数$S_{\mathrm{F}}=1.5$,由式(10-27),得

$$[\sigma_{\mathrm{F}}]=\frac{\sigma_{\mathrm{Flim}}}{S_{\mathrm{H}}}=\frac{280}{1.5}=186.67\ \mathrm{MPa}$$

2. 按齿根弯曲疲劳强度设计

(1) 设计公式

$$m_{\mathrm{m}}\geqslant\sqrt[3]{\frac{4KT_1(1-0.5\phi_{\mathrm{R}})}{\phi_{\mathrm{R}}z_1^2\sqrt{u^2+1}}\frac{Y_{\mathrm{F}}}{[\sigma_{\mathrm{F}}]}}$$

(2) 确定各参数值

① 计算当量齿数

$$\delta_2 = \arctan \frac{z_2}{z_1} = \arctan \frac{77}{24} = 72.69° \quad \delta_1 = 90° - \delta_2 = 90° - 72.69° = 17.31°$$

$$z_{v1} = \frac{z_1}{\cos \delta_1} = \frac{24}{\cos 17.31°} = 25.14 \quad z_{v2} = \frac{z_2}{\cos \delta_2} = \frac{77}{\cos 72.69°} = 258.79$$

② 由图10-28查取齿形系数 $Y_{F1} = 2.73$，$Y_{F2} = 2.18$。

③ 由表10-7取载荷系数 $K = 1.3$。

④ 计算小齿轮的转矩

$$T_1 = \frac{9.55 \times 10^6 P_1}{n_1} = \frac{9.55 \times 10^6 \times 20}{960} = 1.99 \times 10^5 \text{ N} \cdot \text{mm}$$

⑤ 选取齿宽系数

选取锥齿轮的齿宽系数，$\phi_R = 0.3$

⑥ 比较比较$\frac{Y_{F1}}{[\sigma_{F1}]} = \frac{2.73}{186.67} = 0.0146 > \frac{Y_{F2}}{[\sigma_{F2}]} = \frac{2.18}{186.67} = 0.0116$，代入大值

(3) 计算

① 将上述各参数代入公式计算

$$m_m \geqslant \sqrt[3]{\frac{4KT_1(1-0.5\phi_R)}{\phi_R z_1^2 \sqrt{u^2+1}} \frac{Y_F}{[\sigma_F]}} = \sqrt[3]{\frac{4 \times 1.3 \times 1.99 \times 10^5 \times (1-0.5 \times 0.3) \times 0.0146}{0.3 \times 24^2 \sqrt{3.2^2+1}}} = 2.8 \text{ mm}$$

② 计算大端模数

$$m = \frac{m_m}{(1-0.5\phi_R)} = \frac{2.8}{(1-0.5 \times 0.3)} = 3.3 \text{ mm}$$

查表10-10取大端模数为3.5 mm。

③ 计算主要尺寸

$$d_1 = mz_1 = 3.5 \times 24 = 84 \text{ mm}$$

$$d_2 = mz_2 = 3.5 \times 77 = 269.5 \text{ mm}$$

$$R = \frac{m}{2}\sqrt{z_1^2 + z_2^2} = \frac{3.5}{2}\sqrt{24^2 + 77^2} = 141.14 \text{ mm}$$

$$b = R\phi_R = 141.14 \times 0.3 = 42.34 \text{ mm}$$

取 $b = 45$ mm

3. 按齿面接触疲劳强度校核

校核公式

$$\sigma_H = \frac{335}{R-0.5b}\sqrt{\frac{\sqrt{(u^2+1)^3}KT_1}{ub}} = \frac{335}{141.14-0.5 \times 45}\sqrt{\frac{\sqrt{(3.2^2+1)^3} \times 1.3 \times 1.99 \times 10^5}{3.2 \times 45}}$$

$$= 734.69 \text{ MPa} \leqslant [\sigma_H]$$

满足齿面接触强度要求。

4. 结构设计及绘制齿轮零件图（从略）

10.11 齿轮的结构设计

通过齿轮传动的强度和几何尺寸计算，只能确定其基本参数和一些主要尺寸，如齿数、模数、齿宽、螺旋角、分度圆直径等，而轮缘、轮辐、轮毂等结构形式和尺寸大小，需要通过结构设计来确定。

齿轮的结构形式主要由毛坯材料、几何尺寸、加工工艺、生产批量、经济性等因素确定，齿轮常用的结构形式分为以下四种基本形式：齿轮轴、实心式齿轮、腹板式齿轮、轮辐式齿轮。通常先按齿轮的直径大小，选择合适的结构形式，然后再根据推荐的经验公式进行齿轮的结构设计。

1. 齿轮轴

对于直径较小的钢制圆柱齿轮，其齿根圆至键槽底部的距离 $e \leqslant 2m_t$（m_t为端面模数），或圆锥齿轮小端齿根圆至键槽底部的距离 $e \leqslant 1.6m$（m 为大端模数）时，如图 10-45 所示，齿轮和轴应做成一体，称为齿轮轴，如图 10-46 所示。

齿轮轴的刚度较好，但制造较复杂，齿轮损坏时轴将同时报废。故直径较大的齿轮应尽量将齿轮和轴分开制造。

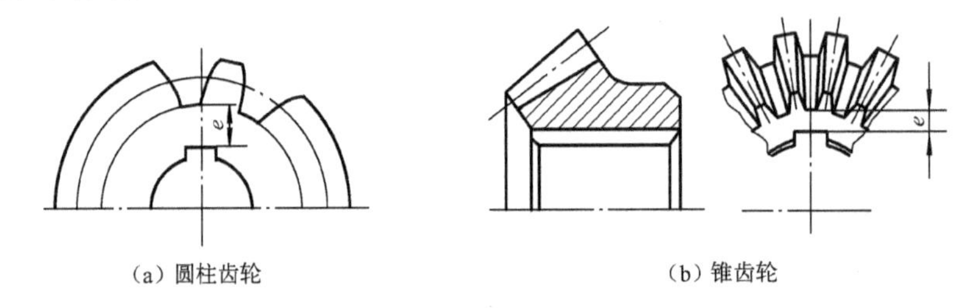

(a) 圆柱齿轮　　(b) 锥齿轮

图 10-45　齿轮结构尺寸 e

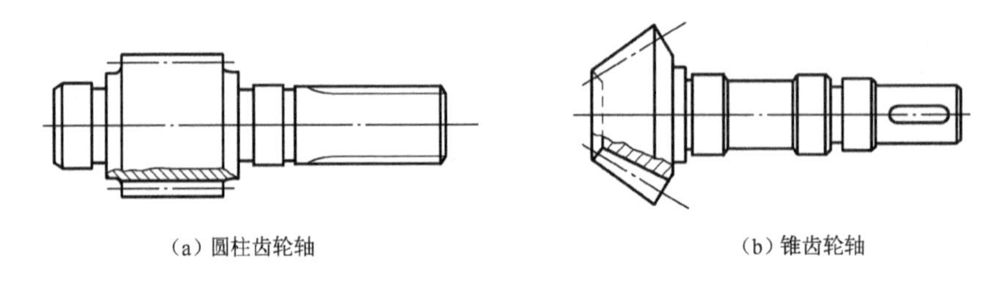

(a) 圆柱齿轮轴　　(b) 锥齿轮轴

图 10-46　齿轮轴

2. 实心式齿轮

当齿顶圆的直径 $d_a \leqslant 160$ mm 时，可以做成实心式结构的齿轮（不包括航空用齿轮），实心式齿轮结构简单、制造方便，为了便于装配和减少边缘的应力集中，孔边、齿顶边缘应切制倒角，如图 10-47 所示。

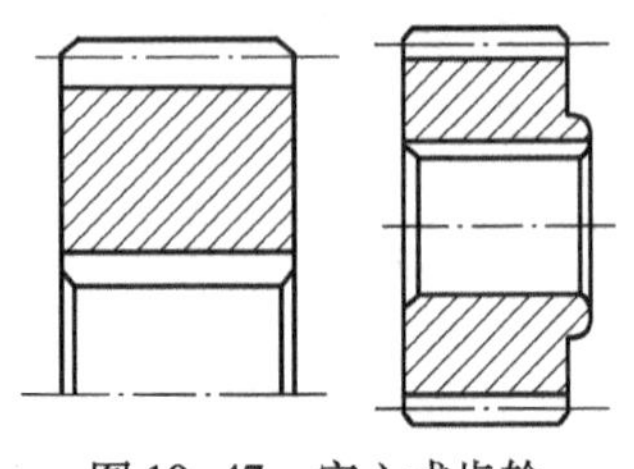

图 10-47　实心式齿轮

3. 腹板式齿轮

当齿顶圆的直径 d_a在 160 mm ～ 500 mm 时（航空用齿轮的齿顶圆直径 $d_a < 160$ mm 时），可将齿轮做成腹板式结构，如图 10-48 所示。齿顶圆直径$d_a >$

300 mm 的铸造锥齿轮，可做成带加强肋的腹板式结构，加强肋的厚度 $C' \approx 0.8C$，其他结构与腹板式相同。可将齿轮做成腹板式结构。这种结构能够减轻齿轮的重量，节省制造材料。腹板上开孔的数目和大小根据制造、搬运和经济性的要求而定。

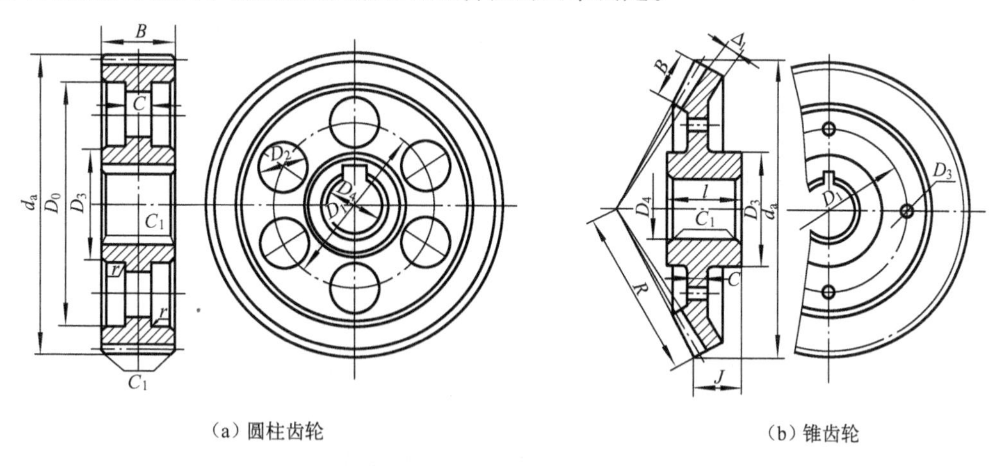

图 10-48 腹板式齿轮

4. 轮辐式齿轮

当齿顶圆的直径 d_a 在 400 mm ~ 1 000 mm 时，为了减轻重量，可做成截面为“十”字形的轮辐式结构的齿轮，如图 10-49 所示。

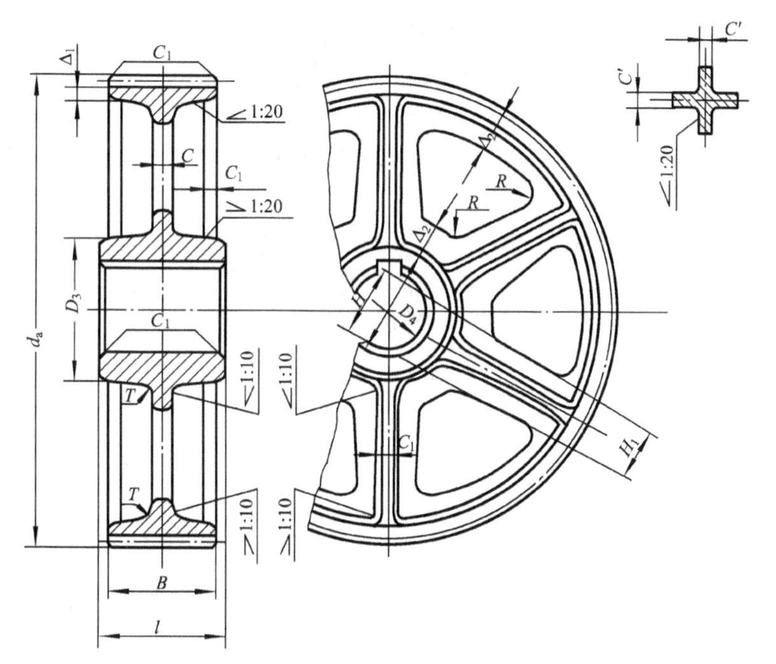

$B < 240$ mm；$D_3 \approx 1.6D_4$（铸钢）；$D_3 \approx 1.7D_4$（铸铁）；$\Delta_1 \approx (3 \sim 4)m_0$，但不应小于 8 mm；
$\Delta_2 \approx (1 \sim 1.2)\Delta_1$；$H \approx 0.8D_4$（铸钢）；$H \approx 0.9D_4$（铸铁）；$H_1 \approx 0.8H$；$C \approx H/5$；$C' \approx H/6$；
$R \approx 0.5H$；$1.5D_4 > l \geq B$；轮辐数常取为 6

图 10-49 轮辐式齿轮

5. 组合式齿轮

为了节省贵重金属，便于制造、安装，直径很大的齿轮（$d_a > 600$ mm），常采用组合式结构。如图 10-50 所示为齿圈式齿轮，齿圈用钢制，轮芯采用铸铁或铸钢，两者用过盈配合连接，并在配合缝上加装 4 ～ 8 个紧定螺钉。如图 10-51 所示为焊接式齿轮。

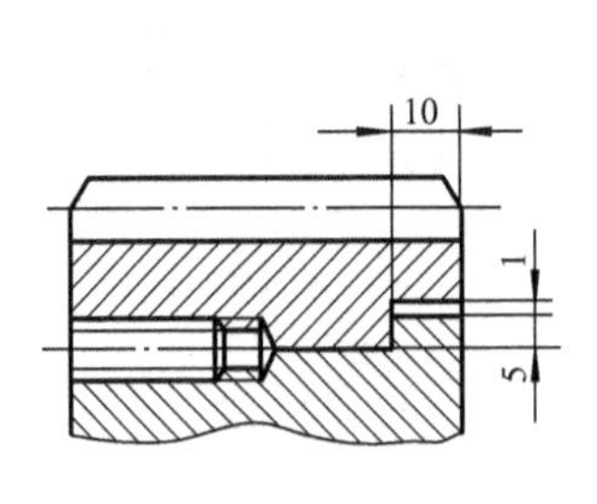

图 10-50 齿圈式齿轮结构

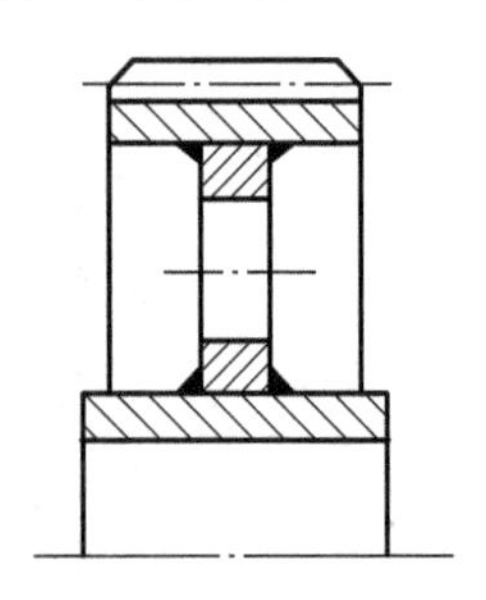

图 10-51 焊接式齿轮结构

10.12 齿轮传动的润滑

齿轮在传动时，由于相啮合齿面间的相对滑动，产生摩擦和磨损，增加动力消耗，降低传动效率。特别是高速传动，更需要考虑齿轮的润滑。

在轮齿啮合面间加注润滑剂，可以避免金属直接接触，较少摩擦损失，还可以散热及防锈蚀。因此，对齿轮传动进行适当地润滑，可以改善轮齿的工作状况，确保运转正常及预期的寿命。

开式齿轮传动通常采用人工定期加油润滑。润滑剂可采用润滑油或润滑脂。

一般闭式齿轮传动的润滑方式可根据齿轮的圆周速度 v 的大小确定。当 $v \leqslant 12$ m/s 时多采用油池润滑（如图 10-52），大齿轮浸入油池一定的深度，齿轮运转时就把润滑油带到啮合区，同时也甩到箱壁上，借以散热。当 v 的速度较大时，浸入深度约为一个齿高；当 v 较小时（0.5 ～ 0.8 m/s），可达到齿轮半径的 1/6。

当 $v \geqslant 12$ m/s 时，不宜采用油池润滑，这是因为：①圆周速度过高，齿轮上的油大多被甩出去而达不到啮合区；②搅油过于剧烈，使油的温升增加，并降低其润滑性能；③会搅起箱底沉淀的杂质，加速齿轮的磨损。故此时最好采用喷油润滑（如图 10-53），用油泵将润滑油直接喷到啮合区。

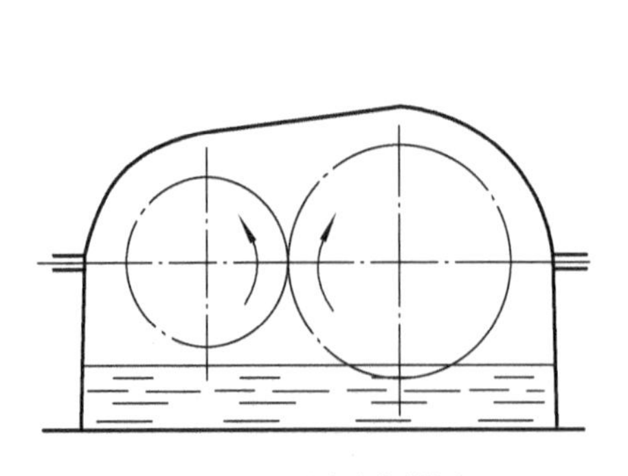

图 10-52 浸油润滑图

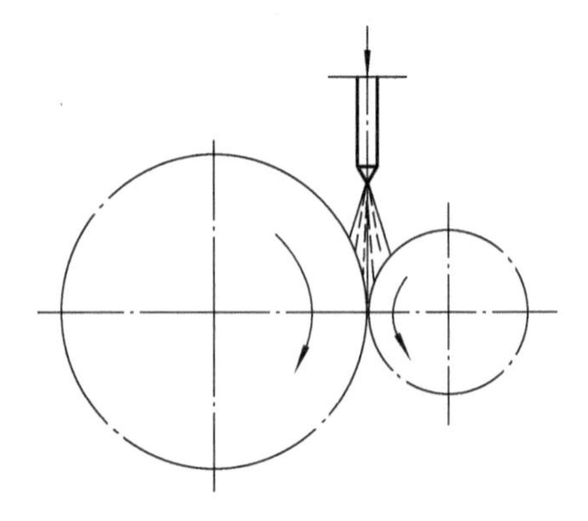

图 10-53 喷油润滑

润滑油的黏度可按表10-12选取。润滑油的运动黏度确定之后，可按机械设计手册查出所需润滑油的牌号。

表10-12 齿轮传动润滑油粘度推荐用值

齿轮材料	抗拉强度 σ_b/MPa	圆周速度 v/(m·s^{-1})						
		<0.5	0.5～1	1～2.5	2.5～5	5～12.5	12.5～25	>25
		运动黏度 υ/cSt(40℃)						
塑料、铸铁、青铜	——	350	220	150	100	80	55	——
钢	450～1 000	500	350	220	150	100	80	55
	1 000～1 250	500	500	350	220	150	100	80
渗碳或表面淬火钢	1 250～1 580	900	500	500	350	220	150	100

复习思考题

10-1 齿轮传动具有哪些优缺点？

10-2 齿轮正确啮合的条件是什么？

10-3 渐开线的性质有哪些？为什么齿轮齿廓常选用渐开线？

10-4 一对标准斜齿轮的正确啮合条件是什么？什么是斜齿轮的当量齿数？主要用在哪些场合？

10-5 齿轮传动的主要失效形式有哪些？开式、闭式齿轮传动的失效形式有什么不同？

10-6 齿轮材料的选用原则是什么？常用材料和热处理方法有哪些？

10-7 要提高轮齿的抗弯疲劳强度和齿面抗点蚀能力有哪些可能的措施？

10-8 对应于不同齿面硬度的齿轮设计，应怎样选择设计准则？

10-9 锥齿轮设计和计算时，为什么以大端模数为标准值？

习 题

10-1 设有一渐开线标准直齿圆柱齿轮 $z=20$，$m=8$ mm，$\alpha=20°$，$h'_a=1$，试求：其齿廓曲线在分度圆及齿顶圆上的曲率半径 ρ、ρ_a 及齿顶圆的压力角 α_a。

10-2 已知一对正确安装的标准直齿圆柱齿轮传动，其中 $\alpha=20°$，$h_a^*=1$，$c^*=0.25$，传动比 $i_{12}=2.5$。模数 $m=2.5$ mm，中心距 $a=122.5$ mm。试计算两齿轮的齿数，分度圆直径，基圆直径，齿顶圆直径，齿根圆直径，齿厚，及齿距。

10-3 现有四个标准渐开线直齿圆柱齿轮，压力角为20°，齿顶高系数为1，径向间隙系数为0.25。且：(1) $m_1=5$ mm，$z_1=20$；(2) $m_2=4$ mm，$z_2=25$；(3) $m_3=4$ mm，$z_3=50$；(4) $m_4=3$ mm，$z_4=60$。问：(1)轮2和轮3哪个齿廓较平直？为什么？(2)哪个齿轮的齿最高？为什么？(3)哪个齿轮的尺寸最大？为什么？(4)齿轮1和2能正确啮合吗？为什么？

10-4 试问渐开线标准直齿圆柱齿轮的齿根圆与基圆重合时，其齿数 z'（假想齿轮的齿数可以是小数)应为多少,又当齿数大于以上求得的齿数时,基圆与齿根圆哪个大?

10-5　设已知一对斜齿圆柱齿轮传动,$z_1=22$,$z_2=46$,$m_n=8$ mm,$\alpha_n=20°$,$h_{an}^*=1$,$c_n^*=0.25$,$b=30$ mm,初取$\beta=15°$,试求该传动的中心距a(a值应圆整为个位数为0或5,并相应重算螺旋角β)、当量齿数和重合度。

10-6　如图10-54所示为共轴线的两级直齿圆柱齿轮减速器,已知安装中心距$a'=120$ mm,$i_{12}=4$,$m_{1、2}=4$ mm,$i_{34}=3$,$m_{3、4}=5$ mm,$\alpha=20°$,$h_a^*=1$。

(1) 求齿数z_1、z_2、z_3、z_4;

(2) 确定两对齿轮的传动类型,并说明理由。

10-7　齿轮变速器中各轮的齿数、模数和中心距如图10-55所示,指出齿轮副z_1、z_2和z_3、z_4各应采用何种变位齿轮传动类型,并简述理由。

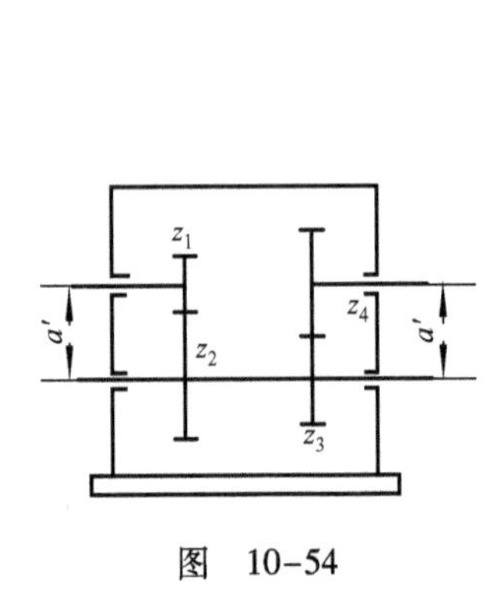

图　10-54

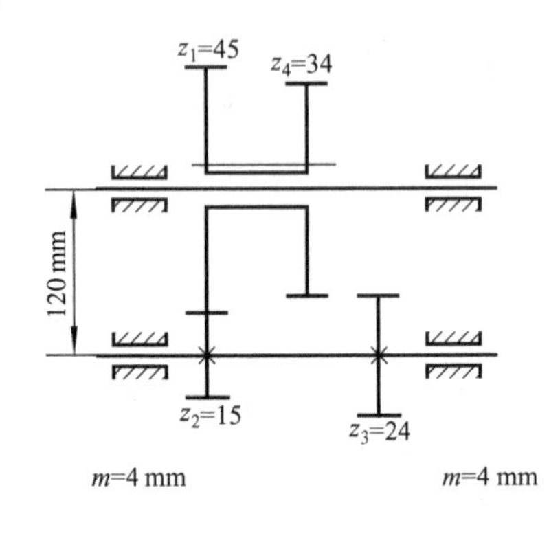

图　10-55

10-8　有一对渐开线直齿圆柱标准齿轮传动,设计计算得出的标准中心距$a=100$ mm,而实际加工出的齿轮轴孔中心距为$a'=102$ mm,试阐述这对齿轮安装以后其传动比、齿侧间隙、顶隙、啮合角、重合度的变化情况。(不必计算)

10-9　测得一渐开线直齿圆柱标准齿轮,其压力角$\alpha=20°$,$h_a^*=1$,基节$p_b=23.62$ mm,齿顶圆直径$d_a=176$ mm;试问:

(1) 该齿轮的模数及分度圆半径是多少?

(2) 用齿条插刀加工该齿轮能否发生根切? 为什么?

10-10　在渐开线齿轮设计中为使机构结构尺寸紧凑,确定采用齿数$z=12$的齿轮。试问:

(1) 若用标准齿条刀具范成法切制$z=12$的标准直齿圆柱齿轮将会发生什么现象? 为什么?(要求画出几何关系图,无需理论证明)

(2) 为了避免上述现象,范成法切制$z=12$的直齿圆柱齿轮应采取什么措施?

10-11　有一闭式齿轮传动,满载工作几个月后,发现硬度为200～240HBW的齿轮工作表面上出现小的凹坑。试问:①这是什么现象? ②如何判断该齿轮是否可以继续使用? ③应采取什么措施?

10-12　图10-56所示的二级斜齿圆柱齿轮减速器,已知:高速级齿轮参数为$m_n=2$ mm,$\beta=13°$,$z_1=20$,$z_2=60$;低速级$m_n'=2$ mm,$\beta'=12°$,$z_3=20$,$z_4=68$;齿轮4为左旋转轴;轴Ⅰ的转向如图10-56所示,$n_1=960$ r/min,传递功率$P_1=5$ kW,忽略摩擦损失。试求:

（1）轴Ⅱ、Ⅲ的转向（标于图上）；

（2）为使轴Ⅱ的轴承所承受的轴向力小，决定各齿轮的螺旋线方向（标于图上）；

（3）齿轮2、3所受各分力的方向（标于图上）；

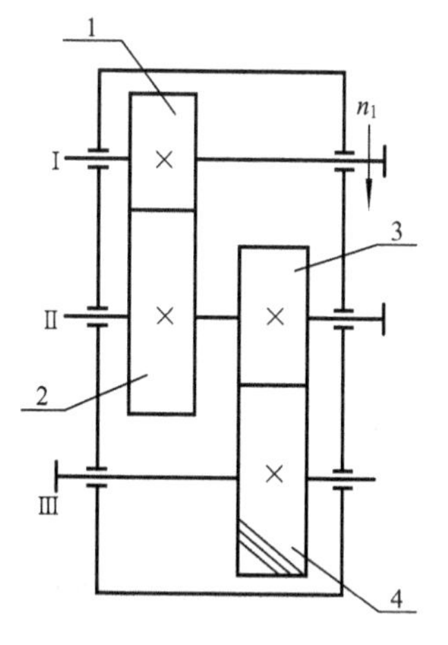

图 10-56

10-13 在带式运输机中，试设计其减速器的高速级齿轮传动。已知输入功率 $P=10\,\text{kW}$，小齿轮转速 $n_1=960\,\text{r/min}$，齿数比 $u=3.2$，由电动机驱动，工作寿命15年（设每年工作300天），两班制，带式运输机工作平稳，转向不变。（提示：采用直齿轮传动）

10-14 已知闭式斜齿圆柱齿轮传动的传动比 $i=3.6$，$n_1=1\,440\,\text{r/min}$，$P=25\,\text{kW}$，长期双向转动，载荷有中等冲击，要求结构紧凑，采用硬齿面材料。试设计此齿轮传动。

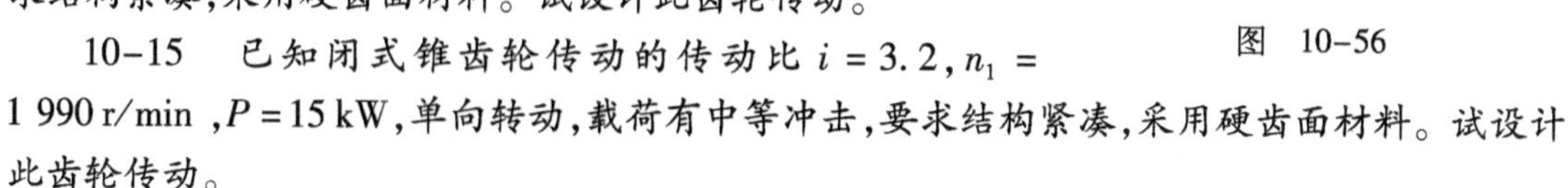

10-15 已知闭式锥齿轮传动的传动比 $i=3.2$，$n_1=1\,990\,\text{r/min}$，$P=15\,\text{kW}$，单向转动，载荷有中等冲击，要求结构紧凑，采用硬齿面材料。试设计此齿轮传动。

第11章　蜗杆传动

本章学习提要

本章要点包括:①蜗杆传动的啮合特点、基本参数及几何尺寸计算;②针对蜗杆传动齿面相对滑动速度大,如何选择蜗杆、蜗轮材料;③蜗杆传动的失效形式、设计准则和参数选择;④蜗杆传动的受力分析、强度计算和热平衡计算;⑤蜗杆、蜗轮的结构形式及适用场合。

本章重点是蜗杆传动的受力分析和强度计算。

11.1　蜗杆传动的类型及特点

11.1.1　蜗杆传动的类型

蜗杆传动由蜗杆和蜗轮组成,用于传递空间两交错轴间的运动和动力,一般两轴的交错角$\sum=90°$(见图11-1)。蜗杆传动通常以蜗杆1为主动件,蜗轮2为从动件。为改善接触情况,通常将蜗轮的圆柱表面制成圆弧形,部分地包住蜗杆,并用与蜗杆相似的滚刀切制蜗轮。这样加工的蜗轮与蜗杆啮合时,齿间接触为线接触。

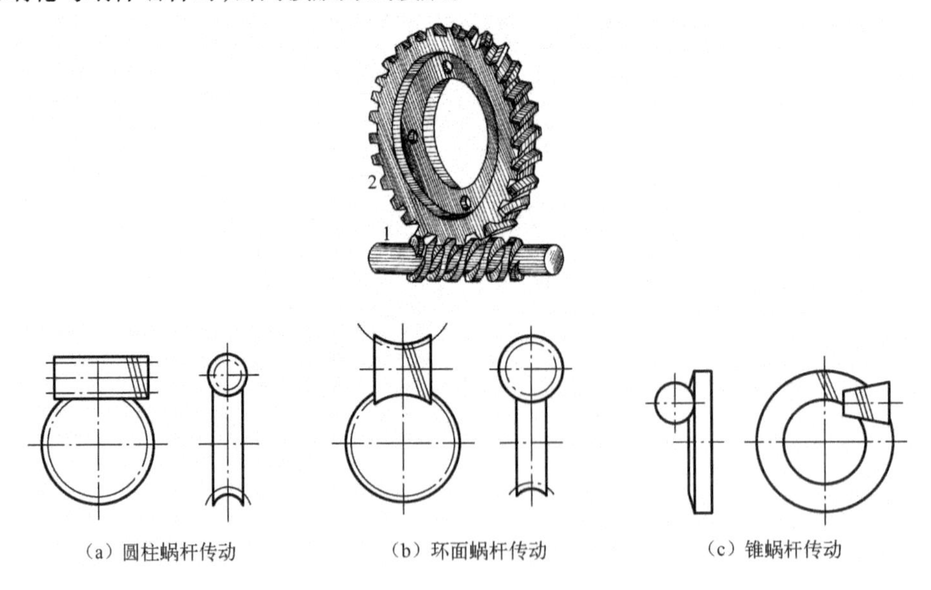

(a) 圆柱蜗杆传动　(b) 环面蜗杆传动　(c) 锥蜗杆传动

图11-1　蜗杆传动

蜗杆传动具有传动比大,工作平稳、噪声低、结构紧凑、可以实现自锁等优点。因此,在各种机器和仪器中得到了广泛的应用。它的主要缺点是蜗杆与蜗轮齿间相对滑动速度大,发热大和磨损严重，传动效率低(一般为0.7 ～ 0.9)。为了减摩和散热，蜗轮齿圈常采用青铜等减摩性良好的材料制造，故成本较高。

根据蜗杆形状的不同，蜗杆传动可分为：圆柱蜗杆传动、环面蜗杆传动和锥蜗杆传动三种类型，如图11-1所示。圆柱蜗杆传动又可分为普通圆柱蜗杆传动和圆弧齿圆柱蜗杆传动，在普通圆柱蜗杆传动中，按照刀具及安装位置的不同分为阿基米德蜗杆、渐开线蜗杆、法面直廓蜗杆和锥面包络圆柱蜗杆等几种类型，其中阿基米德蜗杆制造简单，在机械传动中应用广泛，它也是研究其他类型蜗杆传动的基础，故本章主要介绍阿基米德蜗杆传动的基本知识和设计计算问题。

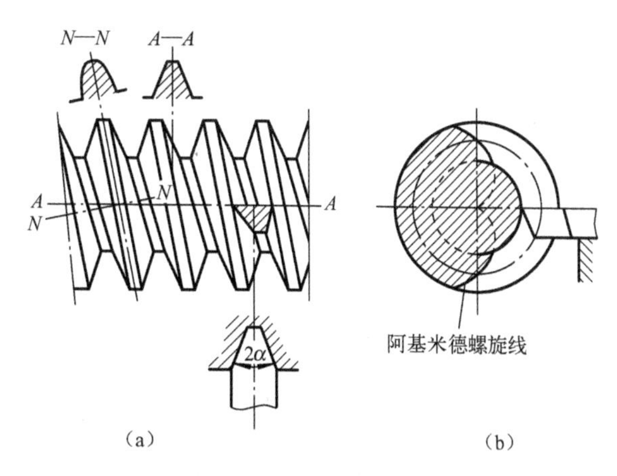

图11-2 阿基米德蜗杆

阿基米德圆柱蜗杆的端面齿形为阿基米德螺旋线，轴面齿形为直线，相当于齿条，如图11-2所示。

蜗杆有左旋、右旋和单头、多头之分，一般多采用右旋蜗杆。

11.1.2 普通圆柱蜗杆传动的特点

普通圆柱蜗杆传动的主要优点是：

(1) 结构紧凑、传动比大。传递动力时，一般 $i = 8 \sim 100$；传递运动或在分度机构中，i 可达1000。

(2) 普通圆柱蜗杆传动相当于螺旋传动，故传动平稳，振动小、噪声低。

(3) 当蜗杆的导程角小于当量摩擦角时，可实现反向自锁，即具有自锁性。

普通圆柱蜗杆传动的主要缺点是：

(1) 普通圆柱蜗杆传动为交错轴传动，其齿面相对滑动速度大，摩擦、磨损大，发热大，传动效率低(一般效率为 $\eta = 0.7 \sim 0.8$；具有自锁性时，其效率 $\eta < 0.5$)，故不宜用于大功率、长期连续工作的场合。

(2) 为减轻齿面的磨损及防止胶合，蜗轮一般使用贵重的减摩材料制造，成本较高。

(3) 对制造和安装误差很敏感，安装时对中心距的尺寸精度要求较高。

综上所述，普通圆柱蜗杆传动常用于传动功率在50 kW以下，滑动速度 v_s 在15 m/s以下的机器中。

11.2 普通圆柱蜗杆传动的主要参数和几何尺寸

11.2.1 普通圆柱蜗杆传动的正确啮合条件

如图11-3所示，蜗杆和蜗轮啮合时，通过蜗杆轴线并垂直于蜗轮轴线的平面称为中间平面。在中间平面内,普通圆柱蜗杆传动相当于齿轮与齿条啮合传动,故取普通圆柱蜗杆传动中间平面的参数为标准值。

普通圆柱蜗杆传动的正确啮合条件是:在中间平面内,蜗杆的轴向模数 m_{a1} 与压力角 α_{a1} 和蜗轮的端面模数 m_{t2} 与压力角 α_{t2} 分别相等,且为标准值;蜗杆分度圆柱上的导程角 γ 应等于蜗轮分度圆柱上的螺旋角 β,且两者旋向相同。即

$$\left.\begin{aligned} m_{a1} &= m_{t2} = m \\ \alpha_{a1} &= \alpha_{t2} = \alpha \\ \gamma &= \beta \end{aligned}\right\} \tag{11-1}$$

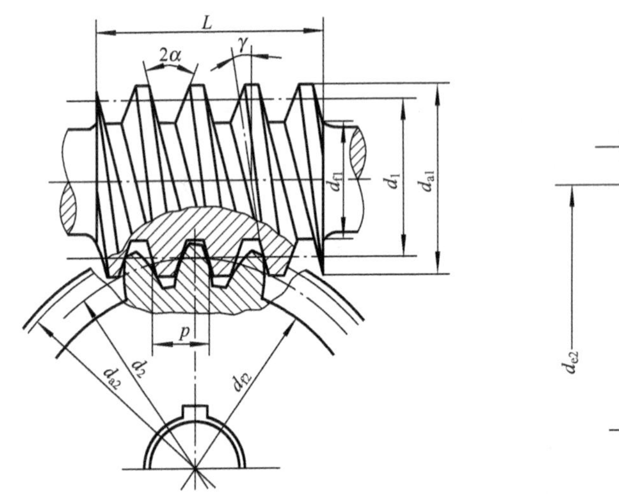

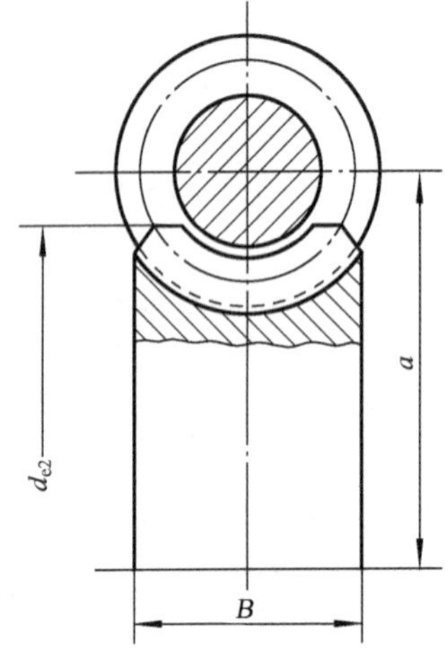

图 11-3 普通圆柱蜗杆传动

11.2.2 普通圆柱蜗杆传动的主要参数

普通圆柱蜗杆传动的主要参数:对于蜗杆,轴面参数 m_{a1}、α_{a1}、h_{a1}^*、c_{a1}^* 为标准值;对于蜗轮,端面参数 m_{t2}、α_{t2}、h_{t2}^*、c_{t2}^* 为标准值;标准压力角 $\alpha=20°$、标准齿顶高系数 $h_a^*=1$ 和标准顶隙系数 $c^*=0.2$。

(1) 模数 m 蜗杆模数系列与齿轮模数系列有所不同,GB/T 10088—1988 对蜗杆模数作出了规定,见表 11-1。

(2) 压力角 α GB/T 10087—1988 规定,阿基米德蜗杆的压力角的标准值 $\alpha=20°$。另外又规定,在动力传动中,当导程角 $\gamma>30°$时,推荐采用 $\alpha=25°$;在分度传动中,推荐用 $\alpha=15°$ 或 12°。

(3) 蜗杆的头数 z_1 和蜗轮的齿数 z_2 蜗杆头数 z_1 通常取 1 ～ 10,推荐取 $z_1=1$、2、4、6;蜗轮齿数 z_2 一般取 27 ～ 80。

(4) 导程角 γ 蜗杆的形成原理与螺旋相同,设其头数为 z_1,螺旋线的导程为 p,轴向齿距为 p_a,则有 $p=z_1p_a=z_1\pi m$。蜗杆分度圆柱面上的导程角 γ 为

$$\tan\gamma=\frac{z_1p_a}{\pi d_1}=\frac{z_1m}{d_1} \tag{11-2}$$

式中 d_1——蜗杆分度圆直径,mm。

(5) 蜗杆的分度圆直径 d_1 和蜗杆的直径系数 q

设蜗杆头数(线数)为 z_1,蜗杆导程角为 γ_1,轴面模数为 m_{a1},轴向齿距为 p_a,蜗杆导程为 S,分度圆直径为 d_1,可得

$$d_1 = \frac{m_{a1} z_1}{\tan \gamma_1} \tag{11-3}$$

由上式可知,蜗杆的分度圆直径与 m_{a1}、z_1 和 γ_1 有关。即对于相同的 m_{a1}、z_1,不同的 d_1,其 γ_1 也不相同,也就是说,切制蜗轮的刀具也不相同。为了限制蜗轮滚刀的数目,国家标准 GB/T 10088—1988 规定将蜗杆的分度圆直径标准化,且与其模数相搭配,取

$$q = \frac{d_1}{m_a} = \frac{z_1}{\tan \gamma_1} \tag{11-4}$$

式中 q——蜗杆的直径系数。普通圆柱蜗杆传动的参数匹配见表 11-1。

表 11-1 圆柱蜗杆传动基本参数(摘自 GB/T 10085—1988)

m/mm	d_1/mm	z_1	$m^2 d_1$/mm^3	m/mm	d_1/mm	z_1	$m^2 d_1$/mm^3
1	18	1	18	4	40	1、2、4、6	640
					71	1	1 136
1.25	20	1	31.25	5	50	1、2、4、6	1 250
	22.4	1	35		90	1	2 250
1.6	20	1、2、4	51.2	6.3	63	1、2、4、6	2 500
	28	1	71.68		112	1	4 445
2	22.4	1、2、4、6	89.6	8	80	1、2、4、6	5 120
	35.5	1	142		140	1	8 960
2.5	28	1、2、4、6	175	10	90	1、2、4、6	9 000
	45	1	281		160	1	16 000
3.15	35.5	1、2、4、6	352	12.5	112	1、2、4、6	17 500
	56	1	556		200	1	31 250

注:1. 表中所列 d_1 数值为国标规定的优先使用值。
2. 表中同一模数有两个 d_1 值,当选取其中较大的 d_1 值时,蜗杆导程角 γ 小于 3°30′,自锁性较好。

11.2.3 普通圆柱蜗杆传动的几何尺寸计算

普通圆柱蜗杆传动的几何尺寸计算公式见表 11-2。

表 11-2 普通圆柱蜗杆传动的几何尺寸计算

名 称	计算公式	
	蜗 杆	蜗 轮
分度圆直径/mm	$d_1 = \frac{mz_1}{\tan \gamma}$	$d_2 = mz_2$
齿顶高/mm	$h_{a1} = m$	$h_{a2} = m$

续表

名　称	计算公式	
	蜗　杆	蜗　轮
齿根高/mm	$h_{f1}=1.2m$	$h_{f2}=1.2m$
蜗杆齿顶圆直径/mm 蜗轮喉圆直径/mm	$d_{a1}=d_1+2h_a^* m$	$d_{a2}=d_2+2h_a^* m=m(z_2+2)$
齿根圆直径/mm	$d_{f1}=d_1-2(h_a^*+c^*)m$	$d_{f2}=d_2-2(h_a^*+c^*)m$ $=m(z_2-2.4)$
蜗杆导程角/(°)	$\tan\gamma=\frac{mz_1}{d_1}$	
蜗轮分度圆柱螺旋角/(°)	$\beta=\gamma$	
蜗杆螺纹部分长度/mm	当 $z_1=1$、2 时，$b_1\geqslant(11+0.06z_2)m$ 当 $z_1=3$、4 时，$b_1\geqslant(12.5+0.09z_2)m$	
蜗杆轴向齿距/mm 蜗轮端面齿距/mm	$p_{a1}=p_{t2}=\pi m$	
顶　隙/mm	$c=0.2m$	
标准中心距/mm	$a=(d_1+d_2)/2$	
蜗轮最大外圆直径/mm		$z_1=1,d_{e2}\leqslant d_{a2}+2m$ $z_1=2,d_{e2}\leqslant d_{a2}+1.5m$ $z_1=4,d_{e2}\leqslant d_{a2}+m$
蜗轮轮缘宽度/mm		$z_1=1$ 或 2，$b\leqslant 0.75d_{a1}$ $z_1=4$，$b\leqslant 0.67d_{a1}$
蜗轮轮齿包角/(°)		一般动力传动 $\theta=70°\sim90°$ 高速动力传动 $\theta=90°\sim130°$ 分度传动 $\theta=45°\sim60°$

11.3　普通圆柱蜗杆传动的承载能力计算

11.3.1　普通圆柱蜗杆传动的失效形式和设计准则

普通圆柱蜗杆传动的主要失效形式有胶合、点蚀和磨损等。由于蜗杆传动齿面间的相对滑动大，发热量大，使润滑条件变坏，增大了胶合的可能性。在闭式传动中，如果不能及时散热，往往因胶合而影响蜗杆传动的承载能力。在开式传动或润滑和密封不良的闭式传动中，蜗杆传动的磨损就显得更加突出。

由于蜗轮无论在材料的强度和结构方面均较蜗杆弱，所以失效多发生在蜗轮上，设计时只需要对蜗轮进行承载能力计算。由于目前对胶合与磨损的计算还缺乏完善的方法和数据，故仍采用齿根弯曲疲劳强度和齿面接触疲劳强度计算。蜗杆传动的设计准则为：闭式蜗杆传动按蜗轮轮齿的齿面接触疲劳强度设计，按齿根弯曲疲劳强度校核，并进行热平衡验算；开式蜗杆传动，按齿根弯曲疲劳强度进行设计。

11.3.2 普通圆柱蜗杆传动的常用材料

由失效形式可知,蜗杆、蜗轮的材料不仅要求有足够的强度,更重要的是具有良好的磨合性(跑合)、减摩性、耐磨性和抗胶合能力等。因此常采用青铜作蜗轮的齿圈与淬硬磨削的钢制蜗杆配合使用。

蜗杆一般采用碳素钢或合金钢制造,要求齿面光洁并具有较高硬度。对于高速重载的蜗杆常用20Cr,20CrMnTi(渗碳淬火到56 ~ 62HRC);或40Cr、42SiMn,45(表面淬火到45 ~ 55HRC)等,并应磨削。一般蜗杆可以采用40、45等碳素钢调质处理(硬度为220 ~ 250 HBW)。在低速或开式传动中,蜗杆可不经热处理,甚至可采用铸铁。在重要的高速蜗杆传动中,蜗轮常用ZCuSn10P1制造,它的抗胶合和耐磨性能好,允许的滑动速度可达25 m/s,易于切削加工,但是成本高。在滑动速度小于12 m/s的蜗杆传动中,可采用含锡量低的青铜(ZCuSn5Pb5Zn5)。

11.3.3 普通圆柱蜗杆传动的受力分析

普通圆柱蜗杆传动的受力分析与斜齿圆柱齿轮相似。齿面上的法向力 F_n 可分解为3个相互垂直的分力:圆周力 F_t、径向力 F_r 和轴向力 F_a,如图11-4所示。由于蜗杆轴与蜗轮轴交错成90°角,所以蜗杆圆周力 F_{t1} 等于蜗轮轴向力 F_{a2},蜗杆轴向力 F_{a1} 等于蜗杆圆周力 F_{t2},蜗杆径向力 F_{r1} 等于蜗轮径向力 F_{r2},即

$$F_{t1} = -F_{a2} = \frac{2T_1}{d_1}$$

$$F_{t2} = -F_{a1} = \frac{2T_2}{d_2} \qquad (11-5)$$

$$F_{r1} = -F_{r2} = F_{t2}\tan\alpha$$

$$F_n = \frac{F_{a1}}{\cos\alpha_n\cos\gamma} = \frac{F_{t2}}{\cos\alpha_n\cos\gamma} = \frac{2T_2}{d_2\cos\alpha_n\cos\gamma}$$

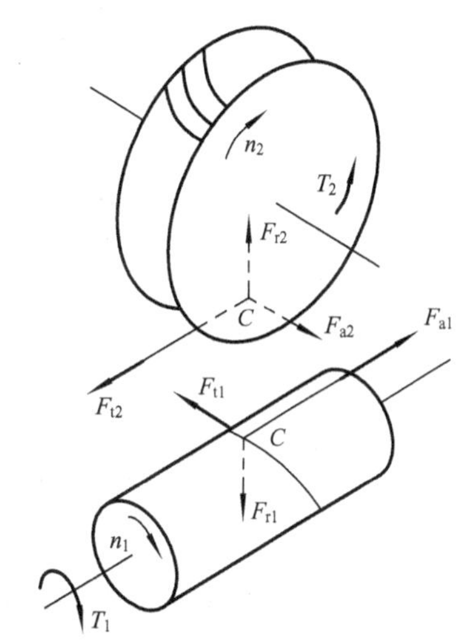

图11-4 蜗杆与蜗轮的作用力

式中,T_1、T_2 分别为作用于蜗杆和蜗轮上的转矩,N·mm;$T_2 = T_1 i\eta$,η 为蜗杆的传动效率;d_1、d_2 分别为蜗杆和蜗轮的节圆直径,mm。

蜗杆和蜗轮轮齿上的作用力(圆周力、径向力、轴向力)方向的确定与斜齿圆柱齿轮相同。

像齿轮传动一样,在进行普通圆柱蜗杆传动强度计算时也应考虑载荷系数 K,则计算载荷 F_{nc} 为

$$F_{nc} = KF_n \qquad (11-6)$$

一般取 $K=1 \sim 1.4$,当载荷平稳,滑动速度 $v_s \leqslant 3$ m/s时取小值;否则取大值。

11.3.4 普通圆柱蜗杆传动的强度计算

1. 蜗轮齿面的接触疲劳强度计算

蜗轮齿面的接触疲劳强度计算与斜齿轮相似,以蜗杆蜗轮在节点处啮合的相应参数代入

赫兹公式,可得青铜或铸铁蜗轮齿面接触强度的

校核公式为

$$\sigma_H = 500\sqrt{\frac{KT_2}{m^2 d_1 z_2^2}} \leqslant [\sigma_H] \tag{11-7}$$

设计公式为

$$m^2 d_1 \geqslant \left[\frac{500}{z_2[\sigma_H]}\right]^2 KT_2 \tag{11-8}$$

式中 $[\sigma_H]$、σ_H 分别为蜗轮材料的许用接触应力和齿面最大接触应力。$[\sigma_H]$值见表 11-3 和表 11-4。

设计计算时可按 $m^2 d_1$ 值由表 11-1 确定模数 m 和蜗杆分度圆直径 d_1,最后按表 11-2 计算出蜗杆和蜗轮的主要几何尺寸及中心距。

表 11-3 锡青铜蜗轮的许用接触应力$[\sigma_H]$

蜗轮材料	铸造方法	适用滑动速度 v_s/(m/s)	$[\sigma_H]$/MPa	
			HBW≤350	HRC>45
铸锡磷青铜 ZCuSn10P1	砂型	≤12	180	200
	金属型	≤25	200	220
铸锡锌铅青铜 ZCuSn5Pb5Zn5	砂型	≤10	110	125
	金属型	≤12	135	130

表 11-4 铝青铜及铸铁蜗轮的许用接触应力$[\sigma_H]$

蜗轮材料	蜗杆材料	$[\sigma_H]$/MPa						
		滑动速度 v_s/(m·s^{-1})						
		0.5	1	2	3	4	6	8
铸铝铁青铜 ZCuAl10Fe3	淬火钢	250	230	210	180	160	120	90
HT150、HT200	渗碳钢	130	115	90	—	—	—	—
HT150	调质钢	110	90	70	—	—	—	—

2. 蜗轮轮齿弯曲疲劳强度计算

由蜗轮齿面接触疲劳强度计算和热平衡计算所限定的承载能力,通常都能满足蜗轮齿根弯曲疲劳强度的要求,因此,只有在受强烈冲击、振动时,才考虑蜗轮轮齿的弯曲强度。

11.4 普通圆柱蜗杆传动的效率、润滑和热平衡计算

11.4.1 普通圆柱蜗杆传动的效率

闭式蜗杆传动的功率损耗一般包括三个部分:即啮合摩擦损耗、轴承摩擦损耗及浸入油池

中的零件的搅油损耗。因此总效率为

$$\eta = \eta_1 \eta_2 \eta_3 \tag{11-9}$$

式中　η_1、η_2、η_3 分别为单独考虑啮合摩擦损耗、轴承摩擦损耗及搅油损耗时的效率。而蜗杆传动的总效率,主要取决于啮合摩擦损耗时的效率 η_1。

当蜗杆主动时,则

$$\eta_1 = \frac{\tan \gamma}{\tan (\gamma + \varphi_v)} \tag{11-10}$$

式中　γ——普通圆柱蜗杆分度圆柱上的导程角;

φ_v——当量摩擦角,$\varphi_v = \arctan f_v$,其值可以根据滑动速度 v_s 选取。

滑动速度 v_s(单位为 m/s)由图 11-5 所示得

$$v_s = \frac{v_1}{\cos \gamma} = \frac{\pi d_1 n_1}{60 \times 1\,000 \cos \gamma} \tag{11-11}$$

式中　v_1——蜗杆分度圆的圆周速度,m/s;

d_1——蜗杆分度圆直径,mm;

n_1——蜗杆的转速,r/min。

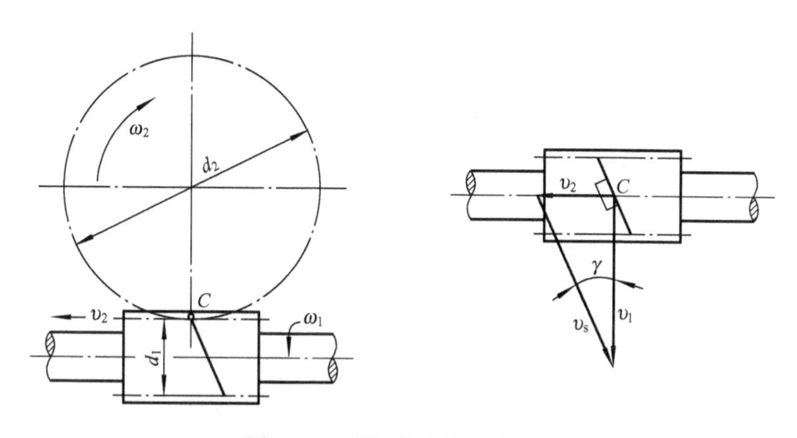

图 11-5　蜗杆传动的滑动速度

由于轴承摩擦及溅油这两项功率损耗不大,一般取 $\eta_2\eta_3 = 0.95 \sim 0.96$,则总效率 η 为

$$\eta = \eta_1 \eta_2 \eta_3 = (0.95 \sim 0.96) \frac{\tan \gamma}{\tan (\gamma + \varphi_v)} \tag{11-12}$$

在设计之初,蜗杆传动的几何尺寸尚未确定,为了近似求出蜗轮轴上的转矩 T_2,η 值可按表 11-5 近似选取。

表 11-5　蜗杆传动效率的近似值 η

蜗杆头数	z_1	1	2	4	6
总效率	η	0.7	0.8	0.9	0.95

11.4.2　蜗杆传动的润滑

润滑对蜗杆传动来说,具有特别重要的意义。因为当润滑不良时,传动效率将显著降低,并且会带来剧烈的磨损和产生胶合破坏的危险，所以往往采用粘度大的矿物油进行良好的润滑，在润滑油中还常加入添加剂，提高其抗胶合能力。

(1) 润滑油

润滑油的种类很多，需要根据蜗杆、蜗轮配对材料和运转条件合理选用。在钢蜗杆配青铜蜗轮时，常用的润滑油见表11-6。

表11-6　蜗杆传动常用的润滑油

轻负荷蜗轮蜗杆油	220	320	460	680
运动粘度 v_{40}/cSt	198～242	288～352	414～506	612～748
粘度指数不小于	90			
闪点(开口)/℃不小于	180			
倾点/℃不高于	-6			

(2) 润滑剂及润滑方法

润滑剂及润滑方法，一般根据相对滑动速度及载荷类型选择。对于闭式传动，常用的润滑油粘度及润滑方法见表11-7；对于开式传动，则采用粘度较高的齿轮油或润滑脂。

表11-7　蜗杆传动的润滑油粘度荐用值及润滑方法

<table>
<tr><td>蜗杆传动的相对滑动速度 v_s/(m/s)</td><td>0～1</td><td>0～2.5</td><td>0～5</td><td>>5～10</td><td>>10～15</td><td>>15～25</td><td>>25</td></tr>
<tr><td>载荷类型</td><td>重</td><td>重</td><td>中</td><td>不限</td><td>不限</td><td>不限</td><td>不限</td></tr>
<tr><td>运动粘度 v_{40}/cSt</td><td>900</td><td>500</td><td>350</td><td>220</td><td>150</td><td>100</td><td>80</td></tr>
<tr><td rowspan="2">润滑方法</td><td colspan="3" rowspan="2">油池润滑</td><td rowspan="2">喷油润滑或油池润滑</td><td colspan="3">喷油润滑时的喷油压力/MPa</td></tr>
<tr><td>0.7</td><td>2</td><td>3</td></tr>
</table>

如果采用喷油润滑，喷油嘴要对准蜗杆啮入端。蜗杆正反转时，两边都要有喷油嘴，而且要控制一定的油压。

(3) 润滑油量

对闭式蜗杆传动采用油池润滑时，供油量应适当，避免搅油损耗过大，以利于动压油膜的形成，而且有助于散热。对于蜗杆下置或侧置时，浸油深度应为蜗杆的一个齿高；对于蜗杆上置时，浸油深度约为蜗轮外径的1/3。

11.4.3　蜗杆传动的热平衡计算

由于蜗杆传动的效率较低，工作时将产生大量的热。若散热不良，会引起温升过高而降低油的粘度，使润滑不良，导致蜗轮齿面磨损和胶合。所以对连续工作的闭式蜗杆传动要进行热平衡计算。

在闭式传动中，热量由箱体散逸，要求箱体内的油温 t 和周围空气温度 t_0 之差 Δt 不能超过允许值，即

$$\Delta t = t - t_0 = \frac{1\,000P_1(1-\eta)}{\alpha_s A} \leqslant [\Delta t] \tag{11-13}$$

式中　P_1——蜗杆传递功率，kW；

η——传动效率；

α_s——散热系数，通常取 $\alpha_s = 10 \sim 17$，W/(m^2 · ℃)；

A——散热面积，m^2；

$[\Delta t]$——温差允许值，一般为 60 ～ 70℃。

若计算温差超过允许值，可采取下列措施来改善散热条件；

(1) 在箱体上加散热片以增大散热面积；

(2) 在蜗杆轴上装风扇进行吹风冷却(见图 11-6a)；

(3) 在箱体油池内设蛇形冷却水管，用循环水冷却(见图 11-6b)；

(4) 用循环油冷却(见图 11-6c)。

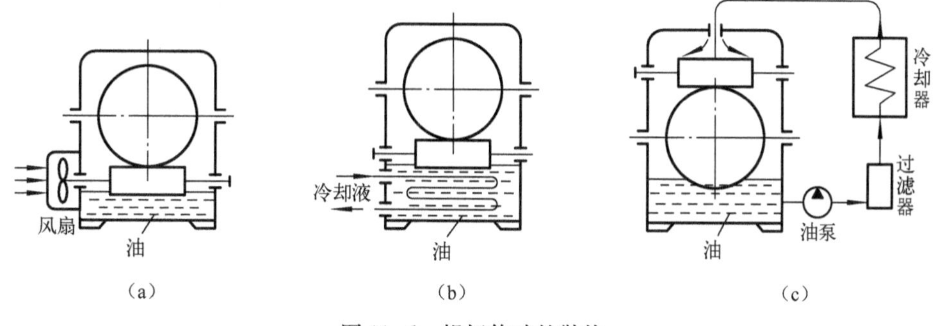

图 11-6 蜗杆传动的散热

11.5 蜗杆、蜗轮的结构

蜗杆螺旋部分的直径不大，所以常和轴做成一体，结构形式如图 11-7 所示，其中图 11-7a 所示的结构无退刀槽，加工螺旋部分时只能用铣制的方法；如图 11-7b 所示的结构有退刀槽，螺旋部分可以车制，也可以铣制，但这种结构的刚度比前一种差。当蜗杆螺旋部分的直径较大时，可以将蜗杆与轴分开制作。

常用的蜗轮结构形式有以下几种：

(1) 齿圈式(见图 11-8a)

这种结构由青铜齿圈及铸铁轮芯组成。齿圈与轮芯多用 H7/r6 配合，并加装 4 ～ 6 个紧定螺钉(或用螺钉拧紧后将头部锯掉)，以增强连接的可靠性。螺钉直径取(1.2 ～ 1.5)m，m 为蜗轮的模数。螺钉拧入深度为(0.3 ～ 0.4)b，b 为蜗轮宽度。为了便于钻孔，应将螺孔中心线由配合缝向材料较硬的轮芯部分偏移 2 ～ 3 mm。这种结构多用于尺寸不太大或工作温度变化较小的场合，以免热胀冷缩影响配合的质量。

(2) 螺栓连接式(见图 11-8b)

可用普通螺栓连接或铰制孔用螺栓连接，螺栓的尺寸和数目可参考蜗轮的结构尺寸选取，然后做适当的校核。这种结构装拆比较方便，多用于尺寸较大或容易磨损的蜗轮。

(3) 整体浇注式(见图 11-8c)

主要用于铸铁蜗轮或尺寸很小的青铜蜗轮。

(4) 拼铸式(见图 11-8d)

在铸铁轮芯上加铸青铜齿圈，然后切齿。只用于成批制造的蜗轮。

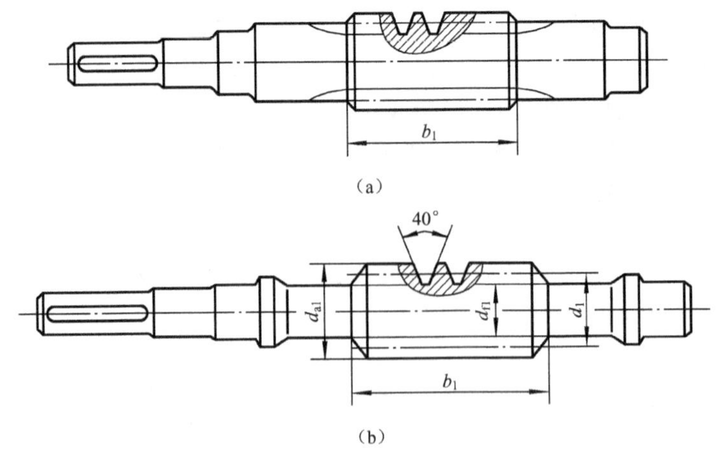

图 11-7　蜗杆的结构形式

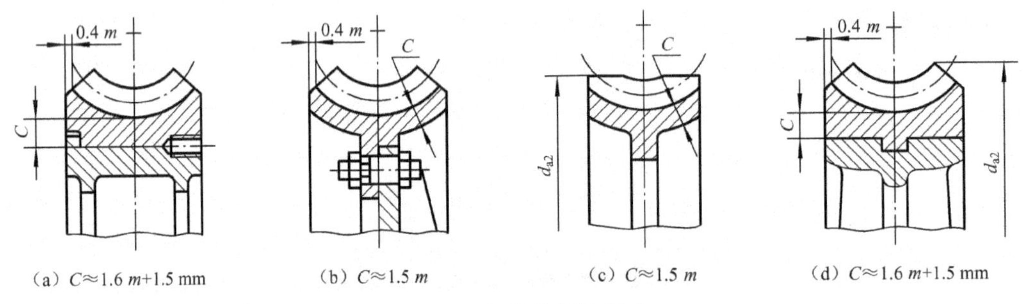

图 11-8　蜗轮的结构形式

建议:注意节约铜材,尽量采用轮缘与轮芯容易拆分的结构,以便于回收铜材。

例　试设计一搅拌机用的闭式蜗杆减速器中的普通圆柱蜗杆传动。已知:输入功率 $P=8\ \text{kW}$, 蜗杆转速 $n_1=1\ 450\ \text{r/min}$,传动比 $i=20$,蜗杆减速器工作情况为单向传动,工作载荷稳定,长期连续运转。

解:1. 选择蜗杆传动类型

根据 GB/T 10085—1988 的推荐,采用渐开线蜗杆。

2. 选择材料

考虑到蜗杆传递功率不大,速度中等,故蜗杆采用 45 钢,齿面淬火,硬度为 45 ～ 55HRC。蜗轮采用 ZCuSn10P1,因是大批量生产,采用砂型铸造,为节约贵重金属,轮芯用 HT100 制造。

3. 确定许用接触应力$[\sigma_H]$

根据蜗轮材料为 ZCuSn10P1,砂模铸造,蜗杆齿面硬度 >45HRC,可从表 11-3 中查得蜗轮的许用应力$[\sigma_H]=200\ \text{MPa}$。

4. 选择蜗杆头数和蜗轮齿数

根据传动比 $i=20$,选择蜗杆头数为 2,蜗轮的齿数为 40。

5. 初选蜗杆传动的效率

由 $z_1=2$,根据表 11-5,初选蜗杆传动的效率为 0.8。

6. 确定作用在蜗轮上的转矩 T_2

因 $z_1=2,\eta=0.8$,则

$$T_2 = iT_1\eta = 9.55 \times 10^6 \frac{P_1}{n_1} \times i\eta = 9.55 \times 10^6 \times \frac{8}{1\ 450} \times 20 \times 0.8 = 8.43 \times 10^5\ \text{N} \cdot \text{mm}$$

7. 确定载荷系数

因工作稳定,速度较高,取 $K = 1.3$,由式(11-8)得

$$m^2 d_1 \geqslant \left[\frac{500}{z_2[\sigma_H]}\right]^2 KT_2 = \left[\frac{500}{40 \times 200}\right]^2 \times 1.3 \times 8.43 \times 10^5 = 4\ 280.9\ \text{mm}^3$$

根据表11-1,可选模数 $m = 8$ mm,蜗杆分度圆直径 $d_1 = 80$ mm,$m^2 d_1 = 5\ 120\ \text{mm}^3$。

8. 验算效率

由式(11-11)知齿面的滑动速度为

$$v_s = \frac{v_1}{\cos\gamma} = \frac{\pi d_1 n_1}{60 \times 1\ 000 \cos\gamma} = \frac{\pi \times 80 \times 1\ 450}{60 \times 1\ 000 \times \cos 11.31°} = 6.19\ \text{m/s}$$

已知 $\gamma = 11.31°$;$\varphi_v = \arctan f_v$;f_v 与相对滑动速度 v_s 有关。
用插值法查得 $f_v = 0.0\ 204$、$\varphi_v = 1.17$;根据式(11-12)得效率为

$$\eta = (0.95 \sim 0.96)\frac{\tan\gamma}{\tan(\gamma + \phi_v)} = (0.95 \sim 0.96)\frac{\tan 11.31°}{\tan(11.31° + 1.17°)} = 0.86 \sim 0.87$$

效率高于0.8,因此需要重算。

$$T_2 = 8.43 \times 10^5 \frac{0.87}{0.8} = 9.17 \times 10^5\ \text{N} \cdot \text{mm}$$

$$m^2 d_1 = 4\ 280.9 \times \frac{9.17}{8.43} = 4\ 656.7\ \text{mm}^3 < 5\ 120\ \text{mm}^3$$

强度足够。

9. 热平衡计算

(1) 取 $\alpha_s = 12\ \text{W/(m}^2 \cdot ℃)$;

(2) 取散热面积 $A \approx 2\text{m}^2$;

(3) 效率 $\eta = 0.87$。

由式(11-14)得

$$\Delta t = t - t_0 = \frac{1\ 000 P_1(1 - \eta)}{\alpha_s A} = \frac{1\ 000 \times 8 \times (1 - 0.87)}{12 \times 2} = 43.3℃ < [\Delta t] = 60 \sim 70℃$$

故满足热平衡要求。

10. 蜗杆和蜗轮主要参数和几何尺寸

(1) 蜗杆

直径系数　$q = 10$

轴向齿距　$p_a = \pi m = 25.133$ mm

齿顶圆直径　$d_a = d_1 + 2m = 80 + 2 \times 8 = 96$ mm

齿根圆直径　$d_f = d_1 - 2.4m = 80 - 2.4 \times 8 = 60.8$ mm

分度圆导程角　$\gamma = \arctan \frac{z_1}{q} = \arctan \frac{2}{10} = 11.31°$

(2) 蜗轮

分度圆直径　$d_2 = mz_2 = 8 \times 40 = 320$ mm

齿顶圆直径　$d_a = d_2 + 2m = 320 + 2 \times 8 = 336\ \text{mm}$

齿根圆直径　$d_f = d_2 - 2.4m = 320 - 2.4 \times 8 = 300.8\ \text{mm}$

中心距　$a = \frac{1}{2}(d_1 + d_2) = \frac{1}{2} \times (80 + 320) = 200\ \text{mm}$

复习思考题

11-1　蜗杆传动的特点及应用场合是什么？

11-2　蜗杆传动的正确啮合条件？

11-3　蜗杆直径系数的含义是什么？为什么要引入蜗杆直径系数？

11-4　蜗杆传动的传动比计算公式是什么？它是否等于蜗杆和蜗轮的节圆直径之比？

11-5　如何进行蜗杆传动的受力分析？各力的方向如何确定？与齿轮传动的受力分析有什么不同？

11-6　蜗杆传动的的主要失效形式是什么？相应的设计准则是什么？

11-7　在蜗杆传动的强度计算中，为什么只考虑蜗轮的强度？

11-8　蜗杆传动的效率受哪些因素影响？为什么具有自锁特性的蜗杆传动，其啮合效率通常低于50%？

11-9　为什么蜗杆传动要进行热平衡计算？采用什么原理进行计算？当热平衡不满足要求时，可以采取什么措施？

习　题

11-1　设一普通蜗杆传动的模数 $m = 5\ \text{mm}$，蜗杆的分度圆直径 $d_1 = 50\ \text{mm}$，蜗杆的头数 $z_1 = 2$，传动比 $i = 20$。试计算蜗轮的螺旋角和蜗杆传动的主要尺寸。

11-2　一蜗杆传动如图11-9所示，请根据已知的蜗杆的螺旋方向和转向，确定蜗轮的螺旋方向和转向。并在图中标出蜗杆和蜗轮的受力方向。

11-3　一单头蜗杆传动，已知蜗轮齿数 $z_2 = 40$，蜗杆直径系数 $q = 10$，蜗轮分度圆直径 $d_2 = 200\ \text{mm}$。试求：

(1) 模数 m、轴向齿距 p_{a1}，蜗杆分度圆直径 d_1，中心距 a 及传动比 i_{12}。

(2) 若当量摩擦因数 $f_v = 0.08$，求蜗杆为主动件时的效率 η 及蜗轮为主动件时的效率 η'。

(3) 若改用双头蜗杆时，其 η、η' 又为多少？

(4) 从效率 η 与 η' 的计算中可得出什么结论？

11-4　试设计一单级圆柱蜗杆传动。传动由电动机驱动，电动机的功率为7 kW，转速为1 440 r/min，蜗轮轴的转数为80 r/min，载荷平稳，单向传动。

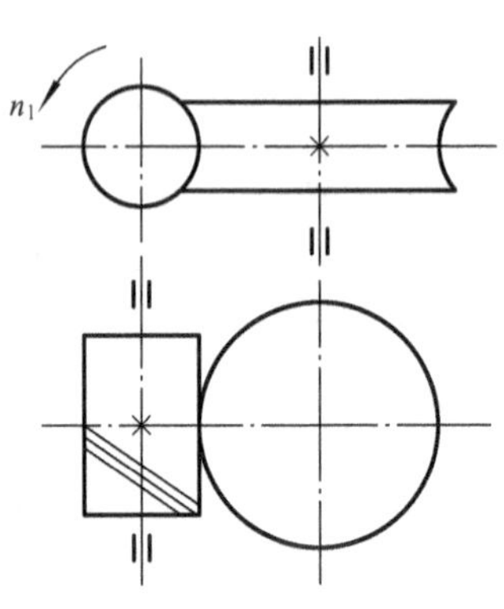

图11-9　蜗杆传动

第12章　轮　　系

本章学习提要

本章要点包括:①掌握轮系的传动比计算和转向的判定。尤其在运用反转法计算周转轮系的传动比时,应注意转化轮系传动比计算式中的转向正负号的确定,并区分行星轮系和差动轮系传动比计算的特点。②熟悉轮系的组成和运动传递情况,并能在掌握基本轮系和典型轮系的基础上,创新设计出功能独特的混合轮系。

本章重点是轮系传动比的计算。

12.1　概　　述

满足机械工作的需要,只用一对齿轮传动往往是不够的。例如:轧钢机要求将电动机的高转速通过减速器变为轧辊的低转速;机床要求将电动机的一种转速通过变速器转换成主轴的多种转速;汽车在转弯时,需要通过差速器将发动机传来的运动,利用地面摩擦自动分解为左右两后车轮的不同转速(见图12-18)。以上机械中应用的减速器、变速器和差速器,都是采用一系列互相啮合的齿轮,将主动轴的运动传到从动轴,这种由一系列齿轮组成的传动系统称为齿轮系,简称轮系。

轮系中各齿轮轴线相互平行的轮系称为平面轮系,如图12-1a所示,否则称为空间轮系,如图12-1b所示。根据轮系运动时各齿轮轴线的相对位置是否固定,可将轮系分为三种类型:定轴轮系、周转轮系和混合轮系。

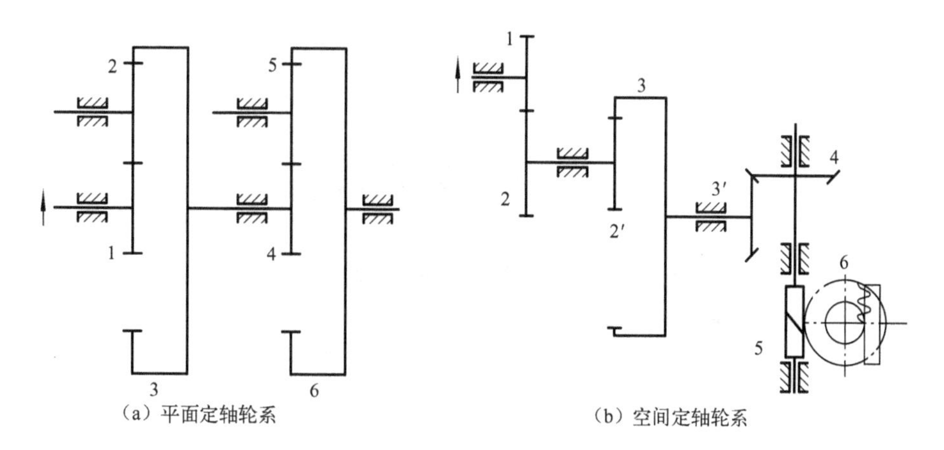

图12-1　定轴轮系

12.1.1 定轴轮系

在轮系运转过程中,所有齿轮的轴线位置相对于机架都是固定不变的轮系,称为定轴轮系,如图 12-1 所示。在定轴轮系中,若各个齿轮的轴线相互平行,则称为平面定轴轮系,如图 12-1a 所示;否则称为空间定轴轮系,如图 12-1b 所示。

12.1.2 周转轮系

在轮系运转过程中,至少有一个齿轮的轴线位置相对于机架不固定,而是绕着其他齿轮的固定轴线回转,则该轮系称为周转轮系,如图 12-2 所示。

12.1.3 复合轮系

在实际机器中的轮系,经常既含有定轴轮系又含有周转轮系,或由几个周转轮系所组成的轮系,称为复合轮系。如图 12-3 所示的复合轮系包含由 1′、5、4、4′、3′组成的定轴轮系和由 1、2、3、H 组成的周转轮系。

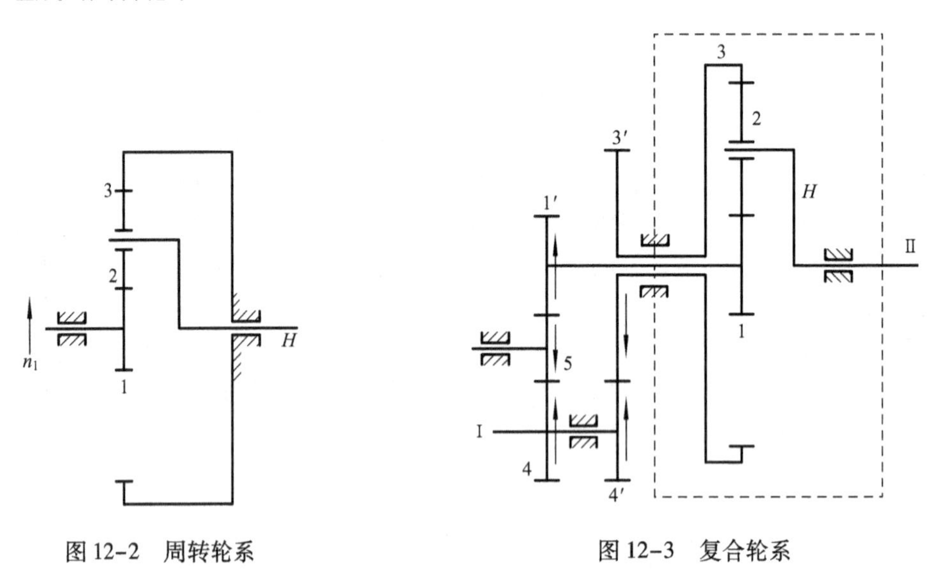

图 12-2 周转轮系　　图 12-3 复合轮系

12.2 定轴轮系的传动比

轮系的传动比是指轮系中首末两个齿轮的角速度(或转速)之比。计算轮系的传动比,既要确定传动比的大小,又要确定各个齿轮的转向。

轮系的传动比,可用 i_{ab} 表示。下标 a、b 分别为输入轴和输出轴的代号。即

$$i_{ab}=\frac{\omega_a}{\omega_b}=\frac{n_a}{n_b} \tag{12-1}$$

一对外啮合齿轮传动,两轮转向相反;一对内啮合齿轮传动,两轮转向相同。图 12-4a ~ c 分别为外啮合齿轮、内啮合齿轮和锥齿轮传动中,各轮转向的标注。在图 12-5 所示的蜗杆传动

中，判断蜗轮的转向可根据蜗杆的螺旋方向和转向，分别用左、右手法则判断。当蜗杆为右旋时，用左手的四指顺着蜗杆的转向弯曲，拇指的指向表示推动蜗轮转动的方向，蜗轮逆时针方向转动；当蜗杆为左旋时，用右手同上判断蜗轮的转向。

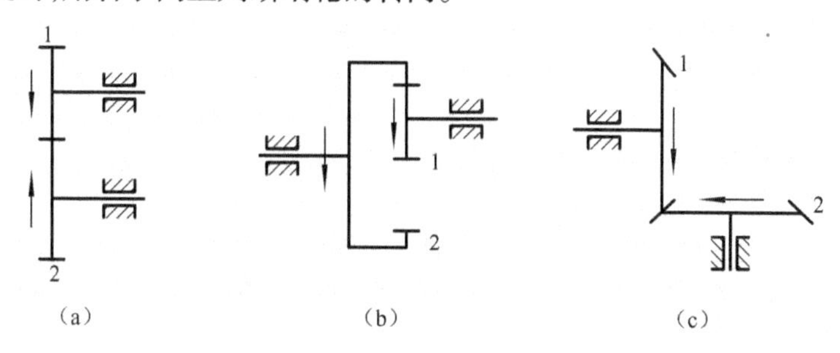

图 12-4　定轴轮系的转向

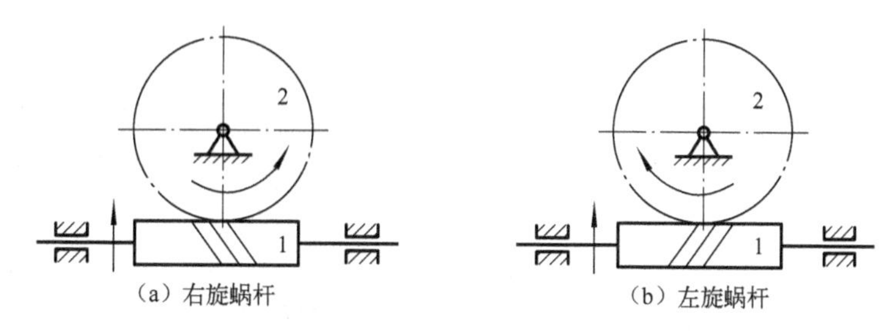

(a) 右旋蜗杆　　(b) 左旋蜗杆

图 12-5　蜗杆蜗轮的转向

12.2.1　平面定轴轮系

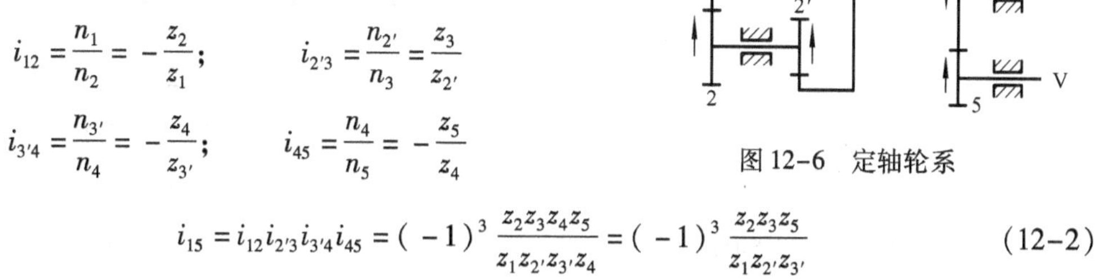

图 12-6　定轴轮系

1. 传动比大小计算

在图 12-6 所示的定轴轮系中，若 I 轴为输入轴，V 轴为输出轴，试计算输入轴与输出轴的传动比 i_{15}。设已知各轮的齿数和转速，则该轮系的传动比为

$$i_{12}=\frac{n_1}{n_2}=-\frac{z_2}{z_1};\qquad i_{2'3}=\frac{n_{2'}}{n_3}=\frac{z_3}{z_{2'}}$$

$$i_{3'4}=\frac{n_{3'}}{n_4}=-\frac{z_4}{z_{3'}};\qquad i_{45}=\frac{n_4}{n_5}=-\frac{z_5}{z_4}$$

$$i_{15}=i_{12}i_{2'3}i_{3'4}i_{45}=(-1)^3\frac{z_2z_3z_4z_5}{z_1z_{2'}z_{3'}z_4}=(-1)^3\frac{z_2z_3z_5}{z_1z_{2'}z_{3'}}\tag{12-2}$$

2. 转向的确定

由于在平面定轴轮系中，各个齿轮的轴线相互平行，所以任意两个齿轮的转向不是相同便是相反。因此规定：两轮转向相同时传动比取“+”号，两轮转向相反时传动比取“-”号，轮系中从动轮与主动轮的转向关系，可根据其传动比的正负号确定。若轮系中外啮合齿轮对数为奇数，则末轮与首轮转向相反，传动比取负；若轮系中外啮合齿轮对数为偶数，则末轮与首轮转向相同，传动比取正。

在图 12-6 所示的轮系中，齿轮 4 和两齿轮 3′、5 同时啮合，对前一级齿轮传动它为从动轮，对后一级齿轮传动它为主动轮，其齿数不影响传动比的大小，却使轮系中外啮合齿轮的对数增加 1 个，从而改变了传动比的符号，即改变了最终齿轮的转向，这种齿轮称为惰轮或过桥齿轮。

平面定轴轮系从动轮的转向，也可以用画箭头的方法确定，如图 12-6 所示。

12.2.2　定轴轮系传动比计算的一般式

将上述分析结果推广到一般情况，从而得到定轴轮系传动比计算的一般式。设 1 为定轴轮系的输入轴，N 为定轴系的输出轴，m 为轮系中外啮合次数。则

$$i_{1N}=\frac{n_1}{n_N}=(-1)^m\frac{\text{所有从动轮齿数的乘积}}{\text{所有主动轮齿数的乘积}} \tag{12-3}$$

式中，用$(-1)^m$判断转向，仅限于所有轴线都平行的定轴轮系。对于轮系中含有锥齿轮传动、交错轴斜齿轮传动或蜗杆传动等轴线不平行的齿轮传动时，为空间定轴轮系，其传动比的计算仍可使用式(12-3)，但不能用$(-1)^m$判断转向，只能采用画箭头的方法确定，如图 12-7 所示。

例 12-1　在图 12-8 轮系中，已知：转速 $n_1=1\ 440$ r/min，蜗杆为单头、右旋，其余各轮齿数分别为：$z_2=40$，$z_{2'}=20$，$z_3=30$，$z_{3'}=18$，$z_4=54$，转动方向如图所示。
试求：(1) 说明轮系属于何种类型；
(2) 计算齿轮 4 的转速 n_4；
(3) 在图中标出齿轮 4 的转动方向。

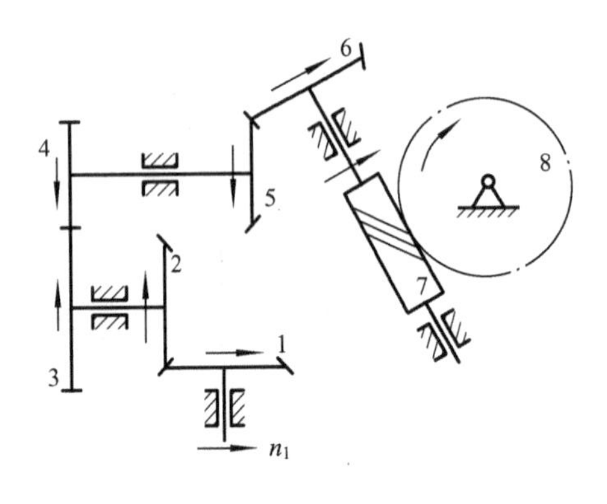

图 12-7　空间定轴轮系

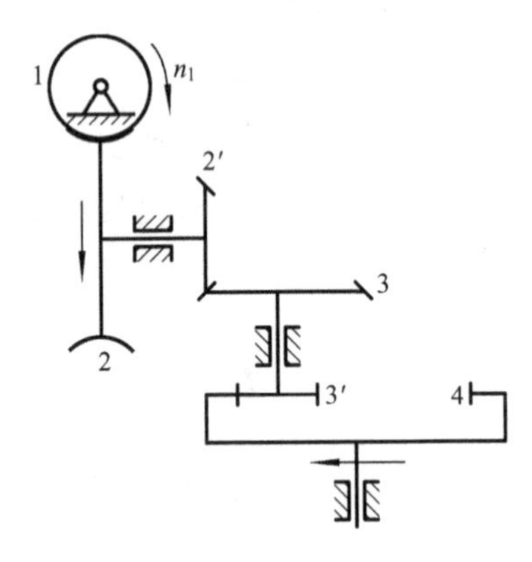

图 12-8　定轴轮系

解：(1) 该轮系为定轴轮系；

(2)
$$\frac{n_1}{n_4}=\frac{z_2z_3z_4}{z_1z_{2'}z_{3'}}$$

$$n_4=\frac{z_1z_{2'}z_{3'}n_1}{z_2z_3z_4}=\frac{1\times 20\times 18}{40\times 30\times 54}\times 1\ 440=8\ \text{r/min}$$

(3) 蜗杆传动可以用左手定则判断蜗轮的转向，后用画箭头方法判定出 n_4 转向。

12.3 周转轮系的传动比

12.3.1 周转轮系的组成

如图 12-9 所示,周转轮系主要有以下几个构件组成:

(1) 行星轮 在轮系中,轴线位置绕固定轴线转动的齿轮 2 称为行星轮。因为它既要自转又要公转,似行星运转,故由此得名。

(2) 转臂 支持行星轮作自转和公转的构件 H 称为转臂或行星架。

(3) 中心轮 轴线位置固定的齿轮 1 称为中心轮或太阳轮。

应当注意,构成单个周转轮系,中心轮的数目不超过两个,转臂只有一个,且转臂与两中心轮的几何轴线必须重合,否则周转轮系不能转动。

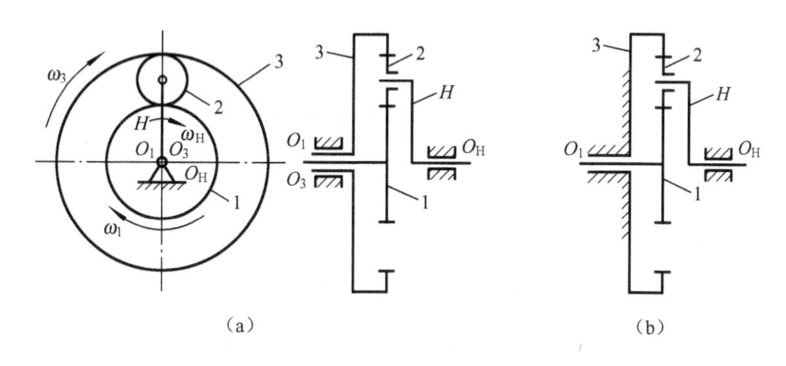

图 12-9 周转轮系

11.3.2 周转轮系的分类

周转轮系的类型很多,常用的分类方法如下:

1. 按周转轮系的自由度分类

(1) 差动轮系 若周转轮系的自由度为 2,则称为差动轮系(见图 12-9a),该轮系需要两个原动件。

(2) 行星轮系 若周转轮系的自由度为 1,则称为行星轮系(见图 12-9b),该轮系只需一个原动件。

2. 按轮系的构成分类

(1) 2K-H 型行星轮系 该轮系的特点是轮系有 2 个中心轮,如图 12-10a ～ c 所示为 2K-H 型周转轮系的三种不同形式。

(2) 3K 型行星轮系 该轮系的特点是轮系中有 3 个中心轮,如图 12-10d 所示。

(3) K-H-V 型行星轮系 该轮系的特点是轮系中只有一个中心轮,其运动是通过等速机构由 V 轴输出,如图 12-10e 所示。

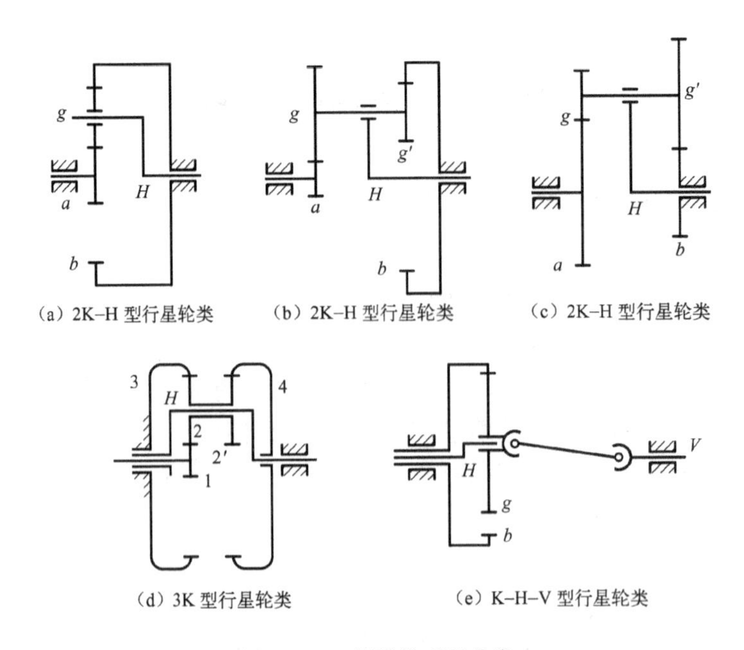

图 12–10 周转轮系的分类

12.3.3 周转轮系传动比的计算

1. 转化轮系的概念

周转轮系的传动比不能直接采用求解定轴轮系传动比的方法来计算。为了解决周转轮系传动比的计算问题,设法将其转化成定轴轮系。由相对运动原理可知,对周转轮系加一个公共转速后,其构件间的相对运动关系并未改变。设 n_H 为转臂 H 的转速,当轮系加上一个大小与转臂 n_H 相同,方向与 n_H 相反的公共转速($-n_H$)后,转臂 H 便“静止”不动,此时轮系中所有齿轮的轴线位置固定不变,原周转轮系转化为定轴轮系,该定轴轮系称为原周转轮系的转化轮系,如图 12–11 所示。运用相对运动原理将周转轮系转化成假想的定轴轮系,然后用定轴轮系传动比的计算方法计算转化轮系的传动比,该方法称为反转法。

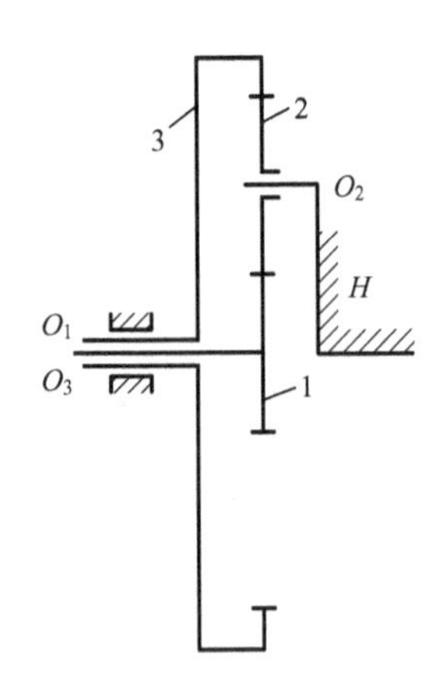

图 12–11 转化轮系

2. 传动比的计算

周转轮系转化前后各构件的转速列于表 12–1 中。

表 12–1 周转轮系各构件转化前后的转速

构　件	原周转轮系中各构件的转速	转化轮系中各构件的转速
1	n_1	$n_1^H = n_1 - n_H$
2	n_2	$n_2^H = n_2 - n_H$
3	n_3	$n_3^H = n_3 - n_H$
H	n_H	$n_H^H = n_H - n_H = 0$

转化轮系中各构件的转速右上方都带有上标 H，表示这些转速是对转臂 H 的相对转速。

由于转化轮系可以视为定轴轮系，所以按照定轴轮系的传动比计算公式，齿轮 1 和齿轮 3 的传动比 i_{13}^{H} 为

$$i_{13}^{H}=\frac{n_1^{H}}{n_3^{H}}=\frac{n_1-n_H}{n_3-n_H}=-\frac{z_3}{z_1} \tag{12-4}$$

注意：i_{13} 和 i_{13}^{H} 是不同的，前者为实际周转轮系的传动比，而后者是转化轮系的传动比，右上标 H 表示是对转臂 H 而言。

对于一般情形的周转轮系，设 n_G 和 n_K 为周转轮系中任意两个齿轮 G 和 K 的转速，它们与转臂 H 的转速 n_H 之间的关系为：

$$\frac{n_G-n_H}{n_K-n_H}=(-1)^m\frac{\text{从齿轮 }G\text{ 至 }K\text{ 间所有从动轮齿数的乘积}}{\text{从齿轮 }G\text{ 至 }K\text{ 间所有主动轮齿数的乘积}} \tag{12-5}$$

式中 m——齿轮 G 至 K 间外啮合的次数。

在用上式进行计算时，应注意以下几点：

(1) G 为输入构件，K 为输出构件，从 G 到 K 中间的各齿轮传动的主从动关系应逐对判定；

(2) 公式只适用于齿轮 G、K 和转臂 H 的轴线互相平行的场合，因为只有平行，两轴转速才能代数相加；

(3) 在计算转速时，已知转速的代入应注意转速的正负号。可以先假定一个转向为正，然后，对于转向与正转向一致的转速取正号，相反转向的转速取负号。

例 12-2 已知周转轮系如图 12-12 所示，按如下两种情况求 i_{H1}：

(1) $z_1=z_3=50, z_2=49, z_4=51$； (2) $z_1=z_2=z_3=50, z_4=51$。

解：$1-2-3-4-H$ 组成周转轮系。

$$i_{14}^{H}=\frac{n_1-n_H}{n_4-n_H}=(-1)^2\frac{z_2z_4}{z_1z_3}$$

式中 4 为机架，即 $n_4=0$。

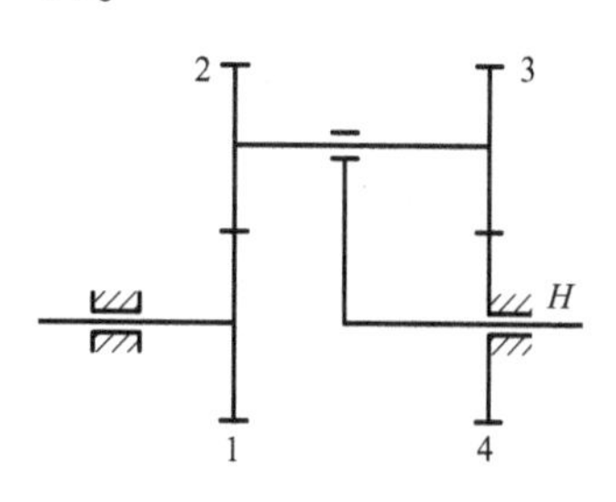

图 12-12 周转轮系

(1) 代入数值计算

$$\frac{n_1-n_H}{n_4-n_H}=\frac{z_2z_4}{z_1z_3}=\frac{n_1-n_H}{0-n_H}=\frac{49\times51}{50\times50}$$

求解得
$$i_{1H}=1-\frac{49\times51}{50\times50}=\frac{1}{2\ 500}$$

$$i_{H1}=\frac{1}{i_{1H}}=2\ 500$$

即从 H 到齿轮 1 的传动比为 2 500，且两者运动方向相同。

(2) 代入数值计算

$$\frac{n_1-n_H}{n_4-n_H}=\frac{z_2z_4}{z_1z_3}=\frac{n_1-n_H}{0-n_H}=\frac{50\times51}{50\times50}$$

求解上式得

$$i_{1H}=1-\frac{50\times 51}{50\times 50}=-\frac{1}{50}$$

$$i_{H1}=\frac{1}{i_{1H}}=-50$$

即从 H 到齿轮 1 的传动比为 50，负号表示两者运动方向相反。

12.4 轮系的应用

在实际机械传动中，轮系得到了广泛的应用，它的主要功用有以下几个方面。

12.4.1 实现大传动比传动

使用一对齿轮传动，其传动比一般不大于 8。否则小齿轮尺寸太小、寿命较低，而大齿轮尺寸和占用空间较大，如图 12-13 所示的行星轮系，$z_1=100$，$z_2=101$，$z_{2'}=100$，$z_3=99$，当 H、1 分别为主、从动件时，$i_{H1}=10\ 000$，即当转臂 H 转 10 000 r 时，齿轮 1 才转 1r，由此可见，该行星轮系可以实现大的传动比。

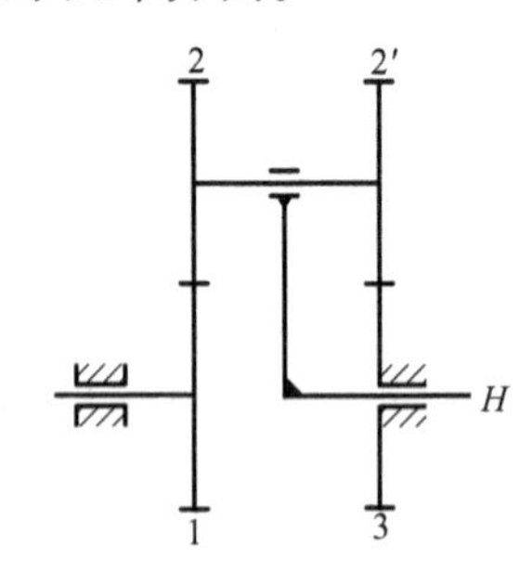

图 12-13 行星轮系

12.4.2 实现远距离传动

当主动轴和从动轴之间的距离较远时，如果仅用一对齿轮传动，如图 12-14 中的齿轮 1 和齿轮 2，齿轮的尺寸就很大，既占空间又费材料，且制造安装都不方便。若改用图中的 4 个小齿轮 3、4、5、6 组成的轮系来传动，就可以缩小齿轮尺寸，便于制造和安装。

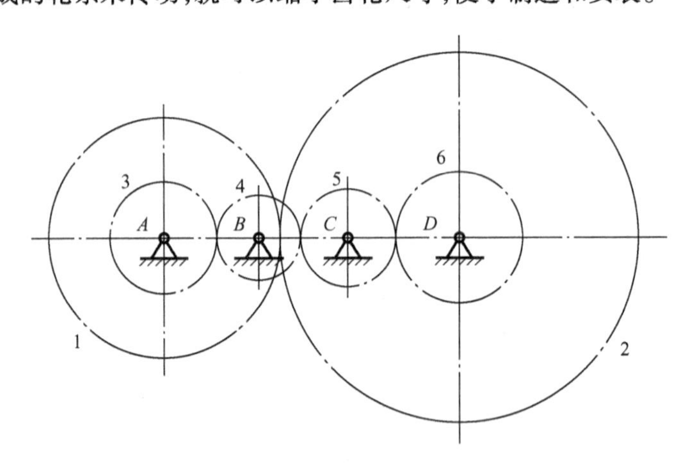

图 12-14 定轴轮系的远距离传动

12.4.3 实现变速、变向传动

通过不同齿轮啮合的组合，可以实现变速、变向传动。如图 12-15 所示为汽车上的三轴四速变速箱传动简图。当改变齿轮在轴上的位置时，通过不同齿轮间的啮合，获得不同的变速比。

第一挡 齿轮5、6相啮合而3、4和离合器A、B均脱离。

第二挡 齿轮3、4相啮合而5、6和离合器A、B均脱离。

第三挡 离合器A、B相嵌合而齿轮5、6和3、4均脱离。

倒车挡 齿轮6、8相啮合而3、4和5、6以及离合器A、B均脱离。此时，由于惰轮8的作用，输出轴Ⅱ反转。

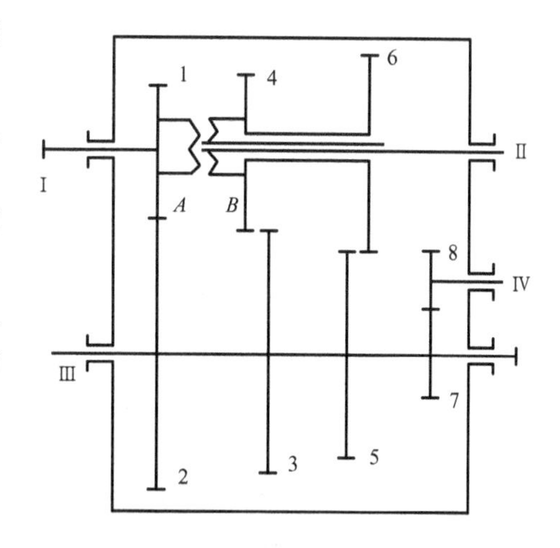

图12-15 变速箱传动简图

12.4.4 实现多分路传动

利用定轴轮系可以实现几个从动轴分路输出传动。如图12-16所示，滚齿机工作台传动实现了多分路传动。当电动机带动主轴转动时，通过该轴上的齿轮1和3，分两路把运动传给滚刀和轮坯，实现相对运动关系。

12.4.5 实现运动的合成和分解

1. 运动的合成

差动轮系可以将两根轴的运动合成为一根轴的运动，如图12-17所示的船用航向指示器。其右舷发动机通过定轴轮系4—1′带动中心轮1转动，左舷发动机通过定轴轮系5—3′带动中心轮3转动。当两个发动机的转速发生变化时，中心轮1和3的转速也随之相应变化，带动与转臂相固联的航向指针P，实现运动的合成，指示船舶的航行方向。

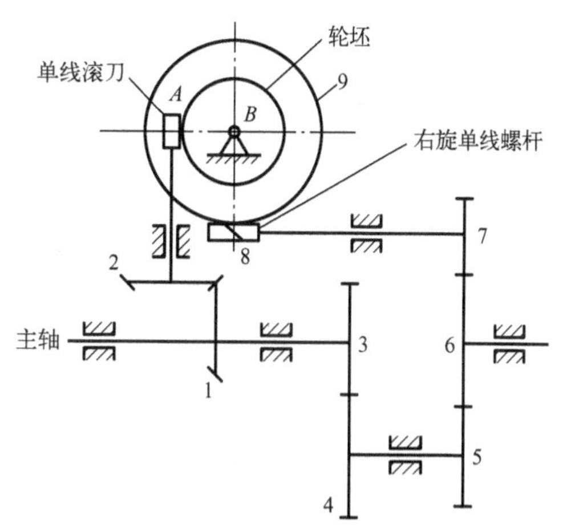

图12-16 滚齿机工作台的传动简图

2. 运动的分解

差动轮系也可以将一根轴的运动分解为两根轴的运动。如图12-18所示的汽车后桥差速器。当汽车转弯时，它要求将发动机传到齿轮

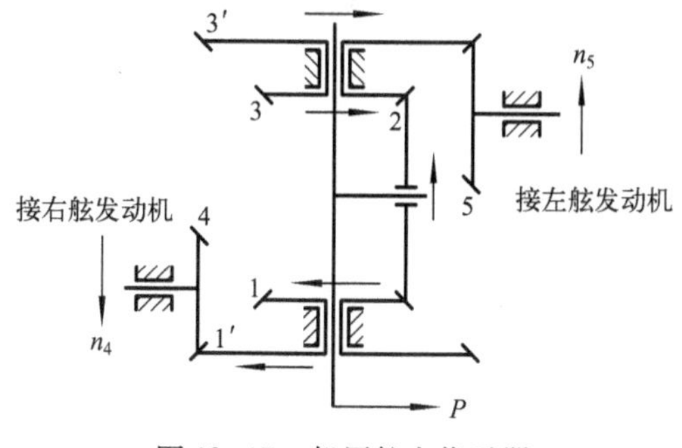

图12-17 船用航向指示器

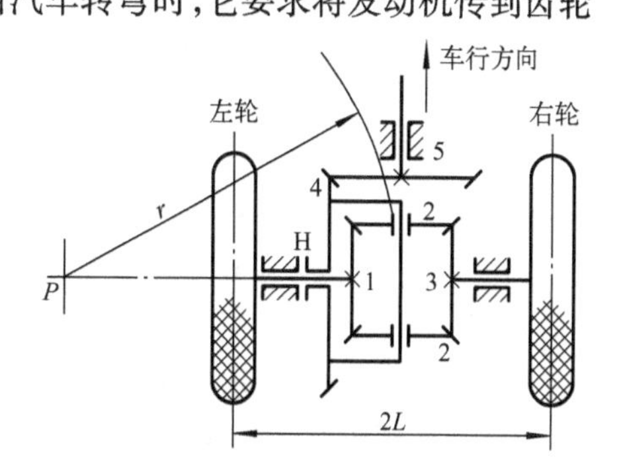

图12-18 汽车后桥差动器

5 的运动，以不同转速分别传递给左右两个车轮。其工作原理是，汽车发动机通过变速箱带动小锥齿轮 5、大锥齿轮 4，它们同装在后桥的壳体内组成一个定轴轮系。与两车轮半轴固联的锥齿轮 1、3 和行星轮 2 及转臂 H（与大锥齿轮 4 固联在一起）组成一个差动轮系，不难导出其转速关系为 $n_H=\dfrac{(n_1+n_3)}{2}$。

12.5 几种特殊的行星传动简介

12.5.1 渐开线少齿差行星传动

渐开线少齿差行星传动的基本原理如图 12-19 所示。由于齿轮 1 与齿轮 2 的齿数相差很少（一般为 1 ～ 4），故称为少齿差行星轮系（K－H－V 型行星轮系）。它与前述的各种行星轮系的不同点是：其输出的是行星轮的转速，而不是中心轮的转速。

由周转轮系传动比计算公式可求出：

$$i_{HV}=i_{H2}=\frac{1}{i_{2H}}=\frac{1}{1-i_{21}^{H}}=\frac{1}{1-\dfrac{z_1}{z_2}}=-\frac{z_2}{z_1-z_2} \tag{12-6}$$

上式表明，当齿轮 1 和齿轮 2 的齿数差 z_1-z_2 很小时，传动比 i_{HV} 很大。由于行星轮轴线与输出轴 V 轴线之间存在偏距，故应采用等角速比输出机构。如图 12-20 为采用（孔销）等角速比输出机构。

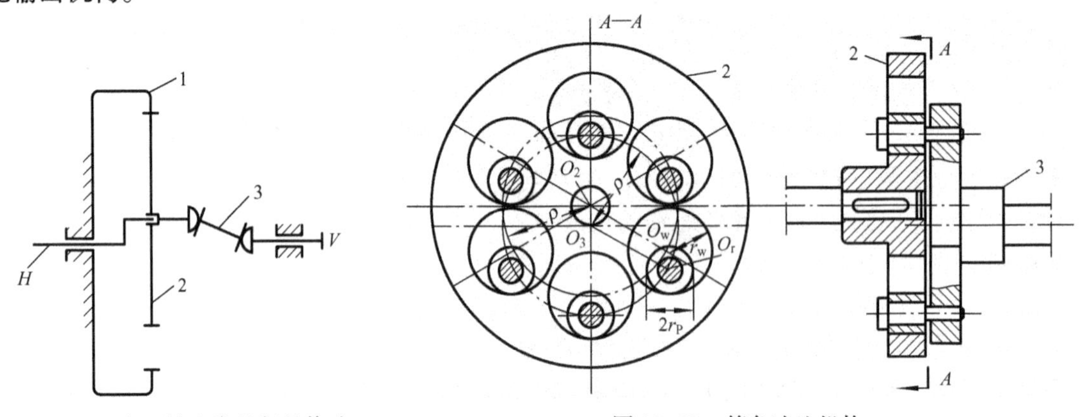

图 12-19 渐开线少齿差行星传动　　图 12-20 等角速比机构

渐开线少齿差行星减速器的优点是：

（1）传动比大（可达 135）；

（2）体积小，重量轻；

（3）效率高（$\eta=0.80\sim0.94$）。

其主要缺点是：

（1）同时啮合的齿少，其受力情况较差；

（2）受结构的限制，必须采用非标准的正变位齿轮；

（3）结构较复杂。

12.5.2　摆线针轮行星传动

摆线针轮行星传动如图 12-21 所示。其工作原理和结构与渐开线少齿差行星传动基本相同。1 为固定在机壳上的中心轮(针轮);2 为摆线行星轮,它的齿形是延伸外摆线的等距曲线;3 为连接两行星轮和输出轴的(孔销)等角速比输出机构,由转臂 H 输入,V 输出。

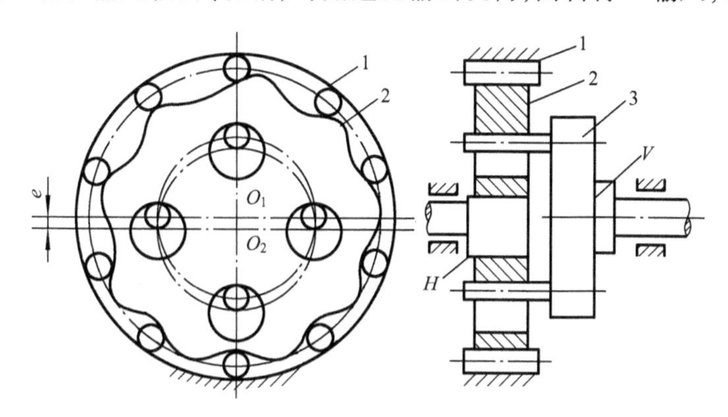

图 12-21　摆线针轮行星传动

1—中心轮;2—摆线行星轮

从结构上看,中心轮(针轮)的齿数和摆线行星轮齿数之差为 1,其计算方法与渐开线少齿差行星传动相同,所以其传动比为

$$i_{HV}=i_{H2}=-\frac{z_2}{z_1-z_2}=-z_2 \tag{12-7}$$

摆线针轮行星减速器的优点是:

(1) 传动比大,一级减速比可达 115;

(2) 结构较简单,体积小,重量轻;

(3) 效率高($\eta=0.9\sim0.94$);

(4) 这种减速器的齿间啮合为高副滚动,所以磨损小,使用寿命长;

(5) 无齿廓重迭干涉现象。

其缺点是:

(1) 必须采用等角速比输出机构;

(2) 工艺复杂,制造精度要求高,必须采用专用的机床和刀具来加工摆线轮。

12.5.3　谐波齿轮传动

谐波齿轮传动如图 12-22 所示。它由三个基本构件组成,即刚性内齿轮 1、柔性外齿轮 2 和波发生器 H。谐波齿轮传动是利用机械波使薄壁齿圈产生弹性变形来实现传动的。按照波发生器上装的滚轮数不同,可有双波传动和三波传动等。

在谐波传动中,波发生器 H 旋转一周,柔轮上某一点变形的循环次数,称为柔轮的变形波数,用符号 u 表示,变形波数应按柔轮与刚轮同时啮合的区域数目来确定。一般情况下,可以采用单波($u=1$)、双波($u=2$)、三波($u=3$)、四波($u=4$)传动。但由于受到柔轮材料许用应力的限制,通常大都采用双波($u=2$)和三波($u=3$)传动。为了有利于柔轮的力平衡和防止轮齿干涉,刚轮和柔轮的齿数差一般应取为柔轮的变形波数或波数的整数倍,通常取为等于波数。

谐波齿轮传动的主要优点是:

(1) 传动比大,可达 250;

(2) 承载能力高,运动误差小,无冲击;

(3) 效率高(η=0.69 ~ 0.96);

(4) 结构简单,零件少,体积小,重量轻;

(5) 不需要等角速比输出机构。

主要缺点是:

(1) 柔轮周期地发生变形,容易发生疲劳损坏;

(2) 传动比不能小于 35;

(3) 起动力矩大;

(4) 瞬时传动比不是常数。

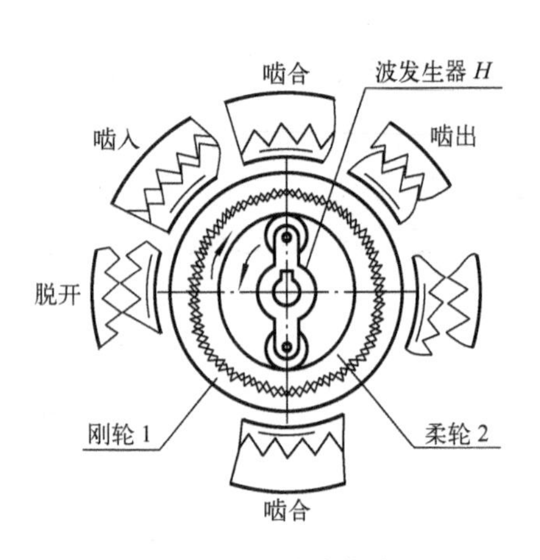

图 12-22 谐波传动

12.5.4 活齿传动

活齿传动是一种新型齿轮传动。它由激波器 H、活齿轮 G 和中心轮 K 三个基本构件组成,如图 12-23 所示。活齿传动有多种结构形式:推杆活齿传动(见图 12-23a)、摆动活齿传动(见图 12-23b)、滚柱活齿传动(见图 12-23c)和套筒活齿传动(见图 12-23d)等。

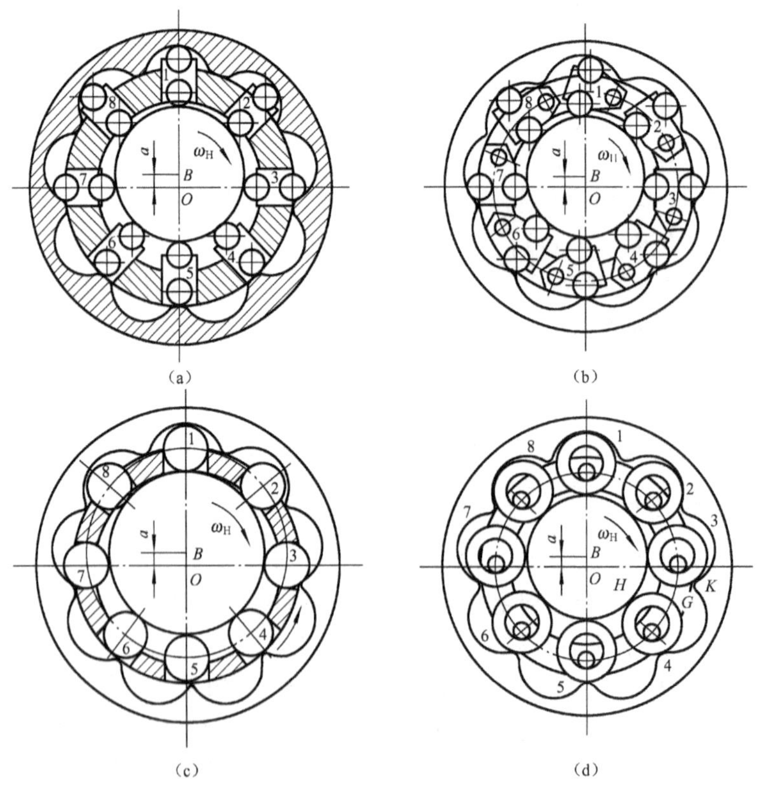

图 12-23 活齿机构

活齿传动原理与谐波齿轮传动类似，行星轮采用在轮架上安装许多活齿的结构形式，通过活齿的径向运动完成与中心轮 K 的啮合运动。

如图 12-24 所示为推杆活齿传动的结构简图。其中，中心轮 K 固定，由于激波器 H 为偏心安装，所以当激波器 H 顺时针转动时，通过向径的变化，推动各活齿沿径向导槽移动，完成啮合。当活齿处于图 12-24b 所示位置时，在激波器 H 和中心轮 K 的共同作用下，推动活齿轮顺时针方向转动。当激波器从最大向径返回时，活齿则处于非工作状态。因此，每一个推杆活齿只能推动活齿 G 转过一定的角度，连续转动是由多个活齿交替作用实现的。

活齿传动机构是由 K－H－V 行星轮系演化而成的，输入轴为活齿轮 G。当中心轮固定，且激波器 H 主动时，传动比可按下式计算

$$i_{HG}^{K}=\frac{z_G}{z_G-z_K} \tag{12-8}$$

当 $z_K>z_G$ 时，活齿轮 G 与激波器 H 的转向相反；当 $z_K<z_G$ 时，转向相同。

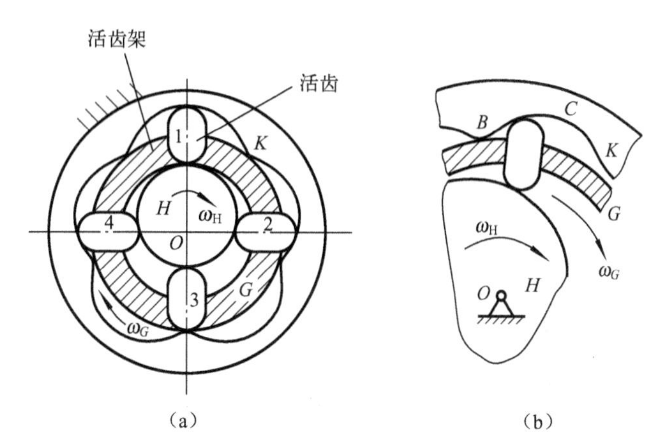

图 12-24 推杆活齿传动

活齿传动的主要优点有：

(1) 传动比大，单级传动比可达 8 ～ 60；

(2) 同时参与啮合的活齿多，传动平稳、承载能力高；

(3) 传动效率高，$\eta=70\%\sim95\%$；

(4) 结构紧凑等。

主要缺点有：

(1) 加工制造精度高；

(2) 制造工艺较复杂。

随着对活齿传动机构的深入研究，活齿传动将逐步在各个领域中得到应用。

复习思考题

12-1 什么是轮系？轮系可以分为哪几种基本类型？定轴轮系与周转轮系的主要区别是什么？行星轮系和差动轮系有何区别？

12-2 在定轴轮系中，如何确定首、末两轮转向之间的关系？

12-3 何为惰轮？它在轮系中有何作用？

12-4 什么是转化轮系？如何通过转化轮系计算周转轮系的传动比？

习　题

12-1　分析图 12-25 中轮系的组成。

12-2　在图 12-26 中,根据齿轮 1 的转动方向,在图上标出蜗轮 4 的转动方向。

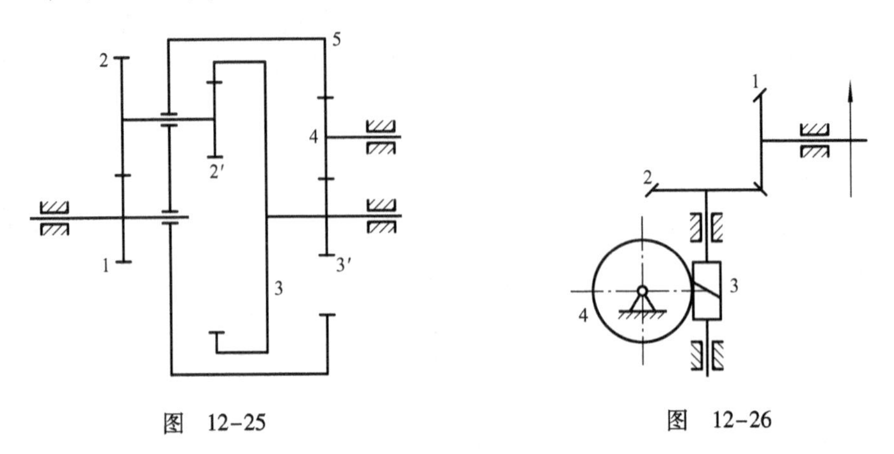

图　12-25　　　　图　12-26

12-3　如图 12-27 所示为一手摇提升装置,其中各轮齿数为 $z_1=20$,$z_2=50$,$z_{2'}=15$,$z_3=30$,$z_3'=1$,$z_4=40$,$z_{4'}=18$,$z_5=52$,试求传动比 i_{15},指出当提升重物时手柄的转向(在图中用箭头标出)。

12-4　在图 12-28 所示的万能刀具磨床工作台横向微动进给装置中,运动经手柄输入,由丝杆传给工作台。已知丝杆螺距 $P=50$ mm,且单头。$z_1=z_2=19$,$z_3=18$,$z_4=20$,试计算手柄转一周时工作台的进给量 S。

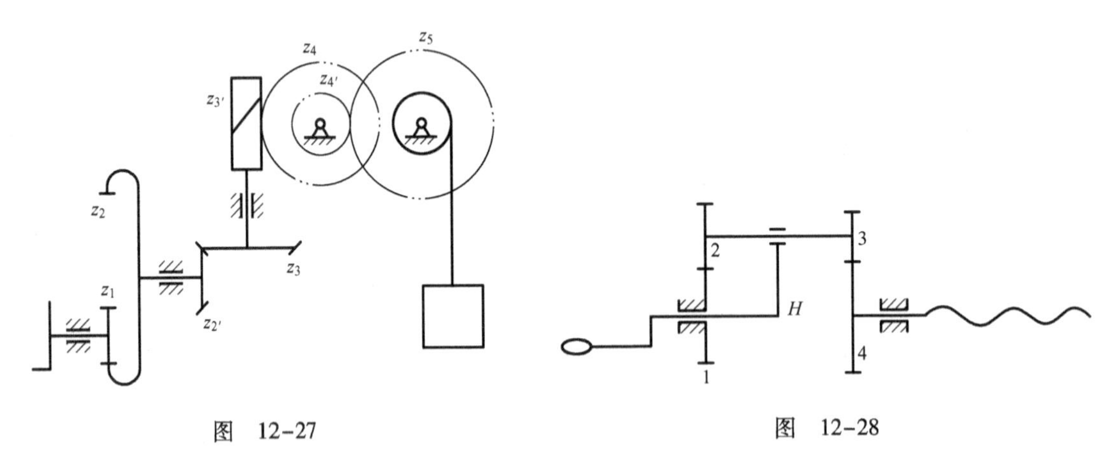

图　12-27　　　　图　12-28

12-5　在图 12-29 所示轮系中,已知各轮齿数 $z_1=15$,$z_2=25$,$z_{2'}=20$,$z_3=60$。若 $n_1=200$ r/min,$n_3=50$ r/min,且转向相同,试求行星架 H 的转速 n_H。

12-6　如图 12-30 所示为纺织机中的差动轮系,设 $z_1=30$,$z_2=25$,$z_3=z_4=24$,$z_5=18$,$z_6=121$,$n_1=48\sim200$ r/min,$n_H=316$ r/min,求 $n_6=?$

12-7　在图 12-31 所示齿轮系中,已知 $z_1=z_2=19$,$z_{3'}=26$,$z_4=30$,$z_{4'}=20$,$z_5=78$,齿

轮 1 与齿轮 3 同轴线，求齿轮 3 的齿数及传动比 i_{15}。

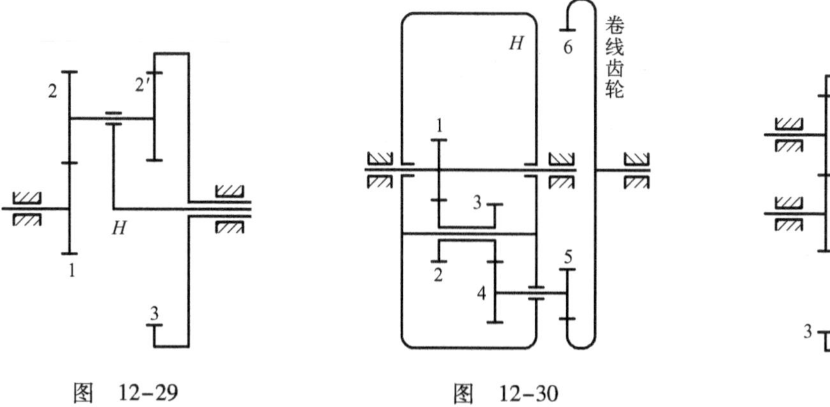

图 12-29　　图 12-30

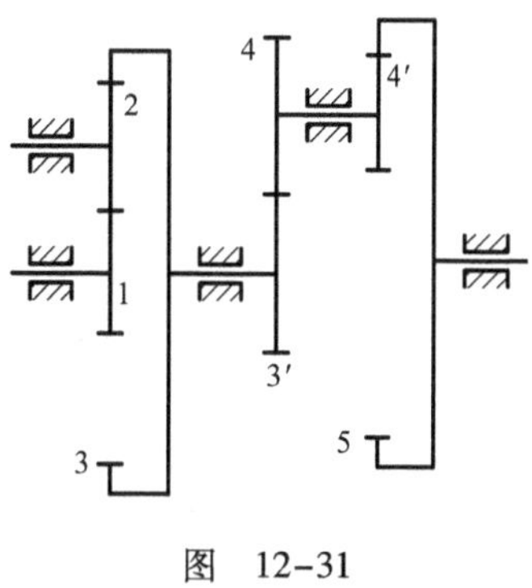

图 12-31

第13章　轴

本章学习提要

本章要点包括:①结合实际工作条件选择轴的类型,能够区分转轴、心轴和传动轴;②熟悉轴的材料选择;③掌握轴的结构设计内容,能够根据轴上零件的工作情况、安装、定位以及轴的制造工艺等方面的要求,合理确定轴的结构形式和尺寸;④要求能根据轴的承载情况,确定轴的强度和刚度计算方法,若强度或刚度计算不能满足要求时,应修改结构设计,两者常相互配合、交叉进行。

本章重点是选择轴的类型、轴的结构设计和轴的强度计算。轴的结构设计既是本章研究的重点,同时也是难点。

13.1　概　　述

13.1.1　轴的功用和类型

轴是机器中的重要零件,所有作回转运动的零件(如齿轮、带轮等)都必须安装在轴上才能实现其回转运动和传递动力。因此,轴的主要功用是支承回转零件及传递运动和动力。

根据承受载荷的不同,轴可分为转轴、心轴和传动轴等三类。转轴是机器中最为常见的轴,工作时既承受弯矩又承受转矩,如齿轮减速器中的轴(见图13-1);只承受弯矩而不承受转矩的轴称为心轴,心轴又可分为转动心轴和固定心轴两种,如铁路车辆的轴和自行车的前轴(见图13-2);只承受转矩而不承受弯矩(或弯矩很小)的轴称为传动轴,如汽车的传动轴(见图13-3)。

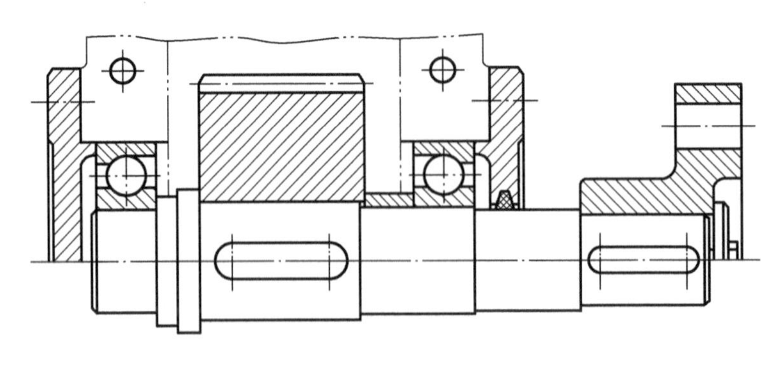

图13-1　转轴

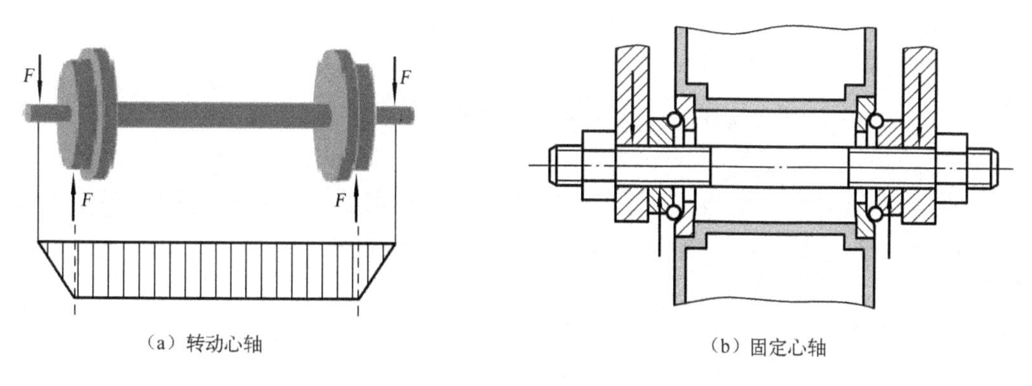

（a）转动心轴　（b）固定心轴

图 13-2　心轴

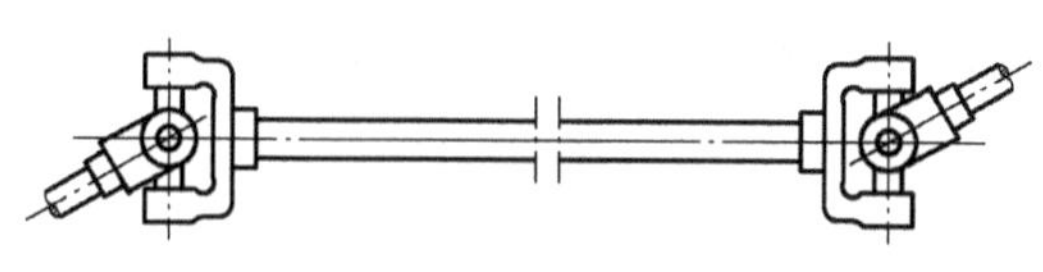
图 13-3　传动轴

按照轴线形状的不同，轴可分为直轴、曲轴（见图 13-4a）和挠性轴（见图 13-4b）等三类。直轴根据外形的不同，又可分为光轴（等直径轴）和阶梯轴（见图 13-5）两种。光轴形状简单，加工容易，应力集中源少，但轴上的零件不易装配及定位；阶梯轴的特点与光轴相反。因此，光轴主要用于心轴和传动轴，阶梯轴则常用于转轴。直轴通常做成实心轴，但直径较大，为了减轻重量或需要在轴中装设其他零件时，则可作成空心轴。曲轴通过连杆可以实现旋转运动和往复直线运动的相互转换，因此，主要用于作往复运动的机械中，如发动机。挠性轴（钢丝软轴）是由多组钢丝分层卷绕而成，具有良好的挠性，能将转矩和回转运动灵活地传到任何需要的位置，常用于振捣器等移动设备中。

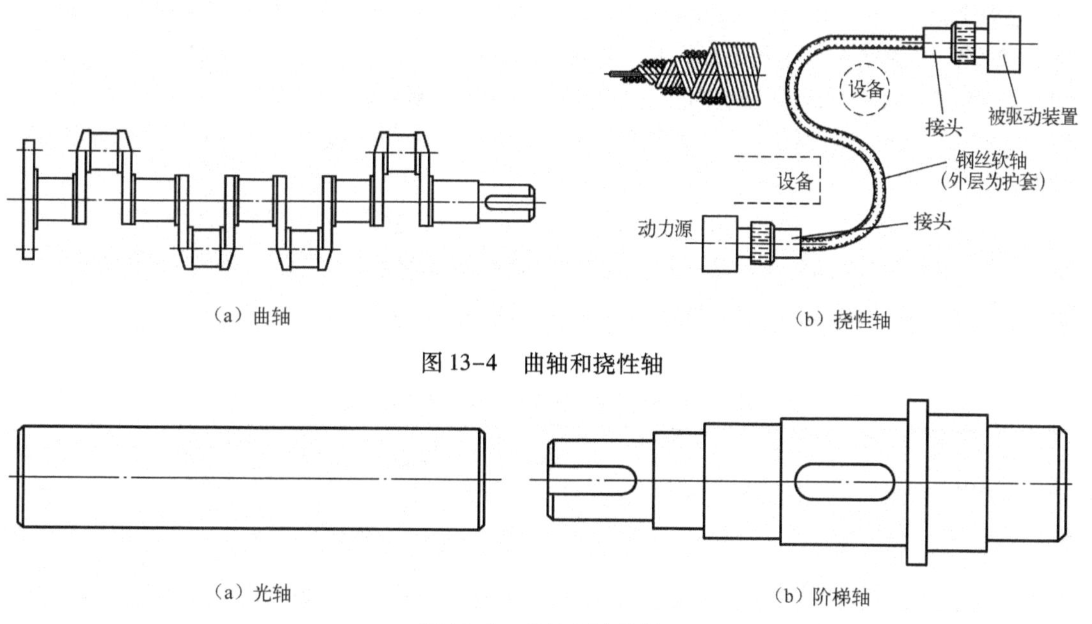

（a）曲轴　（b）挠性轴

图 13-4　曲轴和挠性轴

（a）光轴　（b）阶梯轴

图 13-5　光轴和阶梯轴

13.1.2 轴的设计主要内容

轴的设计主要包括选用材料、结构设计和工作能力计算等方面的内容。

轴的结构设计是根据轴上零件的安装、定位以及轴的制造工艺等方面的要求,合理确定轴的结构形式和尺寸。轴的结构设计不合理,不仅会影响轴的工作能力和轴上零件的工作可靠性,还会增加轴的制造成本和轴上零件的装配难度。因此,必须重视轴的结构设计。

轴的工作能力计算是指轴的强度、刚度和振动稳定性等方面的计算。一般情况下轴的工作能力主要取决于轴的强度,需要进行疲劳强度和静强度计算,以防止疲劳断裂或塑性变形。对刚度要求较高的轴(如机床主轴)和受力较大的细长轴,还应进行刚度计算,以防止工作时产生过大的弹性变形。对高速运转的轴,应进行振动稳定性计算,以防止产生共振而破坏。

13.2 轴的材料

在轴的设计中,首先要选择合适的材料。轴的材料主要采用碳素钢和合金钢。

碳素钢比合金钢价廉,对应力集中的敏感性较低,所以应用更为广泛。其中35、45、50等优质碳素钢因具有较高的综合力学性能,应用最为广泛。为了改善其力学性能,应进行调质或正火处理。对不重要或受力较小的轴,可采用Q235、Q275等普通碳素钢。

合金钢具有较高的力学性能和较好的热处理性能,但价格较贵,多用于高速、重载或有特殊要求的轴。例如,采用滑动轴承支撑的高速轴,常用20Cr、20CrMnTi等低碳合金钢,经渗碳淬火后可提高轴颈耐磨性;汽轮发电机转子轴在高温、高速和重载条件下工作,必须具有良好的高温力学性能,常采用38SiMnMo、38CrMoAlA等合金结构钢。必须指出:在一般工作温度下(低于200℃),各种碳素钢和合金钢的弹性模量相差不大,热处理对弹性模量的影响也很小。因此,选用合金钢只能提高轴的强度和耐磨性,而对轴的刚度影响很小。此外,合金钢对应力集中的敏感性较高,因此设计合金钢轴时,更应从结构上避免或减少应力集中,并降低其表面粗糙度。

钢轴的毛坯通常采用轧制圆钢和锻件。对形状复杂的轴,可采用铸钢、合金铸铁或球墨铸铁。例如,用球墨铸铁制造曲轴或凸轮轴,具有价廉、吸振性较好、对应力集中的敏感性较低、强度较高等优点,但铸造品质不易控制,可靠性不如锻造的钢轴。

轴的常用材料及其主要力学性能见表13-1。

表13-1 轴的常用材料及其主要力学性能

材料牌号	热处理	毛坯直径/mm	硬度/HBW	抗拉强度 σ_b	屈服强度 σ_S	弯曲疲劳极限 σ_{-1}	剪切疲劳极限 τ_{-1}	备　注
				MPa				
Q235	热轧或锻后空冷	≤100		400～420	225	170	105	用于不重要及受载荷不大的轴
		>100～250		375～390	215			

续表

材料牌号	热处理	毛坯直径/mm	硬度/HBW	抗拉强度 σ_b	屈服强度 σ_S	弯曲疲劳极限 σ_{-1}	剪切疲劳极限 τ_{-1}	备注
				MPa				
45	正火回火	≤100	170～217	590	295	255	140	应用最广泛
		>100～300	162～217	570	285	245	135	
	调质	≤200	217～255	650	360	300	155	
40Cr	调质	≤100	241～286	785	510	355	205	用于载荷较大而无很大冲击的重要轴
		>100～300		685	490	335	185	
40CrNi	调质	≤100	270～300	900	735	430	260	用于很重要的轴
		>100～300	240～270	785	570	370	210	
38SiMnMo	调质	≤100	229～286	735	590	365	210	用于重要的轴，性能近于40CrNi
		>100～300	217～269	685	540	345	195	
38CrMoAlA	调质	≤60	293～321	930	785	440	280	用于要求高耐磨性、高强度且热处理（渗氮）变形很小的轴
		>60～100	277～302	835	685	410	270	
		>100～160	241～277	785	590	375	220	
20Cr	渗碳淬火回火	≤60	渗碳56～62HRC	640	390	305	160	用于要求强度及韧性均较高的轴
3Cr13	调质	≤100	≥241	835	635	395	230	用于腐蚀条件下的轴
QT600-3			190～270	600	370	215	185	用于制造复杂外形的轴
QT800-2			245～335	800	480	290	250	

注：表中所列疲劳极限σ_{-1}值是按下列关系式计算的，供设计时参考。碳钢：$\sigma_{-1}\approx0.43\sigma_b$；合金钢：$\sigma_{-1}\approx0.2(\sigma_b+\sigma_S)+100$；不锈钢：$\sigma_{-1}\approx0.27(\sigma_b+\sigma_S)$；$\tau_{-1}\approx0.156(\sigma_b+\sigma_S)$；球墨铸铁：$\sigma_{-1}\approx0.36\sigma_b$；$\tau_{-1}\approx0.31\sigma_b$。

13.3 轴的结构设计

轴的结构设计包括确定轴的合理外形和全部结构尺寸。其主要要求是：

（1）轴和轴上零件要有准确的工作位置且定位可靠；

（2）轴上零件应便于装拆和调整；

（3）轴应具有良好的制造和装配工艺性；

（4）轴的受力状况合理，应力集中小，有利于提高轴的强度和刚度等。

设计时需根据具体情况进行分析，可做几个方案进行比较，以便选择出较好的设计方案。

图13-6为按上述要求设计的轴，它由轴颈、轴头和轴身组成。与轴承相配合的轴段称为轴颈；与传动零件相配合的轴段（图中安装联轴器5及齿轮2处的轴段）称为轴头；用于连接轴颈和轴头的轴段称为轴身。轴头和轴颈的直径应按规范圆整。下面结合此轴说明轴结构设

计中应注意的一些问题。

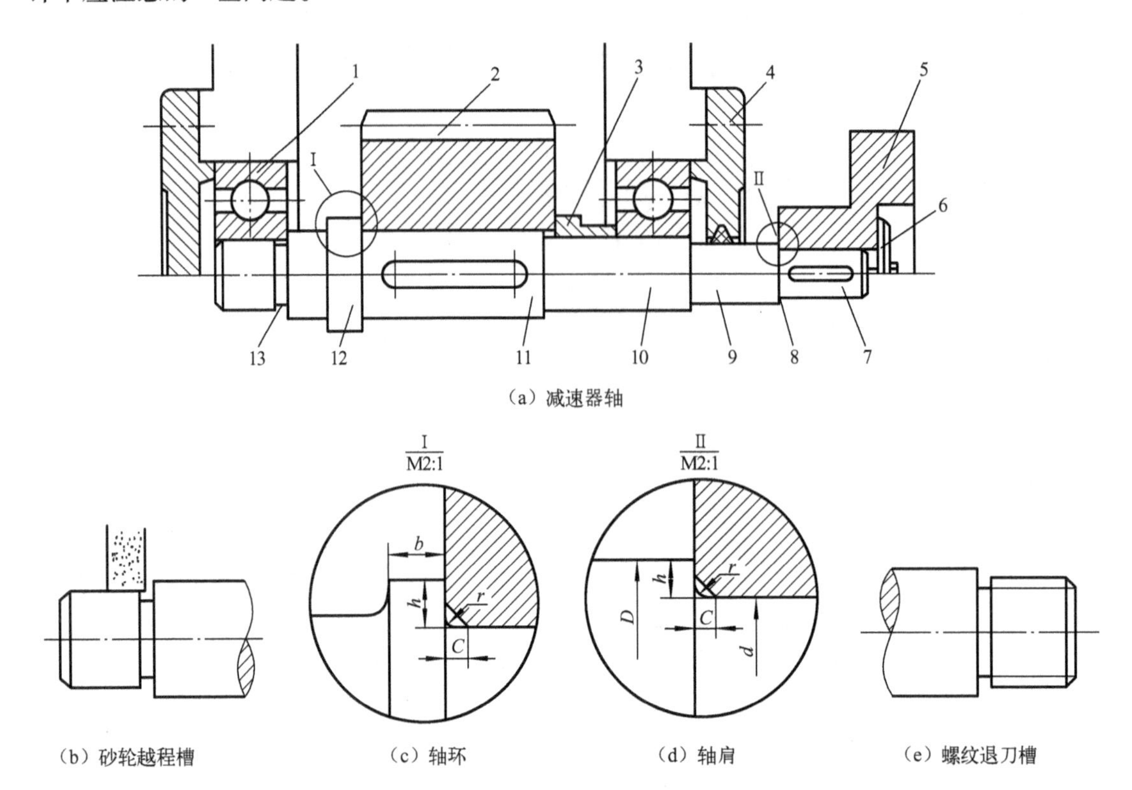

图 13-6 轴的结构

1—滚动轴承;2—齿轮;3—套筒;4—轴承盖;5—联轴器;6—轴端挡圈;7—轴头 1;8—轴肩;9—轴身;10—轴颈;11—轴头 2;12—轴环;13—砂轮越程槽

13.3.1 制造安装要求

为了便于轴上零件的装拆,通常将轴做成阶梯形,轴的直径从两端向中间逐渐增大。装配时将零件从端部依次装入,拆卸顺序与装配顺序相反。轴上零件的装拆方向不同,轴上零件定位情况就不同,轴的结构就要发生变化。零件装配时要求轴上所有零件都应顺利地到达安装位置;为减少零件在装拆时对配合表面的擦伤破坏,应使零件在其配合表面上的装拆路径最短。为便于有过盈配合零件的装配,应在零件进入的轴端或轴肩处加工出倒角或导向锥(见图 13-6)。

考虑轴的加工因素,要求同一根轴上所有的键槽应布置在轴的同一母线上(见图 13-6a中两轴头处的键槽);轴上需要磨削的轴段,靠轴肩处应有砂轮越程槽(见图 13-6b);车螺纹的轴段,应有螺尾退刀槽(见图 13-6e);精度要求较高的轴,在轴的两端应钻中心孔作为基准;轴上的倒角、圆角尺寸应尽可能一致,以减少刀具种类,提高生产率。

在满足使用要求的情况下,轴的形状和尺寸应力求简单,以便于加工。

13.3.2 轴上零件的定位

为了防止轴上零件受力时发生沿轴向或周向的相对运动,轴上零件都必须进行轴向和周向定位(有游动或空转要求的除外),以确保有准确的工作位置。

(1) 轴向定位

轴上零件的轴向定位可用轴肩、轴环、套筒、轴端挡圈、圆螺母和轴承端盖等来实现,如图13-6所示。

轴肩分为定位轴肩和非定位轴肩两类。利用轴肩定位方便可靠,能承受较大的轴向力,通常轴肩的高度取 $h=(0.07\sim0.1)d$(d 为与零件相配处的轴径)。但须注意:滚动轴承的定位轴肩高度必须低于轴承内圈端面的高度,以便于拆卸轴承;轴肩处的过渡圆角半径 r 必须小于与之相配的零件轮毂孔端部圆角半径 R 或倒角尺寸 C,以使零件能贴紧轴肩而得到准确可靠的定位。非定位轴肩是为了加工和装配方便而设置的,其高度没有严格的要求,一般取 1 ~ 2 mm。

轴环的功用与轴肩类似,轴环高度取 $h=(0.07\sim0.1)d$、宽度 $b\approx1.4h$。

套筒定位结构简单,定位可靠,轴上不需开槽、钻孔或切制螺纹,因而不影响轴的疲劳强度,一般用于轴上两个零件之间的定位(见图13-6中齿轮与右轴承间的固定),套筒内径应与相配的轴径相同并采用过渡配合。若两零件之间的间距较大或轴的转速较高时,不宜采用套筒定位。

轴端挡圈用于固定轴端零件,能承受较大的轴向力(见图13-7a)。轴端挡圈可采用螺钉与轴进行连接,但应采取防松措施防止螺钉松脱。当要求被定位零件的对中性好或承受冲击载荷时,可采用圆锥面加轴端挡圈的结构(图13-7b)。

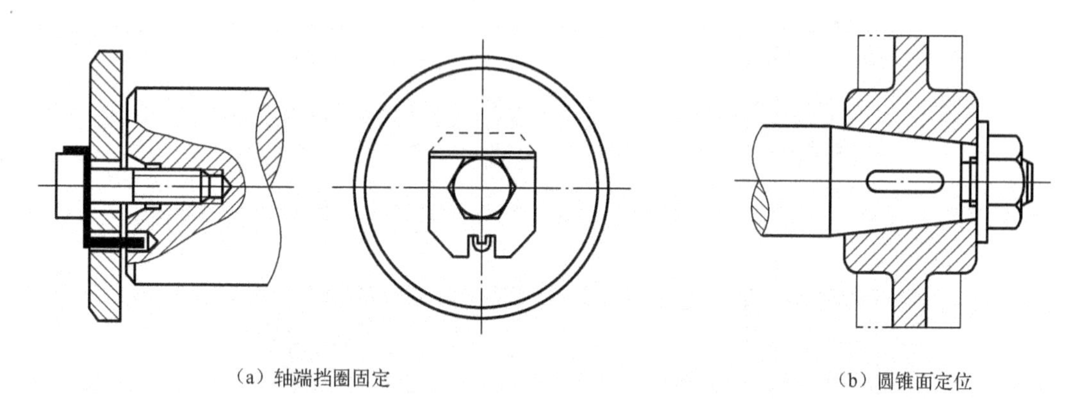

(a) 轴端挡圈固定　　(b) 圆锥面定位

图13-7　轴端零件的固定

圆螺母定位(见图13-8)一般用于固定轴端零件或轴上两零件的间距较大的场合,能承受较大的轴向力,但轴上螺纹处有较大的应力集中,会降低轴的疲劳强度,所以常用细牙螺纹。采用圆螺母定位需要采取防松措施防止螺母松脱。

轴承端盖常用来固定滚动轴承的外圈,或用来实现整个轴系的轴向定位。

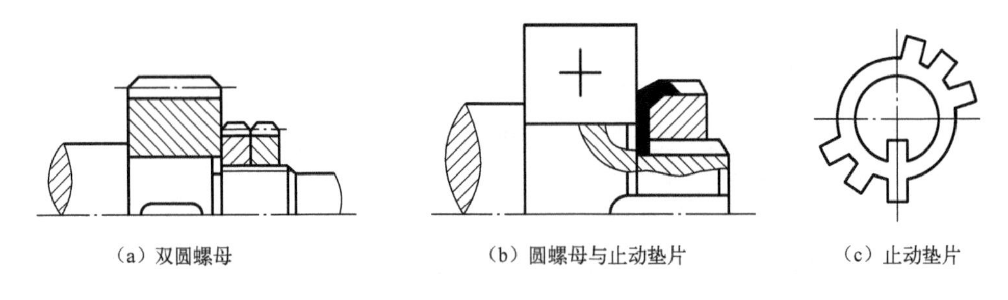

（a）双圆螺母　　（b）圆螺母与止动垫片　　（c）止动垫片

图 13-8　圆螺母定位

弹性挡圈(见图 13-9)、紧定螺钉和锁紧挡圈(见图 13-10)等用来进行轴向定位时,只能承受较小的轴向力。紧定螺钉和锁紧挡圈常用于光轴上零件的定位。

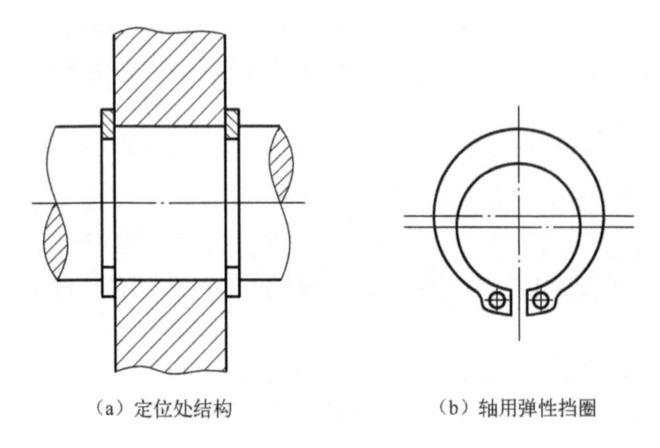

（a）定位处结构　　（b）轴用弹性挡圈

图 13-9　弹性挡圈定位

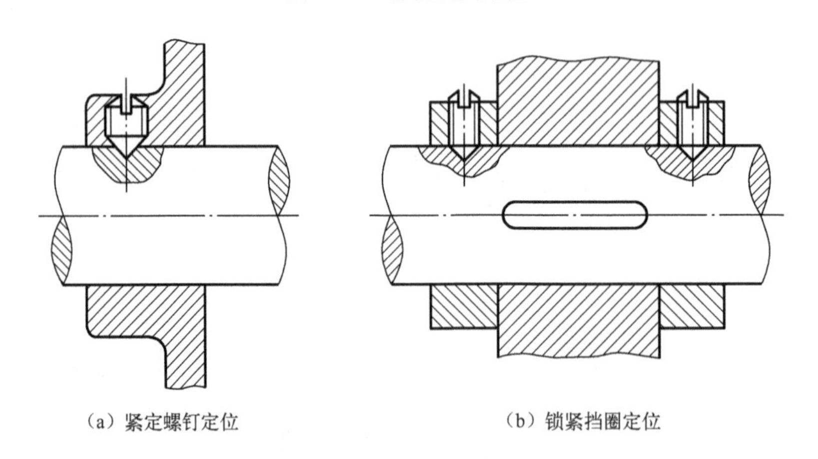

（a）紧定螺钉定位　　（b）锁紧挡圈定位

图 13-10　紧定螺钉和锁紧挡圈定位

上述的几种轴向固定都是零件相对于轴的轴向固定,而整个轴系的轴向位置也必须确定,轴的位置及其调整是通过轴承的固定来实现的,具体固定方法详见第 14 章内容。

(2) 周向定位

周向定位的目的是限制轴上零件与轴发生相对转动。常用的周向定位方式有键、花键、销、紧定螺钉连接及过盈配合等。采用键连接时，为了加工方便，各轴段的键槽应在同一直线上，并使键槽截面尺寸尽可能相同。紧定螺钉连接只能传递较小的转矩。

13.3.3 各轴段直径和长度的确定

各轴段所需直径与轴上的载荷大小有关，但在进行轴的结构设计前，由于不知道支反力的作用点，不能求得弯矩的大小与分布情况，因而不能按轴所受的弯矩来确定轴的直径。通常的做法是：按轴所受转矩初步估算轴所需的直径，并将该直径作为承受转矩轴段的最小直径；然后按轴上零件的装配和定位要求，从最小直径处开始逐一确定各轴段的直径。

有配合要求的轴段，应尽量采用标准直径。安装标准件（如滚动轴承、联轴器、密封圈等）的轴径，应符合标准件内径系列的规定及所选配合的公差。

为了使齿轮、轴承等有配合要求的零件装拆方便，并减少配合表面的擦伤，在配合轴段前应采用较小的直径。

确定各轴段长度时，应尽可能使结构紧凑，同时还要保证零件所需的装配或调整空间。轴的各段长度主要根据各零件与轴配合部分的轴向尺寸和相邻零件间必要的间隙来确定。

采用套筒、螺母、轴端挡圈等作轴向固定时，应使装零件的轴段长度比零件轮毂长度短 2 ~ 3 mm，以确保套筒、螺母、轴端挡圈等能靠紧零件的端面（见图 13-6）。

13.3.4 提高轴的承载能力的常用措施

提高轴的承载能力可以从结构和工艺两方面采取措施。在满足轴的承载能力的前题下，若能减小轴的尺寸，整个机器的尺寸也会随之减小。

（1）合理布置轴上零件

为了减小轴所受的弯矩，传动零件应尽量靠近轴承布置，并尽可能避免采用悬臂支承形式，力求缩短支承跨距及悬臂长度等。如图 13-11 所示的锥齿轮轴承支承结构，小锥齿轮常因结构布置关系设计成悬臂结构，若能改为简支结构，则不仅可提高轴的强度和刚度，还可改善锥齿轮的啮合性能。

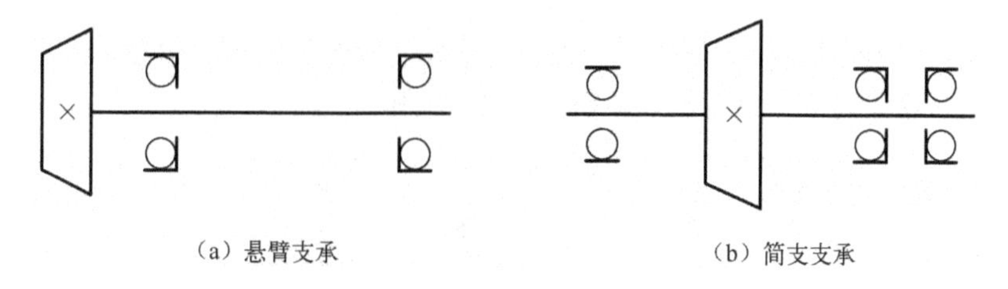

图 13-11 小锥齿轮轴承支承方案

当转矩由一个传动件输入而由几个传动件输出时，为了减小轴上的转矩，可将输入轮布置在中间。如图 13-12 所示，将图 13-12a 中的输入轮位置改为布置在输出轮 1 和轮 2 之间（见图 13-12b），轴所受的最大转矩将由 T_1+T_2 减小到 T_1。

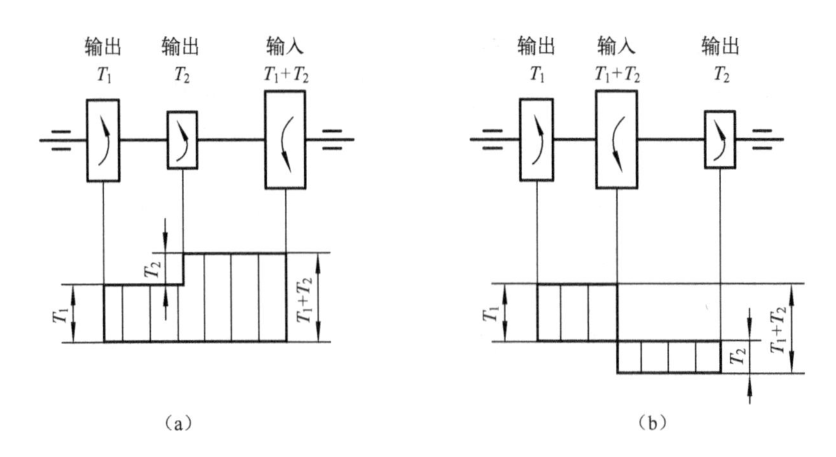

图 13-12　轴上零件的合理布置

(2) 改进轴上零件结构

如图 13-13a 中卷筒的轮毂较长，若将轮毂分成两段(见图 13-13b)，不仅可以减小轴的弯矩，而且能得到良好的轴孔配合。又如图 13-14a 中轴上有两个齿轮，动力由齿轮 A 传入，通过轴传到齿轮 B，轴既受弯矩又受转矩。若将两个齿轮做成一体(见图 13-14b)，转矩直接由齿轮 A 传给齿轮 B，则轴只受弯矩不受转矩。

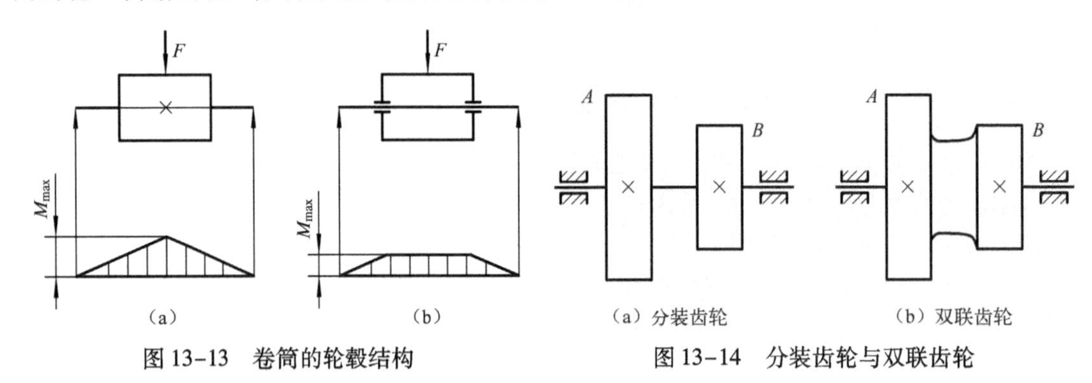

图 13-13　卷筒的轮毂结构

图 13-14　分装齿轮与双联齿轮

(3) 改进轴的结构

为了避免轴的形状突然变化，尽量采用较大的过渡圆角。若圆角半径受到限制，可以改用内凹圆角(见图 13-15a)或加装隔离环(见图 13-15b)。当轴与轮毂为过盈配合时，为了减小应力集中，可在轴或轮毂上开减载槽，或者加大配合部分的直径(见图 13-16)。

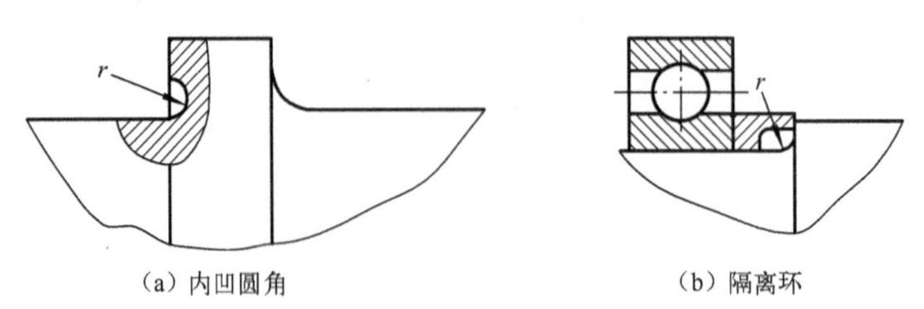

图 13-15　轴肩过渡结构

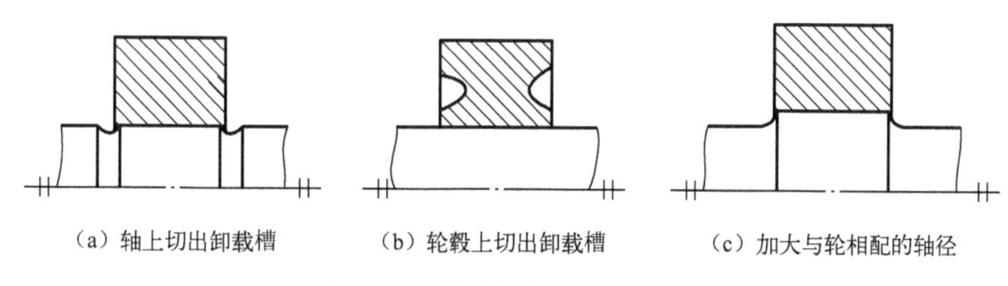

图 13-16 轴或轮毂上的减载结构

(4) 改进轴的表面质量

试验表明,轴的表面越粗糙,疲劳强度越低。因此,应合理选择轴的表面粗糙度。当轴的材料采用对应力集中敏感的高强度材料时,表面质量尤应予以重视。

对重要的轴采用表面处理,可以显著提高轴的承载能力。表面处理的方法有:滚压、喷丸等表面强化处理,表面高频淬火热处理,渗碳、氰化、氮化等化学处理。

13.4 轴的强度和刚度计算

轴的结构设计之后,其形状和尺寸已确定,零件在轴上的位置、外载荷及支反力的作用位置亦可确定,这时即可对轴进行强度和刚度计算。进行轴的强度或刚度计算时,应根据轴的具体受载及应力情况,采取相应的计算方法。若强度或刚度计算不能满足要求时,应修改轴的结构设计,两者常相互配合、交叉进行。

轴的常用强度计算方法主要有两种:按许用切应力计算和按许用弯曲应力计算。此外,对于瞬时过载很大或应力循环不对称性较严重的轴,应按尖峰载荷校核其静强度,以免产生过量的塑性变形。对于重要的轴,还须作进一步的强度校核(如安全系数法,其具体计算方法可查阅有关参考资料)。

轴的刚度计算通常是计算出轴在受载时的变形量,并使其小于许用值。

13.4.1 按许用切应力计算

按许用切应力计算只需知道转矩的大小,方法简便,但计算精度较低。这种方法主要用于下列情况:①仅受转矩的传动轴或轴受有不大的弯矩,弯矩的影响可采用降低许用切应力的办法予以考虑;②进行轴的结构设计时,由于轴上载荷的作用位置和支点跨距未知,弯矩无法求出,故通常用这种方法初步估算轴径;③不重要的轴。

对于只传递转矩 T 的实心圆截面轴,其切应力 τ 为

$$\tau=\frac{T}{W_T}=\frac{9.55\times10^6P}{0.2d^3n}\leqslant[\tau] \tag{13-1}$$

由上式可得轴的直径 d 为

$$d\geqslant\sqrt[3]{\frac{9.55\times10^6P}{0.2[\tau]n}}=C\sqrt[3]{\frac{P}{n}} \tag{13-2}$$

式中 W_T——轴的抗扭截面系数,mm^3;

P——轴传递的功率,kW;

n——轴的转速,r/min;

$[\tau]$——许用切应力,MPa;

C——与轴的材料和承载情况有关的系数,$[\tau]$和C可查表13-2。

对于既传递转矩又承受弯矩的转轴,可用式(13-2)初步估算轴径,但必须将$[\tau]$适当降低,以补偿弯矩对轴的影响。当轴上有键槽时,应适当增大轴径:单键增大3%,双键增大7%。应用式(13-2)求得的直径一般作为传递转矩轴段的最小直径。

表13-2　轴常用材料的$[\tau]$和C值

轴的材料	Q235,20	Q255,Q275,35	45	40Cr,35SiMn,2Cr13
$[\tau]$/MPa	12～20	20～30	30～40	40～52
C	160～135	135～118	118～107	106～98

注:当作用在轴上的弯矩比传递的转矩小或只传递转矩时,C取较小值;否则取较大值。

13.4.2　按许用弯曲应力计算

按许用弯曲应力计算必须先知道作用力的大小和作用点的位置、轴承跨距、各段轴径等参数。为此,常先按许用切应力计算法初步估算轴径并进行结构设计后,再利用该方法进行强度校核计算。它主要用于计算较为重要的轴或受弯扭复合作用的轴,其具体计算步骤如下:

(1) 画出轴的空间受力简图

将轴上作用力分解为水平面受力和垂直面受力,分别求出支承反力并画出受力简图。

(2) 画出轴的弯矩图

根据轴的空间受力简图计算各力产生的弯矩,分别画出水平面上的弯矩M_H图和垂直面上的弯矩M_V图,然后画出合成弯矩M图($M=\sqrt{M_H^2+M_V^2}$)。

(3) 画出轴的转矩T图

(4) 画出轴的当量弯矩M'图

通常轴的弯曲应力为对称循环变应力,而切应力为非对称循环变应力,为了考虑两种应力循环特性不同的影响,引入应力校正系数(折合系数)α,则当量弯矩M'的计算公式为

$$M'=\sqrt{M^2+(\alpha T)^2} \tag{13-3}$$

式中,α可根据转矩性质而定。对于不变的转矩,$\alpha=\dfrac{[\sigma_{-1b}]}{[\sigma_{+1b}]}$;对于脉动循环的转矩,$\alpha=\dfrac{[\sigma_{-1b}]}{[\sigma_{0b}]}$;对于对称循环的转矩,$\alpha=1$。$[\sigma_{+1b}]$、$[\sigma_{0b}]$和$[\sigma_{-1b}]$分别为材料在静应力、脉动循环和对称循环应力状态下的许用弯曲应力,其值可由表13-3选取。必须说明,不变的转矩只是理论上可以这样认为,实际上考虑到起动、停车等的影响,机器运转不可能完全均匀,且有扭转振动的存在,故常按脉动的转矩进行计算。

(5) 校核轴的强度

$$\sigma_b=\frac{M'}{W}=\frac{M'}{0.1d^3}\leqslant[\sigma_{-1b}] \tag{13-4}$$

式中　σ_b——轴的计算弯曲应力,MPa;

W——轴的抗弯截面系数,mm^3。

表 13-3　轴的许用弯曲应力/MPa

材　　料	σ_b	$[\sigma_{+1b}]$	$[\sigma_{0b}]$	$[\sigma_{-1b}]$
碳素钢	400 500 600 700	130 170 200 230	70 75 95 110	40 45 55 65
合金钢	800 900 1000	270 300 330	130 140 150	75 80 90
铸钢	400 500	100 120	50 70	30 40

例　如图 13-17a 所示为某斜齿圆柱齿轮减速器的输入轴。斜齿轮的 $z_1=23$，$m_n=3$，$\beta=9.7°$，传递的转矩 $T=122\ 600\ \text{N}\cdot\text{mm}$，键槽 B 处作用有压轴力 $F_Q=1\ 643\ \text{N}$。轴的材料 45 钢，调质处理，$\sigma_b=650\ \text{MPa}$。试用许用弯曲应力法校核该轴的强度。

解：(1) 计算齿轮受力

$$d_1=\frac{m_n z_1}{\cos\beta}=\frac{3\times23}{\cos 9.7°}=70\ \text{mm}$$

$$F_t=2T/d=2\times122\ 600/70=3\ 503\ \text{N}$$

$$F_r=F_t\tan\alpha_n/\cos\beta=3\ 503\times\tan 20°/\cos 9.7°=1\ 293\ \text{N}$$

$$F_a=F_t\tan\beta=3\ 503\times\tan 9.7°=599\ \text{N}$$

(2) 计算支承反力并画出轴的空间受力简图

水平面：

$$R_{CH}=\frac{1\ 293\times60+599\times35+1\ 643\times235}{170}=2\ 851\ \text{N}$$

$$R_{DH}=\frac{1\ 293\times110-1\ 643\times65-599\times35}{170}=85\ \text{N}$$

垂直面：

$$R_{CV}=\frac{3\ 503\times60}{170}=1\ 236\ \text{N}$$

$$R_{DV}=\frac{3\ 503\times110}{170}=2\ 267\ \text{N}$$

画出轴的空间受力图，如图 13-17b 所示。

(3) 画出轴的弯矩图

水平面受力及弯矩图如图 13-17c、d 所示。

垂直面受力及弯矩图如图 13-17e、f 所示。

根据公式 $M=\sqrt{M_H^2+M_V^2}$ 计算合成弯矩并画出合成弯矩图如图 13-17g 所示。

(4) 画出轴的转矩图

转矩图如图 13-17h 所示。

(5) 画出轴的当量弯矩 M' 图

转矩可看作是脉动的，取应力校正系数 $\alpha=0.6$。

在小齿轮中间截面 A 点的当量弯矩为

$$M'_A=\sqrt{M_A^2+(\alpha T)^2}=\sqrt{138^2+(0.6\times122.6)^2}=156\ \text{N}\cdot\text{m}$$

在左轴颈中间截面 C 点的当量弯矩为

$$M_C' = \sqrt{M_C^2 + (\alpha T)^2} = \sqrt{107^2 + (0.6 \times 122.6)^2} = 130\ \text{N} \cdot \text{m}$$

画当量弯矩图如图 13-17i 所示。

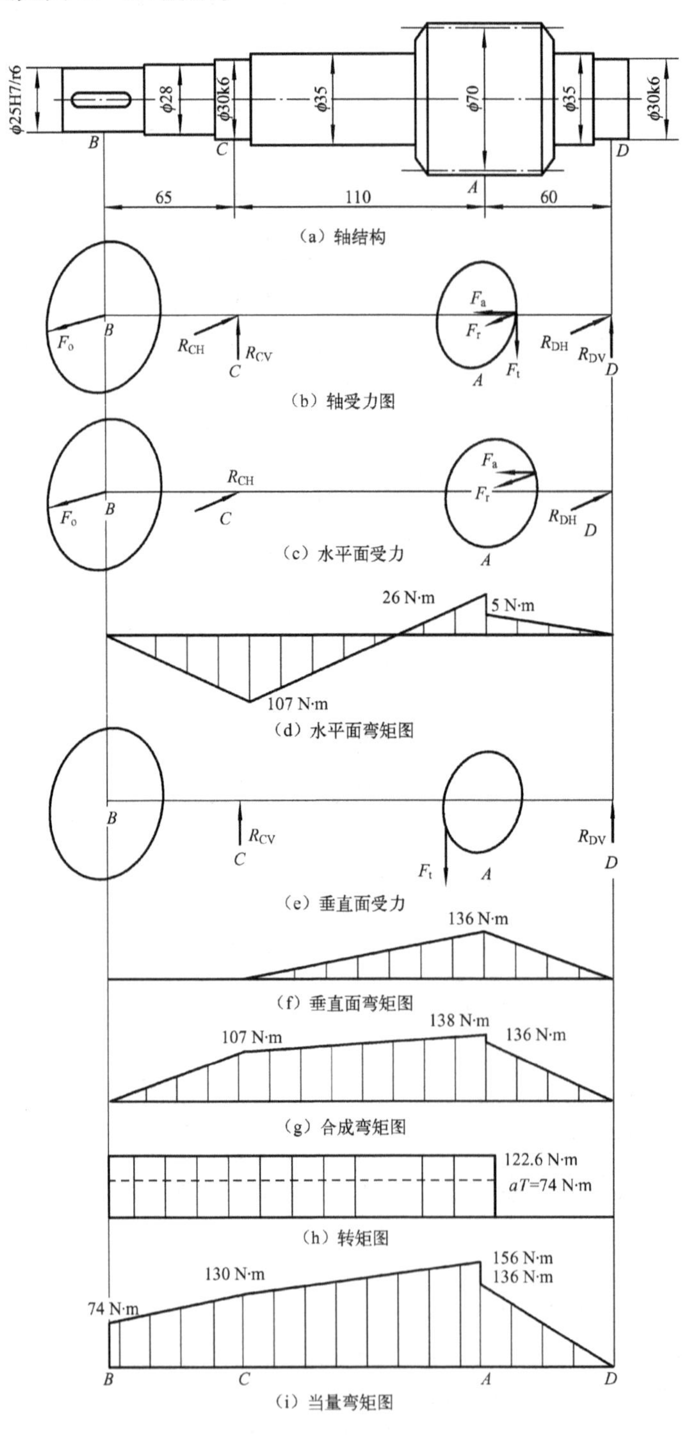

图 13-17 轴的受力分析

(6) 校核轴的强度

根据当量弯矩大小及轴径选择 A、C 两截面进行强度校核。

截面 A 处齿轮的齿根圆直径为

$$d_{fA}=d_1-2(h_a^*+c^*)m_n=70-2\times(1+0.25)\times3=62.5\ \text{mm}$$

由表13-3可查得$[\sigma_{-1b}]=60\ \text{MPa}$,由式(13-4)得

$$\sigma_{bA}=\frac{M'_A}{W_A}=\frac{M'_A}{0.1d_{fA}^3}=\frac{156\times10^3}{0.1\times62.5^3}=6\ \text{MPa}\leqslant[\sigma_{-1b}]$$

$$\sigma_{bC}=\frac{M'_C}{W_C}=\frac{M'_C}{0.1d_C^3}=\frac{130\times10^3}{0.1\times30^3}=48\ \text{MPa}\leqslant[\sigma_{-1b}]$$

经校核,两危险截面 A、C 处的强度均能满足使用要求。

13.4.3 轴的刚度计算

轴受载荷后会产生弯曲和扭转变形,如果变形过大,就会影响轴上零件的正常工作。例如,安装齿轮的轴,若弯曲刚度不足导致挠度过大时,会造成齿轮沿齿宽方向接触不良,载荷分布不均匀。又如内燃机凸轮轴扭转变形过大将影响气门正常启闭。因此,设计机器时对有刚度要求的轴应进行必要的刚度校核计算。

轴的弯曲刚度用挠度 y 和偏转角 θ 度量,扭转刚度用单位长度扭转角 φ 来度量。

(1) 轴的弯曲刚度校核计算

轴受弯矩作用时,其弯曲刚度条件为

挠度 $$y\leqslant[y] \tag{13-5}$$

偏转角 $$\theta\leqslant[\theta] \tag{13-6}$$

式中,$[y]$、$[\theta]$分别为轴的许用挠度和许用偏转角,见表13-4。

常见的轴大多可视为简支梁。若是光轴,可直接用材料力学中的公式计算其挠度或偏转角;若是阶梯轴,如果对计算精度要求不高,则可用当量直径法作近似计算。即把阶梯轴看成是当量直径为 d_v 的光轴,然后再按材料力学中的公式计算。当量直径 d_v 的计算公式为:

$$d_v=\frac{\sum d_il_i}{l} \tag{13-7}$$

式中 l——支点间距离;

l_i、d_i——轴上第 i 段的长度和直径。

(2) 轴的扭转刚度校核计算

轴受转矩作用时,其扭转刚度条件为

光轴 $$\varphi=5.73\times10^4\frac{T}{GI_P}\leqslant[\varphi] \tag{13-8}$$

阶梯轴 $$\varphi=5.73\times10^4\frac{1}{Gl}\sum\frac{T_il_i}{I_{Pi}}\leqslant[\varphi] \tag{13-9}$$

式中 T——轴所受转矩,N·m;

G——轴材料的切变模量,MPa,对于钢材,$G=8.1\times10^4$ MPa;

I_P——轴截面的极惯性矩,mm^4;

l——阶梯轴受转矩作用的长度，mm；

T_i、l_i、I_{Pi}——阶梯轴第 i 段上所受的转矩、长度和极惯性矩，单位同前；

$[\varphi]$——许用扭转角，(°)/m，与轴的使用场合有关，见表 13-4。

表 13-4 轴的许用挠度、许用偏转角和许用扭转角

<table>
<tr><th>变形种类</th><th>应用场合</th><th>许用值</th><th>变形种类</th><th>应用场合</th><th>许用值</th></tr>
<tr><td rowspan="9">挠度$[y]$
/mm</td><td>一般用途的轴</td><td>$(0.000\ 3 \sim 0.000\ 5)l$</td><td rowspan="6">偏转角$[\theta]$
/rad</td><td>滑动轴承</td><td>≤0.001</td></tr>
<tr><td>刚度要求较高的轴</td><td>≤$0.000\ 2l$</td><td>向心球轴承</td><td>≤0.005</td></tr>
<tr><td>感应电动机轴</td><td>≤0.1Δ</td><td>调心球轴承</td><td>≤0.05</td></tr>
<tr><td>安装齿轮的轴</td><td>$(0.01 \sim 0.03)m_n$</td><td>圆柱滚子轴承</td><td>≤0.002 5</td></tr>
<tr><td>安装蜗轮的轴</td><td>$(0.02 \sim 0.05)m$</td><td>圆锥滚子轴承</td><td>≤0.001 6</td></tr>
<tr><td colspan="2" rowspan="4">L——支承间跨距，mm；
Δ——电动机定子与转子间的气隙，mm；
m_n——齿轮法面模数，mm；
m——蜗轮端面模数，mm。</td><td>安装齿轮处</td><td>0.001～0.002</td></tr>
<tr><td rowspan="3">每米长的
扭转角
$[\varphi]$
(°)/m</td><td>一般传动</td><td>0.5～1</td></tr>
<tr><td>较精密的传动</td><td>0.25～0.5</td></tr>
<tr><td>重要传动</td><td>≤0.25</td></tr>
</table>

复习思考题

13-1 按承受载荷的不同，轴可分为哪几类？各有何特点？请各举两个实例。

13-2 若轴的强度不足或刚度不足时，可分别采取哪些措施改进？

13-3 轴的常用材料有哪些？应如何选用？

13-4 轴上零件的周向和轴向固定方式有哪些？各适用什么场合？

13-5 设计转轴时，为什么不能先按许用弯曲应力计算，然后再进行结构设计？

13-6 当量弯矩式 $M' = \sqrt{M^2 + (\alpha T)^2}$ 中，为什么要引入 α？α 值应如何确定？

13-7 在齿轮减速器中，为什么低速轴的直径要比高速轴大得多？

习 题

13-1 已知一传动轴传递的功率为 50 kW，转速 $n = 1\ 000$ r/min，如果轴上的许用切应力为 50 MPa，求该轴的直径？

13-2 已知一单级直齿圆柱齿轮减速器，用电动机直接带动。电动机额定功率 $P = 22$ kW，转速 $n = 1\ 470$ r/min，齿轮模数 $m = 4$ mm，主动轮齿数 $z_1 = 19$，若支撑跨距 $l = 200$ mm（齿轮位于跨距中间），轴的材料采用 45 钢调质，试按许用弯曲应力法设计主动轮轴危险截面处的直径 d。

13-3 图 13-18 所示为起重机卷筒轴与齿轮、卷筒连接的三种结构方案，其中方案 a 和 c

的轴与轮毂采用键连接，试分析方案中轴的受力情况，并说明轴是传动轴、心轴还是转轴。

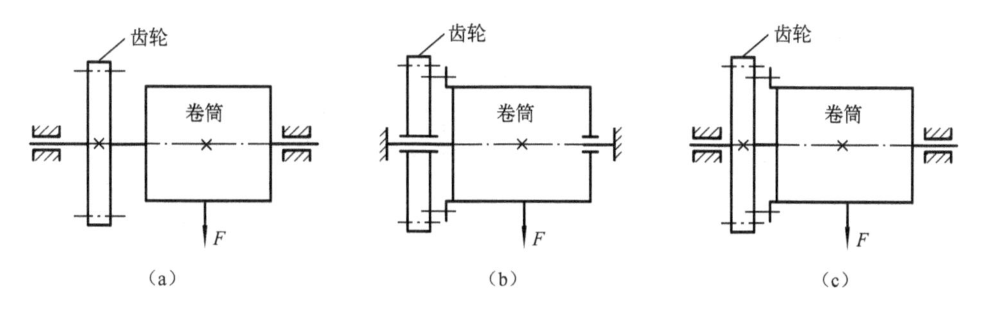

图 13-18 起重机卷筒

13-4 图13-19所示为一斜圆柱齿轮减速器的输出轴。齿轮工作中所受各分力的大小分别为 $F_t=5\,000\text{ N}$、$F_r=2\,000\text{ N}$、$F_a=1\,500\text{ N}$，分度圆半径为40 mm，与两轴承支承点的距离分别为50 mm和100 mm。试依次画出轴的垂直面和水平面受力图，并求解支反力。

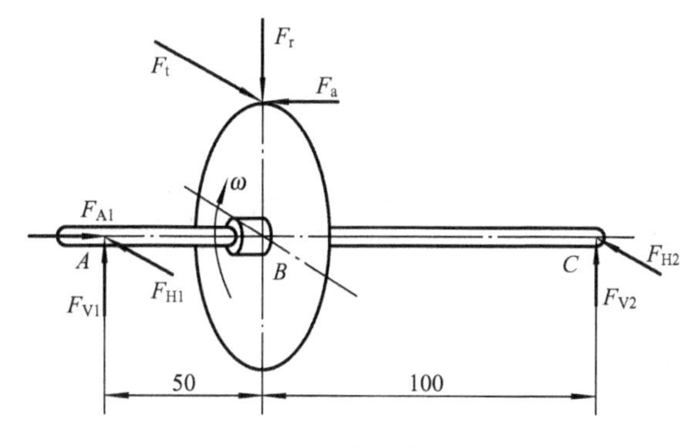

图 13-19 减速器输出轴

13-5 指出如图13-20所示轴系结构中的错误（注：不考虑轴承的润滑方式以及图中的倒角和圆角）。

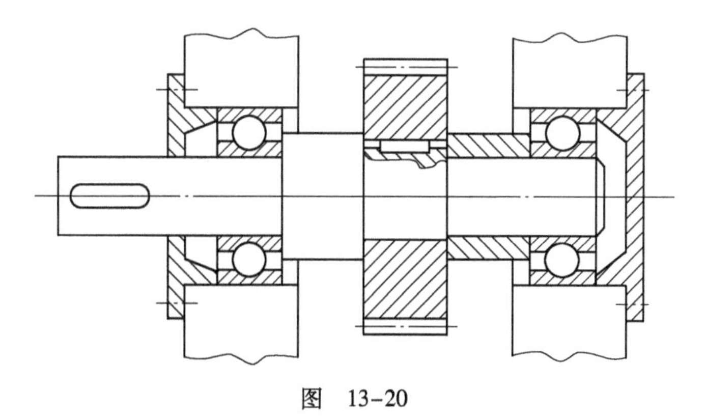

图 13-20

13-6 如图13-21所示为某斜齿圆柱齿轮减速器输出轴的轴系结构图，齿轮采用油润滑，轴承采用脂润滑，轴端装联轴器。试指出图中的结构错误，并画出改正图。

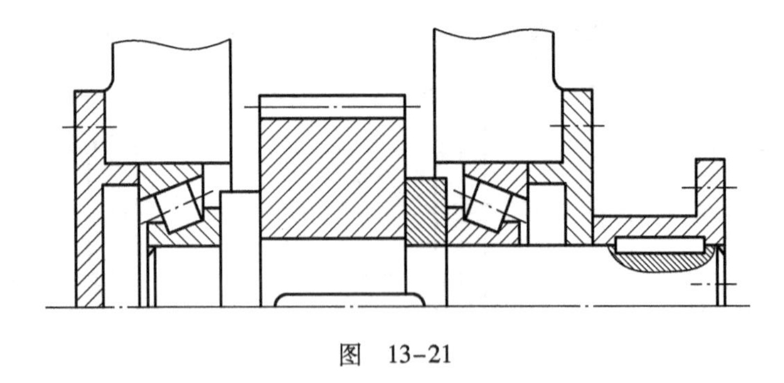

图 13-21

13-7 一齿轮轴的结构和轮齿受力方向如图 13-22 所示。已知力的大小为：$F_t=10\ 000$ N、$F_r=4\ 000$ N、$F_a=2\ 000$ N，轴的材料为 45 钢，调质处理，$\sigma_b=650$ MPa。试按许用弯曲应力法校核危险截面Ⅰ-Ⅰ及Ⅱ-Ⅱ是否安全。

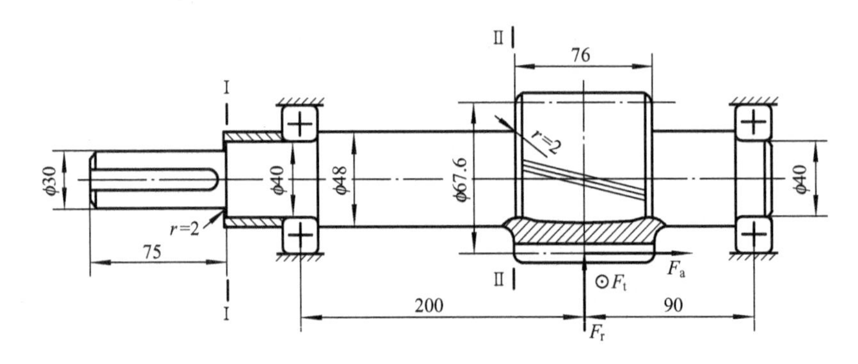

图 13-22

13-8 一钢制等直径传动轴，传递的转矩 $T=4\ 000$ N·m。已知轴的许用切应力$[\tau]=50$ MPa，切变模量 $G=8\times10^4$ MPa，轴的长度为 1 800 mm。要求轴每米长的扭转角 φ 不超过 0.5°，试求该轴的直径。

第14章　轴　　承

本章学习提要

根据轴承中摩擦性质的不同，轴承可分为滑动摩擦轴承和滚动摩擦轴承两大类。滑动轴承工作平稳、可靠，噪声较低，主要应用在高速、高精度、重载、结构上要求剖分等场合。滚动轴承具有摩擦阻力小、起动灵敏、效率高、润滑简便和易于互换等优点，应用十分广泛。

本章要点包括：①了解滑动轴承类型、结构、特点和主要失效形式；②轴瓦是滑动轴承中的重要零件，与轴直接接触构成滑动摩擦副。要求熟悉轴瓦的结构和材料，并能结合实际工作条件正确选用；③掌握非液体摩擦滑动轴承的设计计算；④了解几种常用滚动轴承的结构、类型和特点，熟悉滚动轴承代号的构成，能够根据实际工作条件正确选用滚动轴承；⑤掌握滚动轴承的寿命计算。难点是角接触轴承轴向载荷的计算，由于存在内部轴向力，需要格外重视；⑥正确进行轴承的组合设计，包括解决好轴承的润滑与密封、位置固定、配合关系、间隙调整和装拆等一系列问题。

本章重点是非液体摩擦滑动轴承的设计计算，滚动轴承代号及选择，滚动轴承的组合设计，滚动轴承的计算。

轴承的功用主要有两方面：一是支承轴及轴上零件，并保持轴的旋转精度；二是减少轴与支承之间的摩擦和磨损。根据轴承中摩擦性质的不同，轴承可分为滑动摩擦轴承（简称滑动轴承）和滚动摩擦轴承（简称滚动轴承）两大类。

14.1　滑动轴承概述

图14-1a为径向滑动轴承，它由轴承座1、下轴瓦2、上轴瓦3、轴承盖4和润滑装置5等组成。

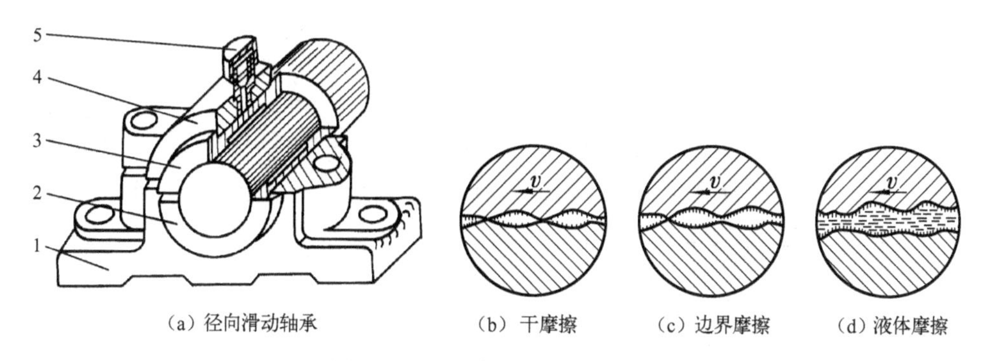

图14-1　滑动轴承及其摩擦状态

14.1.1 摩擦状态

按相对运动表面的润滑情况，摩擦可分为以下几种状态。

1. 干摩擦

两摩擦表面间不加任何润滑剂而直接接触的摩擦（见图14-1b）称为干摩擦。干摩擦的摩擦功损耗大，磨损严重，温升很高，会导致轴瓦烧毁。所以，在滑动轴承中不允许出现干摩擦状态。

2. 边界摩擦

两摩擦表面间有润滑油存在，由于润滑油能吸附在金属表面上形成一层极薄的油膜（厚度一般在0.1 μm以下），即边界油膜（见图14-1c）。因为边界油膜的厚度很小，不能将两金属表面完全分隔开，所以两金属表面相互运动时，表面间的微观峰顶仍将相互搓削，摩擦、磨损现象仍然存在。边界摩擦状态虽不能完全消除磨损，但能有效地减轻磨损，这种摩擦状态的摩擦因数f在0.1左右。

3. 液体摩擦

若两摩擦表面间有充足的润滑油，在一定的条件下，两摩擦表面间能形成足够厚的润滑油膜将两金属表面完全分隔开（见图14-3d），由于两金属表面不直接接触，因此，在作相对运动时，只需克服液体的内摩擦，所以摩擦因数很小$f=0.001\sim0.008$，这是一种理想的摩擦状态。

4. 混合摩擦

若摩擦表面间的摩擦状态介于边界摩擦和液体摩擦之间时，称为混合摩擦状态，或称为非液体摩擦状态。

在一般机器中多数滑动摩擦副处于非液体摩擦状态。这种摩擦状态能有效地降低摩擦，减轻磨损，所以，设计非液体摩擦轴承时，必须维持这种摩擦状态。对于高速、重载、高精度和重要机械设备上的轴承，应实现液体摩擦状态。无润滑的干摩擦状态必须避免。

14.1.2 滑动轴承的分类

滑动轴承的类型很多，按照承受载荷的方向不同，可分为径向滑动轴承（或称向心滑动轴承）和止推滑动轴承（或称推力滑动轴承）。径向滑动轴承主要用来承受径向载荷，止推滑动轴承只能承受轴向载荷。

根据滑动表面间润滑状态的不同，滑动轴承可分为液体润滑轴承和非液体润滑轴承。液体润滑轴承的滑动表面被压力油膜完全分隔开而不发生直接接触，可大大减少摩擦损失和表面磨损，且油膜具有一定的吸振能力。根据液体承载机理的不同，液体润滑轴承又可分为液体动压润滑轴承和液体静压润滑轴承。非液体润滑轴承的滑动表面间处于边界摩擦状态或混合摩擦状态，起动摩擦阻力较滚动轴承大得多。

本章滑动轴承部分主要讨论非液体润滑滑动轴承。

14.1.3 滑动轴承的特点和应用

滑动轴承工作平稳、可靠，噪声较滚动轴承低。在高速、高精度、重载、结构上要求剖分等场合下,滑动轴承显示出优异性能,因而在轧钢机、汽轮机、离心式压缩机、内燃机、机床等机器中多采用滑动轴承。此外,在低速或具有冲击的机器中,如水泥搅拌机、滚筒清砂机、破碎机等也常采用滑动轴承。

要正确设计滑动轴承,必须合理解决以下问题:①轴承的型式和结构设计;②轴瓦的结构和材料的选择;③轴承结构参数的确定;④润滑剂的选择和供应;⑤轴承的工作能力计算。

14.2　滑动轴承的典型结构

14.2.1　径向滑动轴承

1. 整体式径向滑动轴承

整体式径向滑动轴承的典型结构形式如图14-2所示。它由轴承座和由减摩材料制成的整体轴套组成。轴承座顶部设有安装润滑油杯的螺纹孔。在轴套上开有油孔,并在轴套的内表面上开有油槽以输送润滑油。

整体式径向滑动轴承结构简单、成本低廉,但轴套磨损后轴颈与轴套的间隙无法调整。由于这种轴承必须从轴端部装入或取出,装拆很不方便。因此,整体式径向滑动轴承一般用于低速、轻载或间歇工作的机器中。

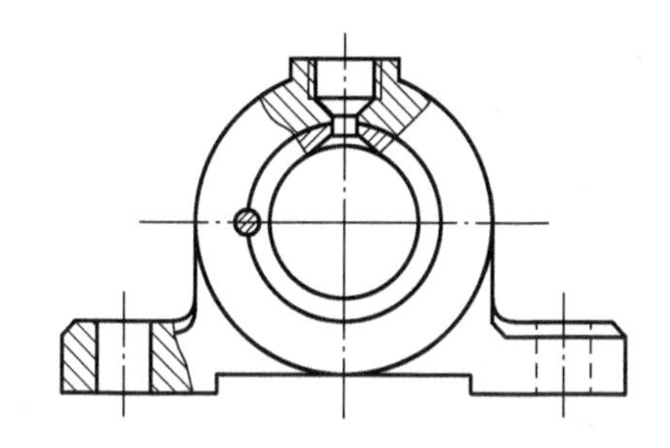
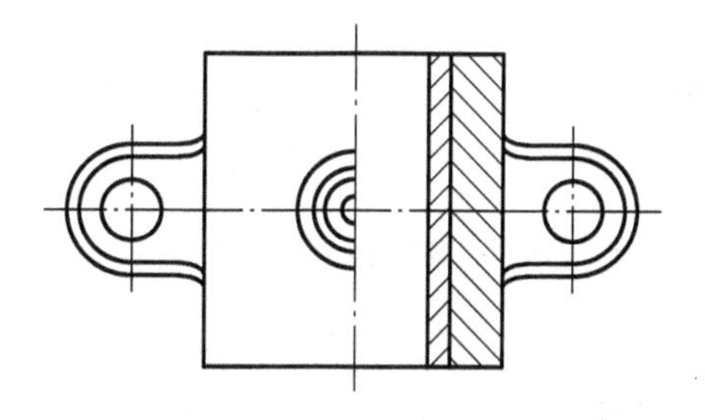

图14-2　整体式径向滑动轴承

2. 剖分式径向滑动轴承

剖分式径向滑动轴承的结构形式如图14-3所示。它由轴承盖、轴承座、剖分轴瓦和连接螺栓等组成。轴承盖顶部的螺纹孔用于安装润滑油杯。

轴承座和轴承盖的剖分面常做出止口,以便安装时进行定位、防止工作时错动。在剖分面间可装调整垫片,用以调整轴颈与轴瓦间因磨损而变化的间隙。

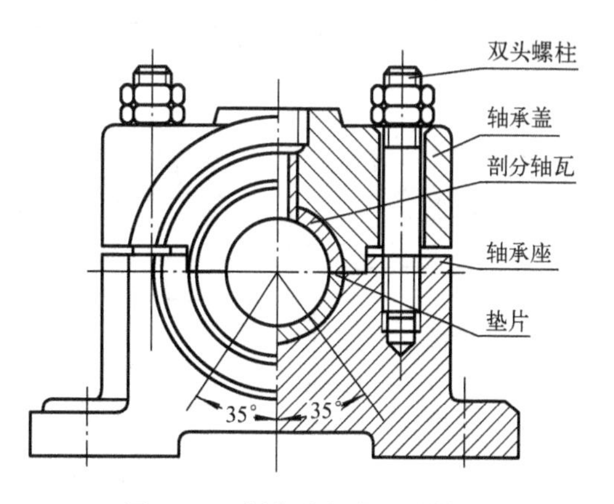

图14-3　剖分式径向滑动轴承

剖分式径向滑动轴承的优点是装拆和修理方便,轴瓦磨损后可通过减少垫片和修刮轴瓦内孔来调整间隙,因此使用比较广泛。缺点是结构较复杂。

当载荷垂直向下或略有偏斜时,轴承剖分面通常布置在水平方向。若载荷方向有较大偏斜时,则轴承剖分面应呈45°偏斜布置,如图14-4所示。

3. 调心式径向滑动轴承

当轴承宽度B与轴颈直径d的比值(即宽径比)$B/d>1.5$时,或轴弯曲变形、安装误差较大时,难以保证轴颈与轴承孔的轴心线重合,造成载荷集中,轴承很快磨损,降低了使用寿命。为此,可使用图14-5所示的调心式径向滑动轴承。

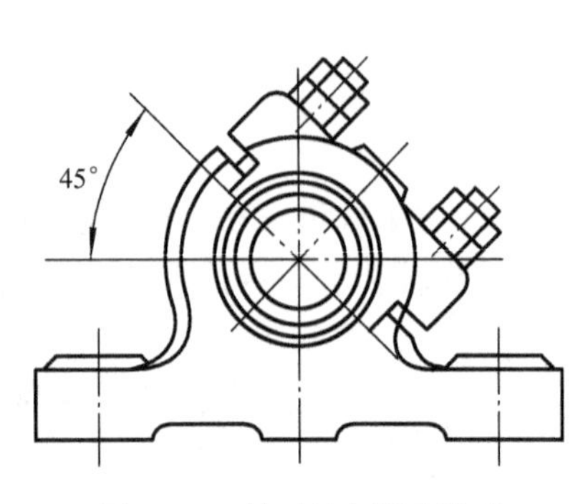

图14-4　斜开径向滑动轴承

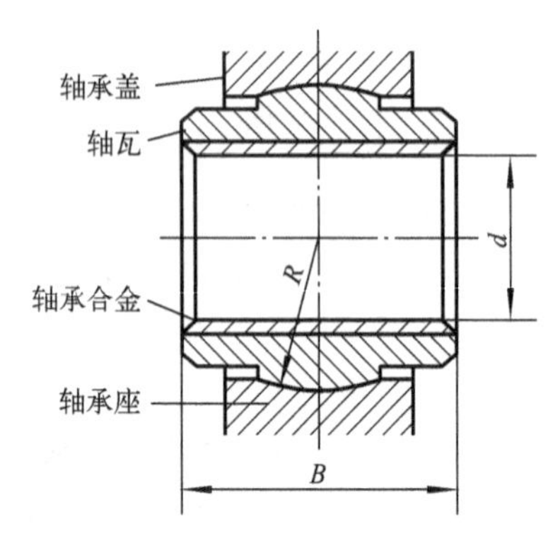

图14-5　调心式径向滑动轴承

调心式径向滑动轴承又称自位轴承。它的轴瓦外表面做成球面形状,与轴承盖及轴承座的球形内表面相配合,球面中心位于轴颈轴线上,轴瓦可自动调位,以适应轴颈的偏斜。调心式径向滑动轴承主要用于支承挠度较大或多支点的长轴,必须成对使用。

14.2.2 止推滑动轴承

止推滑动轴承由轴承座和止推轴颈组成。止推滑动轴承常用的结构形式有实心式、空心式、单环式和多环式,如图14-6所示。实心式一般不采用,因为离轴线越远相对速度越大,磨损也越快,易造成轴线中心附近的压力过大。为了避免发生这种现象常设计如图14-6b所示的空心式结构。单环式利用轴颈的环形端面止推,结构简单,广泛应用于低速、轻载的场合。多环式不仅能承受较大的单向轴向载荷,有时还可以承受双向的轴向载荷。

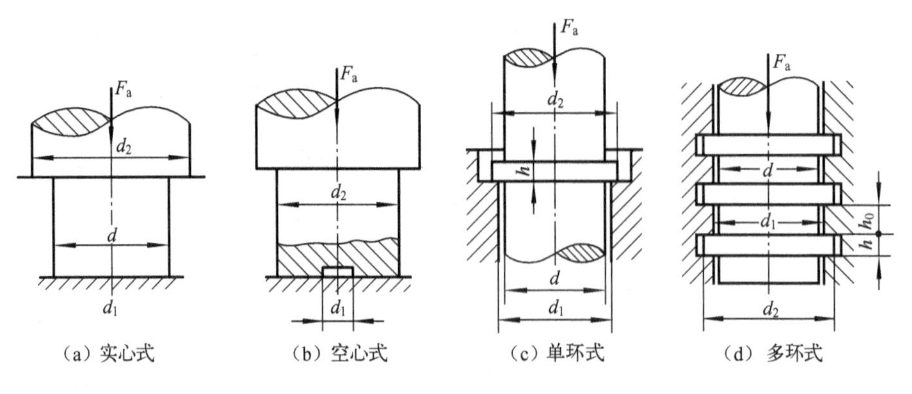

图14-6　止推滑动轴承

14.3 轴 瓦

轴瓦是滑动轴承中的重要零件，其工作表面既是承载表面，又是摩擦表面。因此，轴瓦的材料选取是否适当以及结构是否合理，对滑动轴承的性能将产生很大的影响。

14.3.1 轴瓦结构

轴瓦直接与轴颈接触，它的结构形式对轴承的承载能力有很大影响。轴瓦应具有一定的强度和刚度，在轴承中应定位可靠，便于输入润滑剂，容易散热，方便装拆、调整和更换等。

常用的轴瓦有整体式和剖分式两种结构。整体式轴瓦按材料和制法可分为整体轴套（见图14-7a）、单层或多层材料卷制轴套（见图14-7b）、双金属轴套和粉末冶金轴套等。

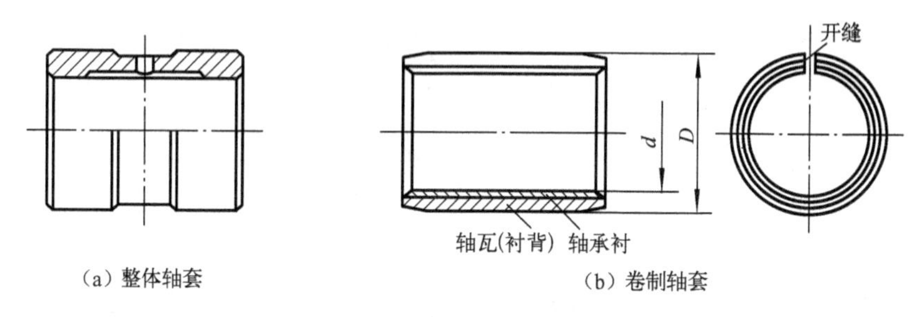

图14-7 整体式轴瓦

剖分式轴瓦有厚壁轴瓦（见图14-8）和薄壁轴瓦（见图14-9）之分。厚壁轴瓦用铸造方法制造，内表面可衬有轴承衬，常将轴承合金用离心铸造法浇注在铸铁、钢或青铜轴瓦的内表面上。为使轴承合金与轴瓦贴附好，常在轴瓦内表面制出各种形式的榫头、凹沟或螺纹。

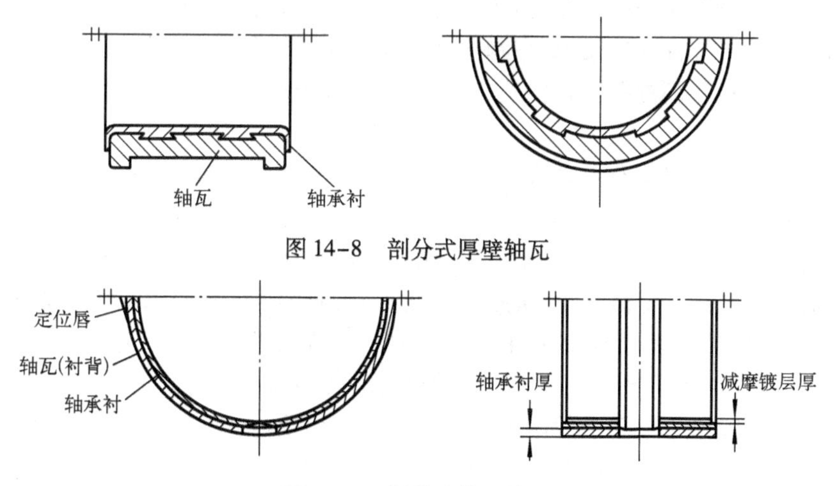

图14-8 剖分式厚壁轴瓦

图14-9 剖分式薄壁轴瓦

薄壁轴瓦可采用轧制或浇结法制造。在钢背上用轧制或金属粉末烧结的方法，使轴瓦材料贴附在钢背上，然后经冲裁、弯曲成形及精加工等工序制成（见图14-9）。薄壁轴瓦适用于大批量生产，在汽车发动机上广泛应用。

为了使润滑油能流到轴承的整个工作面,一般都在轴瓦上开设油孔、油槽和油室。图 14-10 为常见的几种油孔和油槽,油孔用来供应润滑油,油槽用来输送和分布润滑油。

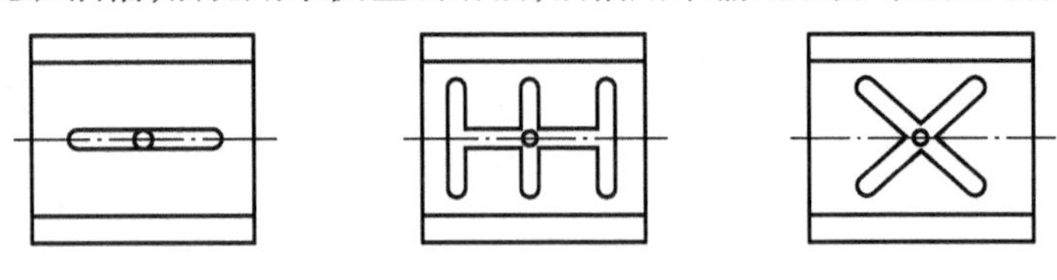

图 14-10 油孔和油槽

如图 14-11 所示的轴瓦油室结构,可使润滑油沿轴向均匀分布,并起着贮油和稳定供油的作用。轴向油槽不应开通,其长度可为轴瓦宽度的 80%,以防止润滑油从端部大量流失。轴向油槽也可开在轴瓦剖分面上。

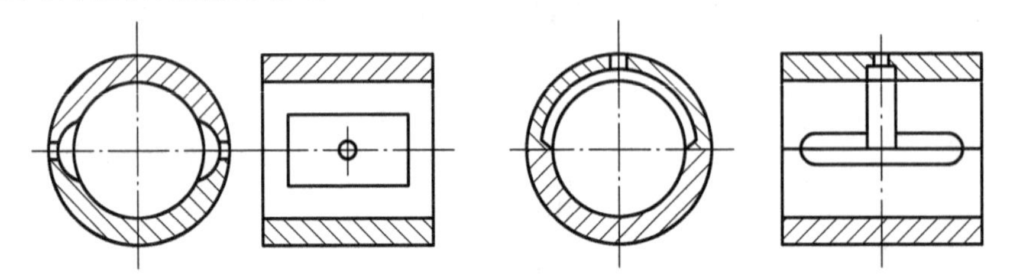

图 14-11 油室

宽径比 B/d 是径向滑动轴承的重要参数之一。对于液体摩擦的滑动轴承,常取 $B/d=0.5\sim1$;对于非液体摩擦的滑动轴承,常取 $B/d=0.8\sim1.5$,有时可以更大些。

14.3.2 轴瓦材料

轴瓦常见的失效形式是:磨粒磨损、刮伤、咬粘(胶合)、疲劳剥落和腐蚀等。

根据轴瓦的失效形式分析,要求轴瓦材料具备下述性能:①要有足够的机械强度;②导热性好,抗胶合能力强;③良好的减摩性和耐磨性;④良好的可塑性、顺应性和嵌入性。

常用的轴承材料(又称摩擦材料)有金属材料、多孔质金属材料和非金属材料。

1. 金属材料

轴承合金:轴承合金(又称白合金、巴氏合金)是在软基体金属(如锡、铅)中适量加入硬质合金颗粒(如锑或铜)而形成。软基体具有良好的跑合性、嵌入性和顺应性,而硬金属颗粒则起到支承载荷、抵抗磨损的作用。按基体材料的不同,可分为锡锑轴承合金和铅锑轴承合金两大类。锡锑轴承合金的摩擦因数小,抗胶合性能良好,对油的吸附性强,耐腐蚀,易跑合,是优良的轴承材料,常用于高速、重载的轴承。但其价格较高且机械强度较差,因此作为轴承衬材料而浇铸在钢、铸铁或青铜轴瓦上。铅锑轴承合金的各种性能与锡锑轴承合金接近,但材料较脆,不宜承受较大的冲击载荷,一般用于中速、中载的轴承。

铜合金:它是铜与锡、铅、锌、铝的合金,是广泛使用的轴承材料。铜合金分青铜和黄铜两类,其中青铜最为常用。青铜强度高、耐磨性和导热性好,但可塑性及跑合性较差,因此与之相配的轴颈必须淬硬。青铜可以单独做成轴瓦,但为了节省有色金属,也可将青铜浇铸在钢或铸铁轴瓦内壁上。青铜有锡青铜、铅青铜和铝青铜等几种,其中锡青铜的减摩性、耐磨性和抗腐蚀性能好,适用于中速、重载轴承。铅青铜具有较高的抗胶合能力和冲击强度,适用于高速、重载轴承。铝青铜的强度和硬度都较高,适用于低速、重载轴承。黄铜的减磨性低于青铜,但具有优良的铸造及加工工艺性,且价格低廉,可用于低速、中载轴承。

铸铁:包括普通灰铸铁、耐磨铸铁和球墨铸铁,铸铁具有一定的减摩性和耐磨性,价格低廉,易于加工;但塑性、顺应性、嵌入性差,故适用于轻载、低速和不受冲击的场合。

2. 多孔质金属材料

多孔质金属材料制成的轴承又称含油轴承,它具有自润滑作用。这种材料是用铜、铁、石墨等粉末压制、烧结而成,材料呈多孔结构,轴承工作前经热油浸泡,使孔隙内充满润滑油。工作时由于热膨胀以及轴颈转动的抽吸作用,使油自动进入润滑表面;不工作时因毛细管作用,油被吸回轴承内部,因此在较长时间内,轴承不加润滑油也能很好地工作。常用的多孔质金属材料有铁基和铜基两种,具有成本低、含油量多和强度高等特性。近年来又发展了铝基粉末冶金材料,它具有质量轻、温升小和寿命长等优点。这种材料适用于不便加油、无冲击、中低速的场合。

3. 非金属材料

非金属材料主要有塑料、石墨、陶瓷、木材和橡胶等。在家电、轻工及工作条件恶劣的机械中应用较广泛。

塑料具有质量轻、强度高、摩擦因数小,抗振和抗咬合性能好,低速轻载时能在无润滑的条件下工作;缺点是导热性和耐热性差,热膨胀系数大,使用时需要考虑散热,并留有足够的轴承间隙。塑料的强度和屈服极限低,承受载荷不宜过大。

橡胶轴承是用硬化橡胶制成,材料柔软、具有弹性,能有效地隔振和降低噪声。其缺点是导热性差,温度高时易老化。橡胶轴承常用于有振动的机器,也用于潜水泵、砂石清洗机、钻机等有泥沙的场合。

表 14-1 中给出了常用轴瓦及轴承衬材料的[p]、[pv]、[v]等性能数据。

表 14-1 常用轴瓦及轴承衬材料的性能

材 料	牌 号		许用值 [p] /MPa	许用值 [v] /($m \cdot s^{-1}$)	许用值 [pv] /($MPa \cdot m \cdot s^{-1}$)	最高工作温度 ℃	轴颈硬度或热处理 HBW	特性及用途
铸造青铜	ZCuSn10P1		15	10	15	280	300～400	用于重载、中速高温及冲击条件下
	ZCuSn5Pb5Zn5		8	3	15	280	300～400	用于中速、中等载荷条件下
	ZCuAl10Fe3		15	4	12	280	淬火、磨光	用于承受冲击载荷处
铸造黄铜	ZCuZn16Si4		12	2	10	200	200	用于低速、中等载荷下的轴承
	ZCuZn38Mn2Pb2		10	1	10			
锡锑轴承合金	ZSnSb11Cu 6 ZSnSb8Cu4	平稳载荷	25	80	20	150	130～170	用于高速重载的重要轴承,变载荷下易疲劳,价贵
		冲击载荷	20	60	15			
铅锑轴承合金	ZPbSb16Sn16Cu2		15	12	10	150	130～170	用于中速、中载轴承,不宜受显著的冲击载荷,可做锡锑轴承合金代用品
	ZPbSb15Sn5Cu3Cd2		5	6	5			
	ZPbSb15Sn10		20	15	15			
灰铸铁	HT150		4	0.5	—	—	—	用于低速、不受冲击的轻载轴承
	HT200		2	1				
	HT250		1	2				

14.4 滑动轴承的润滑

润滑的目的主要是降低摩擦功耗，减小磨损，同时还起到冷却、吸振、防锈和密封等作用。润滑对轴承的工作能力和使用寿命影响很大。因此，必须合理选择润滑剂及润滑装置。

14.4.1 润滑剂

轴承常用的润滑剂有润滑油、润滑脂和固体润滑剂等。润滑油的润滑性能好，应用广泛。润滑脂具有不易流失等优点，应用也较广泛。固体润滑剂一般在特殊场合下使用，目前正在逐步扩大应用范围。

1. 润滑油

润滑油是滑动轴承中应用最广的润滑剂。

润滑油最重要的物理性能是粘度，它表示润滑油流动时内部摩擦阻力的大小。粘度的大小可用动力粘度、运动粘度和相对粘度来表示。粘度越大，润滑油内摩擦阻力越大，油越粘稠，流动性越差。其次是油性，它指润滑油附着在接触表面的能力。油性越大，吸附力越强。

选用润滑油时，需要考虑速度、载荷和工作情况。一般来说，对于转速低、载荷大、温度高的轴承宜选粘度大的油；反之，宜选粘度较小的油。

机械中常用润滑油的性能见表14-2。

表14-2 滑动轴承润滑油的选择（不完全液体润滑，工作温度<60℃）

轴颈圆周速度v/(m/s)	平均压力$p<3$ MPa	轴颈圆周速度v/(m·s^{-1})	平均压力$p=(3\sim7.5)$MPa
<0.1	L—AN68、100、150	<0.1	L—AN150
0.1～0.3	L—AN68、100	0.1～0.3	L—AN100、150
0.3～2.5	L—AN46、68	0.3～0.6	L—AN100
2.5～5.0	L—AN32、46	0.6～1.2	L—AN68、100
5.0～9.0	L—AN15、22、32	1.2～2.0	L—AN68
>9.0	L—AN7、10、15		

注：表中润滑油是以40℃时运动粘度为基础的牌号。

2. 润滑脂

润滑脂是由润滑油和各种稠化剂（如钙、钠、铝、锂等金属皂）混合稠化而成。润滑脂密封简单，不需经常加添，不易流失。润滑脂对载荷和速度的变化有较大的适应范围，受温度的影响不大，但摩擦损耗较大，机械效率较低，故不宜用于高速场合。在重载、低速或带有冲击的条件下，可使用润滑脂。

目前使用最多的是钙基润滑脂，它有耐水性，常用于60℃以下的各种机械设备中轴承的润滑。钠基润滑脂可用于115～145℃以下，但不耐水。锂基润滑脂性能优良，耐水，且可在-20～150℃范围内广泛适用，可以代替钙基、钠基润滑脂。润滑脂可参考表14-3选择。

表 14-3　滑动轴承润滑脂的选择

压力 p/MPa	轴颈圆周速度 v/(m/s)	最高工作温度/℃	选用的牌号
≤1.0	≤1	75	3 号钙基脂
1.0～6.5	0.5～5	55	2 号钙基脂
≥6.5	≤0.5	75	3 号钙基脂
≤6.5	0.5～5	120	2 号钠基脂
>6.5	≤0.5	110	1 号钙钠基脂
1.0～6.5	≤1	-50～100	锂基脂
>6.5	0.5	60	2 号压延机脂

3. 固体润滑剂

固体润滑剂有石墨、二硫化钼(MoS2)、聚氟乙烯树脂等多个品种。一般在超出润滑油使用范围之外才考虑使用,例如在高温介质中,或在低速重载条件下。目前其应用已逐渐广泛,例如可将固体润滑剂调和在润滑油中使用,也可以涂覆、烧结在摩擦表面形成覆盖膜,或者用固结成型的固体润滑剂嵌装在轴承中使用,或者混入金属或塑料粉末中烧结成型。

石墨性能稳定,在350℃以上才开始氧化,并可在水中工作。聚氟乙烯树脂摩擦因数低,只有石墨的一半。二硫化钼与金属表面吸附性强,摩擦因数低,使用温度范围也较广(-60～300℃),但遇水则性能下降。

14.4.2　润滑方法和润滑装置

为了获得良好的润滑效果,需要正确地选择润滑方法和相应的润滑装置。轴承的润滑有手工供给(油、脂)和连续供给(油、脂)两种。

手工润滑是用油枪向油杯注入润滑油(脂),它只能间歇、定时供给,适用于低速、轻载和不重要场合。常用油杯如图 14-12 所示。

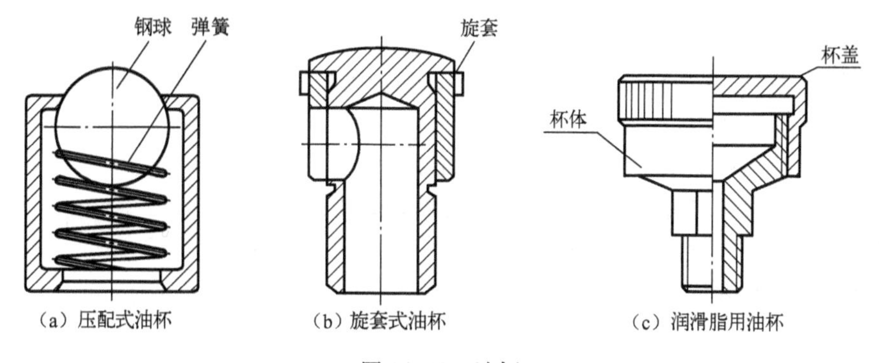

图 14-12　油杯

连续供给(油、脂)则润滑充分、可靠,有的还能调节供油量,常用连续润滑的装置有:

(1)滴油润滑　润滑油通过润滑装置连续滴入轴承间隙中进行润滑。常用的润滑装置有油芯式油杯(见图 14-13)和针阀式油杯(见图 14-14)。

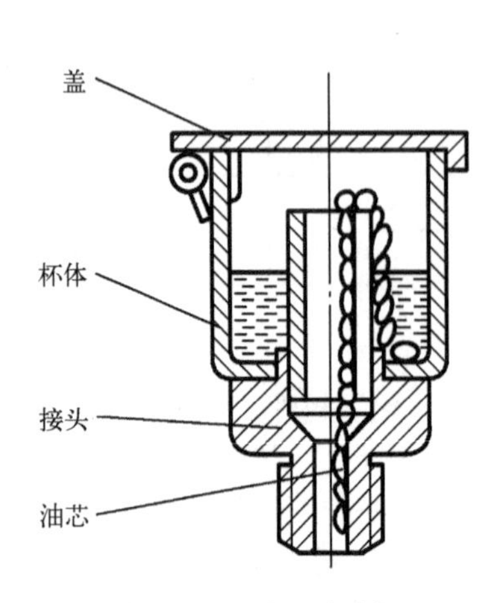

图 14-13　油芯式油杯

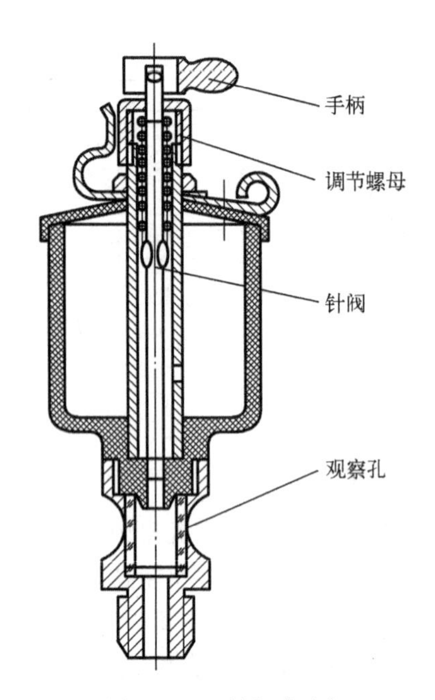

图 14-14　针阀式油杯

油芯式油杯(见图 14-13)是利用棉线的毛细管作用,将油从油杯中不断吸入轴承。这种油杯结构简单,但供油量不能调节,机器停止后仍继续供油。

针阀式油杯(见图 14-14)是一种常用的润滑装置,当手柄直立时针阀被提起,底部油孔打开,油杯中的油流进轴承。调节螺母可控制针阀提升的高度,从而调节供油量。

(2) 油环润滑(见图 14-15)是在轴颈上套一油环,利用摩擦力带动油环旋转,从而把油带入轴承。油环润滑适用于轴颈速度为 1 ～ 10 m/s 的水平轴。油环润滑常用于大型电机的滑动轴承中。

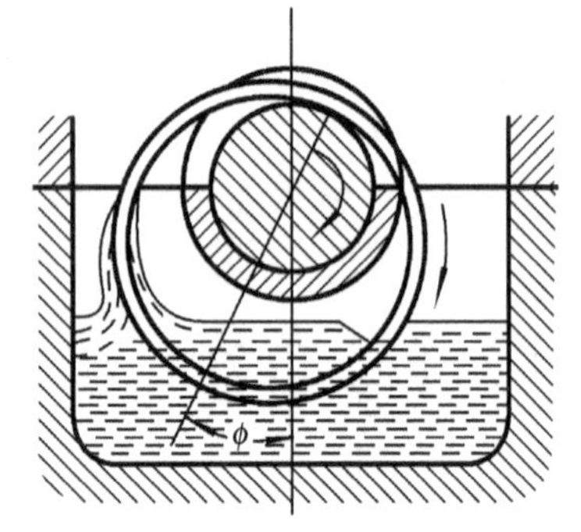

图 14-15　油环润滑

(3) 飞溅润滑利用转动的浸入油池适当深度的零件,使油飞溅到摩擦表面上,或在轴承座上制有油沟,以便聚集飞溅的油流入摩擦面。适用于中速轴承。

(4) 压力润滑利用油泵供油系统将高压油供到润滑部位,可同时多点供油,润滑可靠,供油充分,且能调节供油量,用于高速重载轴承。但设备复杂,成本高。

滑动轴承的润滑方法可根据系数 k 选取。

$$k = \sqrt{pv^3} \tag{14-1}$$

式中　p——为平均压力,MPa;

　　　v——轴颈线速度,m/s。

当 $k \leqslant 2$ 时,选用润滑脂,油杯润滑;$k = 2 \sim 16$ 时,选用针阀式油杯润滑;$k = 16 \sim 32$ 时,选用油环润滑;$k > 32$ 时,选用压力循环润滑。

14.5 非液体摩擦滑动轴承的计算

非液体摩擦滑动轴承的主要失效形式为过度磨损和胶合,维持边界油膜不遭破裂,是非液体摩擦滑动轴承的设计准则。由于影响边界油膜破裂的因素很复杂,目前尚缺乏可靠的计算方法,因此,通常采用条件性的计算方法。

14.5.1 径向滑动轴承

1. 轴承的平均压力 p

限制轴承平均压力 p,以保证润滑油不被过大压力挤出,避免轴瓦产生过度的磨损,即

$$p=\frac{F}{Bd}\leqslant[p] \tag{14-2}$$

式中 F——轴承承受的径向载荷,N;

B——轴瓦宽度,mm;

d——轴颈直径,mm;

$[p]$——轴瓦材料的许用压力,MPa,见表14-1。

2. 轴承的 pv 值

pv 值与摩擦功率损耗成正比,它表征轴承的发热因素。pv 值越高,轴承温升越大,容易引起边界油膜的破裂。

$$pv=\frac{F}{Bd}\cdot\frac{\pi dn}{60\times1\,000}\leqslant[pv] \tag{14-3}$$

式中 n——轴承的转速,r/min;

$[pv]$——轴瓦材料的许用值,见表14-1,MPa · m/s。

3. 轴承的速度 v

为防止轴承因 v 过大而出现加速磨损,有时需校核 v,即

$$v\leqslant[v] \tag{14-4}$$

式中 $[v]$——轴瓦材料许用线速度,m/s,见表14-1。

14.5.2 止推滑动轴承

止推滑动轴承应满足

1. 轴承的平均压力 p

$$p=\frac{F}{\frac{\pi}{4}(d_2^2-d_1^2)z}\leqslant[p] \tag{14-5}$$

2. 轴承的 pv 值

$$pv_{\mathrm{m}}\leqslant[pv] \tag{14-6}$$

式中 F——轴承承受的轴向载荷,N;

v_{m}——轴环的平均速度,m/s,$v_{\mathrm{m}}=\frac{\pi d_{\mathrm{m}}n}{60\times1\,000}$, d_{m}为平均直径,mm, $d_{\mathrm{m}}=\frac{d_1+d_2}{2}$;

z——轴环数。

止推滑动轴承的[p]和[pv]值由表 14-1 查取。对于多环止推轴承(见图 14-6d),由于制造和装配误差使各支承面上所受的载荷不相等,[p]和[pv]值应减小 20% ～ 40% 。

例 14-1 试按非液体摩擦状态设计一径向滑动轴承。已知该轴承承受的径向载荷为 $F = 18$ kN,轴颈转速为 80 r/min,轴颈直径 $d = 50$ mm。

解:(1)取宽径比 $B/d = 1.2$,则

$$B = 1.2 \times 50\ \text{mm} = 60\ \text{mm}$$

(2) 计算压力 p

$$p = \frac{F}{Bd} = \frac{18\ 000}{60 \times 50} = 6\ \text{MPa}$$

(3) 计算 pv

$$pv = \frac{F}{Bd} \cdot \frac{\pi dn}{60 \times 1\ 000} = \frac{18\ 000}{60 \times 50} \cdot \frac{\pi \times 50 \times 80}{60 \times 1\ 000} = 1.26\ \text{MPa} \cdot \text{m/s}$$

(4) 计算速度 v

$$v = \frac{\pi dn}{60 \times 1\ 000} = \frac{\pi \times 50 \times 80}{60 \times 1\ 000} = 0.21\ \text{m/s}$$

根据上述计算和表 14-1 可知,选用铸锡青铜(ZCuSn5Pb5Zn5)作为该轴承的轴瓦材料是足够的,其[p] = 8 MPa,[pv] = 15 MPa · m/s,[v] = 3 m/s。

(5) 选取润滑剂和润滑方法

$$k = \sqrt{pv^3} = \sqrt{6 \times 0.21^3} = 0.24 < 2$$

根据表 14-3 选用 2 号钙基脂,采用润滑脂用油杯润滑。

14.6 滚动轴承的类型、特点和选择

与滑动轴承相比,滚动轴承具有摩擦阻力小、起动灵敏、效率高、润滑简便和易于互换等优点,所以获得广泛应用。它的缺点是抗冲击能力较差,高速时噪声较大,工作寿命也不及液体摩擦滑动轴承。

滚动轴承是标准件,由专门的轴承厂成批生产。设计人员的任务主要是根据工作条件选用合适的类型和型号并进行组合结构设计。

14.6.1 滚动轴承的构造

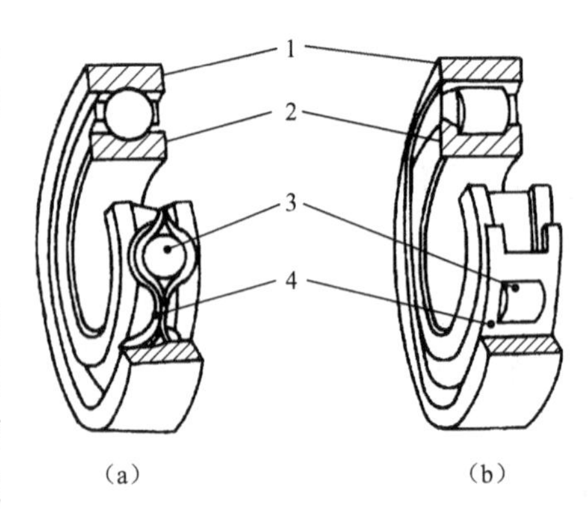

图 14-16 滚动轴承的组成
1—外圈;2—内圈;3—滚动体;4—保持架

如图 14-16 所示,滚动轴承一般是由外圈 1、内圈 2、滚动体 3 和保持架 4 组成。内圈装在轴上,外圈装在机座或零件的轴承孔内。内圈和外圈上都有凹槽滚道,当内、外圈相对旋转时,滚动体将沿着滚道滚动。滚动体是滚动轴承中的核心元件,它使相对运动表面间的滑动摩擦变为滚动摩擦。保持架的作用是

把滚动体均匀地隔开并减少滚动体之间的摩擦和磨损。

滚动体与内、外圈的材料应具有高的硬度和接触疲劳强度、良好的耐磨性和冲击韧性。一般用含铬合金钢制造,经热处理后硬度可达61 ～ 65HRC,工作表面须经磨削和抛光。保持架一般用低碳钢板冲压制成,高速轴承的保持架多采用有色金属或塑料。

14.6.2 滚动轴承的类型、特点和选择

滚动轴承通常按其承受载荷的方向(或接触角)和滚动体的形状分类。

滚动体与外圈接触处的法线与垂直于轴承轴心线的平面之间的夹角称为公称接触角,简称接触角,常用 α 表示。接触角 α 是滚动轴承的一个主要参数,轴承的受力分析和承载能力等都与之有关。接触角 α 越大,轴承承受轴向载荷的能力也越大。表14-4列出各类轴承的公称接触角。

表14-4 各类轴承的公称接触角

轴承类型	向心轴承		推力轴承	
	径向接触	角接触	角接触	轴向接触
公称接触角	$\alpha=0°$	$0°<\alpha<45°$	$45°<\alpha<90°$	$\alpha=90°$
		α	α	α
承载方向	主要承受径向载荷		主要承受轴向载荷	
	只能承受径向载荷或较小轴向载荷	能同时承受径向载荷和轴向载荷	能同时承受径向载荷和轴向载荷	只能承受轴向载荷

按照承受载荷的方向或公称接触角的不同,滚动轴承可分为:(1)径向轴承,主要用于承受径向载荷,其 α 从0°到45°;(2)推力轴承,主要用于承受轴向载荷,其 α 从45°到90°。

按照滚动体形状,滚动轴承可分为球轴承和滚子轴承。滚子又可分为圆柱滚子、圆锥滚子、球面滚子和滚针等(见图14-17)。

常用滚动轴承的类型和性能特点,见表14-5。

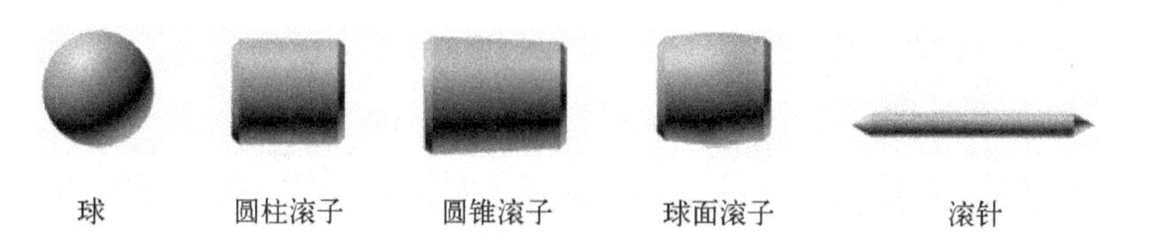

图14-17 滚子的类型

表 14-5 常用滚动轴承的类型和性能特点

轴承名称、类型代号	结构简图、承载方向	极限转速	允许角偏差	主要特性和应用
调心球轴承 10 000	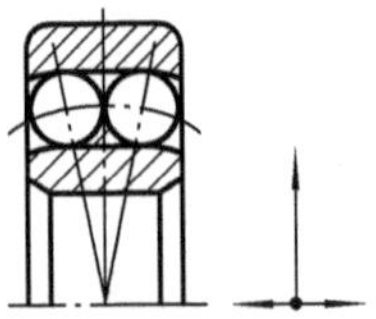	中	2°～3°	主要承受径向载荷,同时也能承受少量轴向载荷。因为外滚道表面是以轴承中点为中心的球面,故能调心
调心滚子轴承 20 000C	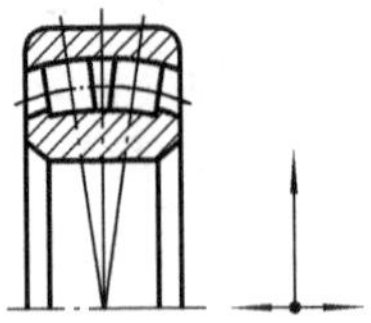	低	0.5°～2° 比 10 000 小	能承受较大的径向载荷和少量轴向载荷。承载能力大,具有调心性能
圆锥滚子轴承 30 000	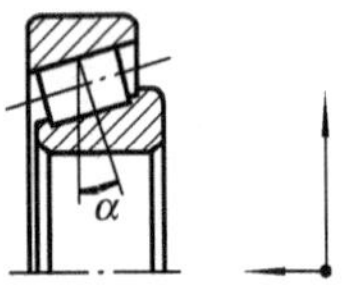 α	中	2′	能同时承受较大的径向、轴向联合载荷。因线接触,承载能力大,内外圈可分离,装拆方便,一般成对使用
推力球轴承 51 000	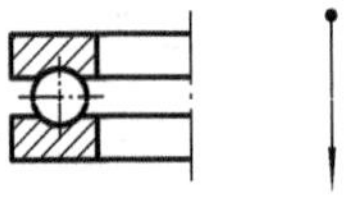	低	不允许	只能承受轴向载荷,且作用线必须与轴线重合。分为单、双向两种。高速时,因滚动体离心力大,球与保持架摩擦发热严重,寿命较低,可用于轴向载荷大、转速不高之处
双向推力球轴承 52 000	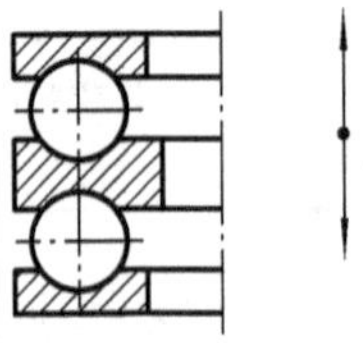	低	不允许	只能承受轴向载荷,且作用线必须与轴线重合。分为单、双向两种。高速时,因滚动体离心力大,球与保持架摩擦发热严重,寿命较低,可用于轴向载荷大、转速不高之处
深沟球轴承 60 000	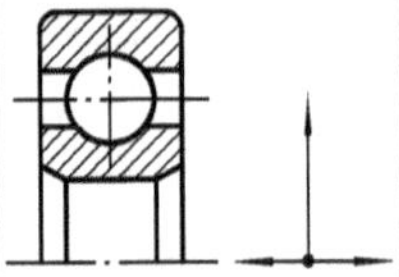	高	8′～16′	主要承受径向载荷,也可同时承受小的轴向载荷。当量摩擦系数最小。极限转速高,高速时可用来承受轴向载荷。大批量生产,价格最低
角接触球轴承 70 000C($\alpha=15°$) 70 000AC($\alpha=25°$) 70 000B($\alpha=40°$)	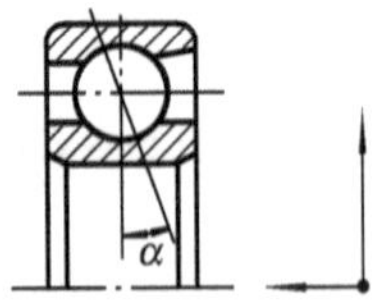 α	较高	2′～10′	能同时承受较大的径向载荷及轴向载荷。能在高转速下工作。α 大,承受轴向载荷的能力越大,α 角有三种。一般成对使用
推力圆注 滚子轴承 80 000	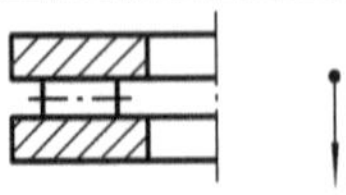	低	不允许	能承受很大的单向轴向载荷,但不能承受径向载荷

续表

轴承名称、类型代号	结构简图、承载方向	极限转速	允许角偏差	主要特性和应用
圆柱滚子轴承 N0000		较高	2′~4′	可分离,不能承受轴向载荷,能承受较大的径向载荷。因线性接触内外圈轴线允许的相对偏转很小。除内圈无挡边(NU)结构外,还有外圈单挡边(NF)等型式
滚针轴承 (a) NA0000 (b) RNA0000	(a) (b)	低	不允许	内外圈可分离,只能承受径向载荷。承载能力大,径向尺寸小。一般无保持架,因滚针间有摩擦,摩擦系数大,极限转速低

现将各类滚动轴承的性能特点和选择说明如下:

1. 承载能力

在同样外形尺寸下,滚子轴承的承载能力约为球轴承的1.5～3倍。所以,在载荷较大或有冲击载荷时宜采用滚子轴承。但当轴承内径$d\leqslant 20$ mm时,滚子轴承和球轴承的承载能力相差不多,而球轴承的价格一般低于滚子轴承,可优先选用球轴承。

角接触轴承可以同时承受径向载荷和轴向载荷,当$0°<\alpha<45°$时,以承受径向载荷为主,当$45°<\alpha<90°$时,以承受轴向载荷为主;推力轴承($\alpha=90°$)只能承受轴向载荷;径向轴承($\alpha=0°$)当以滚子为滚动体时,只能承受径向载荷,当以球为滚动体时,因内外滚道为较深的沟槽,除主要承受径向载荷外,也能承受较小的双向轴向载荷。尤其是深沟球轴承,由于结构简单,价格便宜,应用最为广泛。

2. 极限转速

滚动轴承转速过高会使摩擦面间产生高温,润滑失效,从而导致滚动体回火或胶合破坏。滚动轴承在一定载荷和润滑条件下,允许的最高转速称为极限转速,其具体数值见有关手册。各类轴承极限转速的比较,见表14-5。

球轴承比滚子轴承具有较高的极限转速和旋转精度,高速时应优先选用球轴承。如果轴承极限转速不能满足要求,可采取提高轴承精度、适当加大间隙、改善润滑和冷却条件等措施来提高极限转速。

3. 角偏差

轴承由于安装误差或轴的变形等都会引起内外圈中心线发生相对倾斜,其倾斜角θ称为角偏差,如图14-18所示。角偏差较大时会影响轴承正常运转,故在这种场合应采用调心轴承。调心轴承(见图14-18)的外圈滚道表面是球面,能自动补偿两滚道轴心线的角偏差,从而保证轴承正常工作。滚针轴承对轴线偏斜最为敏感,应尽可能避免在轴线有偏斜的情况下使用。各类轴承的允许角偏差见表14-5。

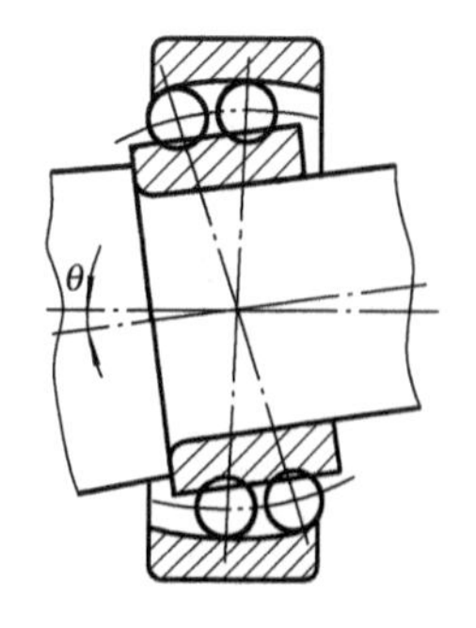

图14-18 调心轴承

4. 经济性

球轴承比滚子轴承价格低。基本型轴承比派生型轴承(如带止动槽、密封圈或防尘盖的轴承)价格低。同型号轴承,精度高一级价格将急剧增加。故在满足使用功能的前提下,应尽量使用精度低、价格低的轴承。

此外,为便于安装拆卸和调整间隙,常选用内、外圈可分离的轴承(如圆锥滚子轴承)。

14.6.3 滚动轴承的代号

滚动轴承的类型很多,而各类轴承又有不同的结构、尺寸、公差等级和技术要求,为便于组织生产和选用,规定了滚动轴承的代号。根据国家标准,滚动轴承的代号由基本代号、前置代号和后置代号三部分构成,其中基本代号是轴承代号的核心。滚动轴承代号的排列顺序见表 14-6。

表 14-6 滚动轴承代号的排列顺序

<table>
<tr><th>前置代号</th><th colspan="5">基本代号</th><th>后置代号</th></tr>
<tr><td rowspan="3">□
成套轴承分部件代号</td><td rowspan="3">×
(□)
类型代号</td><td>×</td><td>×</td><td>×</td><td>×</td><td rowspan="3">□或加 ×</td></tr>
<tr><td colspan="2">尺寸系列代号</td><td colspan="2" rowspan="2">内径代号</td></tr>
<tr><td>宽(高)度系列代号</td><td>直径系列代号</td></tr>
</table>

注:□代表字母;×代表数字。

(1) 基本代号　表示轴承的基本类型、结构和尺寸,是轴承代号的基础。滚动轴承的基本代号由轴承类型代号、尺寸系列代号和内径代号构成,见表 14-6。

基本代号左起第一位为类型代号,用数字或字母表示,见表 14-6 第二列。若代号为“0”(双列角接触球轴承)则可省略。尺寸系列代号由轴承的宽(高)度系列代号(基本代号左起第二位)和直径系列代号(基本代号左起第三位)组合而成。径向轴承和推力轴承的常用尺寸系列代号如表 14-7 所示。

表 14-7 尺寸系列代号

<table>
<tr><th>代号</th><th>7</th><th>8</th><th>9</th><th>0</th><th>1</th><th>2</th><th>3</th><th>4</th><th>5</th><th>6</th></tr>
<tr><td>宽(高)度系列</td><td>—</td><td>较窄</td><td>—</td><td>窄</td><td>正常</td><td>宽</td><td colspan="4">特宽</td></tr>
<tr><td>直径系列</td><td>超特轻</td><td colspan="2">超轻</td><td colspan="2">特轻</td><td>轻</td><td>中</td><td>重</td><td colspan="2">—</td></tr>
</table>

注:1. 宽度系列为 0 时,不标出(调心滚子轴承和圆锥滚子轴承除外);个别类型宽度系列代号为 1、2 可省略。
2. 特轻、轻、中、重为旧标准相应直径系列的名称;窄、正常、宽为旧标准相应宽(高)度系列的名称。

如图 14-19 所示为内径相同而直径系列不同的四种轴承对比,外廓尺寸大则承载能力强。

内径代号(基本代号左起第四、五位数字)表示轴承公称内径尺寸,按表 14-8 的规定标注。

表 14-8 轴承的内径尺寸代号

内径尺寸代号	00	01	02	03	04～99
内径尺寸/mm	10	12	15	17	数字×5

注:内径小于 10 mm 和大于 495 mm 的轴承的内径尺寸代号另有规定。

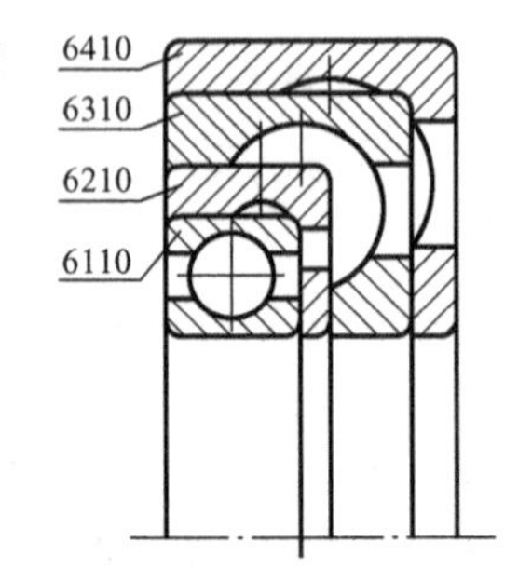

图 14-19 内径相同、直径系列不同的轴承对比

(2) 前置代号　表示成套轴承的分部件,常用字母表示。如 L 表示可分离轴承的可分离套圈;K 表示轴承的滚动体与保持架组件。前置代号及其含义可参

阅有关国家标准。

（3）后置代号 用字母(或加数字)表示，置于基本代号右边，并与基本代号空半个汉字距离或用符号“-”“/”分隔。轴承后置代号排列顺序见表14-9。

表14-9 后置代号排列顺序

后置代号							
内部结构代号	密封与防尘结构代号	保持架及其材料代号	轴承材料代号	公差等级代号	游隙代号	多轴承配置代号	其他

常见的轴承内部结构代号如表14-10所示。

表14-10 轴承内部结构代号

轴承类型	代号	含义	示例
角接触球轴承	B	$\alpha=40°$	7210B
	C	$\alpha=15°$	7210C
	AC	$\alpha=25°$	7210AC
圆锥滚子轴承	B	接触角α加大	32310B
	E	加强型	N207E

公差等级代号见表14-11。

表14-11 公差等级代号

代号	省略	/P6	/P6x	/P5	/P4	/P2
公差等级符合标准的	0级	6级	6x级	5级	4级	2级
示例	6203	6203/P6	30201/P6x	6203/P5	6203/P4	6203/P2

注：公差等级中0级为普通级，最低。向右依次增高，2级最高。

游隙代号C1、C2、C0、C3、C4、C5表示轴承径向游隙，游隙量依次由小到大。C0为基本组游隙，常被优先采用，且在轴承代号中可不标出。

例14-2 试说明滚动轴承代号6 205/P2和7 312AC/P4C2的含义。

解：(1)6 205/P3：6—深沟球轴承；2—轻系列；05—内径$d=25$ mm；/P2—2级公差；C0(已略去)—0组游隙。

(2)7 312AC/P42：7—角接触球轴承；3—中系列；12—内径$d=60$ mm；AC—接触角$\alpha=25°$；/P4—4级公差；C2—第2组游隙，当游隙与公差同时表示时，符号C可省略。

14.7 滚动轴承的失效形式和选择计算

14.7.1 失效形式

滚动轴承在通过轴心线的轴向载荷F_a作用下，可认为各滚动体所承受的载荷是相等的。

当滚动轴承受纯径向载荷F_r作用时（见图 14-20），情况就不同了。假设在F_r作用下，内外圈不变形，则上半圈滚动体不承载，而下半圈各滚动体承受不同的载荷（由于各接触点上的弹性变形量不同）。处于F_r作用线最下位置的滚动体承载最大（F_{max}），远离作用线的各滚动体承载逐渐减小。对于$\alpha=0$的径向轴承，根据力的平衡条件可导出$F_{max}\approx\frac{5F_r}{z}$，式中$z$为轴承的滚动体总数。

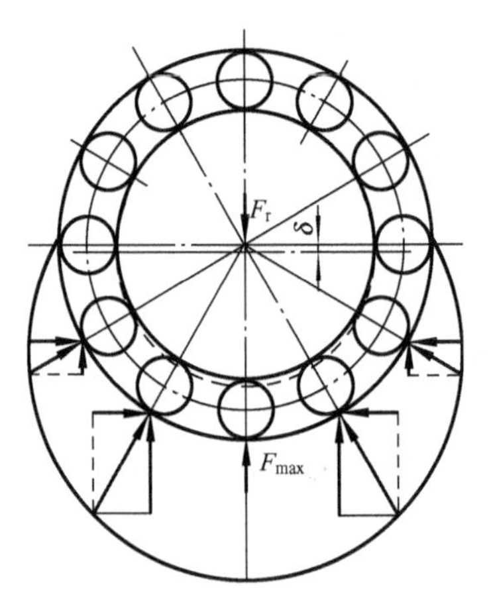

图 14-20　径向载荷的分布

滚动轴承的失效形式主要有：

（1）疲劳点蚀　滚动轴承工作过程中，滚动体相对内圈或外圈不断地转动，因此滚动体与滚道接触表面承受变应力，此变应力可近似看作按脉动循环变化。由于脉动接触应力的反复作用，首先在滚动体或滚道的表面下一定深度处产生疲劳裂纹，继而扩展到接触表面，形成疲劳点蚀，致使轴承不能正常工作。通常，疲劳点蚀是滚动轴承的主要失效形式。

（2）永久变形　当轴承转速很低或间歇摆动时，一般不会产生疲劳损坏，但在很大载荷或冲击载荷作用下，会使轴承滚道或滚动体接触处产生永久变形（滚道表面形成变形凹坑），从而使轴承在运转中产生剧烈振动和噪声，以致轴承不能正常工作。

此外，由于使用维护和保养不当或密封润滑不良等因素，也能引起轴承早期磨损、胶合、内外圈和保持架破损等失效。

滚动轴承的设计准则是：

对转速$n>10$ r/min 的滚动轴承，疲劳点蚀为主要失效形式，应进行防止疲劳点蚀的寿命计算。对静止或转速$n\leqslant 10$ r/min 的滚动轴承，永久变形是其主要失效形式，应作静强度计算。对转速非常高的滚动轴承，除应进行寿命计算外，还应进行极限转速校核计算。

14.7.2　轴承的寿命

轴承在疲劳点蚀破坏前一个套圈相对于另一个套圈的总转数，或在某一转速下的工作小时数，称为轴承的寿命。

由于制造精度、材料的均质程度、热处理等多种随机因素的影响，即使是同一型号的轴承，在相同条件下运转，它们的寿命也不相同，有的相差几十倍。因此对一个具体轴承，很难预知其确切的寿命。但大量的轴承寿命试验表明，轴承的可靠性与寿命之间有如图 14-21 所示的关系。

一组相同的轴承能达到或超过规定寿命的百分率，称为轴承寿命的可靠度，常用R来表示。如图 14-21 所示，当寿命L为1×10^6r（转）时，可靠度R为 90%；L为5×10^6r 时，可靠度R为 50%。

一组相同型号的轴承在相同条件下运转，其可靠度为 90% 时，能达到或超过的寿命称为基本额定寿命，记作L（单位为百万转，10^6r）或L_h（单位为小时，h）。对单个轴承来讲，能够达到或超过此寿命的概率为 90%。

轴承的基本额定寿命为一百万转时，轴承所能承受的载荷，称为基本额定动载荷，用C表示。对于径向轴承，由于它是在纯径向载荷下进行寿命试验的，所以称为径向基本额定动载荷，用 C_r 表示；对于推力轴承，它是在纯轴向载荷下进行试验的，故称为轴向基本额定动载荷，用 C_a 表示。

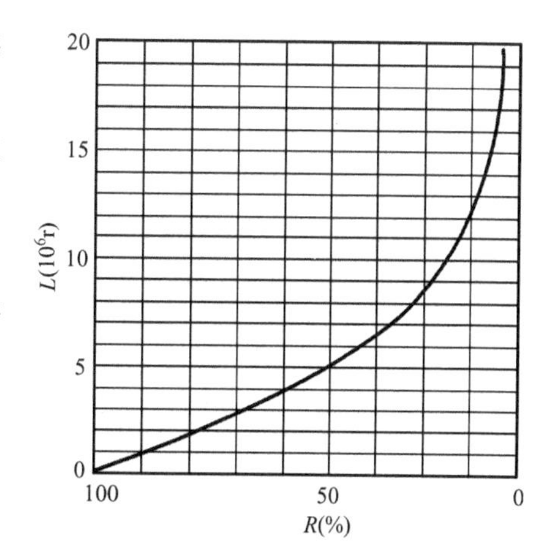

图 14-21 轴承的寿命曲线

大量试验表明，滚动轴承的基本额定寿命 $L(10^6 r)$ 与基本额定动载荷 C(N)、当量动载荷 P(N)间的关系为

$$L = \left(\frac{C}{P}\right)^{\varepsilon} \tag{14-7}$$

式中 ε——寿命指数，对于球轴承 $\varepsilon = 3$，对于滚子轴承 $\varepsilon = 10/3$；

C——基本额定动载荷，可在滚动轴承产品样本或设计手册中查得。

实际计算时，用小时表示轴承寿命(L_h)比较方便，如用 n 代表轴的转速(r/min)，则上式可写为

$$L_h = \frac{10^6}{60n}\left(\frac{C}{P}\right)^{\varepsilon} \tag{14-8}$$

若轴承预期寿命 L_h 已知，则应具有的基本额定动载荷 C 为

$$C = P\left(\frac{60n}{10^6}L_h\right)^{1/\varepsilon} \tag{14-9}$$

式(14-7)、(14-8)和(14-9)中的 P 称为当量动载荷。P 的确定方法将在下面阐述。

考虑到轴承在温度高于100℃下工作时，基本额定动载荷 C 会有所降低，故引进温度系数 f_t($f_t \leqslant 1$)对 C 值予以修正，f_t 可查表 14-12。考虑到工作中的冲击、振动也会使轴承寿命降低，为此引进载荷系数 f_p，f_p 可查表 14-13。

表 14-12 温度系数 f_t

轴承工作温度/℃	100	125	150	200	250	300
温度系数 f_t	1	0.95	0.90	0.80	0.70	0.60

表 14-13 载荷系数 f_p

载荷性质	无冲击或轻微冲击	中等冲击	强烈冲击
f_p	1.0～1.2	1.2～1.8	1.8～3.0

修正后寿命计算公式可写为

$$\left.\begin{aligned} L_h &= \frac{10^6}{60n}\left(\frac{f_t C}{f_P P}\right)^{\varepsilon} \\ C &= \frac{f_P P}{f_t}\left(\frac{60n}{10^6}L_h\right)^{1/\varepsilon} \end{aligned}\right\} \tag{14-10}$$

各类机器中轴承预期寿命 L_h 的参考值列于表 14-14 中。

表 14-14　轴承预期寿命 L_h 的参考值

使用场合	L_h/h
不经常使用的仪器和设备	500
短时间或间断使用，中断时不致引起严重后果	4 000～8 000
间断使用，中断会引起严重后果	8 000～12 000
每天 8 小时工作的机械	12 000～20 000
24 小时连续工作的机械	40 000～60 000

14.7.3　当量动载荷的计算

如前所述，滚动轴承的基本额定动载荷对径向轴承是指纯径向载荷，对推力轴承是指纯轴向载荷。如果作用在轴上的实际载荷既有径向载荷又有轴向载荷，则必须将实际载荷换算成纯径向载荷或纯轴向载荷后，才能与基本额定动载荷进行比较。换算后的载荷是一种假想载荷，故称为当量动载荷。当量动载荷的计算公式为

$$P = XF_r + YF_a \tag{14-11}$$

式中　F_r、F_a——分别为轴承实际承受的径向载荷和轴向载荷，N；

X、Y——分别为径向动载荷系数和轴向动载荷系数，对于径向轴承，X、Y 值可由表 14-15查得。当 $F_a/F_r \leqslant e$ 时，轴向力的影响可以忽略不计（这时表中 $X=1, Y=0$）。e 值与轴承类型和 F_a/C_{0r} 的比值有关，C_{0r} 是轴承的径向额定静载荷。

表 14-15　径向轴承当量动载荷的 X、Y 值

轴承类型	F_a/C_{0r}	e	$F_a/F_r>e$		$F_a/F_r \leqslant e$	
			X	Y	X	Y
深沟球轴承 60 000	0.014	0.19	0.56	2.30	1	0
	0.028	0.22		1.99		
	0.056	0.26		1.71		
	0.084	0.28		1.55		
	0.11	0.30		1.45		
	0.17	0.34		1.31		
	0.28	0.38		1.15		
	0.42	0.42		1.04		
	0.56	0.44		1.00		

续表

轴承类型		F_a/C_{0r}	e	$F_a/F_r>e$		$F_a/F_r\leq e$	
				X	Y	X	Y
角接触球轴承	70 000C $\alpha=15°$	0.015	0.38	0.44	1.47	1	0
		0.029	0.40		1.40		
		0.058	0.43		1.30		
		0.087	0.46		1.23		
		0.12	0.47		1.19		
		0.17	0.50		1.12		
		0.29	0.55		1.02		
		0.44	0.56		1.00		
		0.58	0.56		1.00		
	70 000AC $\alpha=25°$	—	0.68	0.41	0.87	1	0
	70 000B $\alpha=40°$	—	1.14	0.35	0.57	1	0
圆锥滚子轴承 30 000		—	$1.5\tan\alpha$	0.4	$0.4\cot\alpha$	1	0
调心球轴承 10 000		—	$1.5\tan\alpha$	0.65	$0.65\cot\alpha$	1	$0.42\cot\alpha$

径向轴承只承受径向载荷时

$$P=F_r \tag{14-12}$$

推力轴承($\alpha=90°$)只能承受轴向载荷,其轴向当量动载荷为

$$P=F_a \tag{14-13}$$

14.7.4 角接触轴承轴向载荷的计算

角接触轴承的结构特点是在滚动体和滚道接触处存在着接触角 α。当它承受径向载荷 F_r 时,作用在承载区内第 i 个滚动体上的法向力 F_i 可分解为径向分力 F_{ri} 和轴向分力 F_{si}(见图 14-22)。各滚动体上所受轴向分力的和即为轴承的内部轴向力 F_s。F_s 的近似值可按照表 14-16 中的公式计算求得。

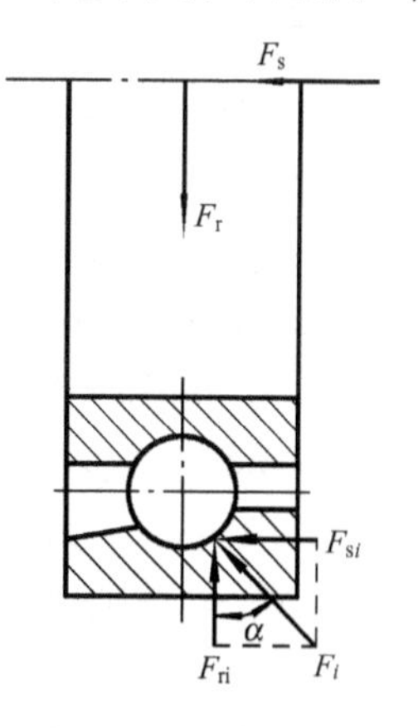

图 14-22 径向载荷产生的轴向分力

表 14-16 角接触轴承内部轴向力 Fs

轴承类型	角接触球轴承			圆锥滚子轴承
	$\alpha=15°$	$\alpha=25°$	$\alpha=40°$	$F_r/(2Y)$
F_s	eF_r	$0.68F_r$	$1.14F_r$	Y 是 $F_a/F_r>e$ 时的轴向系数

为了使角接触轴承的内部轴向力得到平衡,以免轴向窜动,通常这种轴承都要成对使用,对称安装。安装方式有两种:如图 14-23 所示为两外圈窄边相对(正装),如图 14-24 所示为两外圈宽边相对(反

装)。图中 F_A为轴向外载荷。计算轴承的轴向载荷 F_a时还应将由径向载荷 F_r产生的内部轴向力 F_s考虑进去。图中 O_1、O_2点分别为轴承1 和轴承2 的压力中心,即支反力作用点。O_1、O_2与轴承端面的距离 a_1、a_2可由轴承样本或有关手册查得,但为了简化计算,通常可认为支反力作用在轴承宽度的中点。

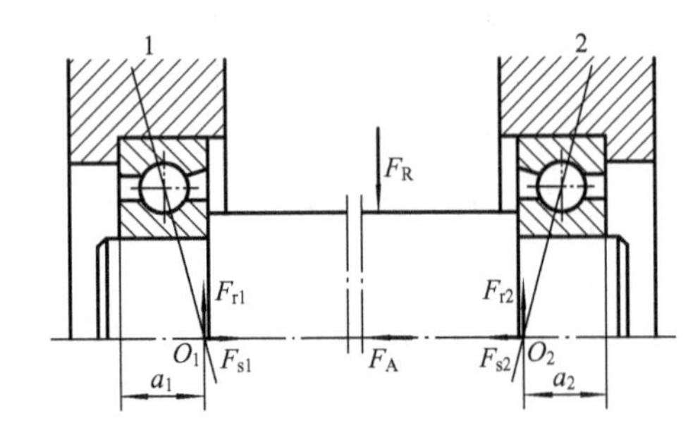

图 14-23　外圈窄边相对安装(正装)

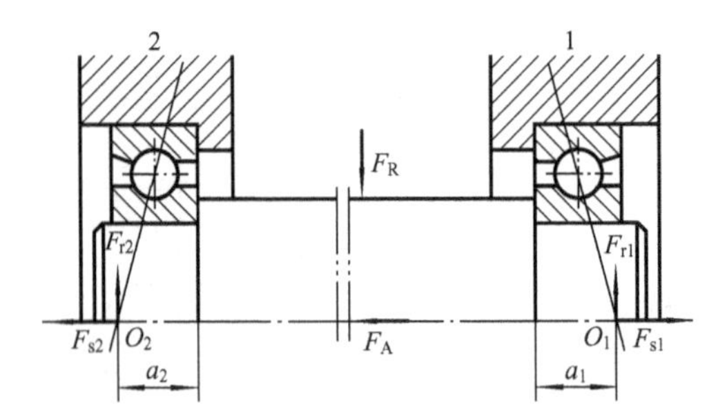

图 14-24　外圈宽边相对安装(反装)

若把轴和内圈视为一体,按照轴系的轴向力平衡条件,就可确定各轴承承受的轴向载荷。例如,在图 14-23 中,有两种受力情况:

(1) 若 $F_A+F_{s2}>F_{s1}$,由于轴承1 的左端已固定,轴不能向左移动,即轴承1 被压紧,由力的平衡条件得

$$\left.\begin{aligned}&\text{轴承1(压紧端)承受的轴向载荷}:F_{a1}=F_A+F_{s2}\\&\text{轴承2(放松端)承受的轴向载荷}:F_{a2}=F_{s2}\end{aligned}\right\}\quad(14-14)$$

(2) 若 $F_A+F_{s2}<F_{s1}$,即 $F_{s1}-F_A>F_{s2}$,则轴承2 被压紧,由力的平衡条件得

$$\left.\begin{aligned}&\text{轴承1(放松端)承受的轴向载荷}:F_{a1}=F_{s1}\\&\text{轴承2(压紧端)承受的轴向载荷}:F_{a2}=F_{s1}-F_A\end{aligned}\right\}\quad(14-15)$$

计算角接触轴承的轴向载荷大小可归纳为:放松端轴承的轴向载荷等于它本身的内部轴向力,压紧端轴承的轴向载荷等于除本身内部轴向力外其余轴向力的代数和。

14.7.5　滚动轴承的静强度计算

对于转速很低($n\leqslant 10$ r/min)或缓慢摆动的滚动轴承,一般不会产生疲劳点蚀,但为了防止滚动体和内、外圈产生过大的塑性变形,应进行静强度校核。

1. 基本额定静载荷

滚动轴承的静载荷是指轴承内外圈之间相对转速为零(或接近为零)时作用在轴承上的载荷。滚动轴承承受太大的静载荷或在极低转速下承受冲击载荷时,滚动体与滚道的接触面会产生局部永久变形,其变形量随载荷增大而增大,当超过一定限度时,将影响轴承正常工作。

GB/T 4662—2003 规定,使受载最大的滚动体与内、外圈滚道接触处的接触应力达到某一定值(如径向球轴承为 4 200 MPa)的载荷,称为基本额定静载荷,用 C_0表示。对径向轴承称为径向基本额定静载荷,用 C_{0r}表示;对推力轴承称为轴向基本额定静载荷,用 C_{0a}表示。基本额定静载荷的值可由滚动轴承产品样本或设计手册查得。

2. 当量静载荷

当轴承既受径向载荷又受轴向载荷时,可将它们折合成当量静载荷 P_0。当量静载荷也是一种假想的载荷，在当量静载荷作用下受载最大的滚动体与内、外圈滚道接触处产生的接触应力与实际载荷作用下产生的接触应力相同。当量静载荷的计算公式为

$$P_0 = X_0 F_r + Y_0 F_a \tag{14-16}$$

式中 X_0、Y_0——分别为径向、轴向静载荷系数，可查表14-17。

表14-17 静载荷系数 X_0 与 Y_0

轴承类型		X_0	Y_0
深沟球轴承		0.6	0.5
角接触球轴承	70000C	0.5	04
	70000AC		0.38
	70000B		0.2
圆锥滚子轴承		0.5	$0.22\cot\alpha$

3. 静强度计算

滚动轴承静强度计算公式为

$$C_0 \geqslant S_0 P_0 \tag{14-17}$$

式中 S_0——静强度安全系数，一般情况下 $S_0 = 0.8 \sim 1.2$；对于旋转精度与平稳性要求高或承受较大冲击载荷时，$S_0 = 1.2 \sim 2.5$；否则 $S_0 = 0.5 \sim 0.8$。

例14-3 试求NF207圆柱滚子轴承允许承受的最大径向载荷。已知工作转速 $n = 300$ r/min，工作温度 $t < 100$℃，寿命 $L_h = 10\ 000$ h，载荷有轻微冲击。

解：对于径向轴承，由式(14-10)知径向基本额定动载荷

$$C_r = \frac{f_P P}{f_t}\left(\frac{60n}{10^6}L_h\right)^{1/\varepsilon}$$

由机械设计手册可查得，NF207圆柱滚子轴承的径向基本额定动载荷 $C_r = 28\ 500$ N，由表14-12查得 $f_t = 1$，由表14-13查得 $f_p = 1.1$，对滚子轴承取 $\varepsilon = 10/3$。将以上有关数据代入上式，得

$$28\ 500 = \frac{1.1 \times P}{1}\left(\frac{60 \times 300}{10^6} \times 10\ 000\right)^{3/10}$$

$$P = 5\ 456 \text{ N}$$

由式(14-12)可得 $F_r = P = 5\ 456$ N

故NF207轴承能承受的最大径向载荷为5 456N。

例14-4 某齿轮减速器的高速轴选用一对深沟球轴承支承。已知轴颈 $d = 60$ mm，转速 $n = 3\ 000$ r/min，轴承所受径向载荷 $F_r = 5\ 000$ N，轴向载荷 $F_a = 2\ 500$ N，载荷平稳，常温下工作。要求使用寿命 $L_h = 6\ 000$ h，试选择轴承型号。

解：由于轴承型号未定，C_{0r}、e、X、Y 等值无法确定，故采用试算法。预选6212和6312两种深沟球轴承方案进行试算，计算步骤与结果列于表14-18：

表 14-18

计算项目	计算内容	计算结果	
		6212 轴承	6312 轴承
C_r	查机械设计手册	47 800 N	81 800 N
C_{0r}	查机械设计手册	32 800 N	51 800 N
F_a/C_{0r}	$F_a/C_{0r}=2\ 500/C_{0r}$	0.076	0.048
e	查表 14-15（线性插值法）	0.274	0.249
F_a/F_r	$F_a/F_r=2\ 500/5\ 000$	$0.5>e$	$0.5>e$
X、Y	查表 14-15（线性插值法）	$X=0.56$，$Y=1.598$	$X=0.56$，$Y=1.787$
P	$P=X\times 5\ 000+Y\times 2\ 500$　　式（14-11）	6 795 N	7 267.5 N
f_t	查表 14-12	1.0	1.0
f_p	查表 14-13	1.0	1.0
L_h	$L_h=\dfrac{10^6}{60\times 3\ 000}\left(\dfrac{1.0\times C_r}{1.0\times P}\right)^3$　式（14-10）	1 934 h < 6 000 h	7 922 h > 6 000 h

由以上计算结果可知，选用 6312 深沟球轴承可满足要求。

例 14-5　某机械传动装置中的轴，根据工作条件决定采用一对角接触球轴承支承，如图 14-25所示，并暂定轴承型号为 7207AC（$\alpha=25°$，$e=0.68$）。已知轴承载荷 $F_{r1}=1\ 000\ \mathrm{N}$，$F_{r2}=2\ 000\ \mathrm{N}$，$F_A=840\ \mathrm{N}$，转速 $n=3\ 500\ \mathrm{r/min}$，运转中有中等冲击。若预期寿命 $L_h=2\ 500\ \mathrm{h}$，试问所选轴承型号是否恰当？

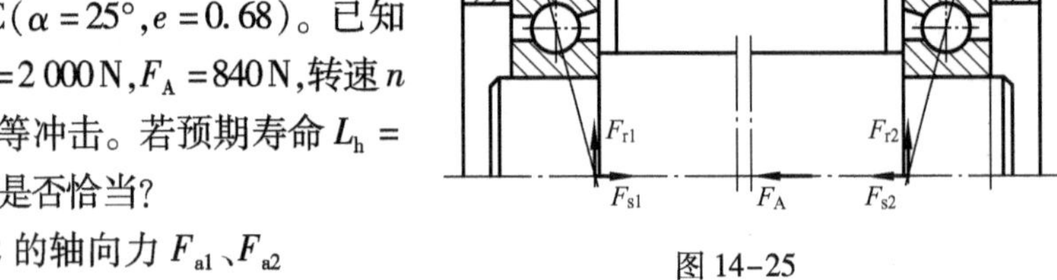

图 14-25

解：(1) 计算轴承 1、2 的轴向力 F_{a1}、F_{a2}

由表 14-16 查得轴承的内部轴向力为

$$F_{s1}=0.68F_{r1}=0.68\times 1\ 000=680\ \mathrm{N}（方向见图\ 14\text{-}25\ 所示）$$

$$F_{s2}=0.68F_{r2}=0.68\times 2\ 000=1\ 360\ \mathrm{N}（方向见图\ 14\text{-}25\ 所示）$$

由于　　　$F_{s2}+F_A=1\ 360+840=2\ 200N>F_{s1}$

所以轴承 1 为压紧端，轴承 2 为放松端。

压紧端　　　$F_{a1}=F_{s2}+F_A=2\ 200\ \mathrm{N}$

放松端　　　$F_{a2}=F_{s2}=1\ 360\ \mathrm{N}$

(2) 计算轴承 1、2 的当量动载荷

由于　　　$\dfrac{F_{a1}}{F_{r1}}=\dfrac{2\ 200}{1\ 000}=2.2>e$　　$\dfrac{F_{a2}}{F_{r2}}=\dfrac{1\ 360}{2\ 000}=0.68=e$

由表 14-15 可查得 $X_1=0.41$，$Y_1=0.87$，$X_2=1$，$Y_2=0$。

故当量动载荷为

$$P_1=X_1F_{r1}+Y_1F_{a1}=0.41\times 1\ 000+0.87\times 2\ 200=2\ 324\ \mathrm{N}$$

$$P_2=X_2F_{r2}+Y2F_{a2}=1\times 2\ 000+0\times 1\ 360=2\ 000\ \mathrm{N}$$

（3）计算所需的径向基本额定动载荷 C_r

通常因结构要求轴的两端应选择同样尺寸的轴承，而 $P_1 > P_2$，故以轴承 1 的径向当量动载荷 P_1 为计算依据。因工作温度正常，查表 14-12 得 $f_t = 1$，运转时有中等冲击载荷，查表 14-13得 $f_p = 1.5$。于是由式(14-10)可得

$$C_{r1} = \frac{f_P P_1}{f_t}\left(\frac{60n}{10^6}L_h\right)^{1/3} = \frac{1.5\times 2\ 324}{1}\times\left(\frac{60\times 3\ 500}{10^6}\times 2\ 500\right)^{1/3} = 28\ 122\ \mathrm{N}$$

（4）由机械设计手册查得轴承 7207AC 的径向基本额定动载荷 $C_r = 29\ 000$ N。因为 $C_{r1} < C_r$，故所选轴承适用。

14.8　滚动轴承的组合设计

为了保证轴承在机器中正常工作，不仅要合理选择轴承类型和尺寸，还应正确进行轴承的组合设计，合理解决好轴承的润滑与密封、位置固定、配合关系、间隙调整和装拆等一系列问题。

14.8.1　滚动轴承的润滑和密封

润滑的目的是减小摩擦与减轻磨损，此外还可防锈、降温、吸振和降低噪音等。

密封的目的是防止灰尘、水分等进入轴承，并阻止润滑剂的流失。

1. 滚动轴承的润滑

滚动轴承的润滑剂可以是润滑脂、润滑油或固体润滑剂，其中以润滑脂应用较多。具体选择润滑剂时可按速度因数 dn 值来确定（d 为轴承内径，mm；n 为轴承转速，r/min），dn 值反映了轴颈的圆周速度。当 $dn < (1.5 \sim 2)\times 10^5$ mm · r/min 时，应采用润滑脂润滑，超过此范围宜采用润滑油润滑。

润滑脂不易流失，便于密封和维护，且一次充填可运转较长时间。采用润滑脂润滑时，轴承的装脂量以轴承内部空间的 1/3 ～ 2/3 为宜。

油润滑比脂润滑摩擦阻力小，并能散热，主要用于高速或工作温度较高的轴承。油量不宜过多，若采用浸油润滑，则油面高度应不超过最低滚动体的中心，以免产生过大的搅油损耗和热量。高速轴承通常采用喷油或喷雾方法润滑。润滑油的粘度可按轴承的速度因数 dn 和工作温度 t 来确定，如图 14-26 所示。

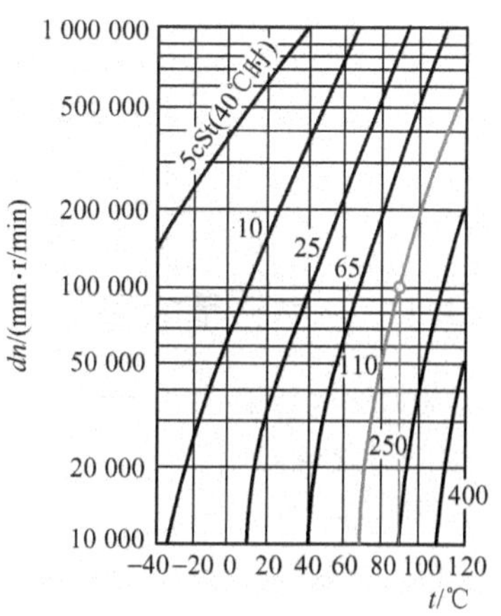

图 14-26　润滑油粘度选择线图

2. 滚动轴承的密封

滚动轴承密封方法的选择与润滑剂的种类、工作环境、温度和密封表面的圆周速度等有关。密封方法可分为接触式密封、非接触式密封和组合密封。滚动轴承的具体密封形式、适用范围和性能，可参阅表 14-19。

表 14-19 滚动轴承密封方法

密封类型		图例	适用场合	说明
接触式密封	毡圈密封	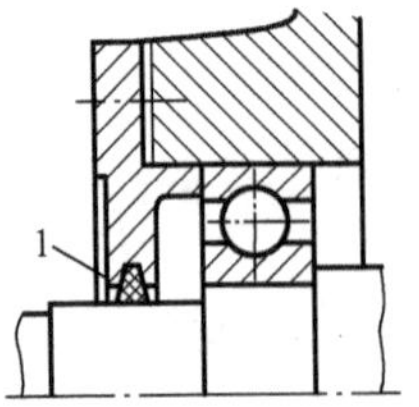	脂润滑。要求环境清洁，轴颈圆周速度 v 不大于 4 m/s～5 m/s，工作温度不超过 90℃	矩形断面的毡圈安装在梯形槽内，毛毡受到压力而紧贴在轴上，从而起到密封作用
	密封圈密封	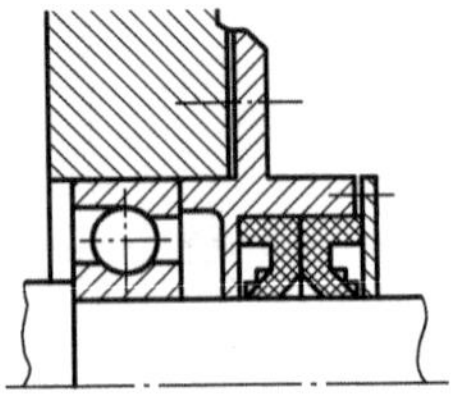	脂或油润滑。轴颈圆周速度 $v<7$ m/s，工作温度范围 -40℃～100℃	唇型密封圈用皮革、塑料或耐油橡胶制成，有的具有金属骨架，有的没有骨架，密封圈是标准件，密封唇朝里，目的是防漏油；密封唇朝外，防灰尘、杂质进入
非接触式密封	间隙密封	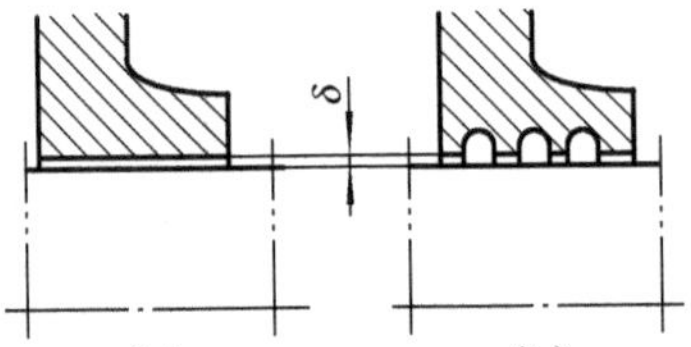 (a) (b)	脂润滑，干燥清洁环境	靠轴与盖间的细小环形间隙密封，间隙愈小愈长，效果愈好，间隙 δ 取 0.1 mm～0.3 mm
	迷宫式密封	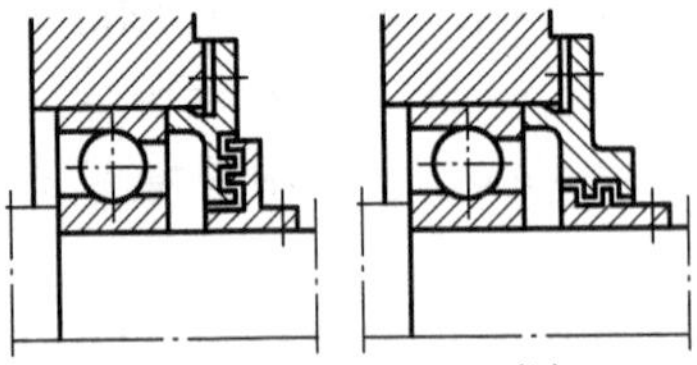 (a) (b)	脂润滑或油润滑，工作温度不高于密封用脂的滴点，这种密封效果可靠	将旋转件与静止件之间的间隙作成迷宫(曲路)形式，在间隙中充填润滑油或润滑脂以加强密封效果。迷宫式密封分径向、轴向两种：图 a 径向曲路，径向间隙 δ 不大于 0.1 mm～0.2 mm；图 b 轴向曲路，考虑轴的伸长，间隙可取大些
组合密封		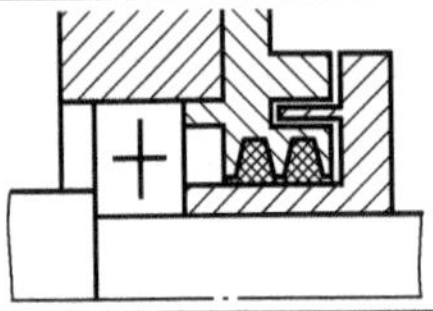	脂或油润滑	这是组合密封的一种形式，毡圈加迷宫，可充分发挥各自优点，提高密封效果。组合方式很多，不一一列举

14.8.2 滚动轴承的固定

轴承的固定有两种方式。

1. 两端单向固定

如图 14-27a 所示，轴的两个支点各限制轴的一个方向的移动，这种固定方式称为两端单向固定。它适用于工作温度变化不大的短轴，考虑到轴因受热而伸长，在轴承盖与外圈端面之间应留出热补偿间隙 c，$c=0.2\sim0.3$ mm，如图 14-27b 所示。

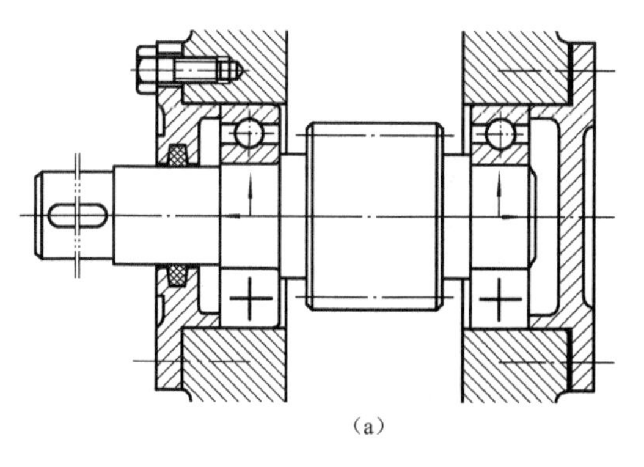
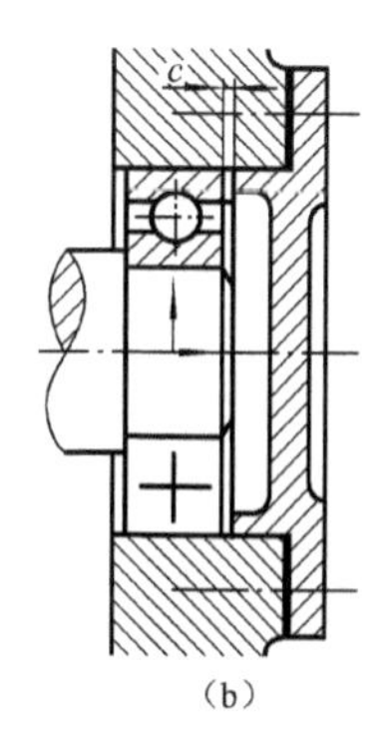

(a)　　　　(b)

图14-27　两端单向固定

2. 一端双向固定、一端游动

如图14-28所示,在两个支点中使一个支点双向固定以承受轴向力,另一个支点则作轴向游动,游动支点不能承受轴向载荷。这种固定方式适用于温度变化较大的长轴。

选用深沟球轴承作为游动支点时,应在轴承外圈与端盖间留适当间隙,如图14-28a所示;选用圆柱滚子轴承时,则轴承外圈应作双向固定,如图14-28b所示。

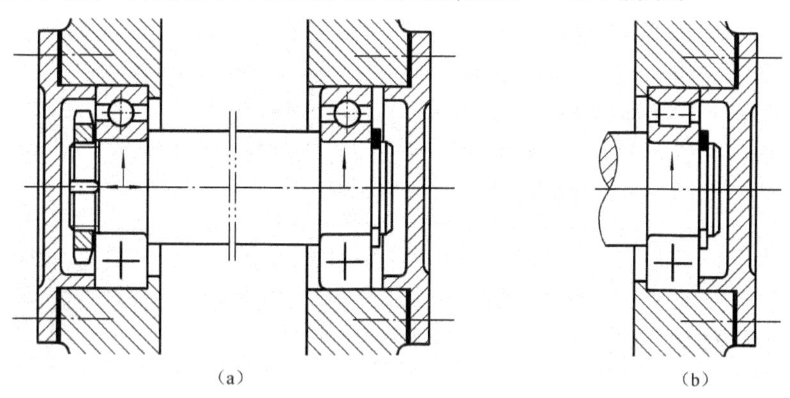

(a)　　　　(b)

图14-28　一端双向固定、一端游动

14.8.3　滚动轴承的预紧

对某些可调游隙式轴承,可利用预紧来提高轴的旋转精度和刚度。所谓预紧,就是在安装时给予一定的轴向压紧力(即预紧力),使内外圈产生相对位移而消除游隙,并在套圈和滚动体接触处产生弹性预变形。轴承常用的预紧方法有在套圈间加金属垫片或磨窄套圈等,如图14-29所示。

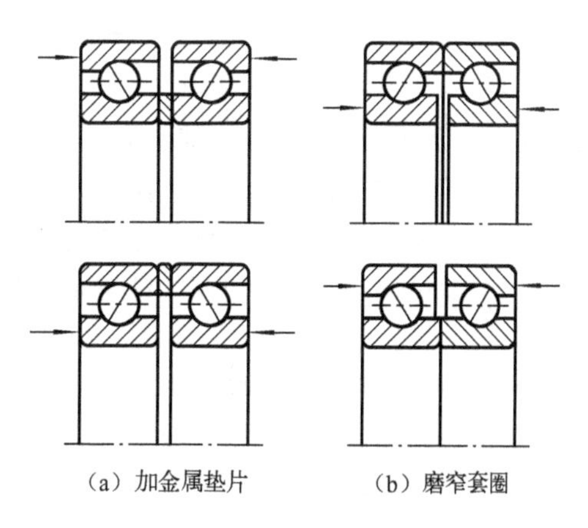

(a) 加金属垫片　　(b) 磨窄套圈

图14-29　轴承的预紧

14.8.4　滚动轴承的调整

1. 轴承间隙的调整

常用调整方法有:通过加减轴承盖与机座间垫片厚度进行调整,如图14-30a所示;通过螺钉1改变轴承外圈压盖 3 的位置进行调整，螺母 2 用于锁紧防松，如图 14-30b 所示。

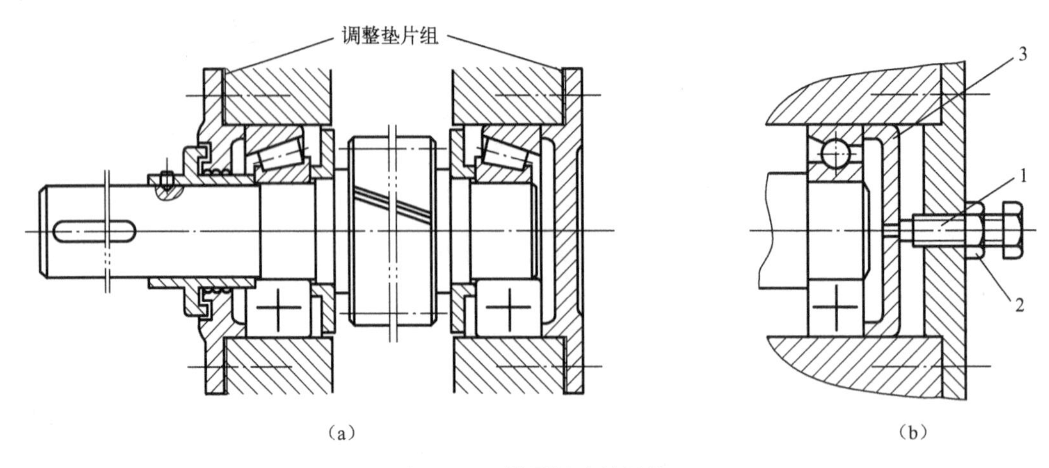

图 14-30 轴承间隙的调整

2. 轴承组合位置的调整

轴承组合位置调整的目的是为了使轴上的零件具有准确的工作位置。如锥齿轮传动，要求两个节锥顶点相重合，方能保证正确啮合。图 14-31 所示为锥齿轮轴承组合位置的调整，套杯与机座间的垫片 1 用来调整锥齿轮轴的轴向位置，而垫片 2 则用来调整轴承间隙。

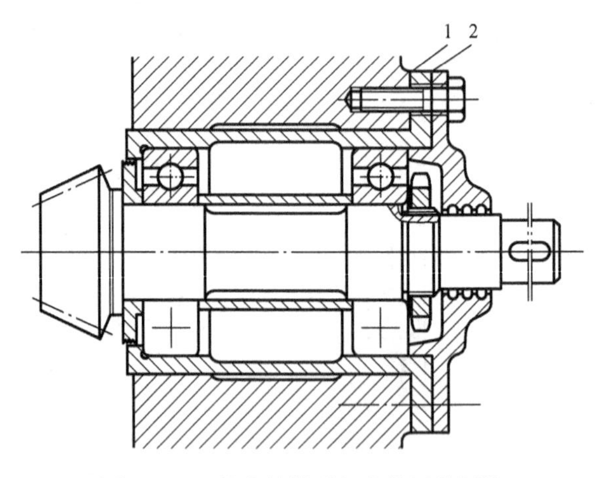

图 14-31 锥齿轮轴承组合位置的调整

14.8.5 滚动轴承的配合

滚动轴承是标准件，选择配合时通常将它作为基准件，即轴承内圈孔与轴的配合采用基孔制，轴承外圈与轴承座孔的配合则采用基轴制。具体选择配合时，还应考虑载荷的方向、大小和性质，以及轴承类型、转速和使用条件等因素。

(1) 当外载荷方向不变时，转动套圈应比固定套圈的配合紧一些。一般内圈随轴一起转动，外圈固定不转，故内圈与轴常取具有过盈的过渡配合，如轴的公差采用 k6、m6 等；外圈与座孔常取较松的过渡配合，如座孔的公差采用 H7、J7 或 Js7 等。

(2) 当轴承作游动支承时，外圈与座孔应取间隙配合，如座孔公差采用 G7。

(3) 非分离型轴承(如深沟球轴承)最好将内外圈与轴或座孔的配合之一采用间隙配合。

14.8.6 滚动轴承的装拆

装拆滚动轴承时，不能通过滚动体来传力，以免造成滚道或滚动体损伤，因此设计轴承组合时应考虑有利于轴承装拆。

最常用的装拆方法是压力法，此外还有温差法和液压配合法等。温差法是将轴承放进烘箱或热油中,使轴承的内圈受热膨胀,然后即可将轴承顺利地装在轴上。液压配合法是通过将压力油打入轴颈上的环形油槽,在压力油的作用下,轴承的内圈撑大,轴颈压缩,从而实现拆卸轴承。

图 14-32 为轴承内、外圈压装,通过给轴承内、外圈施加压力,将轴承压装到轴上或座孔中。

图 14-33 为利用轴承拆卸器拆卸轴承内圈。若轴肩高度大于轴承内圈外径时,将难以放置拆卸工具的钩头。外圈拆卸也应留出拆卸高度(见图 14-34a、b)或做出能放置拆卸螺钉的螺孔(见图 14-34c)。

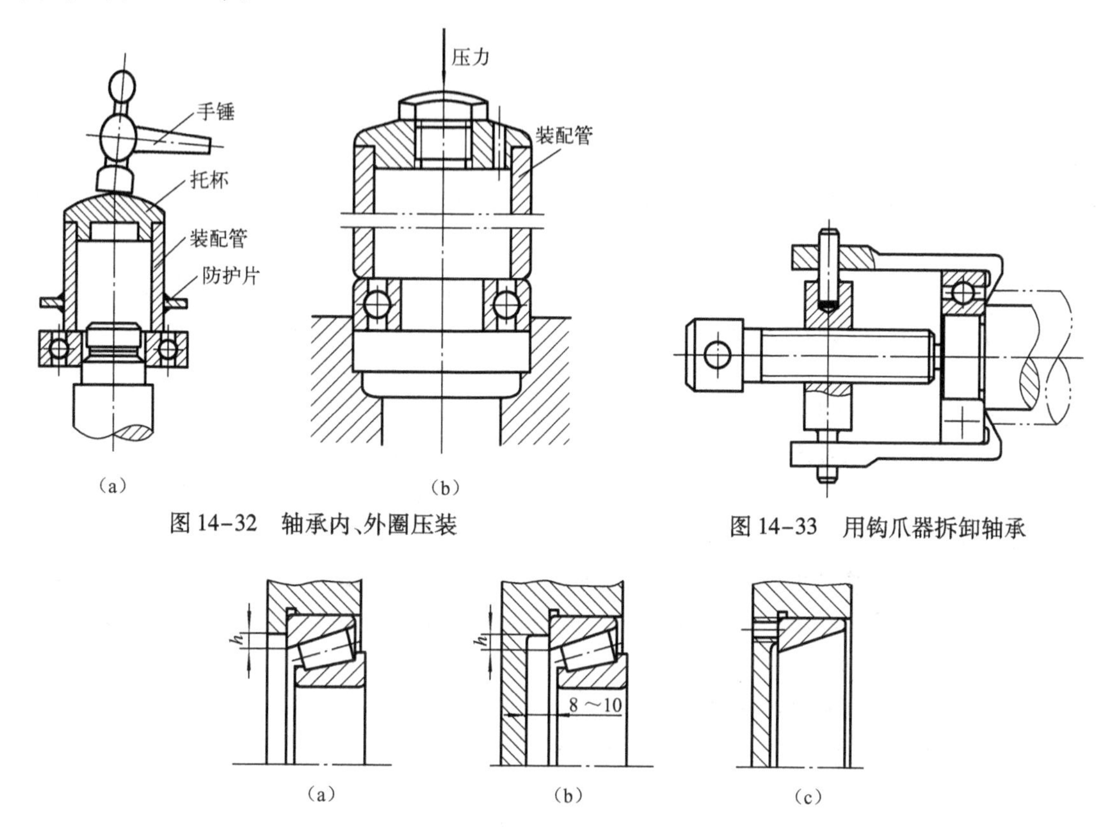

图 14-32　轴承内、外圈压装

图 14-33　用钩爪器拆卸轴承

图 14-34　拆卸高度和拆卸螺孔

复习思考题

14-1　滑动轴承的摩擦状态哪有几种？各有什么特点？

14-2　何谓径向滑动轴承、止推滑动轴承？

14-3　径向滑动轴承的主要结构形式有几种？各有什么特点？

14-4　对轴瓦材料有哪些基本要求？常用的轴瓦材料有哪些,适用于何处？

14-5　为什么要在轴瓦上开设油孔和油沟？如何开设？

14-6　什么是滚动轴承的接触角？滚动轴承主要类型有哪些？各有何特点？

14-7　滚动轴承的主要失效形式有哪些?

14-8　选择滚动轴承应考虑哪些因素? 并举出一实例加以说明。

14-9　为什么角接触轴承应成对安装使用?

14-10　何谓滚动轴承的寿命? 何谓滚动轴承的基本额定寿命?

14-11　滚动轴承的基本代号由哪几部分组成?

14-12　说明下列型号轴承的类型、尺寸系列、结构特点及公差等级:6006,N209/P6,7314AC,30210/P5。

习　题

14-1　支持某铸件清理滚筒转动的一对滑动轴承,为考虑两轴承负荷不均匀,按受力较大轴承负担总载荷的60%计算,滚筒位于两轴承之间。已知装载量加自重为20 000 N,转速为40 r/min,两端轴颈的直径为120 mm,轴瓦宽径比为1.1,材料为锡青铜(ZCuSn5Pb5Zn5),润滑脂润滑。试验算该轴承是否适用。

14-2　有一非液体摩擦径向滑动轴承,已知轴颈直径为100 mm,轴瓦宽度为120 mm,轴的转速为1 000 r/min,轴承材料为ZCuSn10P1,试问它允许承受多大的径向载荷?

14-3　试设计一转轴上的非液体摩擦径向滑动轴承。已知轴颈直径为50 mm,轴瓦宽度为45 mm,轴颈的径向载荷为24 000 N,轴的转速为300 r/min。

14-4　一深沟球轴承6205承受的径向力 $F_r = 2$ kN,载荷平稳,转速 $n = 1\ 000$ r/min,室温下工作,试求该轴承的基本额定寿命,并说明能达到或超过此寿命的概率。若载荷改为 $F_r = 4$ kN,轴承的基本额定寿命是多少?

14-5　某传动装置中轴的两端决定选用一对圆柱滚子轴承支承,轴颈直径 $d = 30$ mm,转速 $n = 1500$ r/min,每个轴承承受径向载荷 $F_r = 2\ 000$ N,常温下工作,载荷平稳,预期寿命 $L_h = 6\ 000$ h,试选择轴承型号。

14-6　一矿山机械的转轴,两端用6212深沟球轴承支承。每个轴承承受的径向载荷 $F_r = 5\ 000$ N,轴向载荷 $F_a = 2\ 500$ N,有轻微冲击,轴的转速 $n = 1\ 200$ r/min,预期寿命 $L_h = 4\ 000$ h,试验算该轴承是否适用。

14-7　如图14-35所示,某齿轮轴选用两个角接触球轴承($\alpha = 25°$)支承,轴承所受径向载荷分别为 $F_{r1} = 1\ 000$ N,$F_{r2} = 2\ 000$ N,外加轴向载荷 $F_A = 800$ N,试求轴承所受的轴向载荷 F_{a1}、F_{a2} 和当量动载荷 P_1、P_2。

14-8　某转轴两端采用径向轴承支承。已知轴颈 $d = 40$ mm,转速 $n = 1\ 000$ r/min,轴承的径向载荷 $F_{r1} = F_{r2} = 6\ 000$ N,载荷平稳,工作温度125℃,预期寿命 $L_h = 5\ 000$ h,试分别按深沟球轴承和圆柱滚子轴承选择型号,并比较之。

14-9　根据工作条件,决定在某轴上安装一对角接触球轴承7209C支承,布置形式如图14-36所示。已知两个轴承的载荷分别为 $F_{r1} = 1\ 600$ N,$F_{r2} = 2\ 400$ N,外加轴向载荷 $F_A = 1\ 000$ N,转速 $n = 4\ 000$ r/min,常温下运转,有中等冲击,预期寿命 $L_h = 2\ 000$ h,试问所选轴承型号是否恰当。

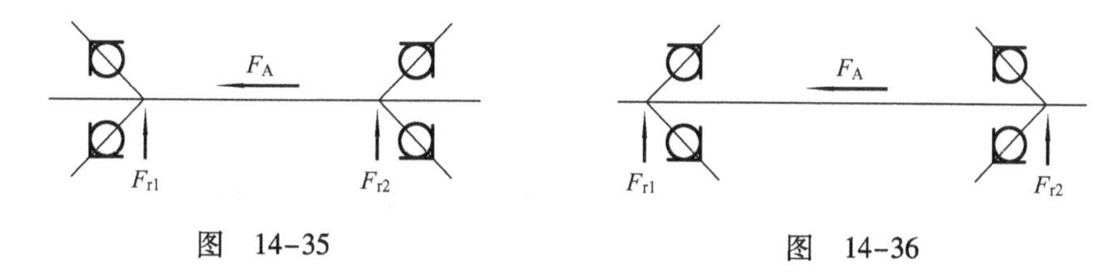

图 14-35　　　　图 14-36

14-10 根据工作要求选用内径 $d = 55\ \text{mm}$ 的圆柱滚子轴承。轴承的径向载荷 $F_r = 4\ 000\ \text{N}$，轴的转速 $n = 80\ \text{r/min}$，运转条件正常，预期寿命 $L_h = 1\ 200\ \text{h}$，试选择轴承型号。

14-11 一齿轮轴由一对3208轴承支承，布置形式如图14-37所示。支点间的跨距为200 mm，齿轮位于两支点的中央。已知轴承的外加径向载荷 $F_R = 3\ 000\ \text{N}$，轴向载荷 $F_A = 1\ 000\ \text{N}$，转速 $n = 2\ 000\ \text{r/min}$，常温下运转，有中等冲击，试求轴承的基本额定寿命。

14-12 某机械传动装置中的锥齿轮轴，采用一对3207圆锥滚子轴承背靠背反装支承。已知作用于锥齿轮上的圆周力 $F_T = 14\ 000\ \text{N}$，径向力 $F_R = 5\ 000\ \text{N}$，轴向力 $F_A = 1\ 000\ \text{N}$，其方向和作用位置如图14-38所示。轴的转速 $n_1 = 1\ 200\ \text{r/min}$，运转中载荷平稳，试求轴承的基本额定寿命。

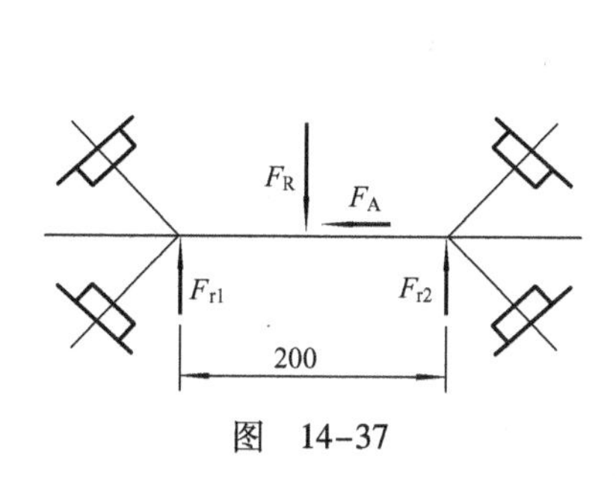

图 14-37

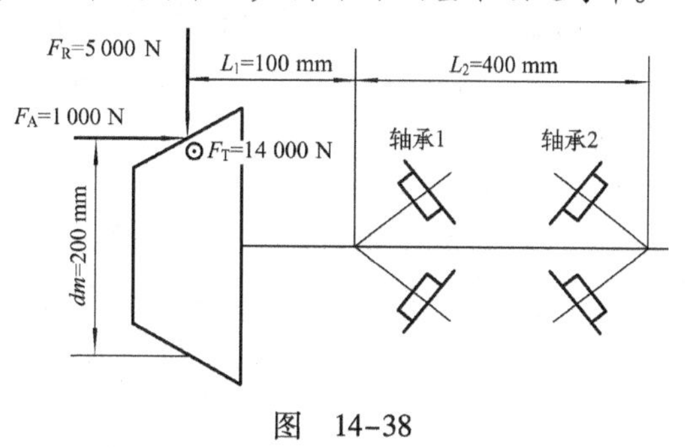

图 14-38

第15章　联轴器、离合器和制动器

本章学习提要

本章学习要点包括:①熟悉联轴器和离合器的类型、结构和特点;②能够按照使用条件选择合用的联轴器或离合器,确定其类型和尺寸,进行必要的计算;③了解几种制动器的构造、特点和选用方法。

本章重点是联轴器的合理选择。

联轴器和离合器是用来连接两轴(或轴与转动件),并传递运动和转矩的部件。两者的区别是:用联轴器连接的两轴只有在机器停车后,通过拆卸才能彼此分离;而用离合器连接的两轴,在机器转动过程中,可以随时使两轴分离和接合。制动器是对机械的运动件施加阻力或阻力矩,使其减速、停止或保持静止状态的部件。

机器一般是由若干部件组成,通过装配形成整机。在图15-1给出的卷扬机中,电动机1的轴和减速器3的输入轴是通过联轴器2连接的;减速器3的输出轴是通过离合器4与卷筒5的轴相连的;为了便于卷扬机在工作时紧急制动,以及能使重物悬吊在空中上下不动,在卷筒5的轴上还设置了一个制动器6。这样,当电动机1连续转动时,就可以随时控制卷筒5的转动或停止。

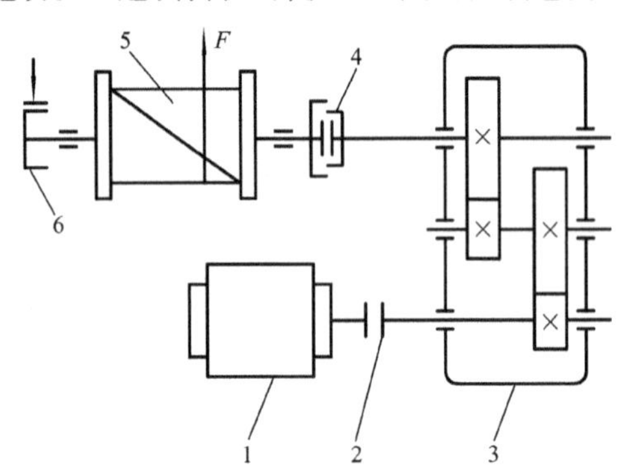

图15-1　卷扬机示意图

1—电动机;2—联轴器;3—减速器;4—离合器;5—卷筒;6—制动器

联轴器、离合器和制动器是机械传动中常用的部件,大多已标准化,设计时,只需根据工作要求从设计手册或产品样本中选用即可。

15.1　联　轴　器

15.1.1　联轴器的组成和分类

联轴器一般由两个半联轴器及其连接件组成。它与主、从动轴相连接。

联轴器连接的主动轴和从动轴分别属于两个不同的机器或部件，由于制造、安装等误差，相连两轴的轴线很难精确对中。即使安装时保持严格对中，由于其工作载荷和工作温度的变化以及支承的弹性变形等原因，被连接两轴间会产生轴向、径向、角度位移，以及由上述位移组合的综合位移（见图 15-2），这将使轴、轴承等零件受到附加载荷。当相对位移过大时，将使机器的工作状况恶化，导致机器振动加剧、轴和轴承过度磨损、机器密封失效等现象发生。不同机器对联轴器的结构、相对位移的许用补偿量和缓冲吸振能力往往有不同的要求。

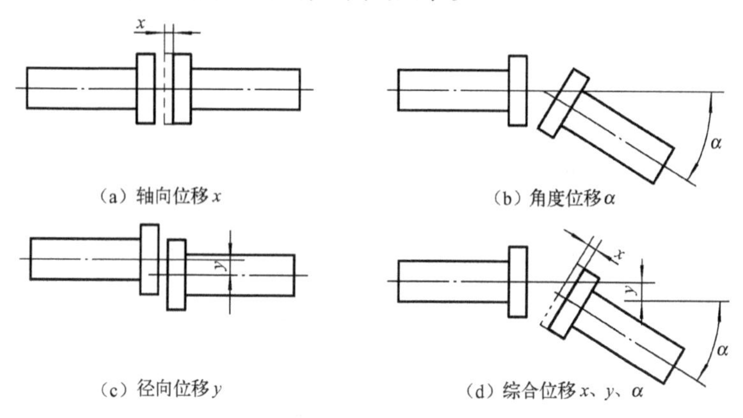

(a) 轴向位移 x　(b) 角度位移 α

(c) 径向位移 y　(d) 综合位移 x、y、α

图 15-2　两轴轴线的相对位移

联轴器的类型很多，根据联轴器的性能不同，联轴器可分为刚性联轴器和挠性联轴器两大类。弹性联轴器在其结构中采用了弹性元件，所以可依靠弹性元件的变形和储能来达到缓冲减振作用，并补偿一定范围内两轴间的相对位移。根据结构中是否具有弹性元件，挠性联轴器可分为无弹性元件挠性联轴器和有弹性元件挠性联轴器，有弹性元件挠性联轴器又可分为非金属弹性元件挠性联轴器和金属弹性元件挠性联轴器。联轴器的主要类型、特点和功用见表 15-1。联轴器大多已标准化，设计人员可根据实际工作条件和使用要求，查阅有关机械设计手册选用。下面介绍几种常用的联轴器。

表 15-1　联轴器分类

<table>
<tr><th colspan="3">类　型</th><th>举　例</th><th>功　用</th></tr>
<tr><td colspan="3">刚性联轴器</td><td>凸缘联轴器、套筒联轴器、夹壳联轴器等</td><td>只能传递运动和转矩，不具备其他功能</td></tr>
<tr><td rowspan="3">挠性联轴器</td><td colspan="2">无弹性元件</td><td>齿式联轴器、链条联轴器、万向联轴器等</td><td>能传递运动和转矩，具有不同程度的轴向、径向、角位移补偿性能</td></tr>
<tr><td rowspan="2">有弹性元件</td><td>非金属弹性元件</td><td>弹性套柱销联轴器、弹性柱销联轴器，弹性柱销齿式联轴器、梅花形弹性联轴器、轮胎式联轴器、扇形块弹性联轴器等</td><td rowspan="2">能传递运动和转矩，具有不同程度的轴向、径向、角位移补偿性能；还具有不同程度的减振、缓冲作用，能改善传动系统的工作性能</td></tr>
<tr><td>金属弹性元件</td><td>膜片联轴器、簧片联轴器、蛇形弹簧联轴器、挠性杆联轴器等</td></tr>
</table>

15.1.2　刚性联轴器

刚性固定式联轴器中的元件全部由刚性零件组成。其特点是结构简单、制造容易、价格便宜,不具有缓冲减振、补偿相对位移的能力。适用于载荷平稳,转速不高,工作中轴线不会发生相对位移的两轴连接。

1. 套筒联轴器

如图 15-3 所示,套筒联轴器由连接两轴轴端的公用套筒和套筒与轴的连接零件(键或销)所组成。这种联轴器结构简单、径向尺寸小,可根据不同轴径尺寸自行设计制造。其缺点是轴向尺寸较大,装拆时相连的机器设备需作较大的轴向位移,故仅适用于传递转矩较小、转速较低,且能轴向装拆的场合。套筒联轴器一般用于无轴肩的光轴,应用较广泛。

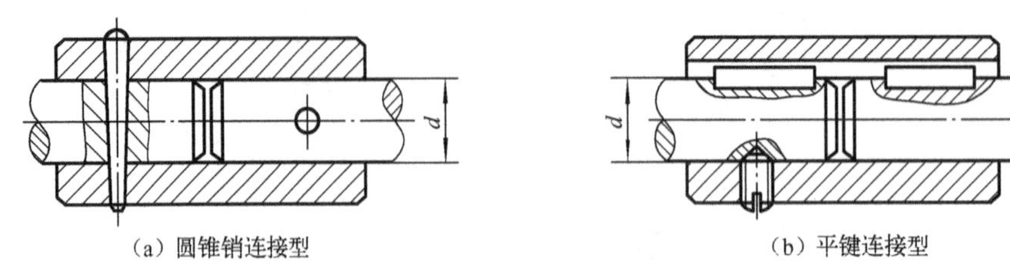

(a) 圆锥销连接型　　(b) 平键连接型

图 15-3　套筒联轴器

2. 凸缘联轴器

如图 15-4 所示,凸缘联轴器由两个分装在轴端带凸缘的半联轴器和连接它们的螺栓所组成。按对中方法不同,凸缘联轴器分为两种形式。图 15-4a 是用铰制孔螺栓实现对中的形式,其装拆比较方便,只需拆下螺栓即可。由于靠螺栓的剪切传递转矩,故联轴器的尺寸较小。图 15-4b 是利用凸肩和凹槽相嵌合而实现对中的型式,故对中精度较高,它靠普通螺栓连接的预紧力在凸缘接触表面产生的摩擦力传递转矩。由于装拆时需作轴向移动,故不宜经常拆卸。

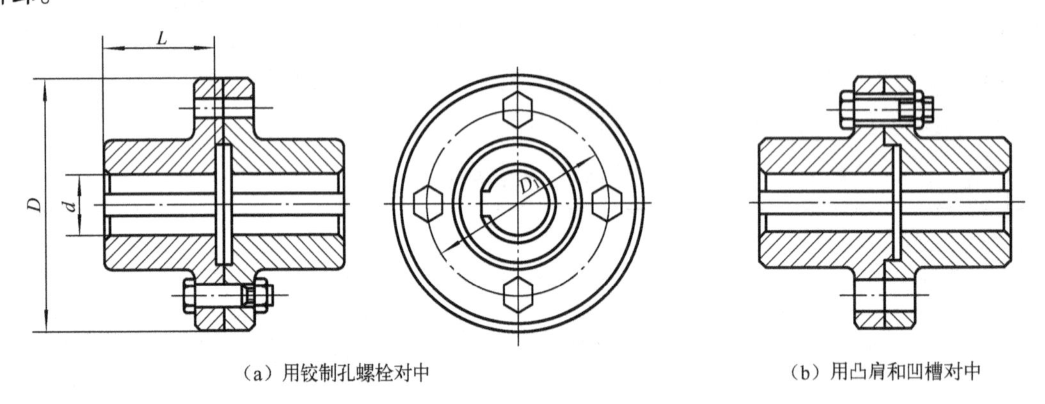

(a) 用铰制孔螺栓对中　　(b) 用凸肩和凹槽对中

图 15-4　凸缘联轴器

凸缘联轴器结构简单,传递转矩较大,但不能缓冲减振、故适用于要求对中精度较高、载荷平稳及转速不高的场合。

3. 夹壳联轴器

如图 15-5 所示,夹壳联轴器由纵向剖分的两半夹壳和连接它们的螺栓组成。这种联轴器安装和拆卸方便,轴不需要作轴向移动,但是联轴器平衡困难,需要加防护套,适用于低速,载荷平稳的场合,通常外缘速度不大于 5 m/s。

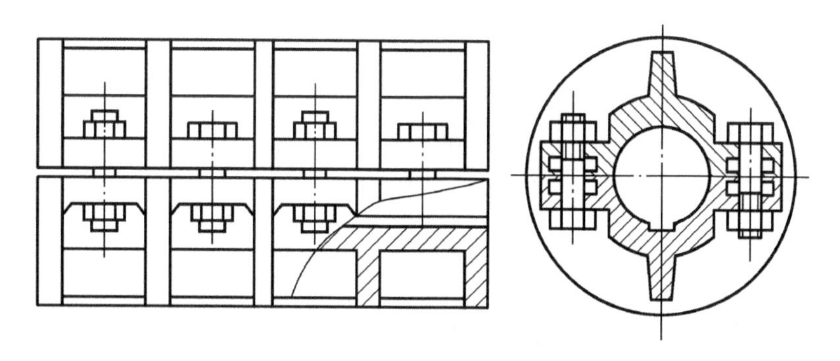

图 15-5　夹壳联轴器

15.1.3　无弹性元件的挠性联轴器

此类联轴器中的元件全部由刚性零件组成，不能起到缓冲减振作用，但具有补偿相对位移的能力。它适用于基础和机架刚性较差、工作中不能保证两轴轴线对中的两轴连接。

1. 十字滑块联轴器

如图 15-6 所示，十字滑块联轴器由两个端面开有凹槽的半联轴器 1、3 和一个两侧都有凸块的中间圆盘 2 所组成。中间圆盘两侧的凸块相互垂直（故称十字滑块），并分别嵌装在两个半联轴器的凹槽中构成移动副。当联轴器工作时，十字滑块随两轴转动，同时可补偿两轴的径向和角度位移。

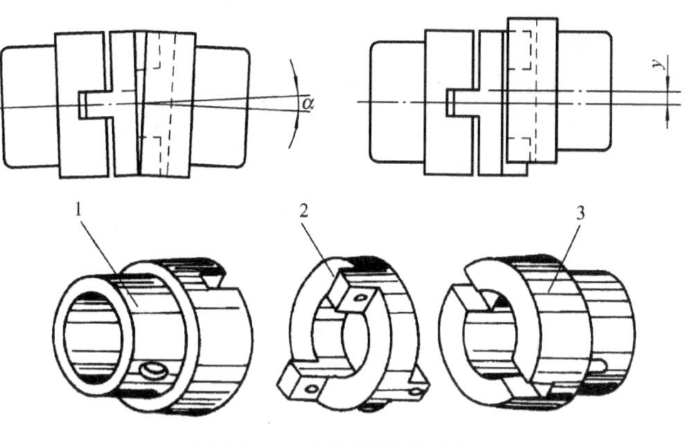

图 15-6　十字滑块联轴器

1、3—半联轴器；2—中间圆盘

十字滑块联轴器结构简单，制造方便，径向尺寸小，适用于两轴间相对径向位移较大，传递转矩较大及无冲击的低速传动场合。

2. 齿式联轴器

如图 15-7 所示，齿式联轴器由两个带外齿的半联轴器 1、2 和两个带内齿的外壳 3、4 所组成。两半联轴器分别用键与主、从动轴相连，而两外壳则用一组螺栓 5 联成一体，致使两半联轴器和两外壳之间通过内外齿相互啮合而实现连接。内、外齿的齿廓均为渐开线，齿数一般为 30 ～ 80。由于两半联轴器的外齿齿面沿齿宽方向加工成鼓形，沿齿顶方向加工成球面（见图 15-7b），且啮合齿间具有较大的顶隙和侧隙，从而使得齿式联轴器具有良好的补偿综合位移的能力。

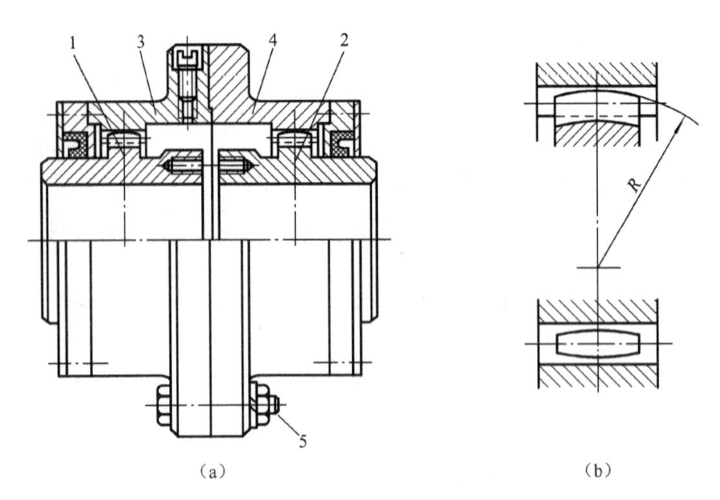

图 15-7　齿式联轴器

1、2—半联轴器;3、4—外壳;5—螺栓

齿式联轴器能传递较大的转矩,适用速度范围广,工作可靠,对安装精度要求不高;但结构复杂,重量较大,制造较难,成本较高,故主要用于重型机械中。

3. 万向联轴器

万向联轴器有多种结构形式,如十字轴式、球笼式、球叉式、球销式、球铰式等。最常用的是十字轴式万向联轴器,如图 15-8 所示,它是由叉形接头 1、3、中间连接件 2 和轴销 4(包括销套及铆钉)、5 所组成。轴销 4 与 5 互相垂直配置并分别把两个叉形接头与中间连接件连接起来,这种联轴器可以允许两轴间有较大的夹角,夹角 α 最大可达 35° ~ 45°,而且在机器运转时,夹角发生改变仍可正常工作。

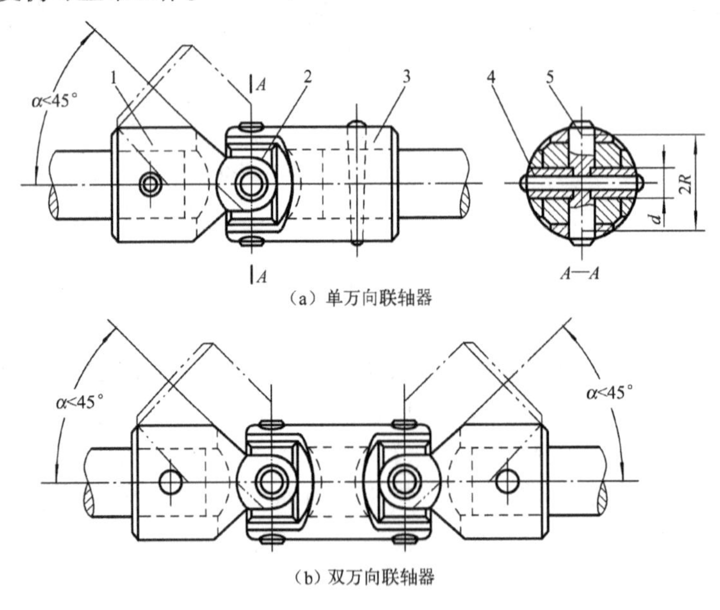

(a) 单万向联轴器

(b) 双万向联轴器

图 15-8　万向联轴器

1、3—叉形接头;2—中间连接件;4、5—轴销

万向联轴器的缺点是当主动轴的角速度 ω_1 保持不变时，从动轴的角速度 ω_2 将在 ($\omega_1\cos\alpha \leqslant \omega_2 \leqslant \omega_1/\cos\alpha$) 范围内作周期性变化，从而会引起附加动载荷。为了克服这一缺点，常将万向联轴器成对使用，见图 15-8b，并须在安装时，使中间轴两端的两个叉形接头位于同一平面内，且须保证主、从动轴轴线与中间轴轴线的偏斜角 α 相等。只有这样，才能使主、从动轴的角速度相等。

万向联轴器具有较大的角位移补偿能力，结构紧凑，维护方便，广泛用于汽车、拖拉机和机床等机械传动中。

15.1.4　有弹性元件的挠性联轴器

有弹性元件的挠性联轴器两半联轴器之间的载荷是通过弹性元件传递的。这种联轴器不但可以补偿两轴间的相对位移，而且具有缓冲减振的性能，适用于高速和正反转变化较多、起动频繁的场合。

制造弹性元件的材料有金属和非金属两种。金属材料制成的弹性元件（主要为各种弹簧）的特点是：强度高、尺寸小、承载能力大、寿命长、其性能受工作环境影响小等，但制造成本较高。非金属材料（如橡胶、塑料等）制成的弹性元件的特点是：质量轻、价格较低、缓冲或减振性能较好，但强度较低、承载能力较小、易老化、寿命短，性能受环境条件影响较大等，故使用范围受到一定限制。

1. 弹性套柱销联轴器

如图 15-9 所示，弹性套柱销联轴器在结构上类似凸缘联轴器，也有两个带凸缘的半联轴器，分别与主、从动轴相连，但连接两个半联轴器的不是螺栓而是带弹性套的柱销。弹性套为橡胶制品，柱销用 45 钢制成，其右边的圆柱部分与弹性套配合，左边的圆锥面用螺纹连接固定在左半联轴器凸缘圆周上。

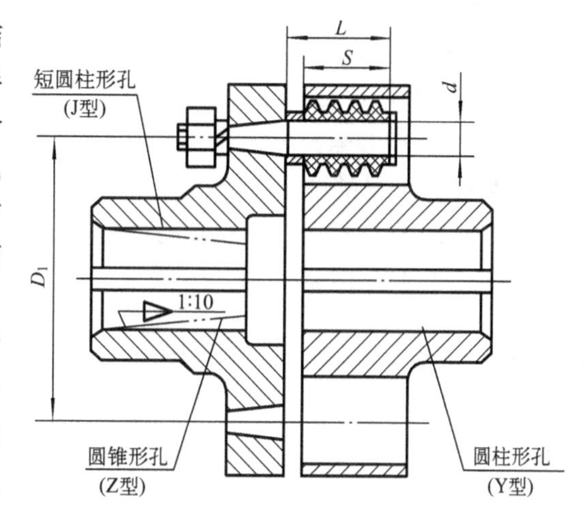

图 15-9　弹性套柱销联轴器

弹性套柱销联轴器结构简单，安装方便，易于制造，能吸振缓冲；但弹性套工作时受挤压产生的变形量不大，所以补偿相对位移量有限，缓冲吸振性能不高；适用于正反转、起动频繁、载荷较平稳和传递转矩较小的场合。

2. 弹性柱销联轴器

如图 15-10 所示，弹性柱销联轴器主要由两半联轴器 1、4 和弹性柱销 2 组成。为了防止柱销滑出，在两半联轴器的外侧用螺钉固定两挡板 3。柱销常用尼龙制造，具有一定的弹性和耐磨性。柱销的形状一般为圆柱形与鼓形的组合体；在载荷平稳、安装精度较高的情况下，也可采用整体为圆柱体的柱销。

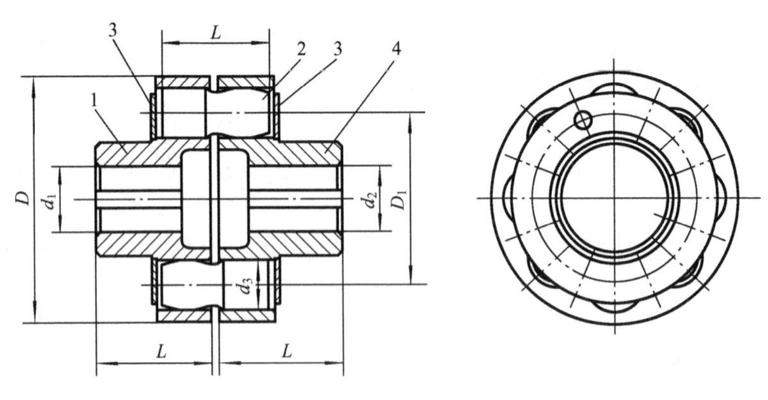

图 15-10　弹性柱销联轴器

1、4—半联轴器;2—弹性柱销;3—挡板

弹性柱销联轴器结构简单,装拆方便,传递转矩的能力较大,可起一定的缓冲吸振作用,允许两轴轴线间有少量的径向位移和角位移,适用于轴向窜动量较大,正反转变化较多和起动频繁的场合。由于尼龙销对温度较敏感,因此使用温度应控制在 -20 ~ +70℃的范围内。

15.1.5　联轴器的选择

联轴器的选择包括类型和型号(尺寸)两个方面。

1. 联轴器类型的选择

联轴器的类型主要根据机器的工作特点、性能要求(如缓冲减振,补偿位移等)结合联轴器的性能等进行选择。通常对低速、刚性大的短轴,选用刚性联轴器;对低速、刚性小的长轴,选用无弹性元件挠性联轴器;对传递转矩较大的重型机械,选用齿式联轴器;对高速且有冲击或振动的轴,选用有弹性元件挠性联轴器等。

2. 联轴器型号的选择

类型确定以后,对于已标准化的联轴器,一般可根据轴端的直径、计算转矩和转速从设计手册中选定型号尺寸。

表 15-2　工作情况系数 *K*

工作机	原动机			
	电动机	内燃机		
		四缸及四缸以上	双缸	单缸
转矩变化很小,如发电机、小型通风机、小型离心泵	1.3	1.5	1.8	2.2
转矩变化小,如木工机械、运输机、透平压缩机	1.5	1.7	2.0	2.4
转矩中等变化,如搅拌机、冲床、增压泵	1.7	1.9	2.2	2.6
转矩变化中等有冲击,如织布机、水泥搅拌机、拖拉机	1.9	2.1	2.4	2.8
转矩变化较大有较大的冲击,如造纸机械、挖掘机、起重机、碎石机	2.3	2.5	2.8	3.2
转矩变化大有强烈冲击,如压延机、重型初轧机	3.1	3.3	3.6	4.0

计算转矩 T_c 是将联轴器所传递的公称转矩 T 适当增大，以考虑工作过程中的过载、起动和制动等惯性力矩的影响。T_c 的计算公式为

$$T_c = KT \tag{15-1}$$

式中，K 是工作情况系数，见表 15-2。

例　电动机经减速器驱动水泥搅拌机工作。已知电动机的功率 $P = 5.5\ \text{kW}$，转速 $n = 960\ \text{r/min}$，电动机轴的直径为 $d = 38\ \text{mm}$，试选择电动机与减速器之间所需的联轴器。

解：1. 类型选择

为了隔离振动与冲击，选用弹性套柱销联轴器。

2. 求计算转矩 T_c

公称转矩

$$T = 9\,550\frac{P}{n} = 9\,550 \times \frac{5.5}{960} = 54.71\ \text{N} \cdot \text{m}$$

根据表 15-1，由原动机为电动机，工作机为水泥搅拌机查得：工作情况系数 $K = 1.9$。所以根据式（15-1）得计算转矩为

$$T_c = KT = 1.9 \times 54.71 = 103.95\ \text{N} \cdot \text{m}$$

3. 型号选择

从表 15-3 中查得，当半联轴器材料采用钢时，LT6 型弹性套柱销联轴器的许用转矩为 250 N · m，许用最大转速为 3 800 r/min，轴径范围为 32 ～ 42 mm 之间，故适合选用。

表 15-3　TL 型弹性套柱销联轴器（摘自 GB/T 4323—2002）

型号	公称转矩 $T/(\text{N} \cdot \text{m})$	许用转速 $[n]/(\text{r} \cdot \text{min}^{-1})$	轴孔直径 d / mm
LT4	63	5700	20、22、24
			25、28
LT5	125	4600	25、28
			30、32、35
LT6	250	3800	32、35、38
			40、42

15.2 离 合 器

15.2.1 离合器的组成与分类

离合器主要由主动部分、从动部分、接合元件和操纵部分组成。主动部分与主动轴为固定连接，上面还安装有接合元件。从动部分有的与从动轴为固定连接，有的则可相对于从动轴作

轴向移动并与操纵部分相连，同样在从动部分上也安装有接合元件。操纵部分控制接合元件的接合与分离，以实现两轴间转动和转矩的传递或中断。

离合器种类较多，按离合方式不同可分成操纵离合器和自动离合器两大类。操纵离合器可根据操纵方式分为机械操纵、电磁操纵、气压和液压离合器等。自动离合器可根据工作原理分为超越、离心和安全离合器等。离合器又可按接合元件的工作原理分为嵌合式离合器和摩擦式离合器两种基本类型。嵌合式离合器结构简单、传递转矩大，主、从动轴同步转动，结构紧凑；但接合时有刚性冲击，故只能在静止或两种转速相差不大时接合。摩擦式离合器分离与接合较平稳，过载时可自行打滑，但主、从动轴不能严格同步，接合时会产生摩擦热，且摩擦元件易磨损。

15.2.2 操纵离合器

1. 牙嵌离合器

如图 15-11 所示，牙嵌离合器由两个端面制有凸出牙齿的两个半离合器 1、2 组成。半离合器 1 用平键和主动轴连接，而半离合器 2 则用导向平键 3（或花键）与从动轴连接，并由操纵装置带动滑环 4 使其沿导向平键在从动轴上作轴向移动，实现两个半离合器的分离与接合。固定在半离合器 1 中的对中环 5 是用来保证两轴对中的。牙嵌离合器是靠牙的互相嵌合来传递运动和转矩的。

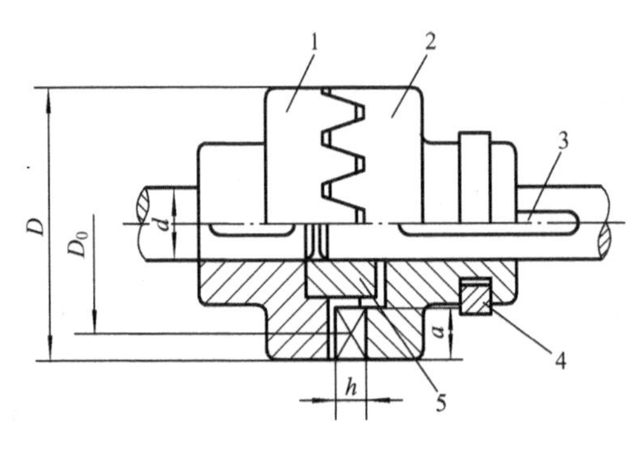

图 15-11 牙嵌离合器

1、2—半离合器；3—导键；4—滑环；5—对中环

牙嵌离合器常用的牙型有矩形、梯形和锯齿形（见图 15-12）三种。矩形牙不便于离合，仅用于小转矩、静止状态下手动接合；梯形牙强度较高，能传递较大的转矩，离合比矩形牙容易，且能自动补偿牙的磨损和牙侧间隙，故应用最广；锯齿形牙便于接合，强度最高，能传递的转矩最大，但只能单向工作。

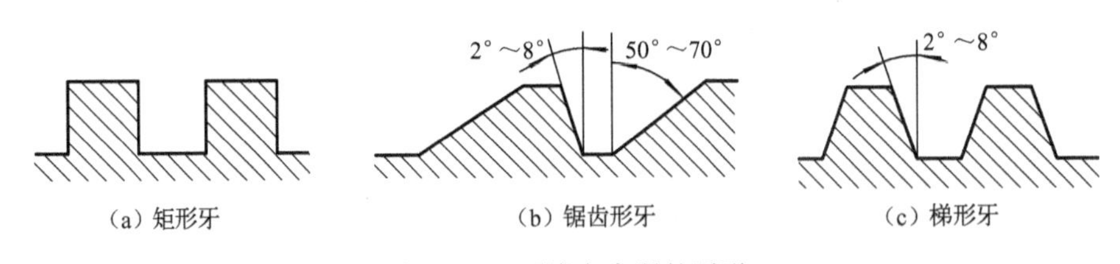

图 15-12 牙嵌离合器的牙形

牙嵌离合器结构简单，外廓尺寸小，接合后两轴无相对转动，适合于低速或静止状态下接合，且要求严格保证传动比的场合。

2. 圆盘摩擦离合器

圆盘摩擦离合器有单片式和多片式两种。图 15-13 为单片式摩擦离合器，主动摩擦盘 2 与主动轴 1 之间通过平键和轴肩实现周向和轴向定位，从动摩擦盘 3 通过导向平键 6 与从动轴 5 周向定位，由操纵装置拨动滑环 4 使其在从动轴上左右滑动。工作时，可向左施力使两摩擦圆盘接触并压紧，从而产生摩擦力来传递运动和转矩。单片圆盘摩擦离合器结构简单，散热性好，但传递的转矩有限，仅适用于包装，纺织等机械。

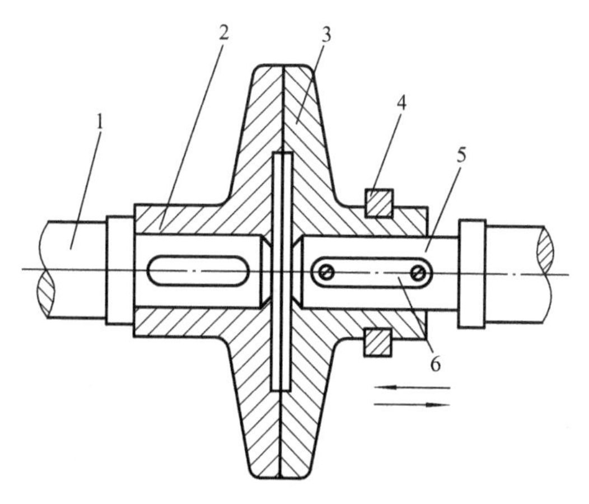

图 15-13　单片圆盘摩擦离合器

1—主动轴；2—主动摩擦盘；3—从动摩擦盘；4—滑环；5—从动轴；6—导向平键

图 15-14 为多片圆盘摩擦离合器。它有两组摩擦片，其中一组外摩擦片 3 和外壳 2 连接（外圆齿插入外壳槽内），另一组内摩擦片 4 和套筒 9 连接（内圆齿插入套筒槽内）。外壳 2 和套筒 9 分别固定在主、从动轴 1 和 10 上，内、外摩擦片交错排列。工作时，向左移动滑环 8，通过杠杆 7 可使两组摩擦片压紧，此时离合器处于接合状态。同主动轴和外壳一起转动的外摩擦片通过摩擦力将运动和转矩传递给内摩擦片，从而带动套筒和从动轴转动。若向右移动滑环 8 时，杠杆 7 在弹簧片 6 的作用下放松摩擦片，离合器即分开。调节螺母 5 是用来调节内外摩擦片组间的压力。摩擦片数目多，可以增大所传递的转矩；但片数过多，会影响分离动作的灵敏性，故通常限制在 10 ～ 15 对以下。多片圆盘摩擦离合器能传递较大的转矩而又不会使其径向尺寸过大，故在机床、汽车及摩托车等机械中应用广泛。

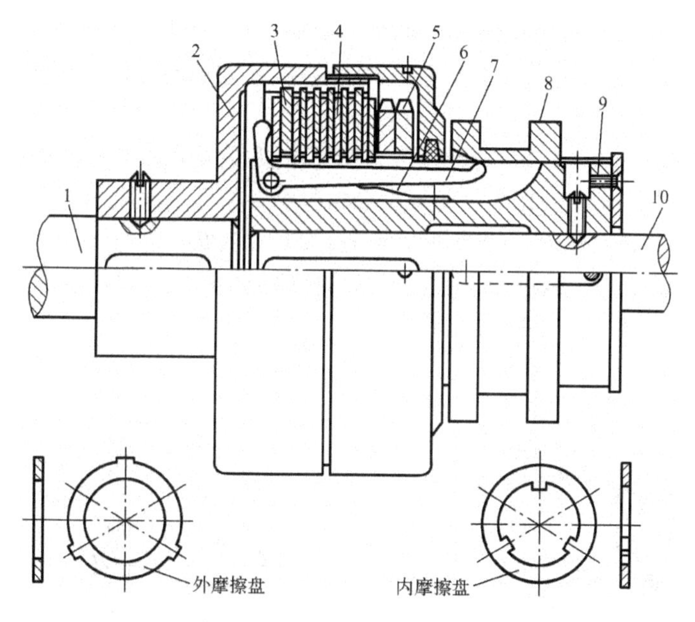

图 15-14　多片圆盘摩擦离合器

1—主动轴；2—外壳；3—外摩擦片；4—内摩擦片；5—调节螺母；6—弹簧；7—杆杠；8—滑环；9—套筒；10—从动轴

15.2.3 自动离合器

自动离合器是一种根据机器运动和动力参数,如转速、转矩等的变化而自动完成接合和分离动作的离合器。

1. 超越离合器

如图15-15所示的滚柱超越离合器,它由星轮1、外环2、滚珠3和弹簧顶杆4组成。当星轮为主动件并顺时针转动时,滚柱被摩擦力带动而楔紧在槽的狭窄部分,从而带动外环一起转动,此时离合器处于接合状态。当星轮反向转动时,滚柱受摩擦力的作用被推到槽中宽敞部分,外环即不随星轮转动,这时离合器处于分离状态。如果星轮仍按顺时针方向转动,而外环从另一运动链获得与星轮转向相同而转速较大的运动时,则按相对运动原理,离合器处于分离状态。由于这种离合器的接合和分离与星轮与外环间速度差有关,因此称为超越离合器,有时又称它为差速离合器。

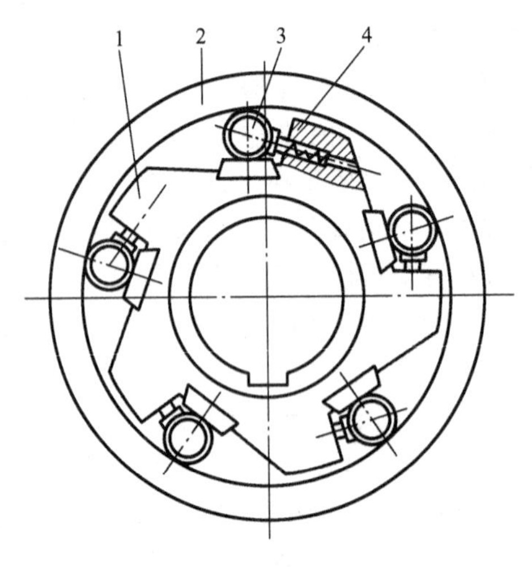

图15-15 超越离合器

1—星轮;2—外环;3—滚珠;4—弹簧顶杆

2. 安全离合器

安全离合器通常有嵌合式和摩擦式两种。当转矩超过一定的数值时,安全离合器将使主动轴和从动轴分开或打滑,从而防止机器中重要零件的损坏。

牙嵌安全离合器(见图15-16)和牙嵌离合器很相似,只是牙面的倾斜角 α 较大,并由弹簧压紧机构代替滑环操纵机构。工作时,两半离合器由弹簧2的压紧力使牙盘3、4嵌合以传递转矩。当转矩超过一定值时,接合牙面上的轴向力将超过弹簧力和摩擦阻力而使两半离合器分离;当转矩降低到某一个确定值以下,离合器会自动接合。弹簧压力的大小可通过螺母1进行调节。

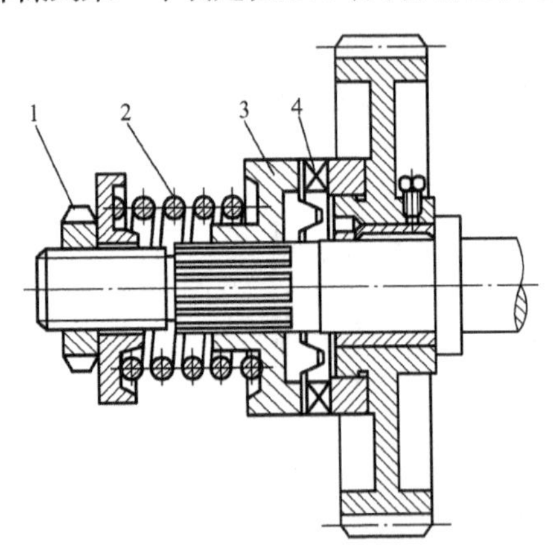

图15-16 牙嵌安全离合器

1—调节螺母;2—弹簧;3、4—牙盘

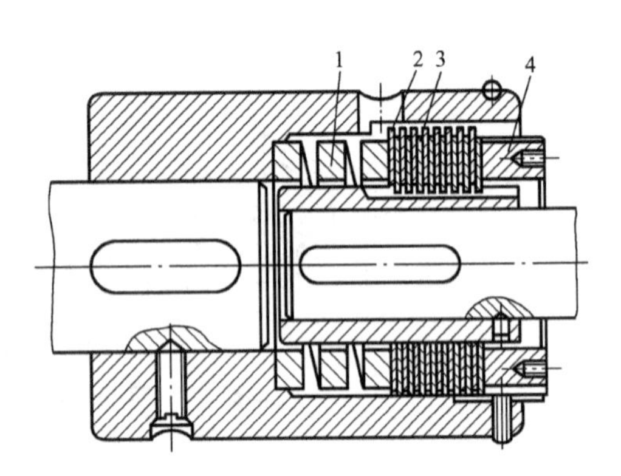

图15-17 多片圆盘摩擦安全离合器

1—弹簧;2—外摩擦片;

3—内摩擦片;4—调节螺母

多片圆盘摩擦安全离合器(见图 15-17)和多片圆盘摩擦离合器相似,只是没有操纵机构,而是用弹簧 1 将内、外摩擦片组 3、2 压紧,并用螺母 4 调节压紧力的大小。当工作转矩超过离合器所能传递的转矩时,摩擦片接触面间因摩擦力不足而发生打滑,从而对机器起到安全保护的作用。

15.3　制　动　器

制动器是用于机械减速或使其停止的装置。有时也用作调节或限制机械的运动速度。它是保证机械正常安全工作的重要部件。

15.3.1　制动器的组成与分类

制动器主要由制动架、摩擦元件和松闸器等组成。许多制动器还装有自动调整间隙的装置。为了减小制动转矩,缩小制动器尺寸,通常将制动器装在机械的高速轴上,或装在减速器的输入轴上。某些安全制动器则装在低速轴或卷筒轴上,以防在传动机构断轴时物品的坠落。

制动器按工作状态可分为常闭式和常开式。常闭式制动器靠弹簧或重力的作用经常处于紧闸状态,而机构运行时,则用人力或松闸器使制动器松闸。与此相反,常开式制动器经常处于松闸状态,只有施加外力时才能使其紧闸。

制动器按构造特征可分为摩擦式制动器和非摩擦式制动器。摩擦式制动器有:外抱块式制动器、内张蹄式制动器、带式制动器和盘式制动器;非摩擦式制动器有:磁粉式制动器、磁涡流式制动器和水涡流式制动器。

常用的制动器多采用摩擦式制动器,即利用摩擦元件之间产生摩擦阻力矩来消耗机械运动部件的动能,以达到制动的目的。制动器的制动架是其他部分安装和支承的基础。摩擦元件与制动轮以面相接触,以产生制动摩擦力矩。松闸器则将作用于制动器的驱动力放大并传递给摩擦元件以实现制动(紧闸)或使摩擦元件与制动轮脱离接触而松闸。另外,许多制动器摩擦元件的间隙还装有自动调整装置。

本章介绍几种常用的摩擦式制动器。

15.3.2　常用摩擦制动器

1. 带式制动器

如图 15-18 所示为带式制动器工作原理图。当施加外力 F 时,杠杆 1 便收紧制动带 2 而抱住制动轮 3,此时凭借带与制动轮之间产生的摩擦力矩以实现制动;当通过电磁铁 4 提起杠杆 1 时,即使制动带 2 与制动轮 3 脱开而松闸。带式制动器的优点是:结构简单、尺寸紧凑、可以产生较大的制动转矩。缺点是:制动时轴受力大,带和制动轮间压力不均匀,从而磨损也不均匀,且带易断裂。为了增强制动效果,在制动带上可衬垫石棉基摩擦材料或粉末冶金材料等。带

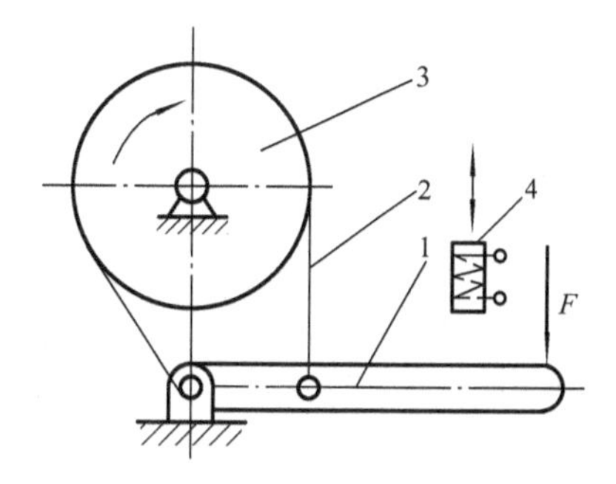

图 15-18　带式制动器工作原理图

1—杠杆;2—制动带;3—制动轮;4—电磁铁

式制动器常用于大型机械,要求结构紧凑的场合,如用于起重运输机械中。

2. 外抱块式制动器

如图 15-19 所示为外抱块式制动器工作原理图。当铁芯线圈 1 通电时,电磁铁 2 与铁芯线圈 1 中的铁心相吸,致使电磁铁 2 绕 O 点逆时针转动一个角度,于是压推杆 3 向右移动,随之主弹簧 4 被压缩,于是左、右两制动臂 8 带动左右两闸瓦 6 向外摆动而松闸。辅助弹簧 5 将在松闸时促使左右两制动臂和闸瓦离开制动轮 7。断电时,在主弹簧 4 的拉力作用下,左右两制动臂被拉拢,从而压紧制动轮进行制动。闸瓦的材料可用铸铁,也可用在铸铁上覆以皮革或石棉带等。外抱块式制动器的优点是:制动和开启迅速、尺寸小、质量轻、易于调整瓦块间隙。缺点是:制动时冲击力大,电能消耗也大,不宜用于制动力矩大和需要频繁制动的场合。外抱块式制动器常用于车辆的车轮和电动葫芦中。

3. 内张蹄式制动器

图 15-20 所示为内张蹄式制动器工作原理图。制动时,压力油进入油缸 4,推动左右两活塞移动,在活塞力 F 的作用下,两制动蹄 1 以销轴 2 为支点向外摆动,压紧在制动轮 3 的内表面上,实现制动。油路卸压后,弹簧 5 使两制动蹄与两制动轮分离,制动器处于松开状态。内张蹄式制动器的特点是:结构紧凑,散热性好,密封容易。可用于安装空间受限制的场合,广泛用于轮式起重机,各种车辆,如汽车、拖拉机等的车轮中 。

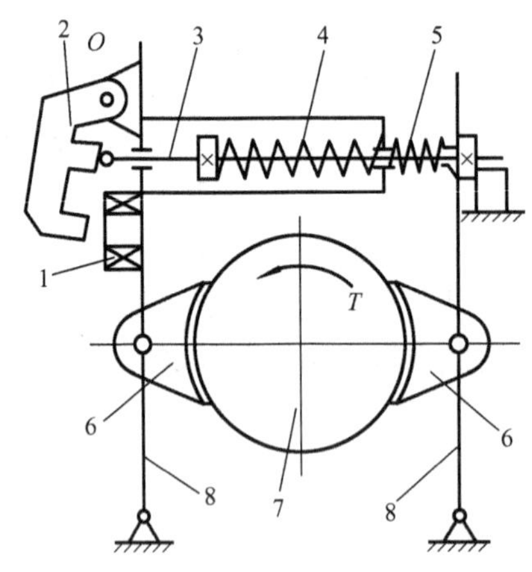

图 15-19 外抱块式制动器工作原理图
1—铁芯线圈;2—电磁铁;
3—推杆;4—主弹簧;5—辅助弹簧;
6—左、右闸瓦;7—制动轮;8—左、右制动臂

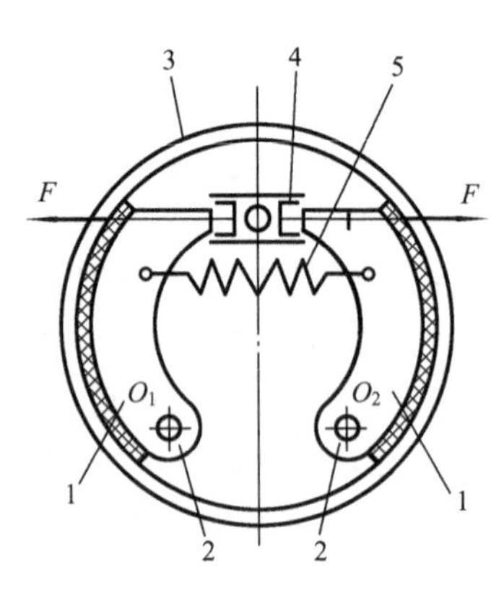

图 15-20 内张蹄式制动器
1—制动蹄;2—销轴;
3—制动轮;4—油缸;5—弹簧

15. 3. 3 制动器的选择

制动器类型应根据使用要求和工作条件来选择。选择时应考虑以下几点:

(1) 需要使用制动器的机械工作性质和条件。例如对于起重机械的起升和变幅机构须采用常闭式制动器。而对于车辆及起重机械的运行和旋转机构等,为了控制制动转矩的大小以便准确停车,则多采用常开式制动器。

(2) 应满足制动器的工作要求。例如用于支承物品的制动器,其制动转矩必须有足够的安全裕度。对于有高安全性要求的机械,如运送熔化金属的起升机构,必须装两个制动器,每一个制动器都能安全地支持铁水包而不致坠落。对于落重制动器，应考虑散热问题，它必须有足够的散热面积，能将在制动时重物位能所产生的热量散去，以免过热损坏或失效。

（3）应考虑应用的场所。如安装制动器的地点有足够的空间时，则可选用外抱块式制动器，空间受限制处，则可采用内张蹄式、带式制动器。制动器通常安装在机械的高速轴上，以减小所需的制动力矩。大型设备的安全制动器则应装在设备工作部分的低速轴或卷筒上，以防传动系统断轴时重物坠落。

复习思考题

15-1　联轴器和离合器的功用是什么？二者有何区别？

15-2　常见的联轴器有哪些主要类型，其结构特点及使用范围如何？

15-3　在选择联轴器时，应考虑哪些主要因素？

15-4　凸缘式联轴器如何对中？

15-5　万向联轴器有何特点？双万向联轴器安装时应注意什么问题？

15-6　常用离合器分为哪两大类？试举例说明其特点、工作原理及应用场合。

15.7　制动器有哪几种类型？试举例说明其结构、特点及应用场合。

习　题

15-1　一直流发电机的转速 $n=3\,000$ r/min，最大功率 $P=20$ kW，外伸轴直径 $d=45$ mm，试选择联轴器型号（只要求与发电机轴连接的半联轴器满足直径要求）。

15-2　电动机与离心泵之间用联轴器相联。已知电动机功率 $P=22$ kW，转速 $n=970$ r/min，电动机外伸轴直径 $d=55$ mm，水泵外伸轴直径 $d=50$ mm试选择联轴器型号，并写出其标记。

15-3　一带式制动器（见图 15-21），其鼓轮直径 $D=50$ mm，杠杆尺寸 $a=c=50$ mm，$b=300$ mm，闸带与鼓轮间摩擦因数 $f=0.2$，包角 $\alpha=270°$。若制动力矩 $T=50$ N·m，试求加在杠杆顶端的作用力 F。

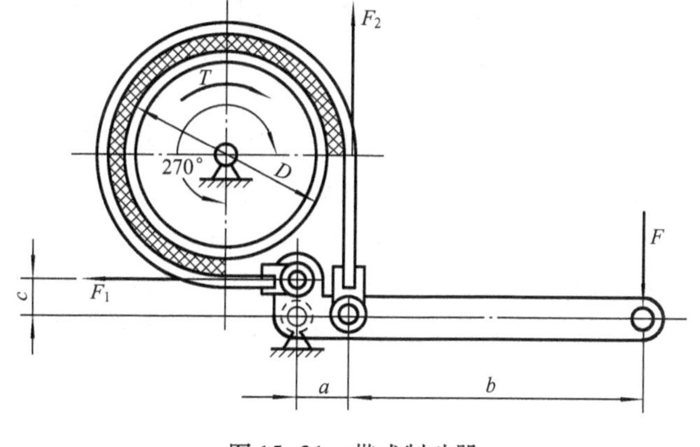

图 15-21　带式制动器

第 16 章　弹　　簧

本章学习提要

弹簧是一种特殊的零件，其功用和结构与其他零件有明显的区别，在机械设计中正确的选用弹簧，可以解决一些用其他零件不能解决的问题。

本章学习要点包括：①了解弹簧的功用、类型、结构、特点及其应用。②能够按照工作要求选择弹簧的材料。③掌握圆柱螺旋弹簧的设计。

本章重点是圆柱螺旋弹簧的设计。

16.1　弹簧的功用与类型

16.1.1　弹簧的功用

弹簧是机械中广泛使用的一种弹性元件。在外载荷作用下，弹簧能产生较大的弹性变形，把机械功或动能转变为变形能；当外载荷卸除后，弹簧又能迅速地恢复原形，把变形能转变为机械功或动能。由于弹簧具有这种变形和储能、释能的功能，所以弹簧在各种机器、仪器及日常用具中得到广泛的应用，其主要功用有：

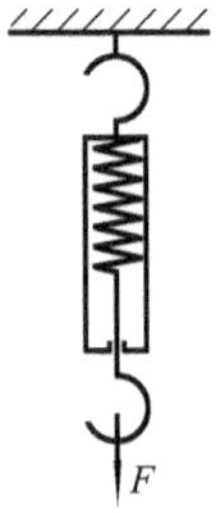

(1) 测量力和力矩的大小　如测力器、弹簧秤(见图 16-1)中的弹簧等。这类弹簧要求有稳定的载荷 - 变形性能。

(2) 缓冲吸振　如汽车中的减振弹簧(见图 16-2)、铁路机车车辆的缓冲器、弹性联轴器中的弹簧等。这类弹簧具有较大的弹性变形，以便吸收较多的冲击能量。有些弹簧在变形过程中能依靠摩擦消耗部分能量以增加缓冲和吸振的作用。

图 16-1　弹簧秤

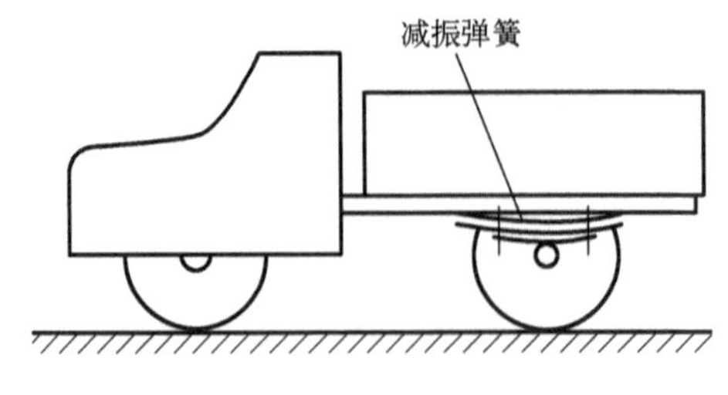

图 16-2　汽车减振弹簧

(3) 储存和释放能量 如仪表和仪器中的弹簧(见图16-3)、自动机床的刀架自动返回装置中的弹簧,经常开闭的容器中的弹簧等。这类弹簧既要求有较大的弹性,又要求有稳定的作用力。

(4) 控制运动 例如阀门、离合器(见图16-4)、制动器和凸轮机构中的弹簧等。这类弹簧要求在其变形范围内作用力变化不大。

图16-3 钟表发条(弹簧)

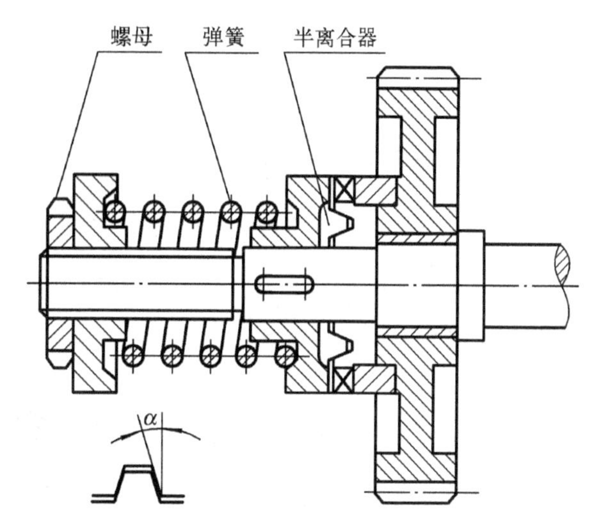

图16-4 安全离合器控制弹簧

16.1.2 弹簧的类型

为了满足不同的工作要求,弹簧有各种不同的类型。按照承受载荷的不同,弹簧可以分为拉伸弹簧、压缩弹簧、扭转弹簧和弯曲弹簧等。按照形状的不同,弹簧可以分为螺旋弹簧、环形弹簧、碟形弹簧、板簧和涡卷弹簧等。按照所使用材料的不同,弹簧可以分为金属弹簧和非金属弹簧。表16-1列出了弹簧的基本类型。

螺旋弹簧是用弹簧丝按螺旋线卷绕而成,由于制造简便,故应用广泛。本章主要介绍圆柱螺旋压缩和拉伸弹簧的结构形式、基本参数和计算方法。

环形弹簧是由分别带有内外锥形的钢制圆环交错叠合制成的。它比碟形弹簧更能缓冲吸振,常用作机车车辆、锻压设备和起重机中的重型缓冲装置。

碟形弹簧是用钢板冲压成截锥形的弹簧。这种弹簧的刚性很大,能承受很大的冲击载荷,并具有较好的吸振能力,所以常用作缓冲弹簧。

涡卷弹簧是由钢带盘绕而成,常用作仪器、钟表的储能装置。

板弹簧是由若干长度不等的条状钢板叠合一起并用簧夹夹紧而成。这种弹簧变形大,由于各层钢板间的摩擦能吸收能量,它的吸振能力强,常用作车辆减振弹簧。

表 16-1　弹簧的基本类式

按载荷分 按形状分	拉　伸	压　缩	扭　转	弯　曲
螺旋形	圆柱螺旋拉伸弹簧 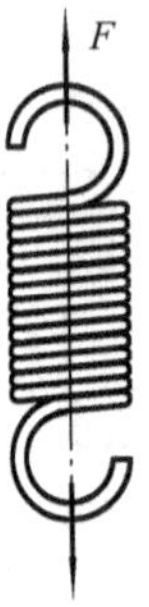	圆柱螺旋压缩弹簧 圆锥螺旋压缩弹簧 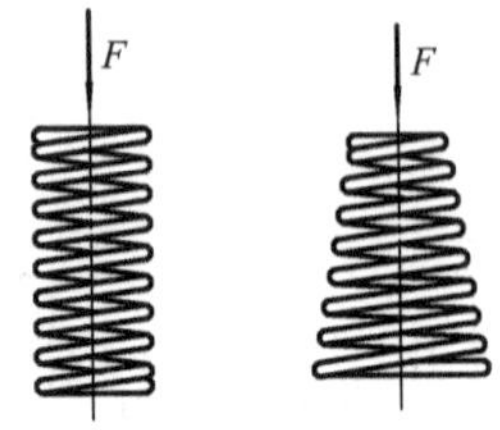	圆柱螺旋扭转弹簧 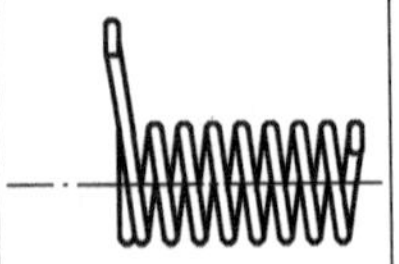	
其他形		蝶形弹簧 环形弹簧 截锥涡卷弹簧 橡胶弹簧 空气弹簧 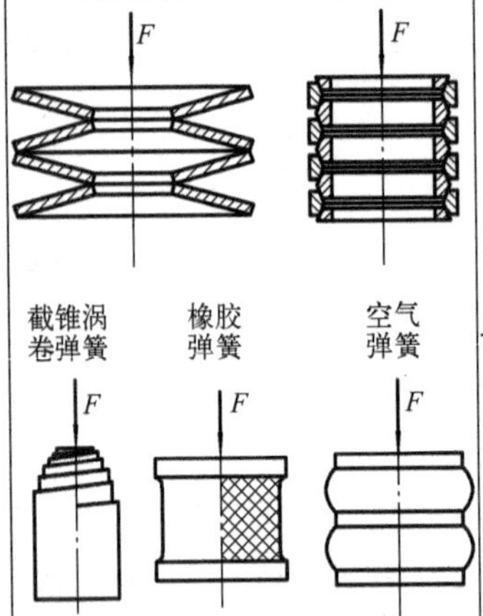	平面涡卷弹簧 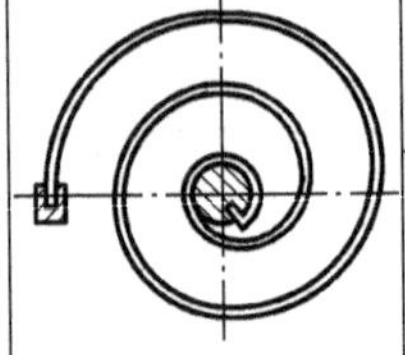	板弹簧 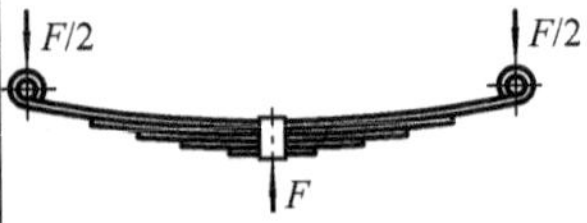

常用的非金属弹簧有橡胶弹簧和空气弹簧。由于材料内部的阻尼作用，橡胶弹簧在加载、卸载过程中摩擦功耗大，吸振能力强，外形不受限制，可承受多方向的载荷。空气弹簧是在密闭的橡胶柔性容器中充满压缩空气，利用空气的可压缩性实现弹簧功能，可按工作需要设计特性曲线和调节高度，多用于车辆悬挂装置。

16.2　弹簧的材料、许用应力和制造

16.2.1　弹簧的材料和许用应力

弹簧在工作时常受到变载荷或冲击载荷的作用，为了保证弹簧能够持久可靠地工作，弹簧材料必须具有较高的弹性极限和疲劳极限，足够的冲击韧性、塑性和良好的可热处理性。

常用的弹簧材料有碳素弹簧钢丝、重要用途碳素弹簧钢丝、油淬火－回火弹簧钢丝、合金弹簧钢丝、不锈弹簧钢丝、铜及铜合金线材和铍青铜线材等，表 16-2 为常用弹簧材料及其性

能。弹簧材料的抗拉强度和许用应力分别见表 16-3 和表 16-4。

表 16-2　常用金属弹簧材料及其力学性能(摘自 GB/T 23935—2009)

类别	牌　　号	许用切应力 [τ]/MPa			许用弯曲应力 [σ_b]/MPa		切变模量 G/GPa	弹性模量 E/ GPa	推荐硬度范围 HRC	推荐使用温度 ℃	特性及用途
		Ⅰ类弹簧	Ⅱ类弹簧	Ⅲ类弹簧	Ⅱ类弹簧	Ⅲ类弹簧					
碳素钢丝	65、70 65Mn、70Mn	$0.3\sigma_b$	$0.4\sigma_b$	$0.5\sigma_b$	$0.5\sigma_b$	$0.625\sigma_b$	d=0.5～4：78.5～81.5 d>4：78.5	d=0.5～4：202～204 d>4：197	—	-40～120	强度高,性能好,适用于做小弹簧(d≤8 mm)或要求不高、载荷不大的大弹簧
合金钢丝	60Si2Mn 60Si2MnA	471	627	785	785	981	78.5	197	45～50	-40～200	弹性好,回火稳定性好,易脱碳,用于受大载荷的弹簧
	50CrVA 30W4Cr2VA	441	588	735	735	922	78.5	197	43～47	-40～210	高温时强度高,淬透性好
不锈钢丝	1Cr18Ni9 1Cr18Ni9Ti	324	432	533	533	677	71.6	193	—	-250～300	耐腐蚀,耐高温,工艺性好,适用于做小弹簧(d<10 mm)
	4Cr3	441	588	735	735	922	75.5	215	48～53	-40～300	耐腐蚀,耐高温,适用于做大弹簧
不锈钢丝	0Cr17Ni7Al 0Cr15Ni12Mo2	471	628	785	785	981	73.5	183	—	-200～300	强度、硬度很高,耐高温,加工性能好,适用于形状复杂、表面状态要求高的弹簧
铜合金丝	QSi3—1	265	353	441	441	549	40.2	93.2	90～100HB	-40～120	耐腐蚀,防磁性好
	QSn4—3 QSn65—0.1						39.2				
	QBe2	353	441	549	549	735	42.2	129.5	37～40		耐腐蚀,防磁,导电性及弹性好

注:表中[τ]、[σ_b]、G 和 E 值,是在常温下按表中推荐硬度范围的下限值。

选择材料时,应考虑到弹簧的用途、重要程度、使用条件(包括载荷性质、大小及循环特性、工作持续时间、工作温度和周围介质情况等)、加工、热处理和经济性等因素。同时,也要参照现有设备中使用的弹簧,选择出较为适用的材料。

弹簧材料的许用应力与材料的种类及弹簧类别有关。弹簧按载荷性质可分为三类:Ⅰ类弹簧为受变载荷循环次数 $N>10^6$或重要的弹簧;Ⅱ类弹簧为受变载荷循环次数 $N=10^3\sim10^5$或承受冲击载荷的弹簧;Ⅲ类弹簧为受变载荷循环次数 $N<10^3$或基本为静载荷的弹簧。碳素弹簧钢按其力学性能分为 B、C 和 D 级。B 级用于低应力弹簧,C 级用于中应力弹簧,D 级用于高应力弹簧。碳素弹簧钢丝的许用应力与弹簧的类别、级别和弹簧钢丝的直径有关,不同级别的碳素弹簧钢丝的抗拉强度 σ_b见表 16-3。

表 16-3　碳素弹簧钢丝的抗拉强度 σ_b(摘自 GB/T 23935—2009)(单位:MPa)

弹簧直径 d/mm	B 级低应力弹簧	C 级中应力弹簧	D 级高应力弹簧
1.0	1 660～2 010	1 960～2 360	2 300～2 690
1.2	1 620～1 960	1 910～2 250	2 250～2 550

续表

<table>
<tr><th>弹簧直径 d/mm</th><th>B 级低应力弹簧</th><th>C 级中应力弹簧</th><th>D 级高应力弹簧</th></tr>
<tr><td>1.4</td><td>1 620～1 910</td><td>1 860～2 210</td><td>2 150～2 450</td></tr>
<tr><td>1.6</td><td>1 570～1 860</td><td>1 810～2 160</td><td>2 110～2 400</td></tr>
<tr><td>1.8</td><td>1 520～1 810</td><td>1 760～2 110</td><td>2 010～2 300</td></tr>
<tr><td>2.0</td><td>1 470～1 760</td><td>1 710～2 010</td><td>1 910～2 200</td></tr>
<tr><td>2.2</td><td rowspan="2">1 420～1 710</td><td rowspan="2">1 660～1 960</td><td>1 810～2 110</td></tr>
<tr><td>2.5</td><td>1 760～2 060</td></tr>
<tr><td>2.8</td><td rowspan="2">1 370～1 670</td><td>1 620～1 910</td><td>1 710～2 010</td></tr>
<tr><td>3.0</td><td rowspan="3">1 570～1 810</td><td>1 710～1 960</td></tr>
<tr><td>3.2</td><td rowspan="2">1 320～1 620</td><td rowspan="2">1 660～1 910</td></tr>
<tr><td>3.5</td></tr>
<tr><td>4.0</td><td rowspan="2">1 320～1 570</td><td rowspan="2">1 520～1 760</td><td rowspan="2">1 620～1 860</td></tr>
<tr><td>4.5</td></tr>
<tr><td>5.0</td><td rowspan="2">1 270～1 520</td><td rowspan="2">1 470～1 710</td><td rowspan="2">1 570～1 810</td></tr>
<tr><td>5.5</td></tr>
<tr><td>6.0</td><td>1 220～1 470</td><td>1 420～1 660</td><td>1 520～1 760</td></tr>
</table>

16.2.2 圆柱螺旋弹簧的制造及端部结构

1. 圆柱螺旋弹簧的制造

螺旋弹簧的制造工艺包括：卷制、挂钩的制作（拉伸或扭转弹簧）或磨制端面圈（压缩弹簧）、热处理、工艺试验、强压或喷丸处理、检验等。

弹簧卷制分冷卷及热卷两种。冷卷用于经预先热处理后拉成的直径小于 8 ～ 10 mm 的弹簧钢丝，冷卷成弹簧后不再进行淬火处理，只进行回火处理以消除在卷制时产生的内应力。直径较大的弹簧钢丝制作的弹簧采用热卷法，热卷时的温度依据弹簧钢丝直径的大小在 800℃～1 000℃的范围内选择，卷制完成后，需要再进行淬火和回火处理，热处理后的弹簧表面不应该出现显著的脱碳现象。

弹簧在卷制及热处理后，要根据弹簧技术条件的规定进行表面检验、尺寸检验及工艺试验，以确保弹簧符合技术要求。

为了提高承载能力，在弹簧制成后进行强压处理或喷丸处理。强压处理是使弹簧在超过极限应力的作用下持续 6 ～ 8 h，以便在弹簧丝表层高应力区产生塑性变形和有益的与工作应力反向的残余应力，使弹簧在工作时的最大应力下降，从而提高弹簧的承载能力。强压处理后的弹簧不允许再进行热处理，也不宜在较高温度（150℃ ～ 450℃）、交变载荷及腐蚀介质中使用。

喷丸处理是在弹簧热处理后，用钢丸或砂丸高速喷射弹簧表面，使其表面受到冷作硬化，产生有益的残余应力，改善弹簧表面质量、提高疲劳强度和冲击韧性。弹簧经喷丸处理后，最大可提高 50% 的疲劳强度。

2. 圆柱螺旋弹簧的端部结构

为了便于使用,弹簧的端部一般会根据需要做成各种各样的型式。圆柱螺旋弹簧的端部结构型式及代号可以查阅机械设计手册。

圆柱螺旋弹簧的端部结构形式很多,压缩弹簧的两端各有3/4 ～ 5/4 圈与邻圈并紧,只起支持作用,不参与变形,故称支撑圈(或死圈)。支撑圈两端面与弹簧座接触,常见的端部结构有并紧磨平的YⅠ型和并紧不磨平的YⅡ型两种,如图16-5所示。在重要场合应采用YⅠ型以保证两支承端面与弹簧的轴线垂直,从而使弹簧受压时不歪斜,两端磨平部分的长度不少于3/4圈,弹簧丝末端厚度一般为 $d/4$。

拉伸弹簧的端部制出挂钩,以便安装和加载,常用的端部结构形式见图16-6。其中LⅠ型和LⅡ型制造方便,应用广泛,但因在挂钩过渡处产生很大的弯曲应力,故只宜用于弹簧丝直径 $d \leqslant 10$ mm的弹簧,LⅦ型和LⅧ型挂钩受力情况较好,且可转向任何位置,便于安装。对受力较大的重要弹簧,最好采用LⅦ型挂钩,但其制造成本较高。压缩弹簧,采用LⅦ型挂钩,可变为拉伸弹簧。

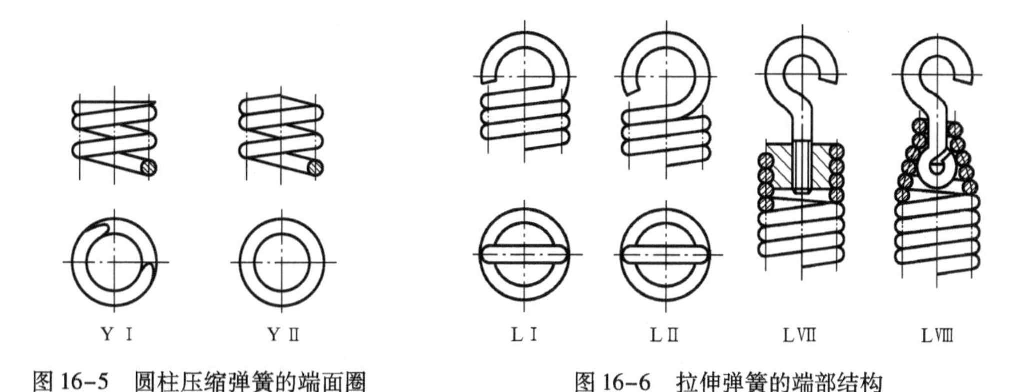

图16-5 圆柱压缩弹簧的端面圈

图16-6 拉伸弹簧的端部结构

16.3 圆柱螺旋压缩(拉伸)弹簧的设计计算

16.3.1 几何参数计算

普通圆柱螺旋弹簧的主要几何参数有外径 D_2、内径 D_1、中径 D、弹簧丝直径 d、节距 p、螺旋升角 α、自由高度(压缩弹簧)或长度(拉伸弹簧) H_0 等,见图16-7。其中对圆柱螺旋压缩弹簧的螺旋角一般应在5°～9°范围之内取值。旋向可以是右旋,也可以是左旋,如果没有特殊要求一般都用右旋。

其结构尺寸的计算可以参照教材或有关设计手册进行,必须遵循弹簧尺寸系列标准GB/T 1358—2009。圆柱螺旋压缩(拉伸)弹簧的结构尺寸计算公式见表16-4。

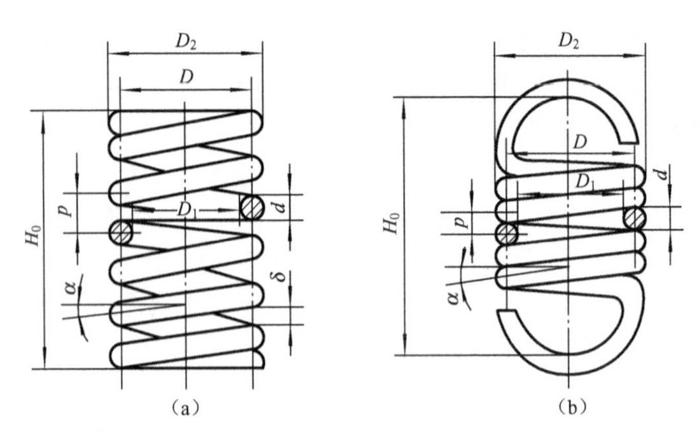

图 16–7　圆柱螺旋弹簧几何参数

表 16–4　圆柱螺旋弹簧的结构尺寸计算公式

名称与代号	压缩螺旋弹簧	拉伸螺旋弹簧
弹簧丝直径 d	由强度计算公式确定	
弹簧中径 D	$D=Cd$	
弹簧内径 D_1	$D_1 = D-d$	
弹簧外径 D_2	$D_2 = D+d$	
旋绕比 C	$C= D/d$　　一般 $4\leqslant C\leqslant 16$	
螺旋角 α	$\alpha=\arctan(t/\pi D)$　对压缩弹簧，推荐 $\alpha=5°\sim 9°$	
有效圈数 n	由变形条件计算确定　　一般 $n>2$	
总圈数 n_1	$n_1 = n+(2\sim 2.5)$ $n_1=n+(1.5\sim 2)$（YI 型热卷）	（冷卷）；$n_1 = n$ n_1 的尾数为 1/4、1/2、3/4 或整圈，推荐用 1/2 圈
自由高度或长度 H_0	两端圈磨平 $n_1 = n+1.5$ 时，$H_0 = nt+d$ $n_1 = n+2$ 时，$H_0 = nt+1.5d$ $n_1 = n+2.5$ 时，$H_0 = nt+2d$ 两端圈不磨平 $n_1 = n+2$ 时，$H_0 = nt+2d$ $n_1 = n+2.5$ 时，$H_0 = nt+3.5d$	LI 型 $H_0=(n+1)d+D_1$ LII 型 $H_0=(n+1)d+2D_1$ LIII 型 $H_0=(n+1.5)d+2D_1$
工作高度或长度 H_2	$H_2 = H_0-\lambda_{max}$	$H_2 = H_0+\lambda_{max}$，λ_{max} 为变形量
节距 t	$t=d+\delta=\pi D\tan\alpha$　$(\alpha=5°\sim 9°)$	$t=d$
间距 δ	$\delta\geqslant\lambda_{max}/(0.8n)$	$\delta=0$
压缩弹簧高径比 b	$b=H_0/D$	
展开长度 L	$L=\pi Dn_1/\cos\alpha$	$L=\pi Dn$ + 钩部展开长度

16.3.2　特性曲线

弹簧应具有持久的弹性，且不产生永久变形。因此在设计弹簧时，务必使其工作应力在弹性极限范围内。这个范围内工作的弹簧，当承受轴向载荷 F 时，弹簧将产生相应的弹性变形 f。为了表示弹簧的载荷与变形的关系，取纵坐标表示弹簧承受的载荷，横坐标表示弹簧的变形，这种表示载荷与变形关系的曲线称为特性曲线，它是弹簧设计和制造过程中检验或试验的重要依据。

等节距圆柱螺旋压缩(拉伸)弹簧,F 与 f 呈线性变化,其特性曲线为一直线。压缩弹簧的特性曲线见图16-8。

图中 F_1 为最小工作载荷,它是弹簧安装时所预加的初始载荷。在 F_1 的作用下,弹簧产生最小变形 f_1,其高度由自由高度 H_0 压缩到 H_1。F_2 为最大工作载荷,在 F_2 的作用下,弹簧变形增加到 f_2,此时高度为 H_2。$F_{\lim}$ 是弹簧的极限工作载荷,在 $F_{\lim}$ 的作用下,弹簧变形增加到 $f_{\lim}$,这时其高度为 $H_{\lim}$,弹簧丝的应力达到材料的屈服极限。令 $h=f_2-f_1$,h 称为弹簧的工作行程。弹簧的最大工作载荷由工作条件所确定。

一般情况下,最小工作载荷可取 $F_1=(0.3\sim0.5)F_2$,而极限载荷 $F_{\lim}$ 可按极限工作应力 $\tau_{\lim}$ 求出。$\tau_{\lim}$ 不应超过材料的剪切屈服极限。为了使弹簧能在屈服极限内工作,通常取 $F_2\leqslant F_{\lim}$。

拉伸弹簧的特性曲线见图16-9。由于卷绕方法不同,可以分为无初应力和有初应力两种情况。前者在卷绕时,弹簧并扰没有初应力,其特性曲线与压缩弹簧的特性曲线类似。后者在卷绕时,边卷绕边使弹簧绕本身轴线产生扭转,各圈间具有一定的压紧力,即初拉力 F_0。弹簧工作时,必须先克服初拉力 F_0 后,弹簧才开始伸长。

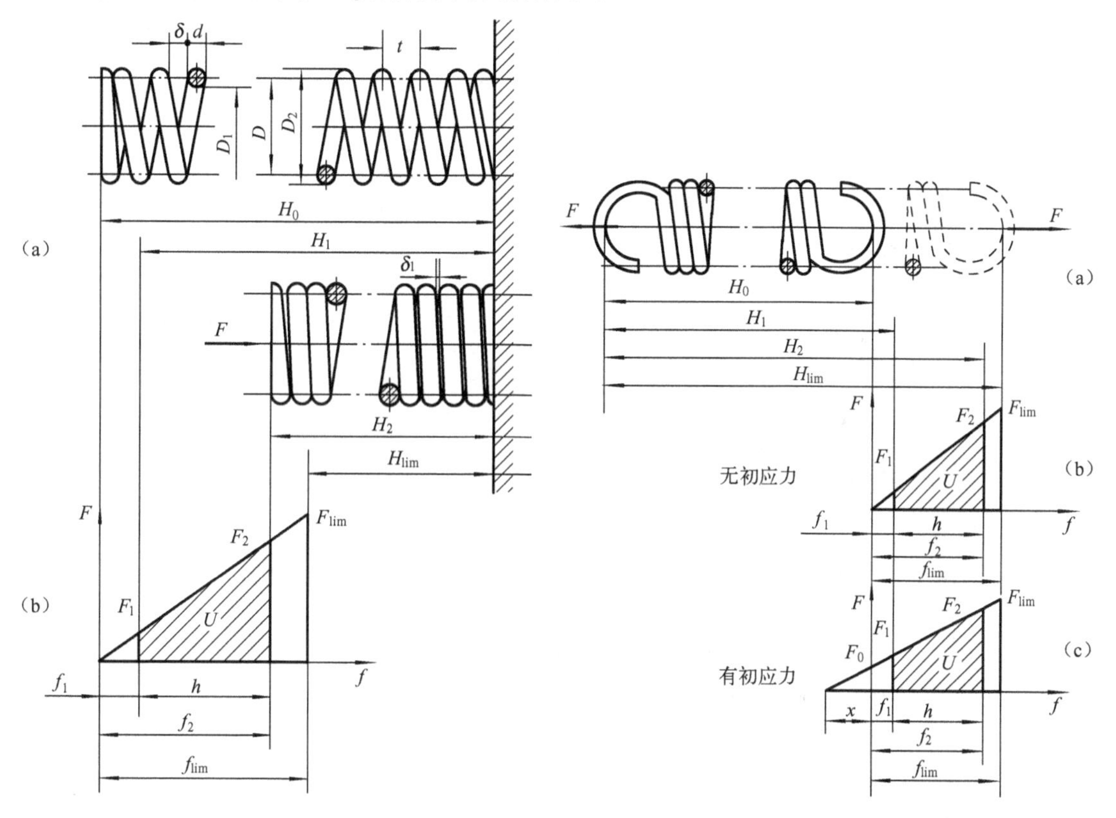

图16-8 压缩弹簧的特性曲线　　图16-9 拉伸弹簧的特性曲线

16.3.3 弹簧强度和刚度计算

在设计圆柱螺旋弹簧时,通常根据强度准则确定弹簧的中径 D 和弹簧丝直径 d,根据刚度准则确定弹簧的工作圈数 n。由于圆柱螺旋压缩（拉伸）弹簧的工作载荷均沿弹簧的轴线作用，因此，它们的应力和应变计算是相同的。下面就以圆柱螺旋压缩弹簧为例进行分析。

1. 弹簧中的应力

图 16-10 所示为圆柱螺旋压缩弹簧，其中径为 D。在通过其轴线的剖面上，直径为 d 的弹簧丝剖面是椭圆形的。由于螺旋角很小（$\alpha \leqslant 9°$），工程上可以近似地看作圆剖面。把弹簧的轴向载荷 F_2 移至剖面，剖面上作用有转矩 $T=\frac{F_2D}{2}$ 和剪切力 F_2。剪切力 F_2 所引起的剪切应力 τ_1 和转矩 T 所引起的最大剪切应力 τ_2 分别为

$$\tau_1=\frac{4F_2}{\pi d^2} \qquad 和 \qquad \tau_2=\frac{8F_2D}{\pi d^3}$$

所以，弹簧丝剖面上的最大剪切应力为

$$\tau=\tau_1+\tau_2=\frac{8F_2D}{\pi d^3}\left(1+\frac{d}{2D}\right)$$

令 $C=\frac{D}{d}$，C 称为旋绕比，所以

$$\tau=\frac{8F_2C}{\pi d^2}\left(1+\frac{0.5}{C}\right)$$

最大剪切应力发生在弹簧丝的内侧处，见图 16-10。

如果考虑螺旋角和弹簧丝曲率等的影响，对上式进行修正，于是得到比较精确的计算公式

$$\tau=K\frac{8F_2C}{\pi d^2} \tag{16-1}$$

式中 K——曲度系数，其值为

$$K=\frac{4C-1}{4C-4}+\frac{0.615}{C} \tag{16-2}$$

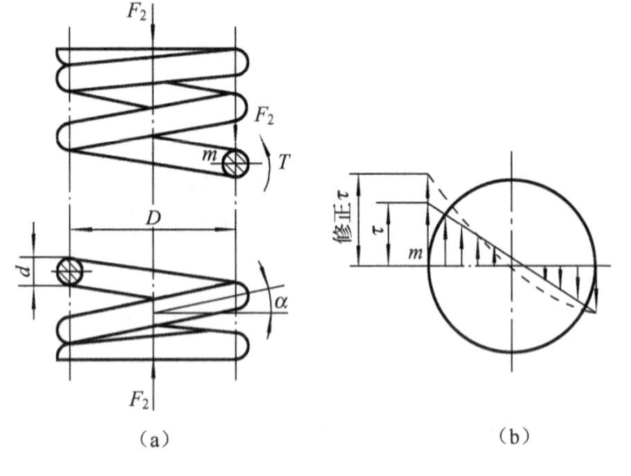

图 16-10　弹簧的受力分析

2. 强度条件

弹簧的强度条件为

$$\tau=K\frac{8F_2C}{\pi d^2}\leqslant[\tau] \tag{16-3}$$

式中 $[\tau]$——许用剪切应力，MPa；

F_2——弹簧的最大工作载荷，N；

d——弹簧丝直径，mm。

所以可以得到设计公式为

$$d\geqslant\sqrt{\frac{8KF_2C}{[\tau]\pi}} \tag{16-4}$$

在应用上式时，一般旋绕比 $C\geqslant4$，不同弹簧丝直径推荐使用的旋绕比见表 16-5。

表16-5　旋绕比的推荐值

弹簧丝直径 d/mm	0.2～0.4	0.5～1	1.1～2.2	2.5～6	7～16	18～42
C	7～14	5～12	5～10	4～10	4～8	4～6

旋绕比 C 是弹簧设计中的重要参数。C 值太大,弹簧过软(刚度小),易颤动;C 值太小,弹簧过硬(刚度大),卷绕时簧丝弯曲剧烈。C 值范围为 4 ～ 16,常用值为 5 ～ 8,设计时可以根据弹簧丝直径从表中选取。

旋绕比 C 和许用剪切应力[τ]均与簧丝直径 d 有关,所以必须通过试算才能选择合适的簧丝直径。求得弹簧丝直径 d 应圆整为标准值(见表16-6)。

表16-6　弹簧丝直径 d 的标准系列(GB/T 1358—2009)(单位:mm)

第一系列	0.8	0.9	1	1.2	1.6	2	2.5	3	3.5	4	4.5	5	6
	8	10	12	15	16	20	25	30	35	40	45	50	60
第二系列	1.4	1.8	2.2	2.8	3.2	5.5	6.5	7	9	11	14	18	22
	28	32	38	42	55								

3. 刚度条件

根据材料力学中的有关公式求得圆柱螺旋压缩(拉伸)弹簧的轴向变形 f 为

$$f=\frac{8F_2C^3n}{Gd} \tag{16-5}$$

式中　n——弹簧的工作圈数;

G——弹簧材料的剪切弹性模量,MPa。

弹簧刚度 k 是弹簧的主要参数之一,它表示弹簧单位变形所需要的力

$$k=\frac{F_2}{f}=\frac{Gd}{8C^3n} \tag{16-6}$$

刚度越大,需要的力越大,弹簧的弹力也就越大。

弹簧圈数为

$$n=\frac{fGd}{8F_2C^3}=\frac{Gd}{8C^3k} \tag{16-7}$$

对于拉伸弹簧总圈数大于20圈时,一般圆整为整圈数,小于20圈时可以圆整为0.5圈。对于压缩弹簧,总圈数的尾数宜取0.25、0.5或整数。有效圈数通常圆整为0.5的整倍数,且使有效圈数大于2才能保证弹簧具有稳定的性能。若计算的 n 与0.5的倍数相差较大时,应在圆整后再计算弹簧的实际长度。

弹簧总圈数、有效圈数的关系可以根据表16-4确定。压缩弹簧可以根据已知条件首先选择标准弹簧(GB/T 1358—2009或有关手册),当无法选择时再自行设计。

16.3.4 弹簧的稳定性校核

对于圈数较多的压缩弹簧,当高径比 $b = H_0/D_2$ 较大,而轴向载荷又达到一定值时,弹簧就会发生侧向弯曲而丧失稳定性,见图 16-11,这种情况在工作中是不允许的,为了便于制造及避免失稳现象,建议一般压缩弹簧的高径比按下列情况选取:

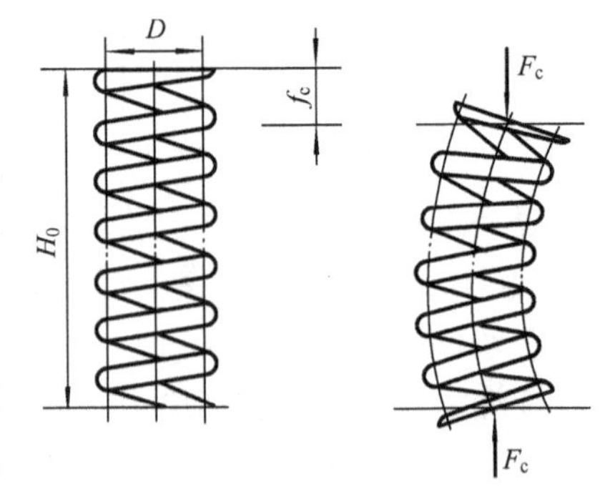

图 16-11 压缩弹簧的失稳

当两端固定时,取 $b<5.3$;当一端固定另一端自由转动时,取 $b<3.7$;当两端自由转动时,取 $b<2.6$;当不能满足稳定性条件时,应加装导向装置,如图 16-12 所示。

弹簧常用支座结构形式如图 16-13 所示。

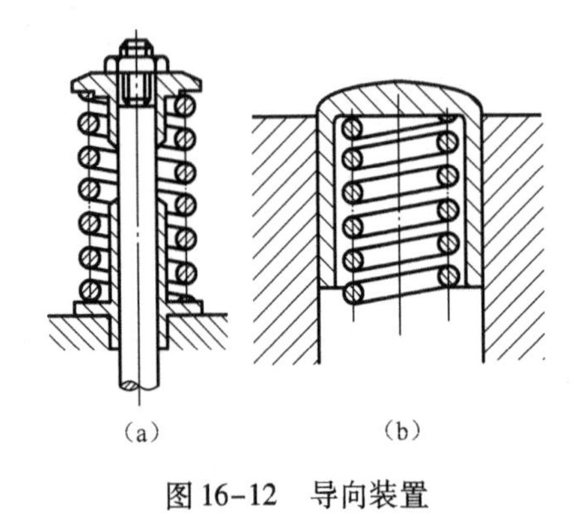

图 16-12 导向装置

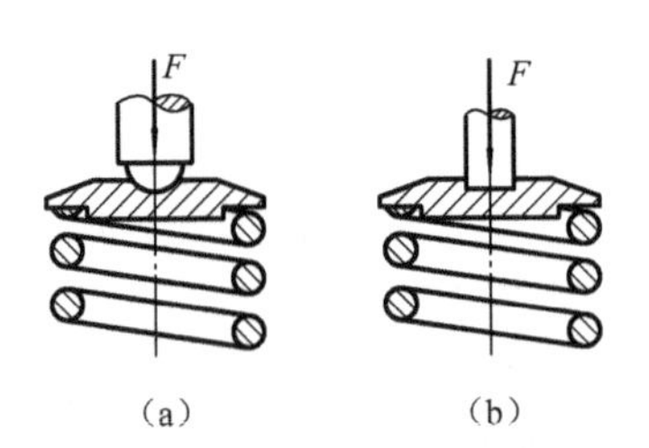

图 16-13 弹簧的两端支承情况

16.3.5 弹簧的设计步骤

设计弹簧时,通常是根据弹簧的最大工作载荷、最小工作载荷及其相应的变形,结构尺寸的限制和工作条件等,确定弹簧丝的直径、工作圈数、弹簧中径等尺寸。弹簧的设计步骤一般为:

(1) 根据工作条件,选择弹簧材料,并查出其力学性能数据;

(2) 参照刚度要求,选择旋绕比 C。根据结构尺寸的要求初定弹簧的中径,估取弹簧丝直径,查出许用应力;

(3) 按强度条件确定所需弹簧丝直径;

(4) 按刚度条件确定弹簧工作圈数;

(5) 计算弹簧的其他尺寸;

(6) 验算压缩弹簧的稳定性;

(7) 绘制弹簧工作图。

例 设计一结构型式为 YI 的压缩弹簧,要求弹簧外径 $D_2 \leqslant 34.8$ mm,弹簧初装位置时 $H_1 = 43$ mm,最小工作载荷 $F_1 = 270$ N,弹簧工作时,$H_2 = 32$ mm,最大工作载荷 $F_2 = 470$ N,循环次数 $N = 10^4 \sim 10^6$ 次。

解:1. 选择弹簧材料

根据弹簧工作条件选用碳素弹簧钢,其强度高、性能好,供应充足,应用广泛,冷拉碳素弹簧钢有 B、C、D 三级。从设计角度来讲(除用户有特别要求外),这三类材料选其中任何一种都可以,但为了减小弹簧重量,一般选择强度较高的材料,因此本例选择 D 级冷拉碳素弹簧钢。

2. 选取弹簧许用切应力

根据循环次数 $N=10^4\sim 10^6$次,为Ⅱ类弹簧,故根据表 16-2:

$$[\tau]=0.4\times\sigma_b$$

根据 F_2初步假设材料直径为 $d=4$mm。由表 16-3 查得材料抗拉强度 $\sigma_b=1\ 740$ MPa,即

$$[\tau]=1\ 740\times0.4=696\ \text{MPa}$$

3. 设定弹簧外径 D_2,计算弹簧中径 D、旋绕比 C 及应力曲度系数 K

(1) 根据本例给定的外径 $D_2\leqslant34.8$ mm,考虑制造精度的影响,这里取:$D_2=34.5$ mm

(2) 弹簧中径:

$$D=D_2-d=34.5-4=30.5$$

弹簧旋绕比:

$$C=\frac{D}{d}=\frac{30.5}{4}=7.625$$

根据公式(16-2)计算曲度系数:

$$K=\frac{4C-1}{4C-4}+\frac{0.615}{C}=\frac{4\times7.625-1}{4\times7.625-4}+\frac{0.615}{7.625}=1.194$$

将 $K=1.194$,代入公式(16-4)得:

$$d\geqslant\sqrt{\frac{8KF_2C}{\pi[\tau]}}=\sqrt{\frac{8\times1.194\times470\times7.625}{3.14\times696}}=3.96\ \text{mm}$$

取 $d=4$ mm。抗拉强度为 1740 MPa。与原假设相符合。

4. 弹簧直径

弹簧中径:$D=30.5$ mm

弹簧外径:$D_2=D+d=30.5+4=34.5$ mm

弹簧内径:$D_1=D-d=30.5-4=26.5$ mm

5. 弹簧所需刚度和圈数

弹簧所需刚度按公式(16-6)计算:

$$k=\frac{F_2-F_1}{H_1-H_2}=\frac{470-270}{43-32}=18.18\ \text{N/mm}$$

按公式(16-7)计算有效圈数:

$$n=\frac{Gd^4}{8kD^3}=\frac{78.5\times10^3\times4^4}{8\times18.18\times30.5^3}=4.87$$

取 $n=5$ 圈,支承圈 $n_z=2$ 圈,则总圈数:

$$n_1=n+n_z=5+2=7\ \text{圈}$$

6. 弹簧刚度、变形量和负荷校核

弹簧刚度按式(16-6)计算得：

$$k=\frac{Gd^4}{8D^3n}=\frac{78.5\times10^3\times4^4}{8\times30.5^3\times5}=17.71\ \text{N/mm}$$

与所需刚度 $k=18.18$ N/mm 基本相符。

同样按式(16-6)计算阀门关闭时变形量：

$$f_1=\frac{F_1}{k}=\frac{270}{17.71}=15.25\ \text{mm}$$

按公式(16-6)计算阀门开启时变形量：

$$f_2=\frac{F_2}{k}=\frac{470}{17.71}=26.54\ \text{mm}$$

弹簧的自由高度：

$$H_0=H_1+f_1=43+15.25=58.25\ \text{mm}$$

或者

$$H_0=H_2+f_2=32+26.54=58.54\ \text{mm}$$

取 $H_0=58.5$ mm。

阀门关闭时的工作变形量：

$$f_1=H_0-H_1=58.5-43=15.5\text{mm}$$

由式(16-6)计算阀门关闭负荷：

$$F_1=kf_1=17.71\times15.5=274.5\ \text{N}$$

阀门开启时的工作变形量：

$$f_2=H_0-H_2=58.5-32=26.5\ \text{mm}$$

由式(16-6)计算阀门开启时负荷：

$$F_2=kf_2=17.71\times26.5=469.3\ \text{N}$$

与要求值 $F_1=270$N 和 $F_2=470$N 接近，故符合要求。

7. 自由高度、压并高度和压并变形量

自由高度：$H_0=58.5$ mm

压并高度：

$$H_b=n_1d=7\times4=28\ \text{mm}$$

压并变形量：

$$f_b=H_0-H_b=58.5-28=30.5\ \text{mm}$$

8. 结构参数

自由高度：$H_0=58.5$ mm

阀门关闭高度：$H_1=43$ mm

阀门开启高度：$H_2=32$ mm

压并高度：$H_b=28$ mm

节距按表16-4中公式计算：

$$t=\frac{H_0-1.5d}{n}=\frac{58.5-1.5\times4}{5}=10.5\ \text{mm}$$

螺旋角按表16–4中公式计算：

$$\alpha = \arctan \frac{t}{\pi D} = \arctan \frac{10.5}{3.14 \times 30.5} = 6.26^\circ$$

弹簧展开长度按表16–4中公式计算：

$$L \approx \pi D n_1 = 3.14 \times 30.5 \times 7 = 670.4\ \text{mm}$$

9. 弹簧稳定性校核

弹簧的高径比：$b = H_0/D = 58.5/30.5 = 1.92$，满足稳定性要求。

10. 弹簧工作图样，如图16–14所示。

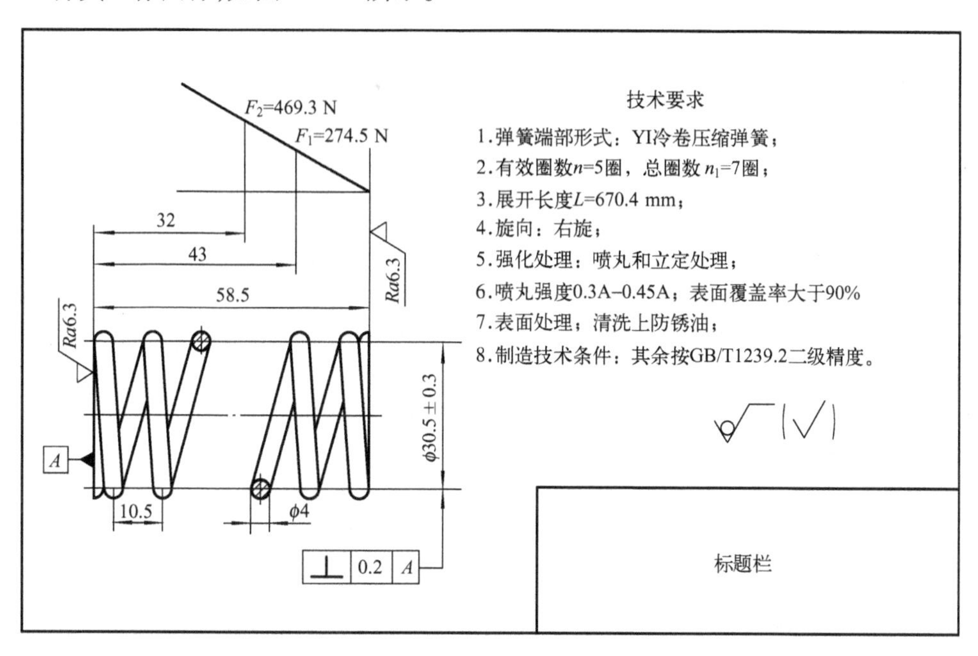

图16–14 弹簧工作图

复习思考题

16–1 弹簧有哪些功用？

16–2 常用弹簧的类型有哪些？各用在什么场合？那几种弹簧应用最广？

16–3 制造弹簧的材料应符合哪些主要要求？常用材料有哪些？

16–4 圆柱弹簧的主要参数有哪些？它们对弹簧的强度和变形有什么影响？

16–5 弹簧刚度k的物理意义是什么？它与哪些因素有关？

16–6 对于弹簧的承载能力计算，为什么说一般按强度计算确定弹簧丝直径，按刚度确定弹簧的有效圈数？

16–7 现有两个弹簧A、B，它们的弹簧丝直径、材料及有效圈数均相同，仅中径不同，且A弹簧的大。试问：(1)当载荷F相同时，哪个变形大？(2)当载荷F以相同的大小连续增加时，哪个可能先断？。

16-8　弹簧的旋绕比 C 对弹簧性能有什么影响？设计中应如何选取 C 值的大小？

16-9　某圆柱螺旋压缩弹簧断了 1/3，试问从弹簧强度出发，剩余的 2/3 能否继续工作？其刚度如何变？

习　题

16-1　已知一圆柱螺旋压缩弹簧的弹簧丝直径 $d = 6$ mm，中径 $D = 30$ mm，有效圈数 $n = 10$。采用 C 级冷拉碳素弹簧钢丝，受变载荷作用次数在 $10^3 \sim 10^5$ 次。求：①允许最大工作载荷及变形量；②若端部采用磨平端支承圈结构时，求弹簧的并紧高度 H_S 和自由高度 H_0；③验算弹簧的稳定性。

16-2　试设计一能承受冲击载荷的圆柱螺旋压缩弹簧。已知：$F_1 = 40$ N，$F_2 = 240$ N，工作行程 $h = 35$ mm，中间有 $\phi = 30$ mm 的芯轴，弹簧外径不大于 50 mm，用 C 级冷拉碳素弹簧钢丝制造。

16-3　有两根尺寸完全相同的圆柱螺旋拉伸弹簧，一根没有初应力，另一根有初应力，两根弹簧的自由高度 $H_0 = 80$ mm。现对有初应力的那根实测如下：第一次测定 $F_1 = 20$ N，$H_1 = 100$ mm；第二次测定 $F_2 = 35$ N，$H_2 = 120$ mm。试计算：①初拉力 F_0；②没有初应力的弹簧在拉力 $F_2 = 35$ N 下，弹簧的高度。

参 考 文 献

[1] 杨可桢，程光蕴、李仲生. 机械设计基础[M]. 5 版. 北京:高等教育出版社,2006.
[2] 王大康,韩泽光. 机械设计基础[M]. 2 版. 北京:机械工业出版社,2007.
[3] 李秀珍. 机械设计基础[M]. 4 版. 北京:机械工业出版社,2012.
[4] 朱家诚,王纯贤. 机械设计基础[M]. 合肥:合肥工业大学出版社,2003.
[5] 范顺成. 机械设计基础[M]. 4 版. 北京:机械工业出版社,2007.
[6] 王军,何晓玲. 机械设计基础[M]. 北京:机械工业出版社,2013.
[7] 邹慧君,张春林,李杞仪. 机械原理[M]. 2 版. 北京:高等教育出版社,2006.
[8] 郑文纬,吴克坚. 机械原理[M]. 7 版. 北京:高等教育出版社,2010.
[9] 赵韩,田杰. 机械原理[M]. 合肥:合肥工业大学出版社,2009.
[10] 濮良贵,纪名刚. 机械设计[M]. 8 版. 北京:高等教育出版社,2006.
[11] 吴宗泽. 机械设计[M]. 2 版. 北京:高等教育出版社,2009.
[12] 成大先. 机械设计手册[M]. 5 版. 北京:化学工业出版社,2010.
[13] 闻邦椿. 现代机械师设计手册[M]. 北京:机械工业出版社,2012.
[14] 秦大同,谢里阳. 现代机械设计手册[M]. 5 版. 北京:机械工业出版社,2011.
[15] 吴宗泽. 机械设计实用手册[M]. 3 版. 北京:化学工业出版社,2010.
[16] 吴宗泽,罗圣国等. 机械设计课程设计手册[M]. 4 版. 北京:高等教育出版社,2012.
[17] 王大康、卢颂峰. 机械设计课程设计[M]. 4 版. 北京:北京工业大学出版社,2010.

机械工程基础创新系列教材

丛书主编:吴鹿鸣　王大康

1.《机械设计》　主编:吴宗泽(清华大学)、吴鹿鸣(西南交通大学)

2.《机械设计基础》　主编:李威(北京科技大学)、俞必强(北京科技大学)

3.《机械设计基础》　主编:王大康(北京工业大学)

4.《机械设计课程设计》　主编:王大康(北京工业大学)

5.《机械原理》　主编:赵韩(合肥工业大学)

6.《工程图学基础》　主编:何玉林(重庆大学)、田怀文(西南交通大学)

7.《工程图学习题集》　主编:何玉林(重庆大学)、田怀文(西南交通大学)

8.《机械制图》　主编:何玉林(重庆大学)、田怀文(西南交通大学)

9.《机械制图习题集》　主编:何玉林(重庆大学)、田怀文(西南交通大学)

10.《机械制造工艺基础》　主编:闫开印(西南交通大学)

11.《理论力学》　主编:沈火明(西南交通大学)、高淑英(西南交通大学)

13.《材料力学》　主编:范钦珊(清华大学)

14.《工程力学》　主编:杨庆生(北京工业大学)

15.《传感与测试技术》　主编:焦敬品(北京工业大学)